市政工程允许偏差速查便携手册

闫军　主编

中国建筑工业出版社

图书在版编目（CIP）数据

市政工程允许偏差速查便携手册/闫军主编 .—北京：中国建筑工业出版社，2014.6
ISBN 978-7-112-16729-6

Ⅰ．①市… Ⅱ．①闫… Ⅲ．①市政工程-误差-手册
Ⅳ．①TU99-62

中国版本图书馆 CIP 数据核字（2014）第 072832 号

市政工程允许偏差速查便携手册
闫军 主编

*

中国建筑工业出版社出版、发行（北京西郊百万庄）
各地新华书店、建筑书店经销
北京红光制版公司制版
北京富生印刷厂印刷

*

开本：787×960 毫米 1/32 印张：32 字数：515 千字
2015 年 1 月第一版 2015 年 1 月第一次印刷
定价：**72.00** 元
ISBN 978-7-112-16729-6
(25538)

偏差是市政工程施工、设备安装中经常要查询的数据。本书根据最新的施工规范、质量验收规范和技术规范编写，突出数据新、内容全面、速查、便携等特点。本书汇集了市政工程中各部分项工程的施工、安装允许偏差、检查数量及检验方法，采用便携形式，以方便查找。一册在手，偏差尽在掌握，不必再四处找寻。全书共 18 章，主要内容包括：园林绿化工程；给水排水管道工程；地下铁道工程；城镇道路工程；城市桥梁工程；给水排水构筑物工程；城镇供热管网工程；市政长城杯；燃气输配工程；城市污水处理厂工程；城镇道路建筑垃圾再生路面基层；电力管道；防滑地面；无障碍设施；城市道路绿化；城市道路照明工程；城镇道路养护；城镇地道桥顶进施工。丛书还包括《建筑施工允许偏差速查便携手册》和《公路工程允许偏差速查便携手册》，三册购齐，建设工程允许偏差就齐备了。

本书的读者对象是广大市政人员、道桥人员、交通人员、给水排水人员、暖通人员、燃气人员、安装人员、设备人员、园林人员、监理人员、质检人员、安全人员。

* * *

责任编辑：郭　栋
责任设计：张　虹
责任校对：张　颖　姜小莲

前　　言

　　质量是市政工程建设的生命，而偏差则是质量的生命线、控制源，是检查的依据，是经常要查询的数据。广泛存在于各有关标准规范中的偏差数据繁多、量大，一个人要想全部牢记于心是很困难的。本书采用"类词典"的形式，将存在于各施工规范、质量验收规范、技术规范中的偏差整理汇集起来，方便市政工程施工、安装、监理等人员的查询，力求达到速查的目的。收录的主要为建设行业内的国家标准（GB）、行业标准（CJJ、JGJ），以地方标准对少量没有涉及的进行补充、扩展、完善。关于市政工程的涵盖范围，参考了一级注册建造师市政公用工程的相关规定。

　　由于规范一直在不断地更新，本书只能依据截止到交稿时的最新规范为止。每章后以"本章参考文献"的形式列出了所依据的规范，以方便读者甄别使用。采用便携小开本形式，方便携带。

　　土木工程允许偏差系列丛书共三本，名称分别为：

　　《建筑施工允许偏差速查便携手册》

　　《市政工程允许偏差速查便携手册》

　　《公路工程允许偏差速查便携手册》

　　三册购齐，大土木类工程的允许偏差就齐备了。

　　本书由闫军主编，参与编写的有：张爱洁、张丽云、何会清、杨其明、周家文、沈洪礼、石云华、李玉春、董保传、刘永辉、王永军、张德鸿、余利斌、杨增烈、朱永成、李鑫荣、陆庆东、董润松、龚云红、石虹梅、孙益林、吴瑞华、肖波、杨斌辉、张帆、赵长振、周广良、沈霞、王亭。

　　本书得到了中国建筑工业出版社的大力支持和鼓励。感谢我的家人，没有你们的支持和理解，我是永远无法完成此书的。由于作者水平有限，书中错误和不当之处在所难免，欢迎广大读者批评指正。

目　录

18

24

1 园林绿化工程

本章适用于公园绿地、防护绿地、附属绿地及其他绿地的新建、扩建、改建的各类园林绿化工程施工及质量验收。

1.1 园林绿化单位（子单位）工程、分部（子分部）工程、分项工程划分

园林绿化单位（子单位）工程、分部（子分部）工程、分项工程划分　　表 1.1

单位（子单位）工程	分部（子分部）工程		分项工程
绿化工程	栽植基础工程	栽植前土壤处理	栽植土、栽植前场地清理、栽植土回填及地形造型、栽植土施肥和表层整理
		重盐碱、重黏土地土壤改良工程	管沟、隔淋（渗水）层开槽、排盐（水）管敷设、隔淋（渗水）层
		设施顶面栽植基层（盘）工程	耐根穿刺防水层、排蓄水层、过滤层、栽植土、设施障碍性面层栽植基盘

单位（子单位）工程	分部（子分部）工程		分项工程
绿化工程	栽植基础工程	坡面绿化防护栽植基层工程	坡面绿化防护栽植层工程（坡面整理、混凝土格构、固土网垫、格栅、土工合成材料、喷射基质）
		水湿生植物栽植槽工程	水湿生植物栽植槽、栽植土
	栽植工程	常规栽植	植物材料、栽植穴（槽）、苗木运输和假植、苗木修剪、树木栽植、竹类栽植、草坪及草本地被播种、草坪及草本地被分栽、铺设草块及草卷、运动场草坪、花卉栽植
		大树移植	大树挖掘及包装、大树吊装运输、大树栽植
		水湿生植物栽植	湿生类植物、挺水类植物、浮水类植物、栽植
		设施绿化栽植	设施顶面栽植工程、设施顶面垂直绿化
		坡面绿化栽植	喷播、铺植、分栽
	养护	施工期养护	施工期的植物养护（支撑、浇灌水、裹干、中耕、除草、浇水、施肥、除虫、修剪抹芽等）

单位（子单位）工程	分部（子分部）工程	分 项 工 程
园林附属工程	园路与广场铺装工程	基层，面层（碎拼花岗石、卵石、嵌草、混凝土板块、侧石、冰梅、花街铺地、大方砖、压膜、透水砖、小青砖、自然石块、水洗石、透水混凝土面层）
	假山、叠石、置石工程	地基基础、山石拉底、主体、收顶、置石
	园林理水工程	管道安装、潜水泵安装、水景喷头安装
	园林设施安装	座椅（凳）、标牌、果皮箱、栏杆、喷灌喷头等安装

1.2 绿化工程

1.2.1 栽植基础

1. 绿化栽植或播种前应对该地区的土壤理化性质进行化验分析，采取相应的土壤改良、施肥和置换客土等措施，绿化栽植土壤有效土层厚度应符合表 1.2.1-1 规定。

绿化栽植土坡有效土层厚度   表 1.2.1-1

项次	项目	植被类型		土层厚度（cm）	检验方法
1	一般栽植	乔木	胸径≥20cm	≥180	挖样洞，观察或尺量检查
			胸径<20cm	≥150（深根） ≥100（浅根）	
		灌木	大、中灌木、大藤本	≥90	
			小灌木、宿根花卉、小藤本	≥40	
		棕榈类		≥90	
		竹类	大径	≥80	
			中、小径	≥50	
		草坪、花卉、草本地被		≥30	
2	设施顶面绿化	乔木		≥80	
		灌木		≥45	
		草坪、花卉、草本地被		≥15	

2. 园林植物栽植土应包括客土、原土利用、栽植基质等，栽植土验收批及取样方法应符合下列规定：

（1）客土每 500m³ 或 2000m² 为一检验批，应于土层 20cm 及 50cm 处，随机取样 5 处，每处 100g 经混合组成一组试样；客土 500m³ 或 2000m² 以下，随机取样不得少于 3 处；

（2）原状土在同一区域每 2000m² 为一检验

批，应于土层 20cm 及 50cm 处，随机取样 5 处，每处取样 100g，混合后组成一组试样；原状土 2000m² 以下，随机取样不得少于 3 处；

（3）栽植基质每 200m³ 为一检验批，应随机取 5 袋，每袋取 100g，混合后组成一组试样；栽植基质 200m³ 以下，随机取样不得少于 3 袋。

3. 栽植土回填及地形造型应符合的规定为：地形造型尺寸和高程允许偏差应符合表 1.2.1-2 的规定。

地形造型尺寸和高程允许偏差　表 1.2.1-2

项次	项　　目		尺寸要求	允许偏差 (cm)	检验方法
1	边界线位置		设计要求	±50	经纬仪、钢尺测量
2	等高线位置		设计要求	±10	经纬仪、钢尺测量
3	地形相对标高 (cm)	≤100	回填土方自然沉降以后	±5	水准仪、钢尺测量每 1000m²测定一次
		101～200		±10	
		201～300		±15	
		301～500		±20	

4. 栽植土表层整理应按下列方式进行：栽植土的表层应整洁，所含石砾中粒径大于 3cm 的不得超过 10%，粒径小于 2.5cm 不得超过 20%，杂草等杂物不应超过 10%；土块粒径应符合表 1.2.1-3 的规定。

栽植土表层土块粒径　表1.2.1-3

项次	项　　目	栽植土粒径（cm）
1	大、中乔木	≤5
2	小乔木、大中灌木、大藤本	≤4
3	竹类、小灌木、宿根花卉、小藤本	≤3
4	草坪、草花、地被	≤2

1.2.2　植物材料

1. 植物材料的外观质量要求和检验方法应符合表1.2.2-1的规定。

植物材料外观质量要求和检验方法　表1.2.2-1

项次	项　目		质　量　要　求	检验方法
1	乔木灌木	姿态和长势	树干符合设计要求，树冠较完整，分枝点和分枝合理，生长势良好	检查数量：每100株检查10株，每株为1点，少于20株全数检查。检查方法：观察、量测
		病虫害	危害程度不超过树体的5%～10%	
		土球苗	土球完整，规格符合要求，包装牢固	
		裸根苗根系	根系完整，切口平整，规格符合要求	
		容器苗木	规格符合要求，容器完整、苗木不徒长、根系发育良好不外露	
2	棕榈类植物		主干挺直，树冠匀称，土球符合要求，根系完整	

6

项次	项　目	质　量　要　求	检验方法
3	草卷、草块、草束	草卷、草块长宽尺寸基本一致，厚度均匀，杂草不超过 5%，草高适度，根系好，草芯鲜活	检查数量：按面积抽查 10%，4m² 为一点，不少于 5 个点。≤30m² 应全数检查。检查方法：观察
4	花苗、地被、绿篱及模纹色块植物	株型苗壮，根系基本良好，无伤苗，茎、叶无污染，病虫害危害程度不超过植株的 5%～10%	检查数量：按数量抽查 10%，10 株为 1 点，不少于 5 个点。≤50 株应全数检查。检查方法：观察
5	整型景观树	姿态独特、曲虬苍劲、质朴古拙，株高不小于 150cm，多干式桩景的叶片托盘不少于 7 个～9 个，土球完整	检查数量：全数检查。检查方法：观察、尺量

2. 植物材料规格允许偏差和检验方法有约定的应符合约定要求，无约定的应符合表 1.2.2-2 规定。

植物材料规格允许偏差和检验方法　　表 1.2.2-2

项次	项 目		允许偏差（cm）	检查频率		检验方法
				范围	点数	
1	乔木	胸径 ≤5cm	−0.2	每 100 株检查 10 株，每株为 1 点，少于 20 株全数检查	10	量测
		6～9cm	−0.5			
		10～15cm	−0.8			
		16～20cm	−1.0			
		高度	− 20			
		冠径	−20			
2	灌木	高度 ≥100cm	−10			
		<100cm	−5			
		冠径 ≥100cm	−10			
		<100cm	−5			
3	球类苗木	冠径 <50cm	0	每 100 株检查 10 株，每株为 1 点，少于 20 株全数检查	10	量测
		50～100cm	−5			
		110～200cm	−10			
		>200	−20			
		高度 <50cm	0			
		50～100cm	−5			
		110～200cm	−10			
		≥200cm	−20			
4	藤本	主蔓长 ≥150cm	−10			
		主蔓径 ≥1cm	0			

项次	项 目		允许偏差 （cm）	检查频率		检验 方法
				范围	点数	
5	棕榈类植物	株高	≤100cm	0	每100株检查10株，每株为1点，少于20株全数检查	10	量测
			101～250cm	−10			
			251～400cm	−20			
			>400cm	−30			
		地径	≤10cm	−1			
			11～40cm	−2			
			>40cm	−3			

1.2.3 大树移植

大树移栽时应符合的规定为：栽植穴应根据根系或土球的直径加大 60～80cm，深度增加 20～30cm。

1.2.4 草坪及草本地被栽植

1. 草坪和草本地被播种应符合的规定为：播种前应做发芽试验和催芽处理，确定合理的播种量，不同草种的播种量可按照表 1.2.4-1 进行播种。

2. 草坪和草本地被植物分栽应符合的规定为：

不同草种播种量　　　表 1.2.4-1

草坪种类	精细播种量（g/m²）	粗放播种量（g/m²）
剪股颖	3～5	5～8
早熟禾	8～10	10～15
多年生黑麦草	25～30	30～40
高羊茅	20～25	25～35
羊胡子草	7～10	10～15
结缕草	8～10	10～15
狗牙根	15～20	20～25

草坪分栽植物的株行距，每丛的单株数应满足设计要求，设计无明确要求时，可按丛的组行距 15～20cm×15～20cm，成品字形；或以 1m² 植物材料可按 1：3～1：4 的系数进行栽植。

3. 运动场草坪的栽植应符合的规定为：运动场根系层相对标高、排水坡降、厚度、平整度允许偏差应符合表 1.2.4-2 的规定。

运动场根系层相对标高、排水坡降、

厚度、平整度允许偏差　　　表 1.2.4-2

项次	项目	尺寸要求（cm）	允许偏差（cm）	检查数量		检验方法
				范围	点数	
1	根系层相对标高	设计要求	+2, 0	500m²	3	测量（水准仪）
2	排水坡降	设计要求	≤0.5%			

项次	项目	尺寸要求（cm）	允许偏差（cm）	检查数量		检验方法
				范围	点数	
3	根系层土壤块径	运动型	≤1.0	500m²	3	观察
4	根系层平整度	设计要求	≤2	500m²	3	测量（水准仪）
5	根系层厚度	设计要求	±1	500m²	3	挖样洞（或环刀取样）量取
6	草坪层草高修剪控制	4.5～6.0	±1	500m²	3	观察、检查剪草记录

4. 草坪和草本地被的播种、分栽，草块、草卷铺设及运动场草坪成坪后应符合下列规定：

（1）成坪后覆盖度应不低于95％。

（2）单块裸露面积应不大于25cm²。

（3）杂草及病虫害的面积应不大于5％。

1.2.5 水湿生植物栽植

1. 主要水湿生植物最适栽培水深应符合表1.2.5-1的规定。

主要水湿生植物最适栽培水深　　　表 1.2.5-1

序号	名　称	类别	栽培水深（cm）
1	千屈菜	水湿生植物	5～10
2	鸢尾（耐湿类）	水湿生植物	5～10
3	荷花	挺水植物	60～80
4	菖蒲	挺水植物	5～10
5	水葱	挺水植物	5～10
6	慈菇	挺水植物	10～20
7	香蒲	挺水植物	20～30
8	芦苇	挺水植物	20～80
9	睡莲	浮水植物	10～60
10	芡实	浮水植物	<100
11	菱角	浮水植物	60～100
12	荇菜	漂浮植物	100～200

2. 水湿生植物栽植成活后单位面积内拥有成活苗（芽）数应符合表 1.2.5-2 的规定。

水湿生植物栽植成活后单位面积内
拥有成活苗（芽）数　　　表 1.2.5-2

项次	种类、名称		单位	每 m² 内成活苗（芽）数	地下部、水下部特征
1	水湿生类	千屈菜	丛	9～12	地下具粗硬根茎
		鸢尾(耐湿类)	株	9～12	地下具鳞茎
		落新妇	株	9～12	地下具根状茎
		地肤	株	6～9	地下具明显主根
		萱草	株	9～12	地下具肉质短根茎

项次	种类、名称		单位	每 m² 内成活苗(芽)数	地下部、水下部特征
2	挺水类	荷花	株	不少于 1	地下具横生多节根状茎
		雨久花	株	6～8	地下具匍匐状短茎
		石菖蒲	株	6～8	地下具硬质根茎
		香蒲	株	4～6	地下具粗壮匍匐根茎
		菖蒲	株	4～6	地下具较偏肥根茎
		水葱	株	6～8	地下具横生粗壮根茎
		芦苇	株	不少于 1	地下具粗壮根状茎
		茭白	株	4～6	地下具匍匐茎
		慈姑、荸荠、泽泻	株	6～8	地下具根茎
3	浮水类	睡莲	盆	按设计要求	地下具横生或直立块状根茎
		菱角	株	9～12	地下根茎
		大漂	丛	控制在繁殖水域以内	根浮悬垂水中

1.2.6 重盐碱、重黏土土壤改良

1. 重盐碱、重黏土地的排盐（渗水）、隔淋（渗水）层工程应符合下列规定：

（1）排盐（渗水）管沟、隔淋（渗水）层开槽按下列方式进行：槽底应找平和适度压实，槽底标高和平整度允许偏差应符合表1.2.6的规定。

（2）排盐管（渗水管）敷设按下列方式进行：排盐（渗水）管、观察井允许偏差应符合表1.2.6的规定。

（3）隔淋（渗水）层按下列方式进行：排盐（渗水）隔淋（渗水）层铺设厚度允许偏差应符合表1.2.6的要求。

排盐（渗水）隔淋（渗水）层铺设厚度允许偏差　　　　　表1.2.6

项次	项目		尺寸要求（cm）	允许偏差（cm）	检查数量		检验方法
					范围	点数	
1	槽底	槽底高程	设计要求	±2	1000m²	5～10	测量
		槽底平整度	设计要求	±3		5～10	
2	排盐管（渗水管）	每100m坡度	设计要求	≤1	200m	5	测量
		水平移位	设计要求	±3	200m	3	量测
		排盐（渗水）管底至排盐（渗水）沟底距离	12cm	±2	200m	3	量测

14

项次	项目		尺寸要求（cm）	允许偏差（cm）	检查数量		检验方法
					范围	点数	
3	隔淋（渗水）层	厚度	16～20	±2	1000m²	5～10	量测
			11～15	±1.5			
			≤10	±1			
4	观察井	主排盐（渗水）管入井管底标高	设计要求	0 −5	每座	3	测量量测
		观察井至排盐（渗水）管底距离		±2			
		井盖标高		±2			

2. 排盐（渗水）管的观察井的管底标高、观察井至排盐（渗水）管底距离、井盖标高允许偏差应符合表 1.2.6 的规定。

1.3 园林附属工程中园路、广场地面铺装工程

1. 园路、广场地面铺装工程的允许偏差和检验方法应符合表 1.3 的规定。

2. 侧石安装允许偏差应符合表 1.3 的规定。

表 1.3

园路、广场地面铺装工程的允许偏差和检验方法

允许偏差（mm）：其中"土、混凝土、炉渣、砂、碎石、块石"为基层，其余各项为面层。

项次	项目	土	混凝土、炉渣	砂、碎石	块石	碎拼花岗石	嵌草地面石	水泥花砖	混凝土板块	花岗石	侧石	冰梅花街铺地	大方砖铺地	压模砖	透水砖	小青砖黄道砖	自然块石	水洗石	检验方法
1	表面平整度	15	10	15	15	3	5	5	4	1	—	5	4	3	4	5	10	3	用 2m 靠尺和楔形塞尺检查
2	厚度	在个别地方不大于设计厚度的 1/10	−10%	—	—	—	—	—	—	—	—	3	8	—	3	3	—	—	尺量检查
3	标高	$^{+0}_{-50}$	±10	±20	±30	—	—	3	3	2	—	3	3	3	3	3	8	—	用水准仪检查
4	缝格平直	—	—	—	—	—	—	3	3	2	—	3	3	—	—	3	—	—	拉 5m 线和尺量检查
5	接缝高低差	—	—	—	—	—	—	0.5	1.5	0.5	3	—	—	1	—	2	—	1	尺量和楔形塞尺检查
6	板块（卵石）同隙宽度	—	—	—	—	—	5	2	6	1	—	—	3	—	—	—	—	—	尺量检查
7	尺量偏差	—	—	—	—	—	—	3	—	—	—	—	3	—	—	3	—	—	尺量检查

1.4 园林绿化分项工程质量验收项目和要求

园林绿化分项工程质量验收项目和要求

表 1.4

序号	分项工程名称	主控项目	一般项目	检测方法	检测数量
1	栽植土	1. 土壤 pH 值应符合本地区栽植土标准或按 pH 值 5.6～8.0 进行选择。 2. 土壤全盐含量应为 0.1%～0.3%。 3. 土壤表观密度应为 1.0～1.35g/cm³	1. 绿化栽植或播种前应对该地区的土壤理化性质进行化验分析，采取相应的土壤改良、施肥和置换客土等措施，绿化栽植土壤有效土层厚度应符合表 1.2.1-1 规定。 2. 土壤有机质含量不应小于 1.5%。 3. 土壤块径不应大于 5cm	经有资质检测单位检测试	每 500m³ 或 2000m² 为一检验批，随机取样 5 处，每处 100g 组成一组试样。500m³或2000m² 以下，取样不少于 3 处

序号	分项工程名称	主控项目	一般项目	检测方法	检测数量
2	栽植前场地清理	1. 应将现场内的渣土、工程废料、宿根性杂草、树根及其有害污染物清除干净。 2. 场地标高及清理程度应符合设计和栽植要求	1. 填垫范围内不应有坑洼、积水。 2. 对放泥和不透水层应进行处理	观察、测量	1000m² 检查 3 处、不足 1000m² 检查不少于 1 处
3	栽植土回填及地形造型	1. 造型胎土、栽植土应符合设计要求并有检测报告。 2. 回填土及地形造型的范围、厚度、标高、造型及坡度均应符合设计要求	1. 回填土壤应分层适度夯实，或自然沉降达到基本稳定，严禁用机械反复碾压。 2. 地形造型应自然顺畅。 3. 地形造型尺寸和高程允许偏差应符合表 1.2.1-2 的规定	经纬仪、水准仪、钢尺测量	1000m² 检查 3 处、不足 1000m² 检查不少于 1 处

序号	分项工程名称	主控项目	一般项目	检测方法	检测数量
4	栽植土施肥表层整理	1. 商品肥料应有产品合格证明，或已经过试验证明符合要求。 2. 有机肥应充分腐熟方可使用。 3. 施用无机肥料应测定绿地土壤有效养分含量，并宜采用缓释性无机肥	1. 栽植土表层不得有明显低洼和积水处，花坛、花境栽植地 30cm 深的表土层必须疏松。 2. 栽植土的表层应整洁，所含石砾中粒径大于 3cm 不得超过 10%，粒径小于 2.5cm 不得超过 20%，杂草等杂物不应超过 10%；土块等粒径应符合表 1.2.1-3 的规定。 3. 栽植土表层与道路（挡土墙或侧石）接壤处，栽植土应低于线干侧石 3～5cm；栽植土与边口线基本平直。 4. 栽植土表层整地后应平整，坡度当无设计要求时，其坡度宜为 0.3%～0.5%	试验、检测报告、观察、尺量	1000m² 检查 3 处，不足 1000m² 不少于 1 处

序号	分项工程名称	主控项目	一般项目	检测方法	检测数量
5	栽植穴、槽	1. 栽植穴、槽定点放线应符合设计图纸要求，位置应准确，标记明显。 2. 栽植穴、槽的直径应大于土球或裸根苗根系展幅的 40～60cm，穴深应为穴径的 3/4～4/5。穴、槽应垂直下挖，上口下底应相等。 3. 栽植穴、槽底部遇有不透水层及重黏土层时，应进行疏松或采取排水措施	1. 栽植穴、槽挖出的表层土和底土应分别堆放，底部应施基肥并回填表土或改良土。 2. 土壤干燥时应于栽植前灌水浸穴、槽。 3. 当土壤密实度大于 1.35g/cm³ 或渗透系数小于 10⁻⁴ cm/s 时，应采取扩大树穴、疏松土壤等措施	观察、测量	100 个穴检查 20 个，不足 20 个全数检查

序号	分项工程名称	主控项目	一般项目	检测方法	检测数量
6	植物材料	1. 植物材料种类、品种名称及规格应符合设计要求。 2. 严禁使用带有严重病虫害的植物材料。非检疫对象的病虫害危害程度或危害痕迹不得超过树体的 5%～10%。自外省市及国外引进的植物材料应有植物检疫证	1. 植物材料的外观质量应符合方法检验方法表 1.2.2-1 的规定。 2. 植物材料规格允许偏差和验方法有约定的应符合约定要求，无约定的应符合表 1.2.2-2 规定	观察、量测	每 100 株检查 10 株，少于 20 株，全数检查。草坪、地被、花卉按面积抽查 10%，4m² 为一点，至少 5 个点，≤30m² 全数检查

序号	分项工程名称	主控项目	一般项目	检测方法	检测数量
7	苗木运输和假植	1. 运输吊装苗木的机具和车辆的工作吨位，必须满足苗木吊表、运输的需要，并应制订相应的安全操作措施。 2. 苗木运到现场，当天不能栽植的应及时进行假植	1. 根根苗木运输时，应进行覆盖，保持根部湿润。装车、运输、卸车时不得损伤苗木。 2. 带土球苗木装车和运输时排列顺序应合理、捆绑稳固，卸车时应轻取轻放，不得损伤苗木及散球。 3. 苗木假植应符合下列规定： (1) 裸根苗可在栽植现场附近选择适合地点，根据根幅大小，挖假植沟进行假植。假植时间较长时，根系应用湿土埋严，不得透风，根系不得失水。 (2) 带土球苗木的假植，可将苗木码放整齐，土球四周培土，喷水保持土球湿润	观察	每车按20%的苗株进行检查

序号	分项工程名称	主控项目	一般项目	检测方法	检测数量
8	苗木修剪	1. 苗木修剪整形应符合设计要求，当无要求时，修剪整形应保持原树形。 2. 苗木应无损伤断枝、枯枝、严重病虫害等	1. 落叶树木的枝条应从基部剪除，不剪木橛，剪口平滑，不得劈裂。 2. 枝条短截时应留外芽，剪口应距留芽位置上方0.5cm。 3. 修剪直径2cm以上大枝及根711时，截口应削平，应涂防腐剂	观察、测量	100株检查，不足的全数10株、20株检查
9	树木栽植	1. 栽植的树木品种、规格、位置应符合设计规定。 2. 除特殊景观树木外，树木栽植应保持直立，不得倾斜。 3. 行道树或行列栽植的树木应在一条线上，相邻树株规格应合理搭配。 4. 树木栽植成活率不应低于95%；各贵树木栽植成活率应达到100%	1. 带土球树木栽植前应去除土球不易降解的包装物。 2. 栽植时应注意观赏面的合理朝向，树木栽植深度应与原种植线持平。 3. 栽植树木回填的栽植土应分层踏实。 4. 绿篱及色块栽植时，株行距、苗木高度、冠幅大小应均匀搭配，树形丰满的一面应向外。	观察、测量	100株检查，少于10株、20株的全数检查，成活率全数检查

23

序号	分项工程名称	主控项目	一般项目	检测方法	检测数量
9	树木栽植	1. 栽植的树木品种、规格、位置应符合设计规定。 2. 除特殊景观树外，树木栽植应保持直立，不得倾斜。 3. 行道树或树列栽植的树木应在一条线上，相邻植株规格应合理搭配。 4. 树木栽植成活率不应低于95%；各贵树木栽植成活率应达到100%	5. 非种植季节进行树木栽植时，应根据不同情况采取下列措施： （1）苗木可提前环状断根处理或在适宜季节起苗，用容器假植，带土球栽植。 （2）落叶乔木、灌木类应进行适当修剪并保持原树冠形态，剪除部分侧枝，保留的侧枝应进行短截，并适当加大土球体积。 （3）可摘叶的应摘去部分叶片，但不得伤害幼芽。 （4）夏季可采取遮荫、树木裹干保湿、树冠喷雾或喷施抗蒸腾剂，减少水分蒸发；冬季应采取防风防寒措施。	观察、测量	100株检查10株，少于20株的全数检查。成活率全数检查

24

序号	分项工程名称	主控项目	一般项目	检测方法	检测数量
9	树木栽植	1. 栽植的树木品种、规格、位置应符合设计规定。 2. 除特景观树外，树木栽植应保持直立、不得倾斜。 3. 行道树或栽植的树木应在一条线上、相邻植株规格应合理搭配。 4. 树木栽植成活率不应低于95%；名贵树木栽植成活率达到100%	（5）掘苗时根部可喷布促进生根激素，栽植时可加施保水剂、栽植后树体可注射营养剂。 （6）苗木栽植宜在阴雨天或傍晚进行。 6. 干旱地区或干旱季节，树木栽植应大力推广抗蒸腾剂、防腐促根、免修剪，采用土球苗、营养液滴注等新技术，加强水分管理等措施	观察、测量	100株检查10株、少于20株、全数检查。成活率全数检查

序号	分项工程名称	主控项目	一般项目	检测方法	检测数量
10	浇灌水	1. 树木栽植后应在栽植穴直径周围筑高 10～20cm 围堰，堰应筑实。 2. 浇灌树木的水质应符合现行国家标准《农田灌溉水质标准》GB 5084 的规定。 3. 每次浇灌水量应满足植物成活及生长需要	1. 浇水时应在穴中放置缓冲垫。 2. 新栽树木应在浇透水后及时封堰，以后根据当地情况及时补水。 3. 对浇水后出现的树木倾斜，应及时扶正，并加以固定	测试及观察	100 株检查 10 株、不足 20 株的全数检查

序号	分项工程名称	主控项目	一般项目	检测方法	检测数量
11	支撑	1. 支撑物的支柱应埋入土中不少于30cm，支撑物、牵拉物与地面连接点的连接应牢固。 2. 连接树木的支撑点应在树木主干上，其连接处应衬软垫，并绑缚牢固	1. 支撑物、牵拉物有效，保证支撑的强度能够用软牵拉固定时，应设置警示标志。 2. 针叶、常绿树的支撑高度应不低于树木主干的2/3，落叶树支撑高度为树木主干高度的1/2。 3. 同规格同种的支撑物、牵拉物的长度、支撑角度、绑缚形式以及支撑材料宜统一	晃动支撑物	每100株检查10株，不足50株的全数检查

27

序号	分项工程名称	主控项目	一般项目	检测方法	检测数量
12	大树挖掘包装	1. 土球规格应为树木胸径的6～10倍，土球高度为土球直径的2/3，土球底部直径为土球直径的1/3；土台规格应上大下小，下部边长比上部边长少1/10。 2. 树根应用手锯锯断，无劈裂并不得露出土球表面	1. 土球软质包装应紧实，无松动，腰绳宽度应大于10cm。 2. 土球直径1m以上的应作封底处理。 3. 土台的箱板包装应立支柱，稳定牢固，并应符合下列要求： （1）修平的土台尺寸应大于土台边长度5cm，土台面平滑，不得有石等突出土台； （2）土台顶边应高于板上口1～2cm，土台底应低于板下口1～2cm；边板与土台应密实； （3）边板与底板、底板与坑壁、顶板与底板应钉装牢固无松动；箱板与上端与坑壁、底板与坑底应支牢，稳定，无松动	观察、尺量	全数检查

序号	分项工程名称	主控项目	一般项目	检测方法	检测数量
13	大树吊装运输	1. 运输吊装大树的机具和车辆的工作吨位，必须满足大树吊装、运输的需要，并应制订相应的安全操作措施。 2. 吊装、运输时，应根据大树的树干、枝条、根部的土球，土台采取保护措施。	1. 大树吊装就位时，应注意选好主要观赏面的方向。 2. 应及时用软垫层支撑、固定树体。	观察	全数检查
14	大树栽植	1. 大树的规格、种类、树形、树势应符合设计要求。 2. 定点放线应符合施工图规定。	1. 栽植穴应根据根系或土球的直径加大 60~80cm，深度增加 20~30cm。 2. 种植土球树木，应将土球放稳，拆除包装物；大树修剪应符合以下规定：	观察、尺量	全数检查

29

序号	分项工程名称	主控项目	一般项目	检测方法	检测数量
14	大树栽植	1. 大树的规格、种类、树形、树势应符合设计要求。 2. 定点放线应符合施工图规定。 3. 栽植深度应保持下沉后原土痕和地面等高或略高，树干或树木的重心应与地面保持垂直	(1) 苗木修剪整形应符合设计要求，当无要求时，修剪整形应保持原树形。 (2) 苗木应无损伤断枝、枯枝、严重病虫枝等。 (3) 落叶树木的枝条应从基部剪除，不留木撅，剪口平滑，不得劈裂。 (4) 枝条短截时应留外芽，剪口应距留芽位置上方 0.5cm。 (5) 修剪直径 2cm 以上大枝及粗根时，截口应削平，应涂防腐剂。	观察、尺量	全数检查

序号	分项工程名称	主控项目	一般项目	检测方法	检测数量
14	大树栽植	1. 大树的规格、种类、树形、树势应符合设计要求。 2. 定点放线应符合施工图规定。 3. 栽植深度应保持下沉后原土痕和地面等高或略高，树干或树木的重心应与地面保持垂直	3. 栽植回填土壤应用种植土，肥料应充分腐熟，加土混合均匀，回填土应分层捣实，培土高度恰当。 4. 大树栽植后设立支撑应牢固，并进行裹干保湿，栽植后应及时浇水。 5. 大树栽植后，应对新植树木进行细致的养护和管理，应配备专职技术人员做好修剪、剥芽、喷雾、叶面施肥、浇水、排水、搭棚、包裹树干、设置风障、防台风，防寒和病虫害防治等管理工作	观察、尺量	全数检查

序号	分项工程名称	主控项目	一般项目	检测方法	检测数量
15	草坪和草本地被播种	1. 播种前应做发芽试验和催芽处理，确定合理的播种量，不同草种的播种量可按照表1.2.4-1进行播种。 2. 播种时应先浇水浸地，保持土壤湿润，并将表层土壤细耙平，坡度应达到0.3%~0.5%。 3. 用等量砂土与种子拌匀进行撒播，播种后应均匀覆细土0.3~0.5cm并轻压。	1. 应选择适合本地的优良种子；草坪、草本地被种子纯净度应达到95%以上；冷地型草坪种子发芽率应达到85%以上，暖地型草坪种子发芽率应达到70%以上。 2. 播种前应对种子进行消毒杀菌。 3. 整地前应进行土壤处理，防治地下害虫。	观察、测量及种子发芽试验报告	500m²检查3处，每点面积为4m²，不足500m²检查不少于2处

序号	分项工程名称	主控项目	一般项目	检测方法	检测数量
15	草坪和草本地被播种	4. 播种后应及时喷水、种子萌发前、干旱地区应每天喷水1～2次，水点宜细密均匀，浸透土层8～10cm，保持土表湿润，不应有积水，出苗后可减少喷水次数，土壤宜见湿见干。 5. 草坪和草本地被的播种、分栽，草块、草卷铺设及运动草坪成坪后应符合下列规定： (1) 成坪后覆盖度应不低于95%。 (2) 单块裸露面积应不大于25cm²。 (3) 杂草及病虫害的面积应不大于5%	1. 应选择适合本地的优良种子；草坪、草本地被种子纯净度应达到95%以上；草坪种子发芽率应达到85%以上；冷地型草坪种子发芽率应达到70%以上；暖地型草坪种子发芽率应达到70%以上。 2. 播种前应对种子进行消毒、杀菌。 3. 整地前应进行土壤处理，防治地下害虫	观察、测量及种子发芽试验报告	500m²检查3处，每点面积为4m²，不足500m²检查不少于2处

序号	分项工程名称	主控项目	一般项目	检测方法	检测数量
16	喷播种植	1. 喷播前应检查锚杆网片固定情况、清理坡面。 2. 喷播的种子覆盖料、土壤稳定剂的配合比应符合设计要求	1. 播种应均匀无漏，喷播厚度均匀一致。 2. 喷播应从上到下依次进行。 3. 在强降雨雨季节喷播时应注意覆盖	检查种子覆盖料及土壤稳定剂合格证明，观察	1000m²检查3处，每处面积为16m²，不足1000m²检查不少于2处
17	草坪本地和草坪地被分栽植	1. 分栽的植物材料应注意保鲜，不萎蔫。 2. 干旱地区或干旱季节，栽植前应先浇水浸地，浸水深度应达10cm以上。	1. 草坪分栽植物的株行距应满足设计要求，设计无明确要求时，可按丛的组行距15～20cm×15～20cm，成品字形，或以1m²植物材料可按1：3～1：4的系数进行栽植。 2. 栽植后应平整地面，适度压实，立即浇水	观察、尺量	500m²检查面3处，每点面积为4m²，不足500m²检查不少于2处

34

序号	分项工程名称	主控项目	一般项目	检测方法	检测数量
17	草坪和草本地被分栽	3. 草坪和草本地被的播种、分栽、草块、草卷铺设及运动场草坪成坪后应符合下列规定： （1）成坪后覆盖度不低于 95%。 （2）单块裸露面积应不大于 25cm²。 （3）杂草及病虫害的面积应不大于 5%	1. 草坪分栽植物的株行距无明确要求时，可按丛的组合形，设计丛的单株数满足设计要求，每15～20cm×15～20cm，成品字形；或以 1m² 植物材料可按 1：3～1：4 的系数进行栽植。 2. 栽植后应平整地面，适度压实，立即浇水	观察、尺量	500m² 检查3处、每点面积为 4m²，不足 500m² 检查不少于 2 处
18	铺设草块和草卷	1. 草卷、草块铺设前应先浇水湿地细整找平，不得有低洼处。 2. 草块、草卷在铺设后应进行滚压或拍打与土壤密切接触。	1. 草地排水坡度适当，不应有坑洼积水。 2. 铺设草卷，草块应相互衔接不留缝，草块间铺缝隙应均匀，并填心栽植土	观察、尺量、查看施工记录	500m² 检查3处、每点面积为 4m²，不足 500m² 检查不少于 2 处

序号	分项工程名称	主控项目	一般项目	检测方法	检测数量
18	铺设草块和草卷	3. 铺设草卷、草块、应及时浇透水，浸湿土壤厚度应大于10cm。 4. 草坪和草本地被的播种、分栽、草块、草卷铺设及运动场草坪成坪后应符合下列规定： （1）成坪后覆盖度应不低于95%。 （2）单块裸露面积应不大于25cm²。 （3）杂草及病虫害的面积应不大于5%	1. 草地排水坡度适当，不应有坑洼积水。 2. 铺设草卷、草块应相互衔接不留缝、高度一致、间铺缝隙应均匀，并填以栽植土	观察、尺量，查看施工记录	500m²检查3处，每点面积为4m²，不足500m²检查不少于2处

序号	分项工程名称	主控项目	一般项目	检测方法	检测数量
19	运动场草坪	1. 运动场草坪的排水层、渗水层、根系层，草坪层应符合设计要求。 2. 根系层的土壤应浇水沉降、进行水夯实，基质质量铺设细致均匀，整体系实度适宜。 3. 根系层土壤的理化性质应符合 CJJ 82—2012 规范特4.1.3 条的规定。 4. 草坪和本地草的地被种、分栽，草块、草卷铺设及运动场草坪成坪后应符合下列规定： （1）成坪后覆盖度应不低于 95%。 （2）单块裸露面积应不大于 25cm²。 （3）杂草及病虫害的面积应不大于 5%	1. 铺植草块，大小厚度应均匀、缝隙严密，草块与表层基质层结合紧密。 2. 成坪后草坪层的覆盖度应均匀，草坪颜色无明显差异，无明显裸露斑块，无明显杂草和病虫害症状，茎密度应为 2～4 枚/cm²。 3. 运动场根系层相对标高、排水坡降、厚度、平整度允许偏差应符合表 1.2.4—2 的规定	测量、环刀取样、观测	500m² 检查 3 处，不足 500m² 检查不少于 2 处

序号	分项工程名称	主控项目	一般项目	检测方法	检测数量
20	花卉栽植	1. 花苗的品种、规格、栽植放样、栽植密度、栽植图案均应符合设计要求。 2. 花卉栽植土及表层土整理应符合 CJJ 82—2012 规范第 4.1.3 条和第 4.1.6 条的规定。 3. 花苗应覆盖地面,成活率不应低于 95%	1. 株行距应均匀、高低搭配应恰当。 2. 栽植深度应适当,根部土壤应压实,花苗不得沾泥污	观察、尺量	500m² 检查 3 处,每点面积为 4m²,不足 500m² 检查不少于 2 处
21	水湿生植物栽植槽	1. 栽植槽的材料、结构、防渗应符合设计要求。 2. 槽内不宜采用轻质土或栽培基质	栽植槽土层厚度应符合设计要求,无设计要求的应大于 50cm	材料检测报告、观察、尺量	100m² 检查 3 处,不足 100m² 检查不少于 2 处

序号	分项工程名称	主控项目	一般项目	检测方法	检测数量
22	水湿生植物栽植	1. 水湿生植物栽植地的土壤质量不良时，应更换合格的栽植土，使用的栽植土和肥料不得污染水源。 2. 水湿生植物栽植的品种和单位面积栽植数应符合设计要求	1. 水湿生植物栽植后至长出新株期间应控制水位，严防新生苗（株）浸泡窒息死亡。 2. 水湿生植物栽植成活苗（芽）数应符合面积内拥有成活苗（芽）数应符合表1.2.5-2的规定	测试报告及栽植数、成活数记录报告	500m²检查3处，不足500m²检查不少于2处
23	竹类栽植	1. 竹苗的挖掘应符合下列规定： 1）散生竹母竹挖掘： 1）可根据竹最下一盘枝杈生长方向定来鞭、去鞭走向进行挖掘；	1. 竹类的包装运输应符合下列规定： 1）竹苗应采用软包包装扎，并应喷水保湿。 2）竹长途运输应蓬布遮盖，中途应喷水或干根部置放保湿材料。	观察、尺量	100株检查10株，不足20株全数检查

序号	分项工程名称	主控项目	一般项目	检测方法	检测数量
23	竹类栽植	2）母竹必须带鞭、中小型散生竹宜留来鞭 20～30cm，去鞭 30～40cm； 3）切断竹鞭截面应光滑，不得劈裂； 4）应沿竹鞭两侧深挖40cm，截断母竹底根，挖出的母竹，与竹鞭结合应良好，根系完整。 （2）丛生竹母竹挖掘： 1）挖掘时应在母竹 25～30cm 的外围，扒开表土，由远至近逐渐挖深，应严防损伤竹近节部芽眼，竿基部的须根应尽量保留；	（3）竹苗装卸时应轻装轻放，不得损伤竹竿与竹鞭之间的着生点及和鞭芽。 2．竹类修剪应符合下列规定： （1）散生竹竹苗修剪时，挖出的母竹宜留竹枝 5～7 盘，将顶梢剪去，不打尖修剪应保证，剪口应平滑，剪口尖修剪后应进行喷水保湿。 （2）丛生竹竹苗修剪时，竹竿应留枝 2～3 盘，竹竿近节间斜向将顶梢截除，切口应平滑，呈马耳形。 3．竹类栽植应符合下列规定：	观察、尺量	100 株检查 10 株，不足 20 株全数检查

序号	分项工程名称	主控项目	一般项目	检测方法	检测数量
23	竹类栽植	2）在母竹一侧找准准母竹竿柄与老竹竿基的连接点，切断母竹竿柄，连蔸一起挖起，切断操作时，不得劈裂竿柄、竿基； 3）每蔸分株根据竿大小确定母竹种特性及分株根数应根据竹竿数，大竹和可单株挖蔸，小竹种可3～5株成蔸挖掘。 2．竹类栽植应符合下列规定： （1）竹类材料品种、规格应符合设计要求。 （2）放样定位应准确。	（1）栽植穴的规格及间距可根据设计要求及竹苗大小进行挖掘，丛生竹的栽植穴宜大于根蔸的1～2倍；中小型散生竹的栽植穴规格应比鞭根根长40～60cm，宽40～50cm，深20～40cm。 （2）竹类栽植，应先将表土填于穴底，深浅适宜，拆除竹苗包装物，将竹苗入穴，根鞭应舒展，竹鞭在土中深度宜20～25cm；覆土深度宜比母竹原土痕高3～5cm，进行踏实及时浇水，渗水后覆土。	观察、尺量	100株检查10株，不足20株全数检查

序号	分项工程名称	主控项目	一般项目	检测方法	检测数量
23	竹类栽植	（3）栽植地应选择土层深厚、肥沃、疏松、湿润、光照充足，排水良好的壤土（华北地区宜背风向阳）。对较黏重的土壤及盐碱土应进行换土或土壤改良并符合CJJ 82—2012规范第4.1.3条的要求	4. 竹类栽植后的养护应符合下列规定： （1）栽植后应立柱或横杆互连支撑，严防晃动。 （2）栽后应及时浇水。 （3）发现露鞭时应进行覆土并及时除草松土，严禁踩踏根、鞭、芽	观察、尺量	100株检查 10株，不足 20株全数检查
24	耐根穿刺防水层	1. 耐根穿刺防水层的材料品种、规格、性能及相关标准应符合设计要求； 2. 卷材接缝应进行蓄水或有渗 3. 施工完成后应进行蓄水或有渗淋水试验，24h内不得塞积水漏或堵塞排水口	1. 耐根穿刺防水层材料见证抽样复验； 2. 耐根穿刺防水层的细部构造、密封材料嵌填应密实饱满、无气泡、开裂等缺陷； 3. 立面防水层收头入槽、封严； 4. 成品应注意保护，检查施工现场不得堵塞排水口	观察、尺量	每 50 延米检查 1 处，不足50延米全数检查

序号	分项工程名称	主控项目	一般项目	检测方法	检测数量
25	排蓄水层	1. 凹凸形塑料排蓄水板厚度、顺缝搭接宽度应符合设计要求，设计无要求时，搭接宽度应大于 15cm； 2. 采用卵石、陶粒等材料铺设排蓄水层的其铺设厚度应符合设计要求	1. 四周设置明沟的，排蓄水层应铺至明沟边缘。 2. 挡土墙下设排水管的、排水管与天沟或落水口应合理搭接、坡度适当	观察、尺量	每 50 延米长检查 1 处，不足 50 延米长全数检查
26	过滤层	过滤层的材料规格、品种应符合设计要求	1. 采用单层卷状材料无纺布质量必须大于 150g/m²，搭接缝的有效宽度应达到 10～20cm。	观察、尺量	每 50 延米长检查 1 处，不足 50 延米长全数检查

続表

序号	分项工程名称	主控项目	一般项目	检测方法	检测数量
26	过滤层	过滤层的材料规格、品种应符合设计要求	2. 采用双层组合卷状材料：上层蓄水棉，单位面积质量应达到200~300g/m²；下层无纺布材料，单位面积质量应达到100~1508/m²；卷材铺设在排（蓄）水层上，向栽植地四周延伸，高度与种植层齐高，端部收头应用胶粘剂粘结，粘结宽度不得小于5cm，或用金属条固定	观察、尺量	每50延米长检查1处，不足50延米长全数检查
27	设施障碍性面层栽植基盘	1. 透水、排水、透气、渗管等构造材料和栽植土（基质）应符合栽植要求。2. 施工做法应符合设计和规范要求	障碍性层栽植基盘的透水、透气系统或结构性能良好，浇灌后无积水、雨期无沥涝	观察、尺量	100m²检查3处，不足100m²检查不少于2处

44

序号	分项工程名称	主控项目	一般项目	检测方法	检测数量
28	设施顶面栽植工程	1. 植物材料的种类、品种和植物物配置方式应符合设计要求。 2. 自制或采用成套树木固定率引装置、预埋件等应使栽合设计要求，支撑操作应牢固、树木牢固。 3. 树木栽植成活率及地被覆盖度应符合以下规定： （1）树木栽植成活率不应低于95%；名贵树木栽植成活率应达到100%。 （2）成坪后覆盖度应不低于95%	1. 植物栽植应符合设计要求。 2. 植物材料栽植，应及时进行养护和管理，不得有严重枯黄死亡，植被裸露和明显病虫害	观察、尺量	100m²检查3处，不足100m²检查不少于2处

序号	分项工程名称	主控项目	一般项目	检测方法	检测数量
29	设施立面垂直绿化	1. 低层建筑物、构筑物的外立面、围栏前为自然地面，可进行整地栽植。符合栽植土标准时，可进行整地栽植。 2. 垂直绿化栽植的品种、规格应符合设计要求	1. 建筑物、构筑物的外立面及围栏的立地条件较差，可利用栽植槽栽植，槽的高度宜为50～60cm，宽度宜为50cm，种植槽应有排水孔。栽植土应符合 CJJ 82—2012 规范第4.1.3条的规定。 2. 建筑物、构筑物立面较光清时，应加设载体后再进行栽植。 3. 植物材料栽植后应牵引、固定。浇水	观察、尺量	100株检查 10 株、不足20株全数检查

序号	分项工程名称	主控项目	一般项目	检测方法	检测数量
30	坡面绿化防护栽植层工程	1. 用于坡面栽植层的栽植土（基质）理化性状应符合本规范第 4.1.3 条的规定。 2. 混凝土格构、固土网垫、格栅、土工合成材料、喷射基质等施工做法应符合设计和规范要求	喷射基质（基质）不应剥落、质表面无明显沟蚀、流失；栽植土或基质（基质）的肥效不得少于 3 个月	观察、照片分析、尺量	500m² 检查 3 处、不足 500m² 检查不少于 2 处
31	排盐（渗水）管沟隔淋（渗水）层开槽	1. 开槽范围、槽底高程、槽底应高于设计要求、地下水标高。 2. 槽底不得有淤泥、软土层	槽底应找平和适度压实、槽底标高和平整度允许偏差应符合表 1.2.6 的规定	测量	1000m² 检查 3 个点、不足 1000m² 检查不少于 2 个点

47

序号	分项工程名称	主控项目	一般项目	检测方法	检测数量
32	排盐（渗水）管敷设	1. 排盐管（渗水管）敷设走向、长度、间距及过路管的处理应符合设计要求； 2. 管材规格、性能符合设计和使用功能要求，并有出厂合格证。 3. 排盐（渗水）管应通顺有效，主体排盐（渗水）管应与外界市政排水管网接通，终端管底标高应高于排水管管中15cm以上	1. 排盐（渗水）沟断面和填埋材料应符合设计要求。 2. 排盐（渗水）管的连接与观察井的连接末端排盐管的封堵应符合设计要求。 3. 排盐（渗水）管、观察井允许偏差应符合表1.2.6规定	测量	200m检查3个点，不足200m，检查不少于2个点

序号	分项工程名称	主控项目	一般项目	检测方法	检测数量
33	隔淋（渗水）层	1. 隔淋（渗水）层的材料及铺设厚度应符合设计要求；2. 铺设隔淋（渗水）层时，不得损坏排盐管。	1. 石屑淋层材料中石粉和泥土含量不得超过10%，其他淋（渗水）层材料中也不得掺杂黏土、石灰等粘结物；2. 排盐（渗水）隔淋层铺设厚度允许偏差应符合表1.2.6的要求。	测量	1000m² 检查3个点，不足1000m² 检查不少于2个点
34	施工期植物养护	1. 根据植物习性和墒情及时浇水。2. 结合中耕除草，平整树台。3. 加强病虫害观测，控制突发性病虫害发生，主要病虫害防治应及时。	1. 根据植物生长情况及时追肥、施肥。2. 花坛、花境应及时清除残花败叶，植株应生长健壮。3. 绿地应保持整洁，做好维护管理工作，及时清理枯枝、落叶、杂草、垃圾。	检查施工日志、观察	1000m² 检查3处，1000m²以下检查不少于2处，每处面积不小于50m²

序号	分项工程名称	主控项目	一般项目	检测方法	检测数量
34	施工期植物养护	4. 树木应及时剥芽、去蘖、疏枝应整形。草坪应适时进行修剪。 5. 对树木应加强支撑、绑扎及裹干措施，做好防强风、干热、洪涝、越冬防寒等工作	4. 对生长不良、枯死、损坏、缺株的园林植物应及时更换或补栽，用于更换及补栽的植物材料应和原植株的种类、规格一致	检查施工日志、观察	1000m²处，检查3处，1000m²以下检查不少于2处，每处面积不小于50m²
35	碎拼花岗石面层	地面工程基层、面层所用材料的品种、质量、规格、各结构层纵横向坡度、厚度，标高和平整度应符合设计要求；面层与基层的结合（粘结）必须牢固，不得空鼓、松动。面层不得积水。园路的弧度应顺畅自然	1. 材料边缘呈自然碎裂形状，形态基本相似，不宜出现尖锐角及规则形。 2. 色泽及大小搭配协调，接缝大小、深浅一致。 3. 表面洁净，地面不积水。 4. 园路、广场地面铺装工程的允许偏差和检验方法应符合表1.3.1的规定	靠尺、楔形塞尺、量测	200m²检查3处，不足200m²检查不少于1处

序号	分项工程名称	主控项目	一般项目	检测方法	检测数量
36	卵石面层	地面工程基层、面层所用材料各结构的品种、质量、规格、厚度和平整度；面层与基层的结合必须牢固，不得空鼓、松动；面层不得积水。园路的弧度应顺畅自然	1. 卵石面层应按排水方向调坡。 2. 面层铺贴前应对基础进行清理后刷素水泥浆一遍。 3. 水泥砂浆厚度不应低于 4cm，强度等级不应低于 M10。 4. 卵石的颜色搭配协调，颗粒清晰，大小均匀，石粒清洁、排列方向一致（特殊拼花要求除外），窄面向上，无明显下沉现象，并达到全面铺设面卵石铺设应均匀，嵌入砂浆的厚度为卵石整个度的 60%。 6. 砂浆强度达到设计强度的 70%以上时，露面卵石达到 70%时，应冲洗石子表面。 7. 带状卵石面装大于 6 延长米时，应设伸缩缝。 8. 园路、广场地面铺装工程应符合表 1.3.1 的规定允许偏差和检验方法	靠尺、塞尺、楔形尺、量测	200m² 检查 3 处，不足 200m² 检查不少于 1 处

序号	分项工程名称	主控项目	一般项目	检测方法	检测数量
37	嵌草地面	地面工程基层、面层所用材料的品种、质量、规格、厚度，标高和坡层纵横向坡度应符合设计要求；面层与基层的结合（粘结）必须牢固，不得空鼓、松动。面层不得积水。园路的弧度应顺畅自然	1. 块料表面不应有裂纹、缺陷、铺设平稳、表面清洁。 2. 块料之间应填种植土、种植土厚度不宜小于8cm，种植土填充面应低于块料上表面1～2cm，不得积水。 3. 嵌草平整、不得松动、牢固。 4. 园路、广场地面铺装工程的允许偏差和检验方法应符合表1.3.1的规定	观察、尺量	200m² 检查3处，不足200m² 检查不少于1处
38	水泥花砖混凝土板块层	同上	1. 在铺贴前，应对板块的规格尺寸、外观质量、色泽等进行预选、浸水湿润晾干待用。 2. 勾缝和压缝应采用同品种、同强度等级、同颜色的水泥，并做好养护和保护。	拉5m靠线、靠尺、楔形尺、量测	200m² 检查3处，不足200m² 查不少于1处

序号	分项工程名称	主控项目	一般项目	检测方法	检测数量
38	水泥花砖混凝土板块面层	地面工程基层、面层所用材料的品种、质量、规格，各结构层纵横向坡度应符合设计要求；标高和平整度应符合设计要求；面层与基层的结合（粘结）必须牢固，不得空鼓、松动，面层不得积水。园路的弧度应顺畅自然	3. 面层的表面应洁净，图案清晰、色泽一致、接缝平整、周边顺直、板块无裂缝、掉角和缺棱等缺陷。 4. 园路、广场地面铺装工程应符合表1.3.1的规定	拉5m线、靠尺、楔形尺、量测	200m² 检查3处，不足200m² 查不少于1处
39	侧石安装	地面工程基层、面层所用材料的品种、质量、规格，各结构层纵横向坡度应符合设计要求；标高和平整度应符合设计要求；面层与基层的结合（粘结）必须牢固，不得空鼓、松动，面层不得积水。园路的弧度应顺畅自然	1. 底部和外侧应坐浆稳固。 2. 顶面应平整，线条应顺直。 3. 曲线段应圆滑无明显折角。 4. 侧石安装允许偏差应符合表1.3.1的规定 5. 园路、广场地面铺装方法和检验方法应符合表1.3.1的规定	水准仪、量、观察尺	100延米检查3处，不足100延米检查不少于1处

序号	分项工程名称	主控项目	一般项目	检测方法	检测数量
40	冰梅面层	地面工程基层、面层所用材料的品种、规格、质量、厚度、各结构层的坡度。面层与基层的结合（粘结）必须牢固，不得空鼓、松动。面层不得积水。园路的弧度应顺畅自然。面层纵、横向坡度应符合设计要求；面层平整度和标高和设计要求。	1. 面层的色泽、质感、纹理、块体规格大小应符合设计要求。 2. 石质材料要求强度均匀，抗压强度不小于 30MPa；软质面层石材要求细腻、耐磨，表面应洗净。 3. 板块面宜均匀，块体大小不宜过大，符合三线质体大小不宜过大，符合三线质感。不得出现多处边形及阴角（内凹角）、直角。 4. 垫层应采用同品种、同强度等级的水泥，并做好养护和保护。面层的表面应洁净、接缝平整、色泽一致，留缝宽度一致、周边顺直，大小适中。 5. 面层的表面应洁净、接缝平整、色泽一致，留缝宽度一致、周边顺直，大小适中。 6. 园路、广场地面铺装应符合表 1.3.1 的规定。园路、广场地面铺装验收工程的允许偏差和检验方法应符合表 1.3.1 的规定。	靠尺、楔形尺、量测	200m² 检查 3 处 不足 200m² 检查不少于 1 处

序号	分项工程名称	主控项目	一般项目	检测方法	检测数量
41	花街铺地面层	地面工程基层、面层所用材料的品种、规格、质量、各结构层纵横向坡度、厚度、标高和平整度应符合设计要求；面层与基层的结合（粘结）必须牢固，不得空鼓、松动，面层不得积水。园路的弧度应畅顺自然	1. 纹样、图案、线条大小长短规格应统一，对称。 2. 填充料宜色泽丰富，镶嵌均匀，露面部分不应有明显的锋口和尖角。 3. 完成面的表面应洁净、清晰、色泽统一、接缝平整一致。 4. 园路、广场地面铺装工程的允许偏差和检验方法应符合表1.3.1的规定	观察，尺量	200m²，检查 3 处，不足 200m² 检查不少于 1 处

序号	分项工程名称	主控项目	一般项目	检测方法	检测数量
42	大方砖面层	地面工程基层、面层所用材料的品种、质量、规格、各结构层纵横向坡度、厚度、标高和平整度应符合设计要求；面层与基层应结合（粘结）必须牢固，不得空鼓、松动、面层不得积水。园路的弧度应顺畅自然	1. 大方砖色泽应一致、棱角齐全，不应有隐裂及明显气孔、规格尺寸符合设计要求。 2. 方砖铺设面四角应平整、缝线通直、砖缝油灰缝均匀、砖缝饱满。 3. 砖面桐油涂刷应均匀、涂刷遍数应符合设计规定，不得漏刷。 4. 园路、广场地面铺装工程表允许偏差和检验方法应符合表1.3.1的规定	拉5m线、靠尺、楔形塞尺、鉴测重	200m²检查3处，不足200m²检查不少于1处

序号	分项工程名称	主控项目	一般项目	检测方法	检测数量
43	压模面层	地面工程基层、面层所用材料的品种、规格、厚度、质量，各结构层纵横向坡度、标高和平整度应符合设计要求；面层与基层的结合（粘结）必须牢固，不得空鼓、松动。面层不得积水。园路的弧度应顺畅自然	1. 压模面层不得开裂，基层设计有要求的，按设计要求无设计要求的，应采用双层双向钢筋混凝土浇捣。 2. 路面每隔10m，应设伸缩缝。 3. 完成面应色泽均匀、平整，无翘曲。 4. 园路、广场地面铺装工程的块体边缘清晰，地面铺装应符合表1.3.1的规定和检验方法应符合表1.3.1的规定	靠尺、楔形塞尺、量测	200m²检查3处，不足200m²检查不少于1处

序号	分项工程名称	主控项目	一般项目	检测方法	检测数量
44	透水砖面层	地面工程基层、面层所用材料的品种、规格、质量，各结构层纵横向坡度、厚度，标高和平整度应符合设计要求；面层与基层的结合（粘结）必须牢固，不得空鼓，松动，面层不得积水，园路的弧度应顺畅自然	1. 透水砖的规格及厚度应统一。 2. 铺设前必须按铺设范围用排砖，边沿部位形成小粒砖时，必须调整砖块的间距或进行两边切割。 3. 面砖块间隙应均匀、色泽一致，排列形式应符合设计要求，表面平整不应松动。 4. 园路、广场地面铺装工程的允许偏差和检验方法应符合表1.3.1 的规定	5m 拉线，靠尺，楔形塞尺量测	200m² 检查 3 处，不足 200m² 检查不少于 1 处

序号	分项工程名称	主控项目	一般项目	检测方法	检测数量
45	小青砖（黄道砖）面层	地面工程基层、面层所用材料的品种、质量、规格、厚度、标高和平整度应符合设计要求；面层与基层的结合（粘结）必须牢固，不得空鼓、松动。面层不得积水。园路的弧度应顺畅自然	1. 小青砖（黄道砖）规格、色泽应统一，厚薄一致不应缺棱掉角，上面应四角通直均为直角。2. 面砖块间排列应紧密，色泽均匀，表面平整，不应松动。3. 园路、广场地面铺装工程的允许偏差和检验方法应符合表1.3.1的规定	拉5m线、尺、观察、量测	200m²检查3处，不足200m²检查不少于1处
46	自然块石面层	地面工程基层、面层所用材料的品种、质量、规格、厚度、标高和平整度应符合设计要求；面层与基层的结合（粘结）必须牢固，不得空鼓、松动。面层不得积水。园路的弧度应顺畅自然	1. 铺装区域基底土应预先夯实，无沉陷。2. 铺设应用的自然块石应选用具有较平坦大面的石块、块体间排列紧密、高度一致、踏面平整、无倾斜、翘动。3. 园路、广场地面铺装工程的允许偏差和检验方法应符合表1.3.1的规定	拉5m线、尺、观察、量测	200m²检查3处，不足200m²检查不少于1处

序号	分项工程名称	主控项目	一般项目	检测方法	检测数量
47	水洗石面层	地面工程基层、面层所用材料的品种、质量、规格、厚度；各结构层纵横向坡度、标高和平整度应符合设计要求；面层与基层的结合（粘结）必须牢固，不得空鼓、松动，面层不得积水。园路的弧度应顺畅自然	1. 水洗石铺装的细卵石（混合卵石除外）应色泽统一、颗粒大小均匀，规格符合设计要求。 2. 路面的石子表面色泽应清晰洁净，不应有水泥浆残留、开裂。 3. 酸洗液冲洗彻底，不得残留腐蚀痕迹。 4. 园路、广场地面铺装工程的允许偏差和检验方法应符合表1.3.1的规定	靠尺、楔形塞尺、量测	200m²检查3处，不足200m²检查不少于1处

序号	分项工程名称	主控项目	一般项目	检测方法	检测数量
48	假山、叠石、置石工程	1. 假山处石的基础工程及主体构造应符合设计和安全规定，假山结构和主峰稳定性应符合抗风、抗震强度要求。 2. 假山叠石的基础应符合下列规定： （1）假山地基基础承载力应大于山石总荷载的1.5倍；灰土基础应低于地平面20cm，其面积应大于假山底面面积，外沿宽出山底50cm。	1. 主体山石应错缝叠压、纹理统一。叠石或景石放置时，应注意主体方向、掌握重心。山体最外侧的峰石底部应灌注1:2水泥砂浆。每块叠石的刹石不应少于4个受力点，刹石不应外露，每层之间应补一每块叠石的刹石不应外露，并灌1:2水泥砂浆。	观察、尺量、锤击、查阅资料	假山叠石主体工程以一座叠石为一检验批，或以每延长20m为一检验批，全数检查

序号	分项工程名称	主控项目	一般项目	检测方法	检测数量
48	假山、叠石、置石工程	（2）假山设在陆地上，应选用C20以上混凝土制作基础；假山设在水中，应选用C25混凝砂浆砌石块制作基础的水泥混泥砂浆砌石块有特殊根据不同地势，地质应有特殊要求的可做特殊处理。 3. 假山石拉筋施工应做到统筹向背，曲折清落，断续相间，连接互咬，拉底石块应坚实、耐水、不得用风化石块做基石。 4. 假山山洞的洞壁凹凸面不得影响游人安全，洞内应有采光，不得积水。	2. 假山、叠石缝隙，应先填塞、连接，嵌实，用水泥砂浆进行勾缝，勾缝应做到自然平整，明缝不应超过2cm宽，砂浆干无遗漏。暗缝应凹入石1.5～2cm，砂浆干煤石色泽应与石料色泽相近。 小于150cm，山洞的山石长度不应定，跌水、整块大体量山石应稳定，配重不小子悬挑重量的2倍。横向挑出的山石后压脚应确保牢固，粘结材料应满足强度要求。辅助加固构件（银锭扣、铁爬钉、铁蟹扣、铁扁担等）承载力和数量应保证达到山体的结构安全及艺术效果要求，铁件表面应做防锈处理。	观察、尺量、锤击、查阅资料	假山叠石以主体工程以一座叠石为一检验批，或以每20延米长为一检验批，全数检查。

序号	分项工程名称	主控项目	一般项目	检测方法	检测数量
48	假山、置石、叠石工程	5. 假山、叠石、布置临路侧、山洞洞顶和洞壁的岩面应圆润，不得带锐角	4. 登山山道的走向应自然，踏步铺设应平整、牢固，高度以14～16cm为宜，除特殊位置外，高度不得大于25cm，宽度不应小于30cm。 5. 溪涧景石的自然驳岸的布置，应体现溪流的自然感，并与周边环境协调。订步安置应求平整。订步边到边距不应大于30cm，高差不宜大于5cm。 6. 壁峰不宜过厚，应采用嵌入墙体为主，与墙体脱离部分应有可靠排水措施。墙体内应预埋铁件使件钩托石块，保证稳固。 7. 假山、叠石，外形艺术处理应石不宜杂，纹不宜乱，块不宜匀，缝不宜多，形态自然完整。	观察、尺量、锤击、查阅资料	假山工程以主体叠石为一座叠石为一检验批，或以每20延米长为一检验批，全数检查

序号	分项工程名称	主控项目	一般项目	检测方法	检测数量
48	假山、置石工程	5. 假山、叠石、布置临路侧、山洞洞顶和洞壁的岩面应圆润、不得带锐角	8. 假山收顶工程应符合下列要求： （1）收顶的山石应选用体量较大、轮廓和体态富于特征的山石；由主及次、自上而下分层作业。每层高度宜为30～80cm，不得在凝固期间强行施工，影响胶结料强度。 （2）收顶施工应自后向前、自上而下分层作业。 （3）顶部管线、水路、孔洞应预留、预埋，严事后开凿穿。 （4）结构受力石必须有足够强度。 9. 置石的主要形式有特置、对置、散置、群置，山石器设等。置石工程应符合下列规定： （1）置石石材、石种应统一、整体协调。 （2）置石的材质、色泽、造型应符合设计要求。	观察、尺量、锤击、查阅资料	假山叠石主体工程以一座叠石为一检验批，或以每20延米长为一检验批，全数检查

序号	分项工程名称	主控项目	一般项目	检测方法	检测数量
48	假山、叠石、置石工程	5. 假山、叠石、置石、布置临路侧、山洞洞顶和洞壁的岩角应圆润、不得带锐角	(3) 特置山石应符合下列要求： 1) 应选择体量较大、色彩纹理奇特、造型轮廓突出、具有动势的山石； 2) 石高与观赏距离应保持 1 : 2～1 : 3 之间； 3) 单块高度大于 120cm 的山石与地坪、墙基贴接处应用混凝土做脚，亦可采用整形基座或坐落在自然的山石面上。 (4) 对置山石应以两块山石为组合，宜立于建筑门前两侧或植入口两侧。 (5) 散置山石应有疏有密、远近结合，彼此呼应、不可众石杂凌乱无章。 (6) 群置山石应有石之大小不等、石之高低不等，石之间距有别、宾主分明，搭配适宜	观察、尺量、锤击、查阅资料	假山叠石以主体工程石为一座叠验批，以每20或延米长为一检验批，全数检查

序号	分项工程名称	主控项目	一般项目	检测方法	检测数量
49	水景管道安装	1. 管道安装宜先安装主管，后安装支管，管道位置和标高应符合设计要求。 2. 各种材质的管材连接应保证不渗漏	1. 配水管网管道水平安装时，应有2‰~5‰的坡度坡向泄水点。 2. 管道下料时，管道切口口应平整，并与管中心垂直	观察、测量	50延米检查3处，不足50延米检查不少于2处
50	水景潜水泵安装	1. 潜水泵应采用法兰连接。 2. 潜水泵轴线平行或总管轴线平行或垂直	1. 同组喷泵采用的潜水泵安装在同一高程。 2. 潜水泵淹没深度小于50cm时，在泵吸入口处应加装防护网罩。 3. 潜水泵电电缆应采用防水型电缆，控制开关应采用漏电保护开关	观察、测量	全数检查

序号	分项工程名称	主控项目	一般项目	检测方法	检测数量
51	水景喷泉的喷头安装	1. 管网应在安装完成压合格并进行冲洗后，方可安装喷头。 2. 喷头安装前应有长度不小于10倍喷头公称尺寸的直线管段或设整流装置。	1. 确定喷头距水池边缘的合理距离，溅水不得溅至水池外面的地面上或收水线以内。 2. 同组喷泉用喷头的安装形式宜相同。 3. 隐蔽安装的喷头、喷口出流方向水流轨迹上不应有障碍物	观察、测量	全数检查
52	座椅（凳）、标牌、果皮箱安装	1. 座椅（凳）、标牌、果皮箱的质量应符合相关产品标准的规定，并应通过产品检验合格。	1. 座椅（凳）、标牌、果皮箱应按照产品安装方法或按照产品安装说明或设计要求进行。 2. 安装基础应符合设计要求	手动、观察	全数检查

序号	分项工程名称	主控项目	一般项目	检测方法	检测数量
52	座椅（凳）、标牌、果皮箱安装	2. 座椅（凳）、标牌、果皮箱材质、规格、色彩、形状、安装位置应符合设计要求，标牌的指示方向应准确无误。 3. 座椅（凳）、果皮箱安装牢固无松动，标牌支柱安装应直立、不倾斜，无毛刺，支柱表面应整洁，标牌与基础连接应牢固，无松动。 4. 金属部分及其连接件应做防锈处理	1. 座椅（凳）、标牌、果皮箱的安装方法应按照产品安装说明或设计要求进行。 2. 安装基础应符合设计要求	手动、观察	全数检查

序号	分项工程名称	主控项目	一般项目	检测方法	检测数量
53	园林护栏	1. 金属护栏和钢筋混凝土护栏应设置基础，基础强度和埋深应符合设计要求；设计无明确要求时，高度在1.5m以下的护栏，其混凝土基础尺寸不应小于30cm×30cm×30cm；高度在1.5m以上的护栏，其混凝土基础尺寸不应小于40cm×40cm×40cm。 2. 园林护栏基础采用的混凝土强度不应低于C20。	1. 竹木质护栏、金属护栏、钢筋混凝土护栏、绳索护栏等均应具有维护护绿地及具有一定观赏效果的目的于维护护绿地及具有一定观赏效果的隔栏。 2. 栏杆空隙应符合设计要求，设计未提出明确要求的，宜为15cm以下。 3. 护栏整体应垂直、平顺。	观察、手动、尺量	100延米检查3处，不足100延米检查不少于2处

序号	分项工程名称	主控项目	一般项目	检测方法	检测数量
53	园林护栏	3. 现场加工的金属护栏应做防锈处理。 4. 栏杆之间，栏杆与基础之间的连接应紧实牢固。金属栏杆的焊接应符合国家现行相关标准的要求。 5. 竹木质护栏的主桩下埋深度不应小于50cm。主桩下埋部分应做防腐处理。主桩之间的间距不应大于6m	1. 竹木质护栏、金属护栏、钢筋混凝土护栏、绳索护栏等均应干维护绿地及具有一定观赏效果的围栏。 2. 栏杆空隙应符合设计要求。设计未提出明确要求的，宜为15cm以下。 3. 护栏整体应垂直、平顺	观察、尺量，手动	100 延米检查3处，不足100延米检查不少于2处

序号	分项工程名称	主控项目	一般项目	检测方法	检测数量
54	喷灌喷头安装	1. 管网应在安装完成试压合格并进行冲洗后，方可安装喷头。喷头规格和射程应符合设计要求、洒水均匀，并符合设计的景观艺术效果。 2. 喷头定位应准确、埋地喷头的安装应符合设计和地形的要求	1. 绿地喷灌工程应符合安全使用要求，喷洒到道路上的喷头应进行调整。 2. 喷头高低应根据苗木要求调整，各接头应无渗漏，各喷头应达到工作压力	手动、观察、尺量	全数检查

本章参考文献

《园林绿化工程施工及验收规范》CJJ 82—2012

2 给水排水管道工程

本章适用于新建、扩建和改建城镇公共设施和工业企业的室外给排水管道工程的施工及验收；不适用于工业企业中具有特殊要求的给排水管道施工及验收。

2.1 施工基本规定

施工测量的允许偏差，应符合表 2.1 的规定，并应满足国家现行标准《工程测量规范》GB 50026 和《城市测量规范》CJJ 8 的有关规定；对有特定要求的管道还应遵守其特殊规定。

施工测量的允许偏差　　　　　表 2.1

项　目		允许偏差
水准测量高程闭合差	平地	$\pm 20\sqrt{L}$ （mm）
	山地	$\pm 6\sqrt{n}$ （mm）
导线测量方位角闭合差		$40\sqrt{n}$ （″）
导线测量相对闭合差	开槽施工管道	1/1000
	其他方法施工管道	1/3000
直接丈量测距的两次较差		1/5000

注：1. L 为水准测量闭合线路的长度（km）。
　　2. n 为水准或导线测量的测站数。

2.2　质量验收基本规定

验收批质量验收合格应符合的规定有：一般项目中的实测（允许偏差）项目抽样检验的合格率应达到 80%，且超差点的最大偏差值应在允许偏差值的 1.5 倍范围内。

2.3　土石方与地基处理

2.3.1　沟槽开挖与支护

1. 管道一侧的工作面宽度（mm），可按表 2.3.1-1 选取。

管道一侧的工作面宽度　表 2.3.1-1

管道的外径 D_o （mm）	管道一侧的工作面宽度 b_1 （mm）		
	混凝土类管道		金属类管道、化学建材管道
$D_o \leqslant 500$	刚性接口	400	300
	柔性接口	300	
$500 < D_o \leqslant 1000$	刚性接口	500	400
	柔性接口	400	
$1000 < D_o \leqslant 1500$	刚性接口	600	500
	柔性接口	500	

管道的外径 D_o (mm)	管道一侧的工作面宽度 b_1 (mm)		
	混凝土类管道		金属类管道、化学建材管道
$1500 < D_o \leqslant 3000$	刚性接口	800~1000	700
	柔性接口	600	

注：1. 槽底需设排水沟时，b_1 应适当增加。

2. 管道有现场施工的外防水层时，b_1 宜取 800mm。

3. 采用机械回填管道侧面时，b_1 需满足机械作业的宽度要求。

2. 地质条件良好、土质均匀、地下水位低于沟槽底面高程，且开挖深度在5m以内、沟槽不设支撑时，沟槽边坡最陡坡度应符合表2.3.1-2的规定。

深度在5m以内的沟槽边坡的最陡坡度　表 2.3.1-2

土的类别	边坡坡度（高：宽）		
	坡顶无荷载	坡顶有静载	坡顶有动载
中密的砂土	1：1.00	1：1.25	1：1.50
中密的碎石类土（充填物为砂土）	1：0.75	1：1.00	1：1.25
硬塑的粉土	1：0.67	1：0.75	1：1.00
中密的碎石类土（充填物为黏性土）	1：0.50	1：0.67	1：0.75

土的类别	边坡坡度(高：宽)		
	坡顶无荷载	坡顶有静载	坡顶有动载
硬塑的粉质黏土、黏土	1：0.33	1：0.50	1：0.67
老黄土	1：0.10	1：0.25	1：0.33
软土(经井点降水后)	1：1.25	—	—

2.3.2 沟槽回填

每层回填土的虚铺厚度，应根据所采用的压实机具按表 2.3.2 的规定选取。

每层回填土的虚铺厚度　　表 2.3.2

压实机具	木夯、铁夯	轻型压实设备	压路机	振动压路机
虚铺厚度 (mm)	≤200	200~250	200~300	≤400

2.3.3 质量验收标准

1. 沟槽开挖与地基处理应符合下列规定：

沟槽开挖的允许偏差应符合表 2.3.3-1 的规定。

沟槽开挖的允许偏差　　表 2.3.3-1

序号	检查项目	允许偏差（mm）		检查数量		检查方法
				范围	点数	
1	槽底高程	土方	±20	两井之间	3	用水准仪测量
		石方	+20，−200			

序号	检查项目	允许偏差（mm）	检查数量		检查方法
			范围	点数	
2	槽底中线每侧宽度	不小于规定	两井之间	6	挂中线用钢尺量测，每侧计3点
3	沟槽边坡	不陡于规定	两井之间	6	用坡度尺量测，每侧计3点

2. 沟槽支护应符合现行国家标准《建筑地基基础工程施工质量验收规范》GB 50202 的相关规定，对于撑板、钢板桩支撑还应符合下列规定：

钢板桩的轴线位移不得大于 50mm；垂直度不得大于 1.5%；

检查方法：观察，用小线、垂球量测。

3. 沟槽回填应符合下列规定：

回填土压实度应符合设计要求，设计无要求时，应符合表 2.3.3-2 和表 2.3.3-3 的规定。

表 2.3.3-2

刚性管道沟槽回填土压实度

序号	项目			最低压实度（%）		检查数量		检查方法
				重型击实标准	轻型击实标准	范围	点数	
1	石灰土类垫层			93	95	100m		用环刀法检查或采用现行国家标准《土工试验方法标准》GB/T 50123 中其他方法
2	沟槽在路基范围外	胸腔部分	管侧 管顶以上 500mm	87	90	两井之间或 1000m²	每层每侧一组（每组 3 点）	
			其余部分	87±2（轻型）				
		农田或绿地范围表层 500mm 范围内		≥90（轻型）或按设计要求				
				不宜压实，预留沉降量，表面整平				
3	沟槽在路基范围内	胸腔部分	管侧	87	90			
			管顶以上 250mm	87±2（轻型）				

序号	项目			最低压实度（%）		检查数量		检查方法
				重型击实标准	轻型击实标准	范围	点数	
3	沟槽在路基范围内	由路槽底算起的深度范围（mm）	≤800			两井之间或1000m²	每层每侧一组（每组3点）	用环刀法检查或采用现行国家标准《土工试验方法标准》GB/T 50123中其他方法
			快速路及主干路	95	98			
			次干路	93	95			
			支路	90	92			
			>800~1500					
			快速路及主干路	93	95			
			次干路	90	92			
			支路	87	90			
			>1500					
			快速路及主干路	87	90			
			次干路	87	90			
			支路	87	90			

注：表中重型击实标准的压实度和轻型击实标准，分别以相应的标准击实试验法求得的最大干密度为100%。

柔性管道沟槽回填土压实度 表 2.3.3-3

槽内部位		压实度（%）	回填材料	检查数量		检查方法
				范围	点数	
管道基础	管底基础	≥90	中、粗砂	每100m	每层每侧一组（每组3点）	用环刀法检查或采用现行国家标准《土工试验方法标准》GB/T 50123中其他方法
	管道有效支撑范围	≥95				
管道两侧		≥95	中、粗砂，碎石屑，最大粒径小于40mm的砂砾或符合要求的原土	两井之间或每1000m²		
管顶以上500mm	管道两侧	≥90				
	管道上部	85±2				
管顶500～1000mm		≥90	原土回填			

注：回填土的压实度，除设计要求用重型击实标准外，其他管以轻型击实标准试验求得最大干密度为100%。

2.4 开槽施工管道主体结构

2.4.1 一般规定

本节适用于预制成品管开槽施工的给水排水管道工程。

1. 管节堆放宜选用平整、坚实的场地；堆放时必须垫稳，防止滚动，堆放层高可按照产品技术标准或生产厂家的要求；如无其他规定时应符合表 2.4.1-1 的规定，使用管节时必须自上而下依次搬运。

管节堆放层数与层高　　表 2.4.1-1

管材种类	管径 D_o（mm）							
	100 ~ 150	200 ~ 250	300 ~ 400	400 ~ 500	500 ~ 600	600 ~ 700	800 ~ 1200	≥1400
自应力混凝土管	7层	5层	4层	3层	—	—	—	—
预应力混凝土管	—	—	—	—	4层	3层	2层	1层
钢管、球墨铸铁管	层高≤3m							
预应力钢筒混凝土管						3层	2层	1层或立放
硬聚氯乙烯管、聚乙烯管	8层	5层	4层	4层	3层	3层	—	—
玻璃钢管	—	7层	5层	4层	—	3层	2层	1层

注：D_o 为管外径。

2. 接口工作坑应配合管道铺设及时开挖，开挖尺寸应符合施工方案的要求，并满足下列规定：

对于预应力、自应力混凝土管以及滑入式柔性接口球墨铸铁管，应符合表 2.4.1-2 的规定。

接口工作坑开挖尺寸　　　表 2.4.1-2

管材种类	管外径 D_0 (mm)	宽度 (mm)	长度（mm）		深度 (mm)
			承口前	承口后	
预应力、自应力混凝土管、滑入式柔性接口球墨铸铁管	≤500	承口外径加	200	承口长度加200	200
	600~1000				400
	1100~1500				450
	>1600				500

（注：宽度列：≤500 对应 800，600~1000 对应 1000，1100~1500 对应 1600，>1600 对应 1800）

3. 管道保温层的施工应符合下列规定：

（1）法兰两侧应留有间隙，每侧间隙的宽度为螺栓长加 20~30mm；

（2）保温层伸缩缝宽度的允许偏差应为 ±5mm；

（3）保温层厚度允许偏差应符合表 2.4.1-3 的规定。

保温层厚度的允许偏差　　　表 2.4.1-3

项　　目	允许偏差	
厚度（mm）	瓦块制品	+5%
	柔性材料	+8%

2.4.2　管道基础

1. 管道基础采用原状地基时，施工应符合下列规定：

原状地基为岩石或坚硬土层时，管道下方应铺设砂垫层。其厚度应符合表 2.4.2-1 的规定。

砂垫层厚度 表 2.4.2-1

管道种类/管外径	垫层厚度（mm）		
	$D_o \leqslant 500$	$500 < D_o \leqslant 1000$	$D_o > 1000$
柔性管道	$\geqslant 100$	$\geqslant 150$	$\geqslant 200$
柔性接口的刚性管道	$150 \sim 200$		

2. 砂石基础施工应符合下列规定：

柔性接口的刚性管道的基础结构，设计无要求时一般土质地段可铺设砂垫层，亦可铺设 25mm 以下粒径碎石，表面再铺 20mm 厚的砂垫层（中、粗砂），垫层总厚度应符合表 2.4.2-2 的规定。

柔性接口刚性管道砂石垫层总厚度 表 2.4.2-2

管径（D_o）	$300 \sim 800$	$900 \sim 1200$	$1350 \sim 1500$
垫层总厚度(mm)	150	200	250

2.4.3 钢管安装

1. 管节的材料、规格、压力等级等应符合设计要求，管节宜工厂预制，现场加工应符合下列规定：

（1）焊缝外观质量应符合表 2.4.3-1 的规

定，焊缝无损检验合格；

焊缝的外观质量   表 2.4.3-1

项目	技 术 要 求
外观	不得有熔化金属流到焊缝外未熔化的母材上，焊缝和热影响区表面不得有裂纹、气孔、弧坑和灰渣等缺陷；表面光顺、均匀、焊道与母材应平缓过渡
宽度	应焊出坡口边缘 2～3mm
表面余高	应小于或等于 1+0.2 倍坡口边缘宽度，且不大于 4mm
咬边	深度应小于或等于 0.5mm，焊缝两侧咬边总长不得超过焊缝长度的 10%，且连续长不应大于 100mm
错边	应小于或等于 0.2t，且不应大于 2mm
未焊满	不允许

注：t 为壁厚（mm）。

（2）直焊缝卷管管节几何尺寸允许偏差应符合表 2.4.3-2 的规定；

直焊缝卷管管节几何尺寸的允许偏差   表 2.4.3-2

项 目		允许偏差（mm）
周长	$D_i \leqslant 600$	±2.0
	$D_i > 600$	±0.0035 D_i
圆度		管端 0.005 D_i；其他部位 0.01 D_i
端面垂直度		0.001D_i，且不大于 1.5
弧度		用弧长 $\pi D_i/6$ 的弧形板量测于管内壁或外壁纵缝处形成的间隙，其间隙为 0.1t+2，且不大于 4，距管端 200mm 纵缝处的间隙不大于 2

注：D_i 为管内径（m），t 为壁厚（mm）。

（3）同一管节允许有两条纵缝，管径大于或等于 600mm 时，纵向焊缝的间距应大于 300mm；管径小于 600mm 时，其间距应大于 100mm。

2. 管节组对焊接时应先修口、清根，管端端面的坡口角度、钝边、间隙，应符合设计要求，设计无要求时应符合表 2.4.3-3 的规定；不得在对口间隙夹焊帮条或用加热法缩小间隙施焊。

电弧焊管端倒角各部尺寸　　表 2.4.3-3

倒角形式		间隙 b (mm)	钝边 p (mm)	坡口角度 α (°)
图　示	壁厚 t(mm)			
	4～9	1.5～3.0	1.0～1.5	60～70
	10～26	2.0～4.0	1.0～2.0	60±5

3. 对口时应使内壁齐平，错口的允许偏差应为壁厚的 20%，且不得大于 2mm。

4. 对口时纵向、环向焊缝的位置应符合下列规定：

（1）纵向焊缝应放在管道中心垂线上半圆的 45°左右处；

（2）纵向焊缝应错开，管径小于 600mm 时，错开的间距不得小于 100mm；管径大于或等于 600mm 时，错开的间距不得小于 300mm；

（3）有加固环的钢管，加固环的对焊焊缝应与管节纵向焊缝错开，其间距不应小于 100mm；加固环距管节的环向焊缝不应小于 50mm；

（4）环向焊缝距支架净距离不应小于 100mm；

（5）直管管段两相邻环向焊缝的间距不应小于 200mm，并不应小于管节的外径。

5. 不同壁厚的管节对口时，管壁厚度相差不宜大于 3mm。不同管径的管节相连时，两管径相差大于小管管径的 15% 时，可用渐缩管连接。渐缩管的长度不应小于两管径差值的 2 倍，且不应小于 200mm。

6. 直线管段不宜采用长度小于 800mm 的短节拼接。

7. 在寒冷或恶劣环境下焊接应符合下列规定：

冬期焊接时，应根据环境温度进行预热处理，并应符合表 2.4.3-4 的规定。

8. 钢管对口检查合格后，方可进行接口定位焊接。定位焊接采用点焊时，点焊长度与间距应符合表 2.4.3-5 的规定。

冬期焊接预热的规定　表 2.4.3-4

钢　　号	环境温度 （℃）	预热宽度 （mm）	预热达到温度 （℃）
含碳量≤0.2%碳素钢	≤−20	焊口每侧 不小于 40	100～150
0.2%＜含碳量＜0.3%	≤−10		
16Mn	≤0		100～200

点焊长度与间距　表 2.4.3-5

管外径 D_o（mm）	点焊长度（mm）	环向点焊点（处）
350～500	50～60	5
600～700	60～70	6
≥800	80～100	点焊间距不宜大于 400mm

9. 焊接方式应符合设计和焊接工艺评定的要求，管径大于 800mm 时，应采用双面焊。

10. 管道对接时，环向焊缝的检验应符合下列规定：

（1）无损检测取样数量与质量要求应按设计要求执行；设计无要求时，压力管道的取样数量应不小于焊缝量的 10%；

（2）不合格的焊缝应返修，返修次数不得超过 3 次。

11. 钢管采用螺纹连接时，管节的切口断面应平整，偏差不得超过一扣；丝扣应光洁，不得有毛刺、乱扣、断扣，缺扣总长不得超过丝扣全长的10%；接口紧固后宜露出2～3扣螺纹。

2.4.4 钢管内外防腐

1. 水泥砂浆内防腐层应符合下列规定：

水泥砂浆内防腐层厚度应符合表2.4.4-1的规定。

钢管水泥砂浆内防腐层厚度要求　　表2.4.4-1

管　径 D_i （mm）	厚度（mm）	
	机械喷涂	手工涂抹
500～700	8	—
800～1000	10	—
1100～1500	12	14
1600～1800	14	16
2000～2200	15	17
2400～2600	16	18
2600 以上	18	20

2. 埋地管道外防腐层应符合设计要求，其构造应符合表2.4.4-2～表2.4.4-4的规定。

3. 外防腐层的外观、厚度、电火花试验、粘结力应符合设计要求，设计无要求时应符合表2.4.4-5的规定。

石油沥青涂料外防腐层构造

表 2.4.4-2

材料种类	普通级（三油二布）		加强级（四油三布）		特加强级（五油四布）	
	构　造	厚度（mm）	构　造	厚度（mm）	构　造	厚度（mm）
石油沥青涂料	(1) 底料一层 (2) 沥青（厚度≥1.5mm） (3) 玻璃布一层（厚度1.0～1.5mm） (4) 沥青（厚度1.0～1.5mm） (5) 玻璃布一层（厚度1.0～1.5mm） (6) 沥青（厚度1.0～1.5mm） (7) 聚氯乙烯工业薄膜一层	≥4.0	(1) 底料一层 (2) 沥青（厚度≥1.5mm） (3) 玻璃布一层（厚度1.0～1.5mm） (4) 沥青（厚度1.0～1.5mm） (5) 玻璃布一层（厚度1.0～1.5mm） (6) 沥青（厚度1.0～1.5mm） (7) 玻璃布一层（厚度1.0～1.5mm） (8) 沥青（厚度1.0～1.5mm） (9) 聚氯乙烯工业薄膜一层	≥5.5	(1) 底料一层 (2) 沥青（厚度≥1.5mm） (3) 玻璃布一层（厚度1.0～1.5mm） (4) 沥青（厚度1.0～1.5mm） (5) 玻璃布一层（厚度1.0～1.5mm） (6) 沥青（厚度1.0～1.5mm） (7) 玻璃布一层（厚度1.0～1.5mm） (8) 沥青（厚度1.0～1.5mm） (9) 玻璃布一层（厚度1.0～1.5mm） (10) 沥青（厚度1.0～1.5mm） (11) 聚氯乙烯工业薄膜一层	≥7.0

环氧煤沥青涂料外防腐层构造   表 2.4.4-3

材料种类	普通级（三油）		加强级（四油一布）		特加强级（六油二布）	
	构造	厚度（mm）	构造	厚度（mm）	构造	厚度（mm）
环氧煤沥青涂料	(1) 底料 (2) 面料 (3) 面料 (4) 面料	≥0.3	(1) 底料 (2) 面料 (3) 面料 (4) 玻璃布 (5) 面料 (6) 面料	≥0.4	(1) 底料 (2) 面料 (3) 面料 (4) 玻璃布 (5) 面料 (6) 面料 (7) 玻璃布 (8) 面料 (9) 面料	≥0.6

环氧树脂玻璃钢外防腐层构造   表 2.4.4-4

材料种类	加强级	
	构造	厚度（mm）
环氧树脂玻璃钢	(1) 底层树脂 (2) 面层树脂 (3) 玻璃布 (4) 面层树脂 (5) 玻璃布 (6) 面层树脂 (7) 面层树脂	≥3

外防腐层的外观、厚度、电火花试验、粘结力的技术要求　表 2.4-5

材料种类	防腐等级	构造	厚度(mm)	外观	电火花试验	粘结力
石油沥青涂料	普通级	三油二布	≥4.0	外观均匀,无褶皱、空泡、凝块	16kV	以夹角为 45～60°边长 40～50mm 的切口,从夹角尖端撕开防腐层;首层沥青层应 100%地粘附在管道的外表面
	加强级	四油三布	≥5.5		18kV	
	特加强级	五油四布	≥7.0		20kV	
环氧煤沥青涂料	普通级	三油	≥0.3		2kV	以小刀割开一舌形切口,用力撕开切口处的防腐层,管道表面仍为漆层所覆盖,不得露出金属表面
	加强级	四油一布	≥0.4		2.5kV	
	特加强级	六油二布	≥0.6		3kV	
环氧树脂玻璃钢	加强级	—	≥3	外观平整光滑,色泽均匀,无脱层、起壳和固化不完全等缺陷	3～3.5kV	以小刀割开一舌形切口,用力撕开切口处的防腐层,管道表面仍为漆层所覆盖,不得露出金属表面

电火花试验说明:用电火花检漏仪检查无打火花现象

注:聚氨酯(PU)外防腐涂层可按规范选择。

2.4.5 球墨铸铁管安装

管道沿曲线安装时，接口的允许转角应符合表 2.4.5 的规定。

沿曲线安装接口的允许转角　　　表 2.4.5

管径 D_i（mm）	75～600	700～800	≥900
允许转角（°）	3	2	1

2.4.6 钢筋混凝土管及预（自）应力混凝土管安装

钢筋混凝土管沿直线安装时，管口间的纵向间隙应符合设计及产品标准要求，无明确要求时应符合表 2.4.6-1 的规定；预（自）应力混凝土管沿曲线安装时，管口间的纵向间隙最小处不得小于 5mm，接口转角应符合表 2.4.6-2 的规定。

钢筋混凝土管管口间的纵向间隙　　表 2.4.6-1

管材种类	接口类型	管内径 D_i（mm）	纵向间隙（mm）
钢筋混凝土管	平口、企口	500～600	1.0～5.0
		≥700	7.0～15
	承插式乙形口	600～3000	5.0～1.5

预（自）应力混凝土管沿曲线安装接口的允许转角 表 2.4.6-2

管材种类	管内径 D_i（mm）	允许转角（°）
预应力混凝土管	500～700	1.5
	800～1400	1.0
	1600～3000	0.5
自应力混凝土管	500～800	1.5

2.4.7 预应力钢筒混凝土管安装

1. 管节及管件的规格、性能应符合国家有关标准的规定和设计要求，进入施工现场时其外观质量应符合下列规定：

管端面混凝土不应有缺料、掉角、孔洞等缺陷。端面应齐平、光滑，并与轴线垂直。端面垂直度应符合表 2.4.7-1 的规定。

管端面垂直度 表 2.4.7-1

管内径 D_i（mm）	600～1200	1400～3000	3200～4000
管端面垂直度的允许偏差（mm）	6	9	13

2. 承插式橡胶圈柔性接口施工时，安装就位，放松紧管器具后进行下列检查：

沿直线安装时，插口端面与承口底部的轴向间隙应大于 5mm，且不大于表 2.4.7-2 规定的数值。

3. 管道需曲线铺设时，接口的最大允许偏转角度应符合设计要求，设计无要求时应不大于

表 2.4.7-3 规定的数值。

管口间的最大轴向间隙　　表 2.4.7-2

管内径 D_i （mm）	内衬式管（衬筒管）		埋置式管（埋筒管）	
	单胶圈（mm）	双胶圈（mm）	单胶圈（mm）	双胶圈（mm）
600～1400	15	—	—	—
1200～1400	—	25	—	—
1200～4000	—	—	25	25

预应力钢筒混凝土管沿曲线安装接口的
最大允许偏转角　　表 2.4.7-3

管材种类	管内径 D_i（mm）	允许平面转角（°）
	600～1000	1.5
预应力钢筒混凝土管	1200～2000	1.0
	2200～4000	0.5

2.4.8　玻璃钢管安装

　　管道曲线铺设时，接口的允许转角不得大于表 2.4.8 的规定。

沿曲线安装的接口允许转角　　表 2.4.8

管内径 D_i（mm）	允许转角（°）	
	承插式接口	套筒式接口
400～500	1.5	3.0
500＜D_i≤1000	1.0	2.0
1000＜D_i≤1800	1.0	1.0
D_i＞1800	0.5	0.5

2.4.9　质量验收标准

　　1. 管道基础的允许偏差应符合表 2.4.9-1 的规定。

表 2.4.9-1

管道基础的允许偏差

序号	检查项目			允许偏差 (mm)	检查数量 范围	检查数量 点数	检查方法
1	垫层	中线每侧宽度		不小于设计要求	每个验收批	每10m测1点，且不少于3点	挂中心线钢尺检查，每侧一点
		高程	压力管道	±30			水准仪测量
			无压管道	0, -15			
		厚度		不小于设计要求			钢尺量测
2	混凝土基础、管座	平基	中线每侧宽度	+10, 0			挂中心线钢尺量测每侧一点
			高程	±15			水准仪测量
			厚度	不小于设计要求			钢尺量测
		管座	肩宽	+10, -5			钢尺量测
			肩高	±20			钢尺量测，挂高程线钢尺量测，每侧一点
3	土 (砂及砂砾) 基础	高程	压力管道	±30			水准仪测量
			无压管道	0, -15			
		平基厚度		不小于设计要求			钢尺量测
		土弧基础腋角高度		不小于设计要求			钢尺量测

2. 钢管接口连接应符合下列规定：

（1）法兰中轴线与管道中轴线的允许偏差应符合：D_i 小于或等于 300mm 时，允许偏差小于或等于 1mm；D_i 大于 300mm 时，允许偏差小于或等于 2mm；

检查方法：逐个接口检查；用钢尺、角尺等量测。

（2）连接的法兰之间应保持平行，其允许偏差不大于法兰外径的 1.5‰，且不大于 2mm；螺孔中心允许偏差应为孔径的 5%；

检查方法：逐口检查；用钢尺、塞尺等量测。

3. 钢管内防腐层应符合下列规定：

（1）水泥砂浆防腐层的厚度及表面缺陷的允许偏差应符合表 2.4.9-2 的规定。

（2）液体环氧涂料内防腐层的厚度、电火花试验应符合表 2.4.9-3 的规定。

4. 钢管外防腐层应符合下列规定：

外防腐层的厚度、电火花检漏、粘结力应符合表 2.4.9-4 的规定。

5. 球墨铸铁管接口连接应符合下列规定：

（1）橡胶圈安装位置应准确，不得扭曲、外露；沿圆周各点应与承口端面等距，其允许偏差应为 ±3mm；

表 2.4.9-2

水泥砂浆防腐层厚度及表面缺陷的允许偏差

	检查项目	允许偏差	检查数量 范围	检查数量 点数	检查方法
1	裂缝宽度	≤0.8		每处	用裂缝观测仪测量
2	裂缝沿管道纵向长度	≤管道的周长，且≤2.0m			钢尺量测
3	平整度	<2			用300mm长的直尺量测
4	防腐层厚度	D_i≤1000 ±2 1000<D_i≤1800 ±3 D_i>1800 +4，-3	管节	取两个截面，每个截面测2点，取偏差值最大1点	用测厚仪量测
5	麻点、空窝等表面缺陷的深度	D_i≤1000 2 1000<D_i≤1800 3 D_i>1800 4			用直钢丝或探尺量测
6	缺陷面积	≤500mm²		每处	用钢尺量测
7	空鼓面积	不得超过2处，且每处≤10000mm²		每平方米	用小锤轻击砂浆表面，用钢尺量测

注：1. 表中单位除注明者外，均为 mm。

　　2. 工厂涂覆管节，每批抽查 20%；施工现场涂覆管节，逐根检查。

液体环氧涂料内防腐层厚度及电火花试验规定

表 2.4.9-3

检查项目		允许偏差 (mm)		检查数量		检查方法
				范围	点数	
1	干膜厚度 (μm)	普通级	≥200	每根 (节) 管	两个断面, 各4点	用测厚仪测量
		加强级	≥250			
		特加强级	≥300			
2	电火花试验漏点数	普通级	3	个/m²	连续检测	用电火花检漏仪测量, 检漏电压度按 5V/μm计算, 检漏仪探头移动速度不大于 0.3m/s
		加强级	1			
		特加强级	0			

注: 1. 焊缝处的防腐层厚度不得低于干管节防腐层规定厚度的 80%。

    2. 凡漏点检测不合格的防腐层都应补涂, 直至合格。

外绝缘防腐层厚度、电火花检漏、粘结力验收标准   表 2.4.9-4

检查项目		允许偏差	检查数量			检查方法
			防腐成品管	补口	补伤	
1	厚度	符合表 2.4.4-5 的相关规定	每 20 根 1 组（不足 20 根按 1 组），每组抽查 1 根。测管两端和中间共 3 个截面，每截面测互相垂直的 4 点	逐个检测，每个随机抽查 1 个截面。每个截面测互相垂直的 4 点	逐个检测，每处随机测 1 点	用测厚仪测量
2	电火花检漏		全数检查	全数检查	全数检查	用电火花检漏仪逐根连续测量
3	粘结力		每 20 根为 1 组（不足 20 根为 1 组），每组抽 1 根，每根抽 1 处	每 20 个补口抽 1 处	—	按表 2.4.4-5 规定，用小刀切割观察

注：按抽检时，若被检测点不合格，则该应加倍抽检；若加倍抽检仍不合格，则该组判为不合格。

98

检查方法：观察，用探尺检查；检查施工记录。

（2）接口的环向间隙应均匀，承插口间的纵向间隙不应小于 3mm；

检查方法：观察，用塞尺、钢尺检查。

6. **钢筋混凝土管、预（自）应力混凝土管、预应力钢筒混凝土管接口连接应符合下列规定：**

刚性接口的宽度、厚度符合设计要求；其相邻管接口错口允许偏差：D_i 小于 700mm 时，应在施工中自检；D_i 大于 700mm，小于或等于 1000mm 时，应不大于 3mm；D_i 大于 1000mm 时，应不大于 5mm；

检查方法：两井之间取 3 点，用钢尺、塞尺量测；检查施工记录。

7. **化学建材管接口连接应符合下列规定：**

（1）聚乙烯管、聚丙烯管接口熔焊连接应符合下列规定：热熔对接连接后应形成凸缘，且凸缘形状大小均匀一致，无气孔、鼓泡和裂缝；接头处有沿管节圆周平滑对称的外翻边，外翻边最低处的深度不低于管节外表面；管壁内翻边应铲平；对接错边量不大于管材壁厚的 10%。且不大于 3mm。

检查方法：观察；检查熔焊连接工艺试验报

告和焊接作业指导书，检查熔焊连接施工记录、熔焊外观质量检验记录、焊接力学性能检测报告。

检查数量：外观质量全数检查；熔焊焊缝焊接力学性能试验每 200 个接头不少于 1 组；现场进行破坏性检验或翻边切除检验（可任选一种）时，现场破坏性检验每 50 个接头不少于 1 个，现场内翻边切除检验每 50 个接头不少于 3 个；单位工程中接头数量不足 50 个时，仅做熔焊焊缝焊接力学性能试验，可不做现场检验。

（2）承插、套筒式接口的插入深度应符合要求，相邻管口的纵向间隙应不小于 10mm；环向间隙应均匀一致；

检查方法：逐口检查，用钢尺量测；检查施工记录。

（3）承插式管道沿曲线安装时的接口转角，玻璃钢管的不应大于规范规定；聚乙烯管、聚丙烯管的接口转角应不大于 1.5°；硬聚氯乙烯管的接口转角应不大于 1.0°；

检查方法：用直尺量测曲线段接口；检查施工记录。

8. 管道铺设应符合下列规定：

管道铺设的允许偏差应符合表 2.4.9-5 的规定。

管道铺设的允许偏差（mm） 表 **2.4.9-5**

检查项目			允许偏差		检查数量		检查方法
					范围	点数	
1	水平轴线		无压管道	15	每节管	1点	经纬仪测量或挂中线用钢尺量测
			压力管道	30			
2	管底高程	$D_i \leqslant$ 1000	无压管道	±10			水准仪测量
			压力管道	±30			
		$D_i >$ 1000	无压管道	±15			
			压力管道	±30			

2.5 不开槽施工管道主体结构

2.5.1 一般规定

本节适用于采用顶管、盾构、浅埋暗挖、地表式水平定向钻及夯管等方法进行不开槽施工的室外给排水管道工程。

水平定向法施工，应根据设计要求选用聚乙烯管或钢管；夯管法施工采用钢管，管材的规格、性能还应满足施工方案要求；成品管产品质量应符合下列规定：

夯管施工时，轴向最大锤击力的确定应满足管材力学性能要求，其管壁厚度应符合设计和施工要求；管节的圆度不应大于 0.005 管内径，管端面垂直度不应大于 0.001 管内径且不大于 1.5mm。

2.5.2 顶管

顶进阻力计算应按当地的经验公式，或按式（2.5.2）计算：

$$F_p = \pi D_o L f_k + N_F \qquad 式（2.5.2）$$

式中 F_p——顶进阻力（kN）；

D_o——管道的外径（m）；

L——管道设计顶进长度（m）；

f_k——管道外壁与土的单位面积平均摩阻力（kN/m²），通过试验确定；对于采用触变泥浆减阻技术的宜按表 2.5.2-1 选用；

N_F——顶管机的迎面阻力（kN）；不同类型顶管机的迎面阻力宜按表 2.5.2-2 选择计算式。

采用触变泥浆的管外壁单位面积
平均摩擦阻力 f（kN/m²） 表 2.5.2-1

土类 管材	黏性土	粉土	粉、细砂土	中、粗砂土
钢筋混凝土管	3.0～5.0	5.0～8.0	8.0～11.0	11.0～16.0
钢 管	3.0～4.0	4.0～7.0	7.0—10.0	10.0～13.0

注：当触变泥浆技术成熟可靠、管外壁能形成和保持稳定、连续的泥浆套时，f 值可直接取为 3.0～5.0kN/m²。

顶管机迎面阻力（N_F）的计算公式　　表 2.5.2-2

顶进方式	迎面阻力(kN)	式中符号
敞开式	$N_F = \pi(D_g - t) tR$	t——工具管刃脚厚度(m)
挤压式	$N_F = \dfrac{\pi}{4} D_g^2 (1-e)R$	e——开口率
网格挤压	$N_F = \dfrac{\pi}{4} D_g^2 \alpha R$	α——网格截面参数，取 α $=0.6\sim1.0$
气压平衡式	$N_F = \dfrac{\pi}{4} D_g^2 (\alpha R + P_n)$	P_n——气压强度(kN/m²)
土压平衡和泥水平衡	$N_F = \dfrac{\pi}{4} D_g^2 P$	P——控制土压力

注：1. D_g——顶管机外径（m）。

　　2. R——挤压阻力（kN/m²），取 $R=300\sim500$kN/m²。

2.5.3　盾构

1. 钢筋混凝土管片生产应符合有关规范的规定和设计要求，并应符合下列规定：

经过试验确定混凝土配合比，普通防水混凝土坍落度不宜大于 70mm；水、水泥、外掺剂用量偏差应控制在 ±2%；粗、细骨料用量允许偏差应为 ±3%。

2. 盾构施工中对已成形管道轴线和地表变形进行监测应符合表 2.5.3 的规定。穿越重要建（构）筑物、公路及铁路时，应连续监测。

盾构掘进施工的管道轴线、地表

变形监测的规定　　表 2.5.3

测量项目	量测工具	测点布置	监测频率
地表变形	水准仪	每5m设一个监测点，每30m设一个监测断面；必要时须加密	盾构前方20m、后方30m，监测2次/d；盾构后方50m，监测1次/2d；盾构后方>50m，测1次/7d
管道轴线	水准仪、经纬仪、钢尺	每5~10环设一个监测断面	工作面后10环，监测1次/d；工作面后50环，监测1次/2d；工作面后>50环，监测1次/7d

2.5.4　浅埋暗挖

1. 开挖前的土层加固应符合下列规定：

（1）超前小导管加固土层应符合下列规定：

1）小导管的后端应支承在已设置的钢格栅上，其前端应嵌固在土层中，前后两排小导管的重叠长度不应小于1m；

2）小导管外插角不应大于15°；

（2）水玻璃、改性水玻璃浆液与注浆应符合下列规定：

注浆压力宜控制在0.15~0.3MPa之间，最大不得超过0.5MPa，每孔稳压时间不得小于 2min。

（3）钢筋锚杆加固土层应符合下列规定：

1）锚杆孔距允许偏差：普通锚杆±100mm；预应力锚杆±200mm；

2）锚杆试验要求：同批每 100 根为一组，每组 3 根，同批试件抗拔力平均值不得小于设计锚固力值。

（4）喷射混凝土原材料及配合比应符合下列规定：

1）细骨料应采用中砂或粗砂，细度模数宜大于 2.5，含水率宜控制在 5%～7%；采用防粘料的喷射机时，砂的含水率宜为 7%～10%；

2）粗骨料应采用卵石或碎石，粒径不宜大于 15mm；

3）骨料级配应符合表 2.5.4 的规定；

骨料通过各筛径的累计质量百分数　　表 2.5.4

骨料通过量（%）	筛孔直径（mm）							
	0.15	0.30	0.60	1.20	2.50	5.00	10.00	15.00
优	5～7	10～15	17～22	23～31	34～42	50～60	73～82	100
良	4～8	5～22	13～31	18～41	26～54	40～70	62～90	100

4）应使用非碱活性骨料；使用碱活性骨料

时，混凝土的总含碱量不应大于 3kg/m³；

5）速凝剂质量合格且用前应进行试验，初凝时间不应大于 5min，终凝时间不应大于 10min。

（5）干拌混合料应符合下列规定：

1）水泥与砂石质量比宜为 1∶4.0～1∶4.5，砂率宜取 45%～55%；速凝剂掺量应通过试验确定；

2）原材料按重量计，其称量允许偏差：水泥和速凝剂均为 ±2%，砂和石均为 ±3%；

3）混合料应搅拌均匀，随用随拌；掺有速凝剂的干拌混合料的存放时间不应超过 20min；

（6）喷射混凝土作业应符合下列规定：

1）喷射混凝土时，喷头应保持垂直于工作面，喷头距工作面不宜大于 1°；

2）一次喷射混凝土的厚度：侧壁宜为 60～100mm，拱部宜为 50～60mm；分层喷射时，应在前一层喷混凝土终凝后进行；

3）钢格栅、钢架、钢筋网的喷射混凝土保护层不应小于 20mm；

4）应在喷射混凝土终凝 2h 后进行养护，时间不小于 14d；冬期不得用水养护；混凝土强度低于 6MPa 时不得受冻；

5）冬期作业区环境温度不低于 5℃；混合料

及水进入喷射机口温度不低于5℃。

2. 防水层施工应符合下列规定：

（1）清理混凝土表面，剔除尖、突部位，并用水泥砂浆压实、找平，防水层铺设基面凹凸高差不应大于50mm，基面阴阳角应处理成圆角或钝角，圆弧半径不宜小于50mm。

（2）初期衬砌表面塑料类衬垫应符合下列规定：

1）衬垫固定时宜交错布置，间距应符合设计要求；固定钉距防水卷材外边缘的距离不应小于0.5m；

2）衬垫材料搭接宽度不宜小于500mm。

（3）防水卷材铺设时应符合下列规定：

1）采用专用热合机焊接；双焊缝搭接，焊缝应均匀连续，焊缝的宽度不应小于10mm；

2）宜环向铺设，环向与纵向搭接宽度不应小于100mm；

3）相邻两幅防水卷材的接缝应错开布置，并错开结构转角处，且错开距离不宜小于600mm；

4）焊缝不得有漏焊、假焊、焊焦、焊穿等现象；焊缝应经充气试验，合格条件为：气压0.15MPa，经3min其下降值不大于20%。

3. 二次衬砌施工应符合下列规定：

（1）模板施工应符合的规定：模板支架预留沉落量为 0～30mm。

（2）泵送混凝土应符合下列规定：

1）坍落度为 60～200mm；

2）碎石级配，骨料最大粒径≤25mm。

（3）拆模时间应根据结构断面形式及混凝土达到的强度确定；矩形断面，侧墙应达到设计强度的 70%；顶板应达到 100%。

2.5.5　定向钻及夯管

1. 定向钻施工应符合下列规定：

（1）导向孔钻进应符合下列规定：

第一根钻杆入土钻进时，应采取轻压慢转的方式，稳定钻进导入位置和保证入土角；且入土段和出土段应为直线钻进，其直线长度宜控制在 20m 左右。

（2）扩孔应符合下列规定：

根据管径、管道曲率半径、地层条件、扩孔器类型等确定一次或分次扩孔方式；分次扩孔时每次回扩的级差宜控制在 100～150mm，终孔孔径宜控制在回拖管节外径的 1.2～1.5 倍。

2. 夯管施工应符合下列规定：

（1）第一节管入土层时应检查设备运行工作情况，并控制管道轴线位置；每夯入 1m 应进行轴线测量，其偏差控制在 15mm 以内；

（2）后续管节夯进应符合的规定为：夯管时，应将第一节管夯入接收工作井不少于500mm，并检查露出部分管节的外防腐层及管口损伤情况。

2.5.6　质量验收标准

1. 工作井应符合下列规定：

（1）混凝土结构的抗压强度等级、抗渗等级符合设计要求；

检查数量：每根钻孔灌柱桩、每幅地下连续墙混凝土为一个验收批，抗压强度、抗渗试块应各留置一组；沉井及其他现浇结构的同一配合比混凝土，每工作班且每浇筑 100m³ 为一个验收批，抗压强度试块留置不应少于 1 组；每浇筑 500m³ 混凝土抗渗试块留置不应少于 1 组；

检查方法：检查混凝土浇筑记录，检查试块的抗压强度、抗渗试验报告。

（2）工作井施工的允许偏差应符合表 2.5.6-1 的规定。

2. 顶管管道应符合下列规定：

顶管施工贯通后管道的允许偏差应符合表 2.5.6-2 的规定。

3. 垂直顶升管道应符合下列规定：

水平管道内垂直顶升施工的允许偏差应符合表 2.5.6-3 的规定。

工作井施工的允许偏差　表 2.5.6-1

检查项目			允许偏差（mm）	检查数量		检查方法
				范围	点　数	
1	井内导轨安装	顶面高程	顶管、夯管	+3.0	每座	每根导轨2点	用水准仪测量、水平尺量测
			盾构	+5.0			
		中心水平位置	顶管、夯管	3		每根导轨2点	用经纬仪测量
			盾构	5			
		两轨间距	顶管、夯管	±2		2个断面	用钢尺量测
			盾构	±5			
2	盾构后座管片	高　程		±10	每环底部	1点	用水准仪测量
		水平轴线		±10		1点	
3	井尺寸	矩形	每侧长、宽	不小于设计要求	每座	2点	挂中线用尺量测
		圆形	半径				
4	进、出井预留洞口	中心位置		20	每个	竖、水平各1点	用经纬仪测量
		内径尺寸		±20		垂直向各1点	用钢尺量测
5	井底板高程			±30	每座	4点	用水准仪测量
6	顶管、盾构工作井后背墙	垂直度		$0.1\%H$	每座	1点	用垂线、角尺量测
		水平扭转度		$0.1\%L$			

注：H 为后背墙的高度（mm）；L 为后背墙的长度（mm）。

110

	检查项目			允许偏差 (mm)	检查数量		检查方法
					范围	点数	
1	直线顶管水平轴线	顶进长度<300m		50	每管节	1点	用经纬仪测量或挂中线用尺量测
		300m≤顶进长度<1000m		100			
		顶进长度≥1000m		$L/10$			
2	直线顶管内底高程	顶进长度<300m	D_i<1500	+30，−40			用水准仪或水平仪测量
			D_i≥1500	+40，−50			
		300m≤顶进长度<1000m		+60，−80			用水准仪测量
		顶进长度≥1000m		+80，−100			
3	曲线顶管水平轴线	R≤150D_i	水平曲线	150			用经纬仪测量
			竖曲线	150			
			复合曲线	200			
		R>150D_i	水平曲线	150			
			竖曲线	150			
			复合曲线	150			
4	曲线顶管内底高程	R≤150D_i	水平曲线	+100，−150			用水准仪测量
			竖曲线	+150，−200			
			复合曲线	±200			
		R>150D_i	水平曲线	+100，−150			
			竖曲线	+100，−150			
			复合曲线	±200			

检查项目		允许偏差 （mm）	检查数量		检查方法
			范围	点数	
5	相邻管 间错口	钢管、玻璃钢管	≤2	每管 节	1 点	用钢尺 量测
		钢筋混凝土管	15%壁厚， 且≤20			
6	钢筋混凝土管曲线顶管 相邻管间接口的最大间 隙与最小间隙之差		≤ΔS			
7	钢管、玻璃钢管道 竖向变形		≤0.03D_i			
8	对顶时两端错口		50			

注：D_i 为管道内径（mm）；L 为顶进长度（mm）；ΔS 为曲线顶管
相邻管节接口允许的最大间隙与最小间隙之差（mm）；R 为
曲线顶管的设计曲率半径（mm）。

水平管道内垂直顶升施工的允许偏差　表 2.5.6-3

检查项目		允许偏差 （mm）	检查数量		检查 方法
			范围	点数	
1	顶升管帽盖顶面高程		±20	每根	1点	用水准 仪测量
2	顶升管 管节安装	管节垂直度	≤1.5‰ H	每节	各1点	用垂线量
		管节连接端面 平行度	≤1.5‰ D_o， 且≤2			用钢尺、 角尺等 量测
3	顶升管节间错口		≤20			用钢尺 量测
4	顶升管道垂直度		0.5%H	每根	1点	用垂线量

检查项目		允许偏差（mm）	检查数量		检查方法
			范围	点数	
5	顶升管的中心轴线	沿水平管纵向	30	顶头、底座管节	各1点	用经纬仪测量或钢尺量测
		沿水平管横向	20			
6	开口管顶升口中心轴线	沿水平管纵向	40	每处	1点	
		沿水平管横向	30			

注：H 为垂直顶升管总长度（mm）；D_o 为垂直顶升管外径（mm）。

4. 盾构管片制作应符合下列规定：

（1）现场制作的管片应符合下列规定：

管片的钢模制作的允许偏差应符合表 2.5.6-4 的规定；

检查方法：检查产品质量合格证明书、各项性能检验报告、进场复验报告；管片的钢模制作允许偏差按表 2.5.6-4 的规定执行。

管片的钢模制作的允许偏差　　　　表 2.5.6-4

检查项目		允许偏差	检查数量		检查方法
			范围	点数	
1	宽度	±0.4mm	每块钢模	6点	用专用量轨、卡尺及钢尺等量测
2	弧弦长	±0.4mm		2点	
3	底座夹角	±1°		4点	
4	纵环向芯棒中心距	±0.5mm		全检	
5	内腔高度	±1mm		3点	

（2）单块管片尺寸的允许偏差应符合表 2.5.6-5 的规定。

单块管片尺寸的允许偏差　表 2.5.6-5

	检查项目	允许偏差（mm）	检查数量		检查方法
			范围	点　数	
1	宽度	±1	每块	内、外侧各 3 点	用卡尺、钢尺、直尺、角尺、专用弧形板量测
2	弧弦长	±1		两端面各 1 点	
3	管片的厚度	＋3，—1		3 点	
4	环面平整度	0.2		2 点	
5	内、外环面与端面垂直度	1		4 点	
6	螺栓孔位置	±1		3 点	
7	螺栓孔直径	±1		3 点	

（3）钢筋混凝土管片抗渗试验应符合设计要求；

检查方法：将单块管片放置在专用试验架上，按设计要求水压恒压 2h，渗水深度不得超过管片厚度的 1/5 为合格。

检查数量：工厂预制管片，每生产 50 环应抽查 1 块管片做抗渗试验；连续三次合格时则改为每生产 100 环抽查 1 块管片，再连续三次合格则最终改为 200 环抽查 1 块管片做抗渗试验；如出现一次不合格，则恢复每 50 环抽查 1 块管片，并按上述抽查要求进行试验。

现场生产管片，当天同一班组或每浇筑 5 环管片，应抽查 1 块管片做抗渗试验。

（4）管片进行水平组合拼装检验时应符合表 2.5.6-6 的规定。

管片水平组合拼装检验的允许偏差　　表 2.5.6-6

	检查项目	允许偏差 (mm)	检查数量		检查方法
			范围	点数	
1	环缝间隙	≤2	每条缝	6 点	插片检查
2	纵缝间隙	≤2		6 点	插片检查
3	成环后内径（不放衬垫）	±2	每环	4 点	用钢尺量测
4	成环后外径（不放衬垫）	+4，-2		4 点	用钢尺量测
5	纵、环向螺栓穿进后，螺栓杆与螺孔的间隙	$(D_1 - D_2)$ <2	每处	各 1 点	插钢丝检查

注：D_1 为螺孔直径，D_2 为螺栓杆直径，单位：mm。

检查数量：每套钢模（或铸铁、钢制管片）先生产 3 环进行水平拼装检验，合格后试生产 100 环再抽查 3 环进行水平拼装检验；合格后正式生产时，每生产 200 环应抽查 3 环进行水平拼装检验；管片正式生产后出现一次不合格时，则应加倍检验。

（5）管片的钢筋骨架制作的允许偏差应符合表 2.5.6-7 的规定。

钢筋混凝土管片的钢筋骨架

制作的允许偏差 表 2.5.6-7

	检查项目	允许偏差（mm）	检查数量		检查方法
			范围	点　数	
1	主筋间距	±10		4点	
2	骨架长、宽、高	+5,−10		各2点	
3	环向、纵向螺栓孔	畅通、内圆面平整		每处1点	
4	主筋保护层	±3	每榀	4点	用卡尺、钢尺量测
5	分布筋长度	±10		4点	
6	分布筋间距	±5		4点	
7	箍筋间距	±10		4点	
8	预埋件位置	±5		每处1点	

5. 盾构掘进和管片拼装应符合下列规定：

（1）管片在盾尾内管片拼装成环的允许偏差应符合表 2.5.6-8 的规定。

在盾尾内管片拼装成环的允许偏差 表 2.5.6-8

	检查项目		允许偏差（mm）	检查数量		检查方法
				范围	点数	
1	环缝张开		≤2		1	插片检查
2	纵缝张开		≤2			插片检查
3	衬砌环直径圆度		5‰D_i		4	用钢尺量测
4	相邻管片间的高差	环向	5	每环		用钢尺量测
		纵向	6			
5	成环环底高程		±100		1	用水准仪测量
6	成环中心水平轴线		±100			用经纬仪测量

注：环缝、纵缝张开的允许偏差仅指直线段。

（2）管道贯通后的允许偏差应符合表2.5.6-9的规定。

管道贯通后的允许偏差　　表 2.5.6-9

	检查项目		允许偏差（mm）	检查数量		检查方法
				范围	点数	
1	相邻管片间的高差	环向	15	每5环	4	用钢尺量测
		纵向	20			
2	环缝张开		2		1	插片检查
3	纵缝张开		2			
4	衬砌环直径圆度		8‰D_i		4	用钢尺量测
5	管底高程	输水管道	±150		1	用水准仪测量
		套管或管廊	±100			
6	管道中心水平轴线		±150			用经纬仪测量

注：环缝、纵缝张开的允许偏差仅指直线段。

6. 盾构施工管道的钢筋混凝土二次衬砌应符合下列规定：

钢筋混凝土衬砌施工质量的允许偏差应符合表2.5.6-10的规定。

7. 浅埋暗挖管道的土层开挖应符合下列规定：

土层开挖的允许偏差应符合表2.5.6-11的规定。

钢筋混凝土衬砌施工质量的

允许偏差　　　表 2.5.6-10

	检查项目	允许偏差 (mm)	检查数量		检查方法
			范围	点　数	
1	内径	±20		不少于 1 点	用钢尺量测
2	内衬壁厚	±15		不少于 2 点	
3	主钢筋保护层厚度	±5		不少于 4 点	
4	变形缝相邻高差	10	每榀	不少于 1 点	
5	管底高程	±100			用水准仪测量
6	管道中心水平轴线	±100		不少于 1 点	用经纬仪测量
7	表面平整度	10			沿管道轴向用 2m 直尺量测
8	管道直顺度	15	每 20m	1 点	沿管道轴向用 20m 小线测

土层开挖的允许偏差　　　表 2.5.6-11

序号	检查项目	允许偏差 (mm)	检查数量		检查方法
			范围	点数	
1	轴线偏差	±30	每榀	4	挂中心线用尺量每侧 2 点
2	高程	±30	每榀	1	用水准仪测量

注：管道高度大于 3m 时，轴线偏差每侧测量 3 点。

8. 浅埋暗挖管道的初期衬砌应符合下列规定：

（1）初期衬砌喷射混凝土应符合下列规定：

1）每批水泥、骨料、水、外加剂等原材料，其产品质量应符合国家标准的规定和设计要求；

2）混凝土抗压强度应符合设计要求；

检查方法：检查材料质量保证资料、混凝土试件抗压和抗渗试验报告。

检查数量：混凝土标准养护试块，同一配合比，管道拱部和侧墙每20m混凝土为一验收批，抗压强度试块各留置一组；同一配合比，每40m管道混凝土留置抗渗试块一组。

（2）初期支护钢格栅、钢架的加工、安装应符合下列规定：

钢格栅、钢架的加工与安装的允许偏差符合表2.5.6-12的规定。

检查方法：观察；检查制造、加工记录，按表2.5.6-12的规定检查允许偏差。

（3）钢筋网安装应符合下列规定：

钢筋网加工、铺设的允许偏差应符合表2.5.6-13的规定。

检查方法：观察；按表2.5.6-13的规定检查允许偏差。

钢格栅、钢架的加工与安装

的允许偏差

表 2.5.6-12

检查项目			允许偏差	检查数量		检查方法
				范围	点数	
1	加工	拱架（顶拱、墙拱）	矢高及弧长	+200mm		2	用钢尺量测
			墙架长度	±20mm		1	
			拱、墙架横断面（高、宽）	+100mm		2	
		格栅组装后外轮廓尺寸	高度	±30mm		1	
			宽度	±20mm		2	
			扭曲度	≤20mm		3	
2	安装	横向和纵向位置		横向±30mm，纵向±50mm	每榀	2	
		垂直度		5‰		2	用垂球及钢尺量测
		高程		±30mm		2	用水准仪测量
		与管道中线倾角		≤2°		1	用经纬仪测量
		间距	格栅	±100mm	每处1		用钢尺量测
			钢架	±50mm	每处1		

注：首榀钢格栅应经检验合格后，方可投入批量生产。

钢筋网加工、铺设的允许偏差　表 2.5.6-13

	检查项目		允许偏差（mm）	检查数量		检查方法
				范围	点数	
1	钢筋网加工	钢筋间距	±10	片	2	用钢尺量测
		钢筋搭接长	±15			
2	钢筋网铺设	搭接长度	≥200	一榀钢拱架长度	4	用钢尺量测
		保护层	符合设计要求		2	用垂球及尺量测

（4）初期衬砌喷射混凝土应符合下列规定：

初期衬砌喷射混凝土质量的允许偏差符合表 2.5.6-14 的规定。

检查方法：观察；按表 2.5.6-14 的规定检查允许偏差。

初期衬砌喷射混凝土质量的允许偏差　表 2.5.6-14

	检查项目	允许偏差（mm）	检查数量		检查方法
			范围	点数	
1	平整度	≤30	每 20m	2	用 2m 靠尺和塞尺量测
2	矢、弦比	≤1/6	每 20m	1 个断面	用尺量测
3	喷射混凝土层厚度	见表注 1	每 20m	1 个断面	钻孔法或其他有效方法，并见表注 2

注：1. 喷射混凝土层厚度允许偏差，60% 以上检查点厚度不小于设计厚度，其余点处的最小厚度不小于设计厚度的 1/2；厚度总平均值不小于设计厚度。

2. 每 20m 管道检查一个断面，每断面以拱部中线开始，每间隔 2~3m 设一个点，但每一检查断面的拱部不应少于 3 个点，总计不应少于 5 个点。

9. 浅埋暗挖管道的防水层应符合下列规定：

（1）双焊缝焊接，焊缝宽度不小于 10mm 且均匀连续，不得有漏焊、假焊、焊焦、焊穿等现象；

检查方法：观察；检查施工记录。

（2）防水层铺设质量的允许偏差符合表 2.5.6-15 的规定。

防水层铺设质量的允许偏差　　表 2.5.6-15

	检查项目	允许偏差 (mm)	检查数量		检查方法
			范围	点数	
1	基面平整度	≤50	每 5m	2	用 2m 直尺量取最大值
2	卷材环向与纵向搭接宽度	≥100			用钢尺量测
3	衬垫搭接宽度	≥50			

注：本表防水层系低密度聚乙烯（LDPE）卷材。

10. 浅埋暗挖管道的二次衬砌应符合下列规定：

（1）混凝土抗压、抗渗等级必须符合设计要求。

检查数量：

1）同一配比，每浇筑一次垫层混凝土为一验收批，抗压强度试块各留置一组；同一配比，每浇筑管道每 30m 混凝土为一验收批，抗压强度试块留置 2 组（其中 1 组作为 28d 强度）；如需要与结构同条件养护的试块，其留置组数可根据需要确定；

2）同一配比，每浇筑管道每 30m 混凝土为一验收批，留置抗渗试块 1 组；

检查方法：检查混凝土抗压、抗渗试件的试验报告。

（2）二次衬砌模板安装质量、混凝土施工的允许偏差应分别符合表 2.5.6-16、表 2.5.6-17 的规定。

二次衬砌模板安装质量的允许偏差　　表 2.5.6-16

	检查项目	允许偏差	检查数量		检查方法
			范围	点数	
1	拱部高程（设计标高加预留沉降量）	±10mm	每 20m	1	用水准仪测量
2	横向（以中线为准）	±10mm	每 20m	2	用钢尺量测
3	侧模垂直度	≤3‰	每截面	2	垂球及钢尺量测
4	相邻两块模板表面高低差	≤2mm	每 5m	2	用尺量测取较大值

注：本表项目只适用分项工程检验，不适用分部及单位工程质量验收。

二次衬砌混凝土施工的允许偏差　　表 2.5.6-17

序号	检查项目	允许偏差（mm）	检查数量		检查方法
			范围	点数	
1	中线	≤30	每 5m	2	用经纬仪测量，每侧计 1 点
2	高程	+20，-30	每 20m	1	用水准仪测量

11. 定向钻施工管道应符合下列规定：

定向钻施工管道的允许偏差应符合表2.5.6-18的规定。

定向钻施工管道的允许偏差 表 2.5.6-18

	检查项目		允许偏差 (mm)	检查数量		检查方法
				范围	点数	
1	入土点位置	平面轴向、平面横向	20	每入、出土点	各1点	用经纬仪、水准仪测量、用钢尺量测
		垂直向高程	±20			
2	出土点位置	平面轴向	500			
		平面横向	1/2 倍 D_i			
		垂直向高程	压力管道±1/2 倍 D_i			
			无压管道 ±20			
3	管道位置	水平轴线	1/2 倍 D_i	每节管	不少于1点	用导向探测仪检查
		管道内底高程	压力管道±1/2 倍 D_i			
			无压管道 +20，−30			
4	控制井	井中心轴向、横向位置	20	每座	各1点	用经纬仪、水准仪测量、钢尺量测
		井内洞口中心位置	20			

注：D_i 为管道内径（mm）。

12. 夯管施工管道应符合下列规定：

（1）夯入的起始管节，其轴向水平位置、管中心高程的允许偏差应控制在±20mm范围内；

检查方法：用经纬仪、水准仪测量；检查施工记录。

（2）夯管贯通后的管道的允许偏差应符合表2.5.6-19的规定。

夯管贯通后的管道的允许偏差 表 2.5.6-19

检查项目		允许偏差（mm）	检查数量		检查方法
			范围	点数	
1	轴线水平位移	80	每管节	1点	用经纬仪测量或挂中线用钢尺量测
2	管道内底高程 $D_i <$ 1500	40			用水准仪测量
	$D_i \geqslant$ 1500	60			
3	相邻管间错口	≤2			用钢尺量测

注：1. D_i 为管道内径（mm）。
　　2. $D_i \leqslant 700$mm 时，检查项目 1 和 2 可直接测量管道两端，检查项目 3 可检查施工记录。

2.6　沉管和桥管施工主体结构

2.6.1　沉管

1. 沉管基槽浚挖时，基槽底部宽度和边坡应根据工程具体情况进行确定，必要时进行试挖；基槽底部宽度和边坡应符合下列规定：

浚挖缺乏相关试验资料和经验资料时，基槽底部宽度可按表 2.6.1 的规定进行控制。

岩土类别	底部宽度（mm）	边坡	
		浚挖深度 <2.5m	浚挖深度 ≥2.5m
淤泥、粉砂、细砂	$D_o + 2b +$ 2500~4000	1:3.5~4.0	1:5.0~6.0
砂质粉土、中砂、粗砂	$D_o + 2b +$ 2000~4000	1:3.0~3.5	1:3.5~5.0
砂土、含卵砾石土	$D_o + 2b +$ 1800~3000	1:2.5~3.0	1:3.0~4.0
黏质粉土	$D_o + 2b +$ 1500~3000	1:2.0~2.5	1:2.5~3.5
黏土	$D_o + 2b +$ 1200~3000	1:1.5~2.0	1:2.0~3.0
岩石	$D_o + 2b +$ 1200~2000	1:0.5	1:1.0

2. 顶制钢筋混凝土管的沉放应符合下列规定：

干坞地基强度应满足管节制作要求；表面应设置起浮层，保证干坞进水时管节能顺利起浮；坞底表面允许偏差控制：平整度为 10mm、相邻板块高差为 5mm、高程为 ±10mm。

2.6.2 质量验收标准

1. 沉管基槽浚挖及管基处理应符合下列规定：

沉管基槽浚挖及管基处理的允许偏差应符合表 2.6.2-1 的规定。

表 2.6.2-1

沉管基槽浚挖及管基处理的允许偏差

	检查项目		允许偏差(mm)	检查数量		检查方法
				范围	点数	
1	基槽底部高程	土	0, -300	每 5～10m 取一个断面	基槽宽度不大于 5m 时测 1 点;基槽宽度大于 5m 时测不少于 2 点	用回声测深仪、多波束仪、测深图检查;或用水准仪、经纬仪测量、钢尺量测、位标志、潜水员检查
		石	0, -500			
2	整平后基础顶面高程	压力管道	0, -200			
		无压管道	0, -100			
3	基槽底部宽度		不小于规定		1 点	
4	基槽水平轴线		100			
5	基础宽度		不小于设计要求			
6	整平后基础平整度	砂基础	50			潜水员检查,用刮平尺量测
		碎石基础	150			

2. 组对拼装管道（段）的沉放应符合下列规定：

沉管下沉铺设的允许偏差应符合表 2.6.2-2 的规定。

沉管下沉铺设的允许偏差　表 2.6.2-2

检查项目		允许偏差（mm）	检查数量		检查方法
			范围	点数	
1	管道高程 压力管道	0，－200	每10m	1点	用回声测深仪、多波束仪、测深图检查；或用水准仪、经纬仪测量、钢尺量测定位标志
	无压管道	0，－100			
2	管道水平轴线位置	50	每10m	1点	

3. 沉放的预制钢筋混凝土管节制作应符合下列规定：

（1）混凝土强度、抗渗性能应符合设计要求；

检查方法：检查混凝土浇筑记录，检查试块的抗压强度、抗渗试验报告。

检查数量：底板、侧墙、顶板、后浇带等每部位的混凝土，每工作班不应少于1组且每浇筑 $100m^3$ 为一验收批，抗压强度试块留置不应少于1组；每浇筑 $500m^3$ 混凝土及每后浇带为一验收批，抗渗试块留置不应少于1组。

（2）混凝土重度应符合设计要求。其允许偏差为：＋0.01t/m³，－0.02t/m³；

检查方法：检查混凝土试块重度检测报告，检查原材料质量保证资料、施工记录等。

（3）钢筋混凝土管节预制的允许偏差应符合表 2.6.2-3 的规定。

钢筋混凝土管节预制的允许偏差　　表 2.6.2-3

检查项目		允许偏差（mm）	检查数量		检查方法
			范围	点数	
1	外包尺寸 长	±10	每10m	各4点	用钢尺量测
	外包尺寸 宽	±10			
	外包尺寸 高	±5			
2	结构厚度 底板、顶板	±5	每部位	各4点	
	结构厚度 侧墙	±5			
3	断面对角线尺寸差	0.5%L	两端面	各2点	
4	管节内净空尺寸 净宽	±10	每10m	各4点	
	管节内净空尺寸 净高	±10			
5	顶板、底板、外侧墙的主钢筋保护层厚度	±5	每10m	各4点	
6	平整度	5	每10m	2点	用2m直尺量测
7	垂直度	10	每10m	2点	用垂线测

注：L 为断面对角线长（mm）。

4. 沉放的预制钢筋混凝土管节接口预制加工（水力压接法）应符合下列规定：

（1）端部钢壳端面加工成型的允许偏差应符合表2.6.2-4的规定。

端部钢壳端面加工成型的允许偏差　　表2.6.2-4

检查项目		允许偏差 (mm)	检查数量		检查方法
			范围	点数	
1	不平整度	<5，且每延米内<1	每个钢壳的钢板面、端面	每2m各1点	用2m直尺量测
2	垂直度	<5		两侧、中间各1点	用垂线吊测全高
3	端面竖向倾斜度	<5	每个钢壳	两侧、中间各2点	全站仪测量或吊垂线测端面上下外缘两点之差

（2）专用的柔性接口橡胶圈材质及相关性能应符合相关规范规定和设计要求，其外观质量应符合表2.6.2-5的规定。

橡胶圈外观质量要求　　表2.6.2-5

缺陷名称	中间部分	边翼部分
气泡	直径≤1mm气泡，不超过3处/m	直径≤2mm气泡，不超过3处/m
杂质	面积≤4mm²气泡，不超过3处/m	面积≤8mm²气泡，不超过3处/m

缺陷名称	中间部分	边翼部分
凹痕	不允许	允许有深度不超过 0.5mm、面积不大于 10mm² 的凹痕，不超过 2 处/m
接缝	不允许有裂口及"海绵"现象；高度≤1.5mm 的凸起，不超过 2 处/m	
中心偏心	中心孔周边对称部位厚度差不超过 1mm	

检查方法：观察；检查每批橡胶圈的质量合格证明、性能检验报告。

5. 预制钢筋混凝土管的沉放应符合下列规定：

钢筋混凝土管沉放的允许偏差应符合表 2.6.2-6 的规定。

钢筋混凝土管沉放的允许偏差　　表 2.6.2-6

	检查项目		允许偏差（mm）	检查数量		检查方法
				范围	点数	
1	管道高程	压力管道	0，−200	每 10m	1 点	用水准仪、经纬仪、测深仪测量或全站仪测量
		无压管道	0，−100			
2	沉放后管节四角高差		50	每管节	4 点	
3	管道水平轴线位置		50	每 10m	1 点	
4	接口连接的对接错口		20	每接口每面	各 1 点	用钢尺量测

6. 桥管管道应符合下列规定：

（1）钢管预拼装尺寸的允许偏差应符合表 2.6.2-7 的规定。

钢管预拼装尺寸的允许偏差　　表 2.6.2-7

检查项目	允许偏差 (mm)	检查数量		检查方法
		范围	点数	
长度	±3	每件	2点	用钢尺量测
管口端面圆度	$D_o/500$，且≤5	每端面	1点	
管口端面与管道轴线的垂直度	$D_o/500$，且≤3	每端面	1点	用焊缝量规测量
侧弯曲矢高	$L/1500$，且≤5	每件	1点	用拉线、吊线和钢尺量测
跨中起拱度	$±L/5000$	每件	1点	
对口错边	$t/10$，且≤2	每件	3点	用焊缝量规、游标卡尺测量

注：L 为管道长度（mm）；t 为管道壁厚（mm）。

（2）桥管管道安装的允许偏差应符合表 2.6.2-8 的规定。

（3）钢管涂装材料、涂层厚度及附着力符合设计要求；涂层外观应均匀，无褶皱、空泡、凝块、透底等现象，与钢管表面附着紧密，色标符合规定。

检查项目		允许偏差（mm）	检查数量		检查方法
			范围	点数	
1 支架	顶面高程	±5	每件	1点	用水准仪测量
	中心位置（轴向、横向）	10		各1点	用经纬仪测量，或挂中线用钢尺量测
	水平度	$L/1500$		2点	用水准仪测量
2	管道水平轴线位置	10	每跨	2点	用经纬仪测量
3	管道中部垂直上拱矢高	10		1点	用水准仪测量，或拉线和钢尺量测
4	支架地脚螺栓（锚栓）中心位移	5			用经纬仪测量，或挂中线用钢尺量测
5	活动支架的偏移量	符合设计要求			用钢尺量测
6 弹簧支架	工作圈数	≤半圈	每件	1点	观察检查
	在自由状态下，弹簧各圈节距	≤平均节距10%			用钢尺量测
	两端支承面与弹簧轴线垂直度	≤自由高度10%			挂中线用钢尺量测
7	支架处的管道顶部高程	±10			用水准仪测量

注：L 为支架底座的边长（mm）。

检查方法：观察；用 5～10 倍的放大镜检查；用测厚仪量测厚度。

检查数量：涂层干膜厚度每 5m 测 1 个断面，每个断面测相互垂直的 4 个点；其实测厚度平均值不得低于设计要求，且小于设计要求厚度的点数不应大于 10%，最小实测厚度不应低于设计要求的 90%。

2.7 管道附属构筑物

本节适用于给排水管道工程中的各类井室、支墩、雨水口工程。

2.7.1 井室

砌筑结构的井室施工应符合下列规定：

砌块应垂直砌筑，需收口砌筑时，应按设计要求的位置设置钢筋混凝土梁进行收口；圆井采用砌块逐层砌筑收口，四面收口时每层收进不应大于 30mm，偏心收口时每层收进不应大于 50mm。

2.7.2 雨水口

1. 基础施工应符合下列规定：

（1）开挖雨水口槽及雨水管支管槽，每侧宜留出 300～500mm 的施工宽度；

（2）采用预制雨水口时，基础顶面宜铺设 20～30mm 厚的砂垫层。

2. 雨水口砌筑应符合的规定为：管端面在雨水口内的露出长度，不得大于20mm，管端面应完整、无破损。

2.7.3 质量验收标准

1. 井室应符合下列要求：

（1）砌筑水泥砂浆强度、结构混凝土强度符合设计要求；

检查方法：检查水泥砂浆强度、混凝土抗压强度试块试验报告。

检查数量：每50m³砌体或混凝土每浇筑1个台班一组试块。

（2）井室的允许偏差应符合表2.7.3-1的规定。

井室的允许偏差　　　　　表 2.7.3-1

	检查项目		允许偏差 （mm）	检查数量		检查方法
				范围	点数	
1	平面轴线位置 （轴向、垂直轴向）		15		2	用钢尺量测、 经纬仪测量
2	结构断面尺寸		+10，0		2	用钢尺量测
3	井室 尺寸	长、宽	±20	每座	2	用钢尺量测
		直径				
4	井口 高程	农田或绿地	+20		1	用水准仪测量
		路面	与道路规 定一致			

检查项目			允许偏差（mm）	检查数量		检查方法
				范围	点数	
5	井底高程	开槽法管道铺设	$D_i \leqslant 1000$	±10	每座	2	
			$D_i > 1000$	±15			
		不开槽法管道铺设	$D_i < 1500$	+10，−20			
			$D_i \geqslant 1500$	+20，−40			
6	踏步安装	水平及垂直间距、外露长度		±10		1	用尺量测偏差较大值
7	脚窝	高、宽、深		±10			
8	流槽宽度			+10			

2. 雨水口及支管、连管应符合下列要求：

雨水口、支管的允许偏差应符合表 2.7.3-2 的规定。

3. 支墩应符合下列要求：

（1）砌筑水泥砂浆强度、结构混凝土强度符合设计要求。

检查方法：检查水泥砂浆强度、混凝土抗压强度试块试验报告。

检查数量：每 50m³ 砌体或混凝土每浇筑 1
个台班一组试块。

雨水口、支管的允许偏差   表 2.7.3-2

检查项目		允许偏差（mm）	检查数量		检查方法
			范围	点数	
1	井框、井箅吻合	≤10	每座	1	用钢尺量测较大值（高度、深度亦可用水准仪测量）
2	井口与路面高差	−5，0			
3	雨水口位置与道路边线平行	≤10			
4	井内尺寸	长、宽：+20，0			
		深：0，−20			
5	井内支、连管管口底高度	0，−20			

（2）管道支墩的允许偏差应符合表 2.7.3-3
的规定。

管道支墩的允许偏差   表 2.7.3-3

检查项目		允许偏差（mm）	检查数量		检查方法
			范围	点数	
1	平面轴线位置（轴向、垂直轴向）	15	每座	2	用钢尺量测或经纬仪测量
2	支撑面中心高程	±15		1	用水准仪测量
3	结构断面尺寸（长、宽、厚）	+10，0		3	用钢尺量测

2.8 管道功能性试验

2.8.1 压力管道水压试验

1. 水压试验采用的设备、仪表规格及其安装应符合下列规定：

采用弹簧压力计时，精度不低于 1.5 级，最大量程宜为试验压力的 1.3～1.5 倍，表壳的公称直径不宜小于 150mm，使用前经校正并具有符合规定的检定证书。

2. 试验管段注满水后，宜在不大于工作压力条件下充分浸泡后再进行水压试验，浸泡时间应符合表 2.8.1-1 的规定。

压力管道水压试验前浸泡时间　　表 2.8.1-1

管材种类	管道内径 D_i（mm）	浸泡时间 （h）
球墨铸铁管 （有水泥砂浆衬里）	D_i	≥24
钢管 （有水泥砂浆衬里）	D_i	≥24
化学建材管	D_i	≥24
现浇钢筋 混凝土管渠	$D_i≤1000$	≥48
	$D_i>1000$	≥72
预（自）应力混凝土管、 预应力钢筒混凝土管	$D_i≤1000$	≥48
	$D_i>1000$	≥72

3. 水压试验应符合下列规定：

（1）试验压力应按表 2.8.1-2 选择确定。

压力管道水压试验的试验压力（MPa） **表 2.8.1-2**

管材种类	工作压力 P	试验压力
钢管	P	$P+0.5$，且不小于 0.9
球墨铸铁管	≤0.5	$2P$
	>0.5	$P+0.5$
预(自)应力混凝土管、预应力钢筒混凝土管	≤0.6	$1.5P$
	>0.6	$P+0.3$
现浇钢筋混凝土管渠	≥0.1	$1.5P$
化学建材管	≥0.1	$1.5P$，且不小于 0.8

（2）主试验阶段：停止注水补压，稳定 15min；当 15min 后压力下降不超过表 2.8.1-3 中所列允许压力降数值时，将试验压力降至工作压力并保持恒压 30min，进行外观检查若无漏水现象，则水压试验合格。

压力管道水压试验的允许压力降（MPa） **表 2.8.1-3**

管材种类	试验压力	允许压力降
钢管	$P+0.5$，且不小于 0.9	0
球墨铸铁管	$2P$	
	$P+0.5$	
预（自）应力钢筋混凝土管、预应力钢筒混凝土管	$1.5P$	0.03
	$P+0.3$	
现浇钢筋混凝土管渠	$1.5P$	
化学建材管	$1.5P$，且不小于 0.8	0.02

4. 压力管道采用允许渗水量进行最终合格判定依据时，实测渗水量应小于或等于表2.8.1-4 的规定及规范公式规定的允许渗水量。

压力管道水压试验的允许渗水量　表 2.8.1-4

管道内径 D_i(mm)	允许渗水量[L/(min・km)]		
	焊接接口钢管	球墨铸铁管、玻璃钢管	预(自)应力混凝土管、预应力钢筒混凝土管
100	0.28	0.70	1.40
150	0.42	1.05	1.72
200	0.56	1.40	1.98
300	0.85	1.70	2.42
400	1.00	1.95	2.80
600	1.20	2.40	3.14
800	1.35	2.70	3.96
900	1.45	2.90	4.20
1000	1.50	3.00	4.42
1200	1.65	3.30	4.70
1400	1.75	—	5.00

2.8.2 无压管道的闭水试验

管道闭水试验时，应进行外观检查，不得有漏水现象，且符合下列规定时，管道闭水试验为合格：

实测渗水量小于或等于表 2.8.2 规定的允许渗水量。

无压管道闭水试验允许渗水量 表 2.8.2

管材	管道内径 D_i(mm)	允许渗水量 [m³/(24h·km)]
钢筋混凝土管	200	17.60
	300	21.62
	400	25.00
	500	27.95
	600	30.60
	700	33.00
	800	35.35
	900	37.50
	1000	39.52
	1100	41.45
	1200	43.30
	1300	45.00
	1400	46.70
	1500	48.40
	1600	50.00
	1700	51.50
	1800	53.00
	1900	54.48
	2000	55.90

2.8.3 无压管道的闭气试验

闭气试验合格标准应符合的规定为：规定标准闭气试验时间符合表 2.8.3 的规定，管内实测

气体压力 $P \geqslant 1500Pa$ 则管道闭气试验合格。

钢筋混凝土无压管道闭气检验规定

标准闭气时间　　　表 2.8.3

管道 DN (mm)	管内气体压力（Pa）		规定标准闭气时间 S （′″）
	起点压力	终点压力	
300			1′45″
400			2′30″
500			3′15″
600			4′45″
700	—	—	6′15″
800			7′15″
900			8′30″
1000			10′30″
1100			12′15″
1200			15′
1300			16′45″
1400	2000	≥1500	19′
1500			20′45″
1600			22′30″
1700			24′
1800			25′45″
1900			28′
2000			30′
2100			32′30″
2200			35′

2.9 给水排水管道工程分项、分部、单位工程划分

给水排水管道工程分项、分部、

单位工程划分表　　　　　　　表 2.9

单位工程 (子单位工程)	开(挖)槽施工的管道工程、大型顶管工程、盾构管道工程、浅埋暗挖管道工程、大型沉管工程、大型桥管工程		
分部工程 (子分部工程)	分项工程		验 收 批
土方工程	沟槽土方(沟槽开挖、沟槽支撑、沟槽回填)、基坑土方(基坑开挖、基坑支护、基坑回填)		与下列验收批对应
管道主体工程	预制管开施工主体结构	金属类管、混凝土类预应力混凝土筒管、化学建材管	管道基础、管道接口连接、管道铺设、管道防腐层(管道内防腐层、钢管外防腐层)、钢管阴极保护	可选择下列方式划分: ①按流水施工长度; ②排水管道按井段; ③给水管道按一定长度连续施工段或自然划分段(路段); ④其他便于过程质量控制方法
		现浇钢筋混凝土管渠、装配式混凝土管渠、砌筑管渠	管道基础、现浇钢筋混凝土管渠(钢筋、模板、混凝土、变形缝)、装配式混凝土管渠(预制构件安装、变形缝)、砌筑管渠(砖石砌筑、变形缝)、管道内防腐层、管廊内管道安装	每节管渠(廊)或每个流水施工段管渠(廊)

管道主体工程	不开槽施工主体结构	工作井	工作井围护结构、工作井	每座井
		顶管	管道接口连接、顶管管道（钢筋混凝土管、钢管）、管道防腐层（管道内防腐层、钢管外防腐层）、钢管阴极保护、垂直顶升	顶管顶进：每100m；垂直顶升：每个顶升管
		盾构	管片制作、掘进及管片拼装、二次内衬（钢筋、混凝土）、管道防腐层、垂直顶升	盾构掘进：每100环；二次内衬：每施工作业断面；垂直顶升：每个顶升管
		浅埋暗挖	土层开挖、初期衬砌、防水层、二次内衬、管道防腐层、垂直顶升	暗挖：每施工作业断面；垂直顶升：每个顶升管
		定向钻	管道接口连接、定向钻管道、钢管防腐层（内防腐层、外防腐层）、钢管阴极保护	每100m
		夯管	管道接口连接、夯管管道、钢管防腐层（内防腐层、外防腐层）、钢管阴极保护	每100m
	沉管	组对拼装沉管	基槽浚挖及管基处理、管道接口连接、管道防腐层、管道沉放、稳管及回填	每100m（分段拼装按每段，且不大于100m）

管道主体工程	沉管	预制钢筋混凝土沉管	基槽浚挖及管基处理、预制钢筋混凝土管节制作（钢筋、模板、混凝土）、管节接口预制加工、管道沉放、稳管及回填	每节预制钢筋混凝土管
	桥管		管道接口连接、管道防腐层（内防腐层、外防腐层）、桥管管道	每跨或每100m；分段拼装按每跨或每段，且不大于100m
附属构筑物工程			井室（现浇混凝土结构、砖砌结构、预制拼装结构）、雨水口及支连管、支墩	同一结构类型的附属构筑物不大于10个

注：1. 大型顶管工程、大型沉管工程、大型桥管工程及盾构、浅埋暗挖管道工程，可设独立的单位工程。

2. 大型顶管工程：指管道一次顶进长度大于300m的管道工程。

3. 大型沉管工程：指预制钢筋混凝土管沉管工程；对于成品管组对拼装的沉管工程，应为多年平均水位水面宽度不小于200m，或多年平均水位水面宽度100～200m之间，且相应水深不小于5m。

4. 大型桥管工程：总跨长度不小于300m或主跨长度不小于100m。

5. 土方工程中涉及地基处理、基坑支护等，可按现行国家标准《建筑地基基础工程施工质量验收规范》GB 50202等相关规定执行。

6. 桥管的地基与基础、下部结构工程，可按桥梁工程规范的有关规定执行。

7. 工作井的地基与基础、围护结构工程，可按现行国家标准《建筑地基基础工程施工质量验收规范》GB 50202、《混凝土结构工程施工质量验收规范》GB 50204、《地下防水工程质量验收规范》GB 50208、《给水排水构筑物工程施工及验收规范》GB 50141等相关规定执行。

本章参考文献

《给水排水管道工程施工及验收规范》GB
50268—2008

3 地下铁道工程

3.1 井点降水

3.1.1 一般规定

1. 井点降水方法应按表 3.1.1 选用。

各类井点降水方法适用范围 表 3.1.1

降水方法 适用条件	单层轻型井点	多层轻型井点	喷射井点	管井井点	砂（砾）渗井点
土层渗透系数 （m/d）	0.1～0.5	0.1～50	0.1～50	20～200	0.1～20
水位降低深底 （m）	3～6	6～12	8～30	>10	按下伏强导水层的水头、导水性与坑深确定

2. 井点降水应使地下水位保持在基底以下 0.5m。

3. 降水井点布设应符合的规定为：井点距基坑边缘不应小于 1.5m，距暗挖隧道结构不应小于 2m。

147

4. 井点钻孔应符合下列规定：

（1）孔径应比管径大 200～300mm；

（2）孔径应垂直、上下一致，孔底比管底深 0.5～1.0m。

5. 分节组装的井点管直径应一致。钢管井点管的滤管应采用穿孔钢管，孔隙率不应小于 25%，外壁垫筋缠镀锌钢丝后包土工布滤网。

管井井点管采用无砂混凝土管时，其孔隙率不应小于 20%，并且外壁应垫筋、缠丝、包土工布滤网。

6. 井点管沉设应符合的规定为：管井井点管应高出地面 300～500mm。井点管就位固定后，管上口应临时封闭。

7. 滤料应洁净，其规格为含水层筛分粒径的 5～10 倍。投放时应符合下列规定：

（1）滤料应沿井管周围均匀投放，投放量不得小于计算量的 95%；

（2）滤料填至井口下 1m 左右时应用黏性土填实夯平。

3.1.2 喷射井点

井点管组装前应检查井管、连接件及喷射器的喷嘴混合室、支座环和滤网等，组装后应做泵水试验和真空度测试，其真空度不宜小于 93kPa。

3.1.3 砂（砾）渗井点

1. 砂（砾）渗井点宜疏干滞水层或弱透水层。下层应为非承压的强导水层，距基底 4m 以下，厚度不应小于 3m。

2. 砂（砾）渗井点布置间距：引渗自降井点为 5～10m；引渗抽降井点为砂（砾）渗井与管井间隔布置，其管井间距为 10～15m；砂（砾）渗井为 2～6m。

3. 砂（砾）渗井点成孔应符合下列规定：

（1）井孔孔径不应小于 300mm，其深入强导水层不应小于 3m。

（2）井点成孔后，可直接投入粗砂或砾石。如沉设无砂混凝土管时，管壁周围应投放滤料，井点管应高出地面 300～500mm，井口应封闭并加以防护。

3.2 基坑支护桩

3.2.1 一般规定

1. 以下适用于隧道结构基坑及竖井，采用冲击或振动沉桩、静力压桩、钻孔灌注桩等支护结构的施工及验收。

2. 各种沉桩方法，应根据地质、环境和施工机具设备等条件，按表 3.2.1 选用。

各种沉桩施工适用地质范围　表 3.2.1

沉桩方法		适用地质范围
冲击沉桩		黏性土、砂土、淤泥和粒径不大于 50mm 碎石类土
静力压桩		黏性土、砂土、淤泥
振动沉桩		黏性土、砂土、淤泥
干作业螺旋钻机钻孔		地下水位以上黏性土、砂土和粒径不大于 50mm 碎石类土
螺旋钻机钻孔压浆成桩		黏性土、砂土、淤泥和粒径不大于 50mm 碎石类土
泥浆护壁成孔	冲抓	有地下水的碎石类土、砂土、黏性土、淤泥及基岩
	冲击	有地下水的碎石类土、砂土、黏性土、淤泥及基岩

3. 支护桩沉设前宜先试桩，试桩数量不得少于 2 根。

4. 沉桩前应测放桩位；沉桩时，钻（桩）头就位应正确、垂直；沉桩过程中应随时检测。

沉桩以线路中线为准，允许偏差为：纵向±100mm；横向＋500mm；垂直度 3‰。

3.2.2　冲击沉桩

1. 钢板桩围檩支架的围檩桩必须垂直、围檩水平，位置正确、牢固可靠。围檩支架应高出地面 1/3 桩长；最下层围檩距地面不宜大于 500mm；围檩间净距应比 2 根钢板桩组合宽度大 8～15mm。

2. 钢板桩宜以 10～20 根为一段，逐根插入围檩后，应先沉入两端的定位桩，再以 2～4 根为一组，采取阶梯跳跃式沉入。

3. 钢板桩围堰宜在转角处两桩墙各 10 根桩位轴线范围内调整后合拢，如不能闭合需要搭接时，其背后应进行防水处理。

4. 沉桩过程中，应随时检测校正桩的垂直度。钢桩沉设贯入度每击 20 次不应小于 10mm。

3.2.3 振动沉桩

沉桩中如钢桩下沉速度突然减小，应停止沉桩，并将钢桩向上拔起 0.6～1.0m，然后重新快速下沉，如仍不能下沉时，应采取其他措施。

3.2.4 钻孔灌注桩

1. 护筒设置位置应正确、稳定，与孔壁之间应用黏土填实。其埋置深度，黏土层不应小于 1.0m，砂质或杂填土层不应小于 1.5m。

2. 排渣施工应符合下列规定：

（1）黏性土中成孔，可注入清水，以原土泥浆护壁，排渣泥浆相对密度应控制在 1.1～1.2；

（2）砂土和较厚夹砂层中成孔，泥浆相对密度应控制在 1.1～1.3，在穿越砂夹卵石层或容易坍孔土层中成孔时，泥浆相对密度控制在 1.3~1.5；

（3）泥浆选用塑性指数 $I_p \geqslant 17$ 的黏土配制；

（4）施工中应经常测定泥浆相对密度，并定期测定黏度、含砂率和胶体率，其指标控制：黏度为 18~22s，含砂率为 4%~8%，胶体率不小于 90%。

3. 清孔施工应符合下列规定：

（1）用原土造浆时，清孔后泥浆相对密度应控制在 1.1 左右；

（2）孔壁土质较差时，宜用泥浆循环清孔，清孔后泥浆相对密度应控制在 1.15~1.25。

4. 钢筋笼绑扎应牢固，其加工除满足设计要求外，尚应符合下列规定：

（1）导管灌注水下混凝土桩的钢筋笼内径应大于导管连接处外径 10cm 以上；

（2）钢筋笼下端 0.5~0.8m 范围内主筋应稍向内侧弯曲呈倾斜状；

（3）箍筋间距不得大于 300mm，并宜采用螺旋筋。

5. 钢筋笼制作允许偏差为：主筋间距 ±10mm；箍筋间距 ±20mm；钢筋笼直径 ±10mm，长度 ±50mm。

6. 钢筋笼向钻孔内吊装时应符合的规定为：

分段吊装时，将下段吊入孔内后，其上端应留1m左右临时固定在孔口处，上下段钢筋笼的主筋对正连接合格后继续下沉。

7. 混凝土必须具有良好的和易性，配合比应经试验确定。细骨料宜采用中、粗砂，粗骨料宜采用粒径不大于 40mm 卵石或碎石。坍落度：干作业成孔宜为 100～210mm，水下灌注宜为160～210mm。

8. 泥浆护壁成孔应采用水下灌注混凝土。其灌注混凝土导管宜采用直径为 200～250mm的多节钢管，管节连接应严密、牢固，使用前应试拼，并进行隔水栓通过试验。

9. 水下混凝土灌注应符合下列规定：

(1) 导管底端距孔底应保持 300～500mm；

(2) 导管埋入混凝土深度应保持 2～3m，并随提升随拆除。

10. 冬期施工时应采取保温措施。桩顶混凝土强度未达到设计强度的 40% 时不得受冻。

11. 混凝土试件制作，同一配合比每班不得少于一组，泥浆护壁成孔的灌注桩每 5 根不得少于一组。

3.2.5 基坑支护

1. 工字钢桩间土壁背板安装应符合的规定为：背板强度应根据计算确定，每块背板伸入工字钢翼缘内不应小于50mm。

2. 横撑安装前应先拼装，拼装后两端支点中心线偏心不应大于20mm。安装后总偏心量不应大于50mm。

3. 锚杆布置应符合下列规定：

（1）最上层锚杆覆土厚度不应小于3m；

（2）上下两层锚杆间距宜为2~5m，水平间距宜为2~3m；

（3）倾斜度宜为15°~35°；

（4）锚固段必须设置于滑动土体1m以外的地层中，锚固段与非锚固段应界限分明。

4. 锚杆的杆体可采用钢筋或钢绞线，钢筋应除锈，钢绞线锚固段应擦拭干净。

锚杆杆体应设置定位器，其间距：锚固段不宜大于2m，非锚固段宜为2~3m。

锚杆的锚头、垫板受力后不得变形和损坏。

5. 锚杆应在基坑土方挖至其设计位置后及时安装。钻孔机具应根据地质条件选择。锚孔允许偏差为：孔位高程±50mm，水平间距±100mm，孔深$^{+100}_{0}$mm。

设有腰梁的锚杆，其腰梁应与桩体水平连接牢固后，方可安装锚头。

6. 锚杆注浆应符合下列规定：

（1）水泥浆液的水灰比应为0.4~0.5，水泥砂浆灰砂比宜为 1∶1～1∶2；

（2）锚固段注浆必须饱满密实，并宜采用二次注浆，注浆压力宜为 0.4～0.6MPa。接近地表或地下构筑物及管线的锚杆，应适当控制注浆压力。

7. 锚杆的锚固段浆液达到设计强度后，方可进行张拉并锁定，其张拉值应为设计荷载的 75%～80%，并按规范规定做好记录。

8. 锚杆应进行抗拉和验收试验，并应符合下列规定：

（1）试件数量：抗拉试件宜为总数量的 2%，且不应少于 2 根；验收试件宜为总数量 3%，且不应少于 3 根；

（2）加荷方式：依次为设计荷载的 25%、50%、75%、100%、120%（验收试验锚杆）、133%（抗拉试验锚杆）；

（3）验收试验锚杆总位移量不应大于抗拉试验锚杆总位移量。

3.3 地下连续墙

以下适用于在土层或软岩地层中，采用机械挖槽、泥浆护壁、现浇钢筋混凝土地下连续墙的施工及验收。

3.3.1 导墙施工

1. 槽段开挖前，应沿地下连续墙墙面两侧构筑导墙，其净距应大于地下连续墙设计尺寸40～60mm。

2. 导墙高度宜为 1.5～2m，顶部高出地面不应小于 100mm，外侧墙土应夯实。导墙不得移位和变形。

3. 导墙施工允许偏差应符合下列规定：

（1）内墙面与地下连续墙纵轴线平行度为±10mm；

（2）内外导墙间距为±10mm；

（3）导墙内墙面垂直度为 5‰；

（4）导墙内墙面平整度为 3mm；

（5）导墙顶面平整度为 5mm。

3.3.2 泥浆制备与管理

1. 泥浆拌制材料宜优先选用膨润土，如采用黏土，应进行物理、化学分析和矿物鉴定，其黏粒含量应大于 50%，塑性指数应大于 20，含砂量应小于 5%，二氧化硅与氧化铝含量比值宜为 3～4。

2. 泥浆应根据地质和地面沉降控制要求经试配确定，并应按表 3.3.2 控制其性能指标和按规范做好记录。

泥浆配制、管理性能指标　　表 3.3.2

泥浆性能	新配制		循环泥浆		废弃泥浆		检验方法
	黏性土	砂性土	黏性土	砂性土	黏性土	砂性土	
密度(g/cm³)	1.04～1.05	1.06～1.08	<1.10	<1.15	>1.25	>1.35	比重计
黏度(s)	20～24	25～30	<25	<35	>50	>60	漏斗计
含砂率(%)	<3	<4	<4	<7	>8	>11	洗砂瓶
pH 值	8～9	8～9	>8	>8	>14	>14	试纸

3. 新拌制泥浆应贮存 24h 以上或加分散剂使膨润土（或黏土）充分水化后方可使用。

挖槽期间，泥浆面必须保持高于地下水位 0.5m 以上。

3.3.3　挖槽施工

清底应自底部抽吸并及时补浆，清底后的槽底泥浆相对密度不应大于 1.15，沉淀物淤积厚度不应大于 100mm。

3.3.4　钢筋笼制作与安装

1. 钢筋笼应在平台上制作成型并应符合下列规定：

（1）钢筋笼底端应在 0.5m 范围内的厚度方向上做收口处理；

（2）钢筋笼应设定位垫块，其深度方向间距为 3～5m，每层设 2～3 块。

2. 钢筋笼制作精度应符合表 3.3.4 规定。

钢筋笼制作允许偏差值（mm）　表 3.3.4

项　　目	偏差	检查方法
钢筋笼长度	±50	钢尺量，每片钢筋网检查上、中、下三处
钢筋笼宽度	±20	
钢筋笼厚度	0 −10	
主筋间距	±10	任取一断面，连续量取间距，取平均值作为一点每片钢筋网上测四点
分布筋间距	±20	
预埋件中心位置	±10	抽查

3.3.5　混凝土灌注

1. 地下连续墙应采用掺外加剂的防水混凝土，水泥用量：采用卵石时不应小于 370kg/m³，采用碎石时不应小于 400kg/m³，坍落度应采用 200±20mm。

2. 混凝土宜采用商品混凝土，并应采用导管法灌注。导管应采用直径为 200～250mm 的多节钢管，管节连接应严密、牢固，施工前应试拼并进行隔水栓通过试验。

3. 导管水平布置距离不应大于 3m，距槽段端部不应大于 1.5m。

导管下端距槽底应为 300～500mm，灌注混凝土前应在导管内临近泥浆面位置吊挂隔水栓。

4. 混凝土灌注应符合下列规定：

（1）钢筋笼沉放就位后应及时灌注混凝土，并不应超过 4h；

（2）各导管储料斗内混凝土储量应保证开始灌注混凝土时埋管深度不小于 500mm；

（3）各导管剪断隔水栓吊挂线后应同时均匀连续灌注混凝土，因故中断灌注时间不得超过 30min；

（4）导管随混凝土灌注应逐步提升，其埋入混凝土深度应为 1.5～3.0m，相邻两导管内混凝土高差不应大于 0.5m；

（5）混凝土灌注速度不应低于 2m/h；

（6）混凝土灌注宜高出设计高程 300～500mm。

5. 每一单元槽段混凝土应制作抗压强度试件一组，每 5 个槽段应制作抗渗压力试件一组，并按规范做好记录。

6. 地下连续墙冬期施工应采取保温措施。墙顶混凝土未达到设计强度的 40% 时不得受冻。

3.3.6 墙体接头处理

1. 锁口管应紧贴槽端对准位置垂直、缓慢沉放，不得碰撞槽壁和强行入槽。锁口管应沉入槽底 300～500mm。

2. 锁口管在混凝土灌注 2～3h 后应进行第一次起拔，以后每 30min 提升一次，每次 50～100mm，直至终凝后全部拔出。锁口管起拔后应及时清洗干净。

3.3.7 工程验收

基坑开挖后应进行地下连续墙验收，并符合的规定为：混凝土抗压强度和抗渗压力应符合设计要求，墙面无露筋、露石和夹泥现象；墙体结构允许偏差应符合表 3.3.7 的要求。

地下连续墙各部位允许偏差值（mm）　　表 3.3.7

项目　允许偏差	临时支护墙体	单一或复合墙体
平面位置	±50	+30 0
平整度	50	30
垂直度（‰）	5	3
预留孔洞	50	30
预埋件	—	30
预埋连接钢筋	—	30
变形缝	—	±20

注：平面位置以隧道线路中线为准进行测量。

3.4 隧道明挖法施工

以下适用于明挖法修建隧道结构的施工及验收。隧道基坑必须保持地下水位稳定在基底0.5m以下。

3.4.1 管线拆迁、改移和悬吊

跨越基坑的悬吊管线两端应伸出基坑边缘外距离不小于1.5m处，其附近基坑应加强支护，并采取防止地面水流入基坑的措施。

3.4.2 基坑便桥

基坑便桥的桥面系统应符合下列规定：

1. 桥面应高出两端路面300～500mm，并设横向排水坡度，桥面的桥头和原路面应顺坡相接。

2. 桥面宽度应根据运输车辆确定，其两侧人行道宽不得小于0.7m，并应高出桥面150mm。人行道外侧应设护栏，高度不得小于1.2m，护栏两端顺基坑方向延伸不得小于2m。

3. 桥面可铺砌炉渣、粉煤灰混合料或沥青路面等。

4. 梁底至隧道结构净距和墩台至隧道结构边墙净距均不得小于1m。

3.4.3 基坑开挖与回填

1. 存土点不得选在建筑物、地下管线和架空线附近，基坑两侧 10m 范围内不得存土。在已回填的隧道结构顶部存土时，应核算沉降量后确定堆土高度。

2. 基坑开挖宽度，放坡基坑的基底至隧道结构边缘距离不得小于 0.5m。设排水沟、集水井或其他设施时，可根据需要适当加宽；支护桩或地下连续墙临时支护的基坑，隧道结构边缘至桩、墙边距离不得小于 1m。

3. 基坑开挖接近基底 200mm 时，应配合人工清底，不得超挖或扰动基底土。

4. 基底应平整压实，其允许偏差为：高程 $^{+10}_{-20}$mm；平整度 20mm，并在 1m 范围内不得多于 1 处。

基底经检查合格后，应及时施工混凝土垫层。

5. 基坑回填料除纯黏土、淤泥、粉砂、杂土，有机质含量大于 8% 的腐殖土、过湿土、冻土和大于 150mm 粒径的石块外，其他均可回填。

6. 基坑回填应分层、水平压实；隧道结构两侧应水平、对称同时填压；基坑回填高程不一致时，应从低处逐层填压；基坑分段回填接槎处，已填土坡应挖台阶，其宽度不得小于 1m，高度不得大于 0.5m。

7. 基坑回填时，机械或机具不得碰撞隧道结构及防水保护层。隧道结构两侧和顶部 500mm 范围内以及地下管线周围应采用人工使用小型机具夯填。

8. 基坑回填土采用机械碾压时，搭接宽度不得小于 200mm。人工夯填时，夯与夯之间重叠不得小于 1/3 夯底宽度。

9. 基坑回填碾压过程中，应取样检查回填土密实度。机械碾压时，每层填土按基坑长度 50m 或基坑面积为 1000m² 时取一组，人工夯实时，每层填土按基坑长度 25m 或基坑面积为 500m² 时取一组；每组取样点不得少于 6 个，其中部和两边各取两个。遇有填料类别和特征明显变化或压实质量可疑处应增加取样点位。

10. 基坑回填碾压密实度应满足地面工程设计要求，如设计无要求时，应符合表 3.4.3 规定。

基坑回填碾压密实度值（％） 表 3.4.3

基础底以下高程（cm）	最低压实度				
	道路			地下管线	农田或绿地
	快速和主干路	次干路	支路		
0～60	95/98	95/98	90/92	95/98	87/90

基础底以下高程（cm）	最低压实度				
	道路			地下管线	农田或绿地
	快速和主干路	次干路	支路		
60~150	93/95	90/92	90/92	87/90	87/90
>150	87/90	87/90	87/90	87/90	87/90

注：1. 表中分子为重锤击实标准，分母为轻锤击实标准，两者均以相应的击实试验法求得的最大压实度为100%。

2. 基坑压实应采用重锤击实标准，如回填土含水量大或缺少重型压实机具时，方可采用轻锤击实标准。

3. 建筑物基础以下的基坑回填土密实度，应根据设计要求确定。

11. 基坑不宜冬季回填。如必须施工时，应有可靠的防冻措施。除按常规施工要求外，尚应符合下列规定：

(1) 每层铺土厚度应比常温施工减少20%～25%，并适当增加压实密实度；

(2) 冻土块填料含量不得大于15%，粒径不得大于150mm，均匀铺填、逐层压实。建筑物、地下管线、道路工程设计高程1m范围内不得回填冻土块。

3.4.4 钢筋加工及安装

1. 钢筋加工允许偏差应符合表 3.4.4-1 规定。

钢筋加工允许偏差值（mm）　表 3.4.4-1

项　　目		允许偏差
调直后局部弯曲		$d/4$
受力钢筋顺长度方向全长尺寸		±10
弯起成型钢筋	弯起点位置	±10
	弯起高度	0 −10
	弯起角度	2°
	钢筋宽度	±10
箍筋宽和高		+5 −10

注：d 为钢筋直径。

2. 结构采用钢筋焊接片形骨架时，应按设计要求施焊，其尺寸允许偏差应符合表 3.4.4-2规定。

钢筋焊接片形骨架尺寸允许偏差值（mm）　表 3.4.4-2

项　　目	允许偏差
钢筋骨架高度	±5
钢筋骨架宽度	±10
主筋间距	±10
箍筋间距	±10
钢筋网片长和宽	±10
钢筋网眼尺寸	±10

3. 钢筋绑扎应用同强度等级砂浆垫块或塑料卡支垫，支垫间距为 1m 左右，并按行列式或交错式摆放，垫块或塑料卡与钢筋应固定牢固。

4. 钢筋绑扎必须牢固稳定，不得变形松脱和开焊。变形缝处主筋和分布筋均不得触及止水带和填缝板，混凝土保护层、钢筋级别、直径、数量、间距、位置等应符合设计要求。预埋件固定应牢固、位置正确。钢筋绑扎位置允许偏差应符合表 3.4.4-3 规定。

钢筋绑扎位置允许偏差值（mm）　表 3.4.4-3

项 目		允许偏差
箍筋间距		±10
主筋间距	列间距	±10
	层间距	±5
钢筋弯起点位移		±10
受力钢筋保护层		±5
预埋件	中心线位移	±10
	水平及高程	±5

3.4.5 模板支立

1. 模板支立前应清理干净并涂刷隔离剂，铺设应牢固、平整、接缝严密不漏浆，相邻两块模板接缝高低差不应大于 2mm。支架系统连接应牢固稳定。

2. 垫层混凝土模板支立应平顺，位置正确。其允许偏差为：高程 $^{+10}_{-20}$ mm；宽度以中线为准，左右各 ±20mm；变形缝不直顺度在全长范围内不得大于 1‰；里程 ±20mm。

3. 顶板结构应先支立支架后铺设模板，并预留 10～30mm 沉落量，顶板结构模板允许偏差为：设计高程加预留沉落量 $^{+10}_{-20}$ mm；中线 ±10mm；宽度 $^{+15}_{-10}$mm。

4. 墙体结构应根据放线位置分层支立模板，内模板与顶模板连接好并调整净空合格后固定；外侧模板应在钢筋绑扎完后支立。

模板支立允许偏差为：垂直度 2‰；平面位置 ±10mm。

5. 钢筋混凝土柱的模板应自下而上分层支立，支撑应牢固，允许偏差为：垂直度 1‰；平面位置，顺线路方向 ±20mm，垂直线路方向 ±10mm。

钢管柱垂直度、平面位置除符合以上规定外，柱顶高程允许偏差为 $^{+10}_{0}$ mm。

6. 结构变形缝处的端头模板应钉填缝板，填缝板与嵌入式止水带中心线应和变形缝中心线重合，并用模板固定牢固。止水带不得穿孔或用铁钉固定。

端头模板支立允许偏差为：平面位置±10mm，垂直度2‰。

7. 结构拆模时间：不承重侧墙模板，在混凝土强度达到2.5MPa时即可拆除；承重结构顶板和梁，跨度在2m及其以下的强度达到50%、跨度在2~8m的强度达到70%、跨度在8m以上的强度达到100%时方可拆除。

3.4.6　混凝土灌注

1. 垫层混凝土应沿线路方向灌注，布灰应均匀，其允许偏差为：高程$^{+5}_{-10}$mm，表面平整度3mm。

2. 底板混凝土应沿线路方向分层留台阶灌注。混凝土灌注至高程初凝前，应用表面振捣器振一遍后抹面，其允许偏差为：高程±10mm，表面平整度10mm。

3. 墙体和顶板混凝土灌注应符合下列规定：

（1）墙体混凝土左右对称、水平、分层连续灌注，至顶板交界处间歇1~1.5h，然后再灌注顶板混凝土。

（2）顶板混凝土连续水平、分台阶由边墙、中墙分别向结构中间方向进行灌注。混凝土灌至高程初凝前，应用表面振捣器振捣一遍后抹面，其允许偏差为：高程±10mm，表面平整度 5mm。

4. 混凝土终凝后应及时养护，垫层混凝土养护期不得少于 7d，结构混凝土养护期不得少于 14d。

5. 混凝土抗压、抗渗试件应在灌注地点制作，同一配合比的留置组数应符合下列规定：

（1）抗压强度试件：

1）垫层混凝土每灌注一次留置一组；

2）每段结构（不应大于 30m 长）的底板、中边墙及顶板，车站主体各留置 4 组，区间及附属建筑物结构各留置 2 组；

3）混凝土柱结构，每灌注 10 根留置一组，一次灌注不足 10 根者，也应留置一组；

4）如需要与结构同条件养护的试件，其留置组数可根据需要确定。

（2）抗渗压力试件：每段结构（不应大于30m），车站留置 2 组，区间及附属建筑物各留置一组。

3.4.7 工程验收

隧道结构竣工后，混凝土抗压强度和抗渗压力必须符合设计要求，无露筋、露石，裂缝应修补好，结构允许偏差值应符合表 3.4.7 规定。

表 3.4.7

隧道结构各部位允许偏差值（mm）

项目	允许偏差												检查方法
	垫层	先贴防水保护层	后贴防水保护层	底板	顶板		墙		柱子	变形缝	预留洞	预埋件	
					下表面	上表面	内墙	外墙					
平面位置	±30	—	—	—	—	—	±10	±15	纵向±20 横向±10	±10	±20	±20	以线路中线为准用尺检查
垂直度(‰)	—	—	—	—	—	—	2	3	1.5	3	—	—	线坠加尺检查
直顺度	—	—	—	—	—	—	—	—	—	5	—	—	拉线检查
平整度	5	5	10	15	5	10	5	10	5	—	—	—	用 2m 靠尺检查
高程	+5 −10	+0 −10	+20 −10	±20	+30 0	+30 0	—	—	—	—	—	—	用水准仪测量
厚度	±10	—	—	±15	—	±10	—	±15	—	—	—	—	用尺检查

3.5 隧道盖挖逆筑法施工

以下适用于盖挖逆筑法修建隧道结构的施工及验收。盖挖逆筑法施工，必须保持围护墙内土层的地下水位稳定在基底 0.5m 以下。

3.5.1 围护墙及支承柱

1. 隧道结构围护墙采用钢筋混凝土灌注桩或地下连续墙时，位置必须正确，以线路中线为准，其允许偏差为：

（1）平面位置：

1）支护桩：纵向±50mm、横向$^{+30}_{0}$mm；

2）地下连续墙$^{+30}_{0}$mm；

（2）垂直度 3‰。

2. 隧道结构支承柱采用钢管柱或钢筋混凝土灌注柱时，位置必须正确，垂直度符合设计要求，其平面位置以线路中线为准，允许偏差为：纵向±25mm、横向±20mm。

3.5.2 土方开挖

钢筋混凝土顶、楼、底板和梁的土方开挖时，必须严格控制高程，并应夯填密实、平整，其允许偏差为：高程＋10/0mm；平整度 10mm，并在 1m 范围内不多于一处。如遇有软弱或渣土层时，应采取换填或其他加固措施。

3.6 隧道喷锚暗挖法施工

3.6.1 地层超前支护及加固

1. 超前导管或管棚应进行设计，其参数可按表3.6.1选用。

超前导管和管棚支护设计参数值　　　表3.6.1

支护形式	适用地层	钢管直径(mm)	钢管长度(m)		钢管钻设注浆孔的间距(mm)	钢管沿拱的环向布置间距(mm)	钢管沿拱的环向外插角	沿隧道纵向的两排钢管搭接长度(m)
			每根长	总长度				
导管	土层	40～50	3～5	3～5	100～150	300～500	5°～15°	1
管棚	土层或不稳定岩体	80～180	4～6	10～40	100～150	300～500	不大于3°	1.5

注：1. 导管和管棚采用的钢管应直顺，其不钻入围岩部分可不钻孔。

2. 导管如锤击打入时，尾部应补强，前端应加工成尖锥形。

3. 管棚采用的钢管纵向连接丝扣长度不小于150mm，管箍长200mm，并均采用厚壁钢管制作。

172

2. 导管采用钻孔施工时，其孔眼深度应大于导管长度；采用锤击或钻机顶入时，其顶入长度不应小于管长的 90%。

3. 管棚施工应符合下列规定：

(1) 钻孔的外插角允许偏差为 5‰；

(2) 钻孔孔径应比钢管直径大 30~40mm；

4. 导管和管棚注浆应符合的规定为：注浆浆液宜采用水泥或水泥砂浆，其水泥浆的水灰比为 0.5~1，水泥砂浆配合比为 1：0.5~3。

5. 注浆孔距应经计算确定；壁后回填注浆孔应在初期支护结构施工时预留（埋），其间距宜为 2~5m；高压喷射注浆的喷射孔距宜为 0.4~2m。

3.6.2 光面与预裂爆破

1. 爆破参数应依照浅孔、密布、弱爆、循序渐进的原则按表 3.6.2 选用，并必须经现场试爆后确定。

2. 炮眼布置应符合下列规定：

(1) 炮眼深度应控制在 1~1.5m；

(2) 周边炮眼与辅助炮眼的眼底应在同一垂直面上，掏槽炮眼加深 100mm。

3. 炮眼钻设应符合下列规定：

(1) 掏槽炮眼的眼口、眼底间距允许偏差均为 50mm；

表3.6.2

爆破参数值

爆破类别	岩石种类	岩石单轴抗压强度 (MPa)	周边眼间距 E (mm)	周边眼抵抗线 W (mm)	周边眼密集系数 E/W	周边眼至内排崩落眼间距 (mm)	装药集中度 q (g/m)
光面爆破	硬岩	>60	550~700	600~800	0.7~1.0	—	300~350
	中硬岩	30~60	450~650	600~800	0.7~1.0	—	200~300
	软岩	<30	350~500	450~600	0.5~0.8	—	70~120
预裂爆破	硬岩	>60	400~500	—	—	400	300~400
	中硬岩	30~60	400~450	—	—	400	200~250
	软岩	<30	350~400	—	—	350	70~120
预留光面层的爆破	硬岩	>60	600~700	700~800	0.7~1.0	—	200~300
	中硬岩	30~60	400~500	500~600	0.8~1.0	—	100~150
	软岩	<30	400~500	500~600	0.7~0.9	—	70~120

注：表列参数适用于炮眼深度1~1.5m，炮眼直径40~50mm，药卷直径20~25mm。

174

（2）辅助炮眼眼口排距、行距允许偏差均为 100mm；

（3）周边炮眼间距允许偏差为 50mm，外斜率不应大于孔深 3‰～5‰，眼底不应超过开挖轮廓线 100mm；

（4）周边炮眼至内圈炮眼的排距允许偏差为 50mm。

4. 炮眼装药应符合的规定为：装药完毕，炮眼堵塞长度不宜小于 200mm，当采用预裂爆破时，应从药包顶端起堵塞，不得只堵眼口。

5. 爆破后应对开挖断面进行检查，并符合下列规定：

（1）爆破眼的眼痕率：硬岩应大于 80%，中硬岩应大于 70%，软岩应大于 50%，并在轮廓面上均匀分布；

（2）两炮眼衔接台阶的最大尺寸不应大于 150mm；

（3）爆破岩面最大块度不应大于 300mm。

3.6.3 隧道开挖

1. 中隔壁法应采用台阶法先分部施工拱部初期支护结构后再分部施工下台阶及仰拱。上下台阶的左右洞体施工时，前后错开距离不应小于 15m。

2. 单侧壁导洞法施工，其导洞应结合边墙设置，跨度不宜大于 0.5 倍隧道宽度，洞顶宜至起拱线。施工时应先完成导洞后再施工上下台阶及仰拱。

3. 双侧壁导洞法施工，其导洞跨度不宜大于 0.3 倍隧道宽度，施工时，左右导洞前后错开距离不应小于 15m。并在导洞施工完后方可按台阶法施工上下台阶及仰拱。

4. 双侧壁及梁柱导洞法施工，其侧壁导洞设置应符合规范规定，梁柱导洞断面尺寸应满足梁柱施工要求。施工时，相邻洞前后错开距离不应小于 15m，并先开挖侧壁导洞和柱洞，施工完梁柱做好拱部初期支护结构后方可按台阶法施工下台阶及仰拱。

5. 隧道在稳定岩体中可先开挖后支护，支护结构距开挖面宜为 5～10m；在土层和不稳定岩体中，初期支护的挖、支、喷三环节必须紧跟，当开挖面稳定时间满足不了初期支护施工时，应采取超前支护或注浆加固措施。

6. 隧道开挖循环进尺，在土层和不稳定岩体中为 0.5～1.2mm；在稳定岩体中为 1～1.5m。

7. 隧道应按设计尺寸严格控制开挖断面，不得欠挖，其允许超挖值应符合表 3.6.3 的规定。

隧道开挖部位	岩 层 分 类							
	爆破岩层						土质和不需爆破岩层	
	硬岩		中硬岩		软岩		平均	最大
	平均	最大	平均	最大	平均	最大		
拱部	100	200	150	250	150	250	100	150
边墙及仰拱	100	150	100	150	100	150	100	150

注：超挖或小规模坍方处理时，必须采用耐腐蚀材料回填，并做好回填注浆。

8. 两条平行隧道（包括导洞），相距小于 1 倍隧道开挖跨度时，其前后开挖面错开距离不应小于 15m。

9. 同一条隧道相对开挖，当两工作面相距 20m 时应停挖一端，另一端继续开挖，并做好测量工作，及时纠偏。其中线贯通允许偏差为：平面位置±30mm，高程±20mm。

10. 隧道台阶法施工，应在拱部初期支护结构基本稳定且喷射混凝土达到设计强度的 70% 以上时，方可进行下部台阶开挖，并应符合下列规定：

（1）边墙应采用单侧或双侧交错开挖，不得使上部结构同时悬空；

（2）一次循环开挖长度，稳定岩体不应大于4m，土层和不稳定岩体不应大于2m。

3.6.4 初期支护

1. 钢筋格栅加工应符合下列规定：

（1）拱架（包括顶拱和墙拱架）应圆顺，直墙架应直顺，允许偏差为：拱架矢高及弧长 $^{+20}_{0}$ mm，墙架长度 ± 20mm，拱、墙架横断面尺寸（高、宽）$^{+10}_{0}$mm；

（2）钢筋格栅组装后应在同一平面内，允许偏差为：高度 ± 30mm，宽度 ± 20mm，扭曲度 20mm。

2. 钢筋网加工允许偏差为：钢筋间距 ± 10mm；钢筋搭接长 ± 15mm。

3. 钢筋格栅安装应符合的规定为：钢筋格栅应垂直线路中线，允许偏差为：横向 ± 30mm，纵向 ± 50mm，高程 ± 30mm，垂直度 5‰。

4. 钢筋网铺设应符合的规定为：每层钢筋网之间应搭接牢固，且搭接长度不应小于 200mm。

5. 喷射混凝土应掺速凝剂，原材料应符合下列规定：

（1）细骨料：采用中砂或粗砂，细度模数应大于 2.5，含水率控制在 5%～7%；

（2）粗骨料：采用卵石或碎石；粒径不应大于 15mm；

（3）骨料级配通过各筛径累计重量百分数应控制在表 3.6.4 的范围内；

骨料级配筛分率（％）　　　表 3.6.4

骨料粒径 （mm） 项目	0.15	0.30	0.60	1.20	2.5	5	10	15
优	5～7	10～15	17～22	23～31	35～43	50～60	73～82	100
良	5～22	13～31	18～41	26～54	40～70	40～70	62～80	100

注：使用碱性速凝剂时，不得使用活性二氧化硅石料。

（4）速凝剂：质量合格。使用前应做与水泥相容性试验及水泥净浆凝结效果试验，初凝时间不应超过 5min，终凝时间不应超过 10min。

6. 混合料应搅拌均匀并符合下列规定：

（1）配合比：水泥与砂石重量比应取 1∶4～4.5。砂率应取 45％～55％，水灰比应取 0.4～0.45。速凝剂掺量应通过试验确定。

（2）原材料称量允许偏差为：水泥和速凝剂±2％，砂石±3％。

（3）运输和存放中严防受潮，大块石等杂物不得混入，装入喷射机前应过筛，混合料应随拌随用，存放时间不应超过 20min。

7. 喷射混凝土作业应紧跟开挖工作面，并符合下列规定：

(1) 每次喷射厚度为：边墙 70～100mm；拱顶 50～60mm；

(2) 分层喷射时，应在前一层混凝土终凝后进行，如终凝 1h 后再喷射，应清洗喷层表面；

(3) 层混凝土回弹量，边墙不宜大于 15%，拱部不宜大于 25%；

(4) 爆破作业时，喷射混凝土终凝到下一循环放炮间隔时间不应小于 3h。

8. 喷射混凝土 2h 后应养护，养护时间不应少于 14d，当气温低于 +5℃时，不得喷水养护。

9. 喷射混凝土施工区气温和混合料进入喷射机温度均不得低于 +5℃。

喷射混凝土低于设计强度的 40% 时不得受冻。

10. 喷射混凝土结构试件制作及工程质量应符合下列规定：

(1) 抗压强度和抗渗压力试件制作组数：同一配合比，区间或小于其断面的结构，每 2m 拱和墙各取一组抗压强度试件，车站各取二组；抗渗压力试件区间结构每 40m 取一组；车站每

20m 取一组。

（2）喷层与围岩以及喷层之间粘结应用锤击法检查。对喷层厚度，区间或小于区间断面的结构每 20m 检查一个断面，车站每 10m 检查一个断面。每个断面从拱顶中线起，每 2m 凿孔检查一个点。断面检查点 60% 以上喷射厚度不小于设计厚度，最小值不小于设计厚度 1/3，厚度总平均值不小于设计厚度时，方为合格。

（3）喷射混凝土应密实、平整、无裂缝、脱落、漏喷、漏筋、空鼓、渗漏水等现象。平整度允许偏差为 30mm，且矢弦比不应大于 1/6。

11. 锚杆钻孔孔位、孔深和孔径等应符合设计要求，允许偏差为：孔位 ±150mm；孔深、水泥砂浆锚杆 ±50mm，楔缝式锚杆 +300mm，胀壳式锚杆 +50/0mm；孔径，水泥砂浆锚杆应大于杆体直径 15mm，楔缝式锚杆应符合设计要求，胀壳式锚杆应小于杆体直径 1～3mm。

12. 锚杆安装应符合的规定为：水泥砂浆锚杆杆体应除锈、除油，安装时孔内砂浆应灌注饱满，锚杆外露长度不应大于 100mm。

13. 锚杆应进行抗拔试验。同一批锚杆每 100 根应取一组试件，每组 3 根（不足 100 根也取 3 根），设计或材料变更时应另取试件。

同一批试件抗拔力的平均值不得小于设计锚

固力，且同一批试件抗拔力最低值不应小于设计锚固力的 90%。

3.6.5 防水层铺贴及二次衬砌

1. 铺贴防水层的基面应坚实、平整、圆顺，无漏水现象，基面不平整度为 50mm。

2. 防水层的衬层应沿隧道环向由拱顶向两侧依次铺贴平顺，并与基面固定牢固，其长、短边搭接长度均不应小于 50mm。

3. 防水层塑料卷材铺贴应符合下列规定：

（1）卷材应沿隧道环向由拱顶向两侧依次铺贴，其搭接长度为：长、短边均不应小于 100mm；

（2）相邻两幅卷材接缝应错开，错开位置距结构转角处不应小于 600mm；

（3）卷材搭接处应采用双焊缝焊接，焊缝宽度不应小于 10mm，且均匀连续，不得有假焊、漏焊、焊焦、焊穿等现象。

4. 隧道二次衬砌模板施工应符合的规定为：拱部模板应预留沉落量 10～30mm，其高程允许偏差为设计高程加预留沉落量 +10mm。

5. 隧道二次衬砌混凝土灌注应符合下列规定：

（1）混凝土宜采用输送泵输送，坍落度应为：墙体 100～150mm，拱部 160～210mm；振捣不得触及防水层、钢筋、预埋件和模板；

（2）混凝土灌注至墙拱交界处，应间歇 1～
1.5h 后方可继续灌注；

（3）混凝土强度达到 2.5MPa 时方可拆模。

3.6.6 监控量测

1. 隧道施工前，应根据埋深、地质、地面
环境、开挖断面和施工方法等按表 3.6.6 的量测
项目，拟定监控量测方案。

监控量测项目和量测频率　　表 3.6.6

类别	量测项目	量测仪器和工具	测点布置	量测频率
应测项目	围岩及支护状态	地质描述及拱架支护状态观察	每一开挖环	开挖后立即进行
	地表、地面建筑、地下管线及构筑物变化	水准仪和水平尺	每 10～50m 一个断面，每断面 7～11 个测点	开挖面距量测断面前后 ＜2B 时 1～2 次/d
				开挖面距量测断面前后 ＜5B 时 1 次/2d
				开挖面距量测断面前后 ＞5B 时 1 次/周

类别	量测项目	量测仪器和工具	测点布置	量测频率
应测项目	拱顶下沉	水准仪、钢尺等	每 5～30m 一个断面，每断面 1～3 个测点	开挖面距量测断面前后＜2B 时 1～2 次/d 开挖面距量测断面前后＜5B 时 1 次/2d 开挖面距量测断面前后＞5B 时 1 次/周
	周边净空收敛位移	收敛计	每 5～100m 一个断面，每断面 2～3 个测点	开挖面距量测断面前后＜2B 时 1～2 次/d 开挖面距量测断面前后＜5B 时 1 次/2d 开挖面距量测断面前后＞5B 时 1 次/周
	岩体爆破地面质点振动速度和噪声	声波仪及测振仪等	质点振速根据结构要求设点，噪声根据规定的测距设置	随爆破及时进行

类别	量测项目	量测仪器和工具	测点布置	量测频率
选测项目	围岩内部位移	地面钻孔安放位移计、测斜仪等	取代表性地段设一断面，每断面2~3孔	开挖面距量测断面前后<2B时1~2次/d 开挖面距量测断面前后<5B时1次/2d 开挖面距量测断面前后>5B时1次/周
	围岩压力及支护间应力	压力传感器	每代表性地段设一断面，每断面15~20个测点	开挖面距量测断面前后<2B时1~2次/d 开挖面距量测断面前后<5B时1次/2d 开挖面距量测断面前后>5B时1次/周
	钢筋格栅拱架内力及外力	支柱压力计或其他测力计	每10~30榀钢拱架设一对测力计	开挖面距量测断面前后<2B时1~2次/d 开挖面距量测断面前后<5B时1次/2d 开挖面距量测断面前后>5B时1次/周

类别	量测项目	量测仪器和工具	测点布置	量测频率
选测项目	初期支护二次衬砌内应力及表面应力	混凝土内的应变计及应力计	每代表性地段设一断面，每断面11个测点	开挖面距量测断面前后＜2B时1～2次/d 开挖面距量测断面前后＜5B时1次/2d 开挖面距量测断面前后＞5B时1次/周
	锚杆内力抗拔力及表面应力	锚杆测力计及拉拔器	必要时进行	开挖面距量测断面前后＜2B时1～2次/d 开挖面距量测断面前后＜5B时1次/2d 开挖面距量测断面前后＞5B时1次/周

注：1. B 为隧道开挖跨度。

2. 地质描述包括工程地质和水文地质。

3. 当围岩和初期支护结构符合规范规定时方可停止量测。

2. 监控量测测点的初始读数，应在开挖循环节施工后 24h 内，并在下一循环节施工前取得，其测点距开挖工作面不得大于 2m。

3. 围岩和初期支护结构基本稳定应具备下列条件：

(1) 收敛量已达总收敛量的 80% 以上；

(2) 收敛速度小于 0.15mm/d 或拱顶位移速度小于 0.1mm/d。

3.6.7 隧道内运输

1. 有轨线路铺设应符合下列规定：

(1) 钢轨和道岔型号：钢轨不宜小于 24kg/m，并宜选用较大型号的道岔，必要时尚应安装转辙器。

(2) 轨枕：铺设间距不应大于 0.7m，轨枕长应为轨距加 0.6m，上下面平整，道岔处铺长轨枕。

(3) 平面曲线半径不应小于机动车或车辆轨距的 7 倍。

(4) 线路铺设：道床应平整坚实，轨距允许偏差为 $^{+6}_{-2}$mm，曲线应加宽和超高，必要时可设轨距杆。直线地段两轨水平，钢轨接头处应铺两根枕木并保持水平，配件齐全并连接牢固。

(5) 线间距：双线应保持两列车间距不小于 400mm。

(6) 车辆距隧道壁、人行步道栏杆及隧道壁上的电缆不应小于 200mm。人行道宽度不应小于 700mm。

2. 有轨运输作业应符合下列规定：

（1）车辆装载限界：斗车高度不应大于400mm，并不得超宽；平板车高度不应大于1m，并有可靠固定措施，宽度不应大于150mm。

（2）两组列车同方向行驶时，其相距不应小于60m，人推车辆时不应小于20m。

（3）轨道外堆料距钢轨外缘不应小于500mm，高度不应大于1m，并堆码整齐。

（4）机动列车在视线不良弯道和通过道岔或错车时，行车速度不应大于5km/h；在其他地段不应大于15km/h。人推车辆速度不应大于6km/h。

（5）轨道应随开挖面及时向前延伸。装卸车处设置车挡，卸土点应设置大于1‰的上坡。

3. 隧道内采用无轨运输时，运输道路应平整、坚实，并做好排水维修工作。其行车速度，施工作业面区不应大于10km/h，其他区段不应大于15km/h。

3.6.8 风、水、电临时设施及通风防尘

1. 隧道施工应设双回路电源，并有可靠切断装置。照明线路电压在施工区域内不得大于36V，成洞和施工区以外地段可用220V。

2. 隧道内电缆线路布置与敷设应符合下列

规定：

（1）照明和动力电线（缆）安装在隧道同一侧时，应分层架设电缆悬挂高度距地面不应小于2m。

（2）36V变压器应设置于安全、干燥处，机壳应接地。

3. 高压风管及水管管径应经计算确定，其安装应符合下列规定：

（1）空压机站和供水总管处应设闸阀，干管每100～200m并设置分闸阀。

（2）高压风管长度大于1000m时，应在管路最低处设油水分离器并定期放出管中的积水和积油。

（3）管路前端距开挖面宜为30m，并且高压软管接至分风或分水器。

4. 隧道内施工环境应符合下列规定：

（1）氧气含量按体积比不应小于20%；

（2）每立方米空气中含10%以上游离二氧化硅粉尘不应超过2mg；

（3）有害气体浓度：一氧化碳含量不应大于30mg/m³；二氧化碳按体积计不应大于5‰；氮氧化物（换算成NO_2）含量不应大于5mg/m³；

（4）气温不应超过28℃；

（5）噪声不应大于90dB。

5. 隧道内通风应满足各施工作业面需要的最大风量，风量应按每人每分钟供应新鲜空气 $3m^3$ 计算，风速为 $0.12\sim0.25m/s$。

6. 通风管径应经计算确定。风管安装与接续应符合下列规定：

（1）管路应直顺，接头严密。弯管半径不应小于风管直径的 3 倍。

（2）风管的风口距工作面的距离：压入式不宜大于 15m，吸入式不宜大于 5m。

（3）混合式通风，两组管路接续交错距离为 $20\sim30m$。吸出式风管出风口应置于主风流循环的回风流中。

3.6.9 工程验收

隧道结构竣工后，混凝土抗压强度和抗渗压力应符合设计要求，无露筋、漏振、露石，其允许偏差应符合表 3.6.9 的规定。

隧道二次衬砌结构允许偏差值（mm） 表 3.6.9

项目	允许偏差值						
	内墙	仰拱	拱部	变形缝	柱子	预埋件	预留孔洞
平面位置	±10	—	—	±20	±10	±20	±20
垂直度(‰)	2	—	—	—	2	—	—
高程	—	±15	$+30$ -10	—	—	—	—

190

项目	允许偏差值						
	内墙	仰拱	拱部	变形缝	柱子	预埋件	预留孔洞
直顺度	—	—	—	5	—	—	—
平整度	15	20	15	—	5	—	—

注：1. 本表不包括特殊要求项目的偏差标准。

2. 平面位置以隧道线路中线为准进行测量。

3.7 隧道盾构掘进法施工

以下适用于采用盾构掘进，钢筋混凝土管片拼装的隧道结构的施工与验收。

盾构设备制造质量，必须符合设计要求，整机总装调试合格，经现场试掘进 50～100m 距离合格后方可正式验收。

3.7.1 盾构进出工作竖井

盾构掘进临近工作竖井一定距离时，应控制其出土量并加强线路中线及高程测量，距封门 500mm 左右时停止前进，拆除封门后应连续掘进并拼装管片。

3.7.2 盾构掘进

1. 盾构掘进中应严格控制中线平面位置和高程，其允许偏差均为±50mm。发现偏离应逐步纠正，不得猛纠硬调。

2. 土压平衡式盾构掘进时，工作面压力应通过试推进 50～100m 后确定，在推进中应及时调整并保持稳定。

3.7.3 气压盾构

气压盾构闸墙、闸室应专门设计，人行闸和材料闸应分开设置并应满足施工需要。闸室安装后，应用 1.5 倍计算工作压力试验不漏气。

3.7.4 钢筋混凝土管片拼装

管片拼装后，应按规范进行记录，并进行检验，其质量应满足设计要求，当设计未做具体要求时，应符合下列规定：

1. 管片在盾尾内拼装完成时，偏差宜控制为：高程和平面 ±50mm；每环相邻管片高差 5mm，纵向相邻环管片高差 6mm。

2. 在地铁隧道建成后，中线允许偏差为：高程和平面 ±100mm，且衬砌结构不得侵入建筑限界；每环相邻管片允许高差 10mm，纵向相邻环管片允许高差 15mm；衬砌环直径椭圆度小于 $5‰D$。

3.7.5 壁后注浆

注浆时壁后空隙应全部充填密实，注浆量应控制在 130%～180%。壁孔注浆宜从隧道两腰开始，注完顶部再注底部，当有条件时也可多点同时进行。

3.7.6 监控量测

盾构掘进施工，应根据工程及水文地质条件、地面环境条件以及隧道埋深等按表 3.7.6 量测项目对地层和结构进行动态监控量测。

盾构掘进施工监控量测项目　　表 3.7.6

类别	量测项目
必测项目	地表隆陷
	地表建（构）筑物变形
	隧道沉浮和水平位移
选测项目	地中位移
	衬砌环内力和变形
	地层与管片的接触应力

3.7.7 钢筋混凝土管片制作

1. 钢筋混凝土管片应采用高精度的钢模制作，其钢模宽度及弧弦长允许偏差均为 ±0.4mm，并在使用中经常维修、保养。

2. 钢筋混凝土管片的钢筋骨架应采用焊接并在靠模上制作成型。钢筋骨架制作允许偏差应符合表 3.7.7-1 的规定。

钢筋骨架制作允许偏差值（mm）   表 3.7.7-1

项　　目	允许偏差
主筋间距	±10
箍筋间距	±10
分布筋间距	±5
骨架长、宽、高	+5 −10
环、纵向螺栓孔	畅通、内圆面平整

3. 钢筋混凝土管片混凝土施工，应符合下列规定：

（1）石子粒径为 15～25mm，当采用普通防水混凝土时，其坍落度应为 2～3mm；

（2）混凝土终凝后应及时养护，其养护期不得少于 14d；

（3）混凝土试件制作，同一配合比每灌注 5 环制作抗压强度试件一组，每 10 环制作抗渗压力试件一组。

4. 钢筋混凝土管片制作应符合的规定为：尺寸允许偏差应符合表 3.7.7-2 的规定。

钢筋混凝土管片尺寸允许偏差值（mm） 表 3.7.7-2

项　　目	检查点数	允许偏差
宽度	测 3 个点	±1
弧弦长	测 3 个点	±1
厚度	测 3 个点	+3 −1

5. 钢筋混凝土管片，每生产 50 环应抽查 1 块管片做检漏测试，连续三次达到检测标准，则改为每生产 100 环抽检 1 块管片，再连续三次达到检测标准，最终检测频率为每生产 200 环抽查 1 块管片做检漏测试。如果出现一次检测不达标，则恢复每生产 50 环抽查 1 块管片做检漏测试的最初检测频率，再按上述要求进行抽检。每套模具每生产 200 环做一组（3 环）水平拼装检验，其水平拼装检验标准应符合表 3.7.7-3 的规定。

钢筋混凝土管片水平

拼装检验标准　　　　　表 3.7.7-3

项　目	检验要求	检验方法	质量误差（mm）
环向缝间隙	每环测 6 点	插片	2
纵向缝间隙	每条缝测 3 点	插片	2
成环后内径	测 4 条（不放衬垫）	用钢卷尺	±2
成环后外径	测 4 条（不放衬垫）	用钢卷尺	−2～+6

3.8　隧道结构防水

以下适用于隧道结构自防水、附加防水层、特殊部位防水的施工及验收。卷材或涂膜防水层完工后应及时施工保护层，并应符合下列规定：

顶、底板保护层平整度允许偏差为：底板5mm，顶板10mm。

3.8.1 防水混凝土

1. 隧道结构应采用掺外加剂的防水混凝土，钢管柱宜采用微膨胀混凝土。如地下水含有侵蚀性介质时，尚应采用抗侵蚀性混凝土，其耐侵蚀系数不得小于0.8。

2. 防水混凝土使用的材料应符合下列规定：

（1）水泥：含碱量（Na_2O）不应大于0.6%；

（2）砂、石：除应符合国家现行标准《普通混凝土用砂、石质量及检验方法标准》JGJ 52的规定外，石子最大粒径不应大于40mm，含泥量不应大于1%，吸水率不应大于1.5%。

砂宜采用中砂，含泥量不应大于3%。

3. 防水混凝土配合比必须经试验确定。其抗渗等级应比设计要求提高0.2MPa，并应符合下列规定：

（1）每立方米混凝土的水泥用量不应低于320kg，当掺活性粉细料时，不应低于280kg；

（2）水灰比宜小于0.55，并不得大于0.60；

（3）砂率应为35%～40%；

（4）灰砂比应为1:2～1:2.5；

（5）坍落度应为100～210mm；

（6）掺引气剂或引气性减水剂时，混凝土含气量应控制在 3%～5%。

4. 防水混凝土搅拌应符合下列规定：

配料允许偏差为：水、水泥、外加剂、掺合料±1%，砂、石±2%。

5. 防水混凝土采用输送泵输送时应符合下列规定：

（1）坍落度应为 100～210mm；

（2）输送泵间歇时间预计超过 45min 或混凝土出现离析现象时，应立即冲洗管内残留混凝土。

6. 防水混凝土灌注时的自由倾落度高度不应大于 2m。当灌注结构的高度超过 3m 时，应采用串筒、溜槽或振动溜管下落。

7. 防水混凝土必须采用振动器振捣，振捣时间宜为 10～20s，并以混凝土开始泛浆和不冒气泡为准。

振动器振捣时的移距，插入式不宜大于作用半径 1 倍，插入下层混凝土深度不应小于 50mm，振捣时不得碰撞钢筋、模板、预埋件和止水带等；表面振动器移距应与已振捣混凝土搭接 100mm 以上。

8. 防水混凝应从低处向高处分层连续灌注，如必须间歇时，应在前层混凝土凝结前，将次层混凝土灌注完毕；否则，应留施工缝。

混凝土凝结时间不应大于表3.8.1的规定。

混凝土凝结时间（min）　　　表 3.8.1

混凝土强度等级	气温低于 25℃	气温高于 25℃
不大于 C30	180	150

注：本表所列时间，包括运输和灌注时间。

9. 防水混凝土每层灌注厚度：插入式振动器不应大于 300mm，表面振动器不应大于 200mm。

10. 防水混凝土留置施工缝位置应符合的规定为：墙体施工缝留置位置：水平施工缝在高出底板 200～300mm 处，如必须留置垂直施工缝时，应加设端头模板，并宜与变形缝相结合。

11. 施工缝处继续灌注混凝土时应符合下列规定：

（1）已灌注混凝土强度：水平施工缝处不应低于 1.2MPa，垂直施工缝处不应低于 2.5MPa。

（2）灌注混凝土前，施工缝处应先湿润。水平施工缝先铺 20～25mm 厚的与灌注混凝土灰砂比相同的砂浆。

12. 后浇缝施工应符合下列规定：

（1）位置应设于受力和变形较小处，宽度宜为 0.8～1.0mm；

（2）后浇混凝土施工应在其两侧混凝土龄期达到 42d 后进行；

（3）后浇混凝土养护期不应少于 28d。

13. 防水混凝土终凝后应立即进行养护，并保持湿润，养护期不应少于 14d。

14. 防水混凝土试件的留置组数，同一配合比时，每 100m³ 和 500m³（不足者也分别按 100m³ 和 500m³ 计）应分别做两组抗压强度和抗渗压力试件，其中一组在同条件下养护，另一组在标准条件下养护。

3.8.2 卷材防水层

1. 卷材铺贴的基层面应符合下列规定：

（1）基层面必须坚实、平整，其平整度允许偏差为 3mm，且每米范围内不多于一处；

（2）基层面阴、阳角处应做成 100mm 圆弧或 50mm×50mm 钝角；

（3）保护墙找平层，永久与临时保护墙分别采用水泥和白灰砂浆抹面，其配合比均为 1∶3，厚度为 15～20mm；

（4）基层面应干燥，含水率不宜大于 9%。

2. 卷材防水层搭接宽度应符合表 3.8.2 规定。

卷材搭接允许宽度值（mm）　**表 3.8.2**

搭接宽度	短边搭接宽度		长边搭接宽度	
铺贴方法	满粘法	空铺法 点粘法 条粘法	满粘法	空铺法 点粘法 条粘法
卷材种类				
高聚物改性沥青防水卷材	80	100	80	100
合成高分子 防水卷材　粘结法	80	100	80	100
焊接法	50			

3. 防水卷材在以下部位必须铺设附加层，其尺寸应符合下列规定：

（1）阴阳角处：500mm 幅宽；

（2）变形缝处：600mm 幅宽，并上下各设一层；

（3）穿墙管周围：300mm 幅宽，150mm 长。

4. 卷材防水层铺贴应符合下列规定：

（1）卷材铺贴长边应与隧道结构纵向垂直，其两幅搭接长度应符合规范的规定。上下两层卷材搭接缝应错开 1/2 幅宽。

（2）卷材应自平面向立面由下向上铺贴，其接缝应留置于平面上，距立面不应小于 600mm。

3.8.3　涂膜防水层

1. 涂膜防水层施工应符合的规定为：分片涂布的片与片之间应搭接 80～100mm。

2. 涂膜防水层采用夹铺胎体增强材料时，除应符合规范有关规定外，其胎体搭接宽度，长边应为 50mm，短边应为 70mm。

3.9 路基

以下适用于地面路基的施工及验收。特殊条件的路基及防护加固等，应按国家现行的有关标准执行。路基采用土工布做渗滤和隔离层时，应根据设计选用材料，其铺设应符合下列规定：

（1）两幅隔离层应采用焊缝连接。两幅渗滤层搭接，在平面上后幅应压前幅，在斜坡和直墙上应上幅压下幅，其搭接长度不得小于 300mm；

（2）铺设完毕后应及时摊铺填料，并在 300mm 范围内不得采用机械碾压。

3.9.1 路堑

路堑挖至接近堑底时应核对土质，测放基床边坡线，并修整压实。

路堑的路基质量应符合下列规定：

（1）路基面宽度，自线路中线至每侧路肩边宽允许偏差为 ±50mm；

（2）路肩高程允许偏差：每百米为 ±50mm，但连续长度不得大于 10m；

（3）路基面平整度允许偏差为：土质路基

15mm，石质路基 50mm。

3.9.2　路堤

1. 路堤基底土质应符合设计要求，并在填筑前按下列要求进行处理：基底坡度陡于1∶5时，应挖成不小于1m宽的台阶。

2. 路堤填料和边坡坡度应符合设计要求。路堤填筑密实度如设计无规定时应符合表 3.9.2 规定。

路堤填筑密实度标准　　　表 3.9.2

路肩高程以下范围（cm）	密实度要求（%）
0～50	95/98
50～120	93/95
>120	87/90

注：1. 表中分子为重锤击实标准，分母为轻锤击实标准，两者均以相应的击实试验法求得的最大压实度为100%。

2. 路堤压实应采用重锤击实标准，如回填土含水量大，缺少重型压实机具时，可采用轻锤击实标准。

3. 构筑物基础以下的回填土密实度，应根据设计要求确定。

3. 路堤填筑施工应符合下列规定：

（1）碾压应顺路堤边缘向中央进行，碾轮外缘距填土边坡外沿 500mm 的填筑部位应辅以小型机具夯实；

（2）分段填筑时，每层接缝处应做成斜坡

形，碾迹重叠 0.5～1.0m，上下层错缝不应小于1m。

4. 冬季路堤填筑应符合下列规定：

填料：冻土块不得大于 150mm，体积含量不得大于填料 30%，并均匀散布于填层内。路基面下 1.2m、边坡面 1m 内和桥头路基不得使用冻土填筑。

5. 路堤填筑应严格控制填料含水量，其碾压密实度检测应符合的规定为：每层填筑按路基长度，每 50m（也不大于 1000m）取样一组，每组不应小于 3 个点，即路基中部和两边各 1 点。

6. 涵洞拱圈砌筑应采用拱架模板支撑，并应符合的规定为：拱圈砌筑后，砂浆达到设计强度的 70%时，方可砌筑拱端侧墙和拱背填土。

7. 涵洞施工允许偏差应符合下列规定：

（1）现浇或砌筑涵洞孔径为±20mm；

（2）中线位移为±20mm；

（3）结构厚度：混凝土或钢筋混凝土结构为±15mm；砌石结构为±20mm；

（4）结构不平整度为：混凝土或钢筋混凝土结构 15mm；砌石结构 30mm；

（5）变形缝直顺度为 15mm。

3.10 钢筋混凝土高架桥

以下适用于地面钢筋混凝土高架桥工程的施工及验收。其桩基础、沉井及钢梁等施工，尚应按国家现行有关强制性标准执行。

3.10.1 桥基开挖

1. 基坑放坡开挖面深度在5m以内时，其边坡坡度应符合表3.10.1的规定。

5m内深度基坑开挖边坡最大坡度值 表3.10.1

土质种类	边坡坡度		
	人工挖土并将土临时堆放于坑边	机械开挖	
		基坑内挖土	基坑边挖土
中密砂土	1：1.00	1：1.00	1：1.25
中密碎石类土（填充为砂土）	1：0.75	1：1.00	1：1.00
硬塑黏质粉土	1：0.65	1：0.75	1：1.00
中密碎石类土（填充为黏性土）	1：0.50	1：0.65	1：0.75
硬塑粉质黏土、黏土	1：0.33	1：0.50	1：0.65
干黄土	1：0.25	1：0.25	1：0.33

2. 基坑采用机械开挖时，应辅以人工刷坡和清底，基底不得超挖和扰动。

放坡基坑底边缘距桥基距离不应小于0.5m，支护桩基坑不应小于1m。

3.10.2 现浇钢筋混凝土结构

1. 钢筋及预埋件位置应准确，固定牢固。钢筋绑扎允许偏差应符合表3.10.2-1的规定。

钢筋绑扎允许偏差值（mm）　　表3.10.2-1

项　　目		允许偏差
受力钢筋间距	板、梁、墩、柱	±10
	基础、桥台	±20
箍筋间距		±20
预埋件位置	中心线	±10
	平面及距离	±5
支座	平面距离	±10
	平整度	2
混凝土保护层厚度	板	±3
	梁、墩、柱	±5
	基础和桥台	±5

2. 模板支立前应测放中线、平面位置和高程。模板支立必须牢固、严密、平整、支架稳定，模板支立允许偏差应符合表3.10.2-2的规定。

高架桥结构模板支立允许偏差值（mm）

表 3.10.2-2

结构部位 项目	基础	桥台	墩柱	板或梁
轴线位移	±20	±10	±10	±10
结构断面尺寸	±10	±5	±5	±3
垂直度（‰）	1	1	1	—
高程	±10	±3	±3	±3
预留孔洞	—	±3	±3	±3
预埋件位置	—	±3	±3	±3
相邻模板接缝平整度	2	2	2	2

3. 梁（现浇和预制）的模板，当跨度大于4m时，起拱应符合设计规定；如设计无规定时，起拱高度宜为全跨度的 2‰～4‰。

4. 模板拆除时的混凝土强度应符合下列规定：

（1）不承重结构侧模板不应小于 2.5MPa；

（2）跨度小于 3m 的板、梁不低于设计强度的 50%；跨度大于 3m 的板、梁不低于设计强度的 70%。

5. 桥基无筋混凝土填放石块时，应符合下列规定：

（1）石块的填放数量不宜大于结构体积

的 25%；

（2）石块抗压强度不应低于 30MPa；

（3）石块分布均匀，净距不应小于 100mm，距结构侧边和顶、底面净距不应小于 150mm；

（4）结构受拉区及气温低于 0℃时，不得填放。

6. 梁板组合结构，采用预制梁和现浇板时，混凝土龄期差不宜超过 3 个月。

7. 梁结构混凝土初凝前，应用表面振动器振一遍后及时抹面，其平整度允许偏差为 3mm。

8. 混凝土强度未达到 2.5MPa 时，不得承受荷载。

9. 混凝土灌注后应及时养护。其养护期不少于 7d。

10. 混凝土抗压强度试件留置组数，同一配合比其基础和承台每 150m³ 制作一组，墩、台、柱、梁每 100m³ 制作一组；一次灌注混凝土不足以上规定者，亦应制作一组。

3.10.3 装配式钢筋混凝土构件

1. 构件侧模板，应在混凝土强度达到 2.5MPa 时方可拆除。

重叠制作构件时，下层构件混凝土达到设计强度的 30% 以上时方可制作上层构件，并应采取隔离措施。

2. 构件混凝土强度必须符合设计要求，表面应无蜂窝麻面、裂缝和漏振，构件应有证明书和合格印记。构件制作允许偏差应符合表3.10.3的规定。

构件制作允许偏差值（mm）　　表 3. 10. 3

项　　目	允许偏差		
	梁、板	墩、柱	杆件
尺寸（长×宽×高）	±5	±10	±5
对角线之差	±10	±10	±5
翘曲和侧面不直顺度	5	5	3
表面平整度	3	3	3
预埋件位置	±5	±5	—
预留钢筋搭接长度	±10	±10	—
吊环外露高度	±10	±10	—
保护层厚度	±5	±5	±5
预留孔洞位置	±10	±10	—

3. 构件检查合格，其混凝土达到设计强度的70％以上时方可吊运。

吊运方法应根据受力要求确定，并固定牢固。

4. 构件应在承重结构和构件本身混凝土分别达到设计强度的 70% 和 100% 时方可安装。

3.10.4 预应力混凝土结构

1. 预应力混凝土不得掺氯盐、引气剂和引气型减水剂。其水泥用量不应超过 $500kg/m^3$。

2. 预应力混凝土结构采用的锚夹具应符合的规定为：组合试验时的锚固力不应低于预应力筋标准抗拉强度的 90%。

3. 钢绞线除低松弛的可不进行预拉外，其他均应在使用前进行预拉，预拉应力值采用整根钢绞线破断负荷的 80%，持荷时间不应少于 5min。

4. 张拉机具与锚具应配套使用，张拉设备和仪表应配套校验。其压力表精度不宜低于 1.5 级，校验张拉设备的试验机测力计精度不得小于 $\pm 2\%$，校验时的千斤顶活塞口运行方向应与实际张拉工作状态一致。

5. 张拉机具应专人使用、管理和维护，定期校验。其校验期限不宜超过 6 个月或 200 次，其千斤顶使用中出现不正常现象或检修后均应重新校验。

6. 预应力筋的张拉方法和控制应力应符合设计要求，如超张拉时，不宜超过表 3.10.4-1 的规定。

最大张拉控制应力允许值　　表 3.10.4-1

钢材种类	张拉方法	
	先张法	后张法
碳素钢丝、刻痕钢丝、钢绞线	$0.80f_{ptk}$	$0.75f_{ptk}$
热处理钢筋、冷拔低碳钢丝	$0.75f_{ptk}$	$0.70f_{ptk}$
冷拉钢筋	$0.95f_{pyk}$	$0.90f_{pyk}$

注：f_{ptk}为预应力筋极限抗拉强度标准值；

　　　f_{pyk}为预应力筋屈服强度标准值。

7. 预应力筋张拉前，应先调整至初应力值 σ_0（一般为张拉控制应力的 10‰～25‰）后开始量测，但必须加上初应力时的推算伸长值。对后张法预应力混凝土结构在张拉过程中产生的弹性压缩值可省略。

8. 预应力筋张拉后锚固值与设计规定的检验值允许偏差为±5‰。

9. 锚固阶段张拉端预应力筋的内缩量，不应大于表 3.10.4-2 的允许值。

锚固阶段张拉端预应力筋的

内缩量允许值（mm）　　表 3.10.4-2

锚具类型		内缩量允许值
螺帽锚具及墩头锚具		1
锥形锚具		6
夹片锚具		5
楔片式锚具	用于钢筋时	2
	用于钢绞线时	3

10. 先张法墩式台座结构应符合下列规定：

（1）承力台座抗倾覆系数不应小于 1.5，抗滑移系数不应小于 1.3；

（2）横梁受力挠度不应大于 2mm。

11. 预应力筋张拉时的断丝数量不得超过表 3.10.4-3 的规定。

先张法预应力筋断丝允许值　　表 3.10.4-3

预应力筋类别	检查项目	允许值
钢丝及钢绞线	同一构件内断丝不得超过总数	1%
钢筋	拉断	不允许

12. 同时张拉同一构件的多根钢筋时应抽查预应力值，其偏差的绝对值不得大于或小于全部钢筋预应力值的 5%。

13. 采用超张拉方法进行张拉时，其张拉程序应符合表 3.10.4-4 的规定。

先张法预应力筋断丝允许值　　表 3.10.4-4

预应力筋种类	持荷时间（min）	张拉程序
钢筋	5	$0 \rightarrow$ 初应力 $\rightarrow 105\%\sigma_k \rightarrow 90\%$ $\sigma_k \rightarrow \sigma_k$（锚固）
钢丝、钢绞线	5	$0 \rightarrow$ 初应力 $\rightarrow 105\%\sigma_k \rightarrow 0 \rightarrow \sigma_k$（锚固）

14. 预应力筋张拉完毕，位置允许偏差为±5mm，并不得大于结构断面最短边的4%。

15. 预应力筋放张时的混凝土不应低于设计强度的70%。

16. 预留孔道宜采用内壁比预应力束直径大10~15mm的波纹管，其安装应符合下列规定：

（1）位置正确，控制点允许偏差为：垂直方向±10mm，水平方向±20mm；

（2）固定波纹管的托架应与结构钢筋连接牢固，托架间距不应大于600mm，特殊部位应加密；

（3）灌浆孔设置间距不应大于30m。

17. 施加预应力时的结构混凝土不应低于设计强度的70%。

18. 预应力筋超张拉时，其张拉程序应符合表3.10.4-5的规定。

后张法预应力筋张拉程序　　表3.10.4-5

预应力筋种类		持荷时间 （min）	张拉程序
钢筋、钢筋束及钢绞线束		5	0→初应力→105%σ_k →σ_k（锚固）
钢丝束	夹片式锚具及锥销式锚具	5	0→初应力→105%σ_k →σ_k（锚固）
	其他锚具	5	0→初应力→105%σ_k →0→σ_k（锚固）

19. 长度大于 25m 的预应力筋宜在两端张拉，并宜在一端张拉锚固后，再在另一端补足预应力值后进行锚固。

20. 预应力筋断丝、滑移不得超过表 3.10.4-6 的规定。

后张法预应力筋断丝、滑移控制值　　表 3. 10. 4-6

检查项目		控制数
钢丝、钢绞线	每束钢丝或钢绞线断丝、滑丝	1 根
	每个断面断丝之和不超过该断面钢丝总数	1%
单根钢筋	断筋或滑移	不允许

21. 后张法预应力筋张拉后应及时进行孔道压浆。其水泥浆应符合下列规定：

（1）宜采用 32.5 级以上的普通硅酸盐水泥或矿渣硅酸盐水泥；

（2）水灰比为 0.4～0.45，泌水率不应大于 4%；

（3）可掺加适量膨胀剂，其膨胀率不应大于 10%；

（4）稠度为 14 ～ 18s，流动度为 120～170mm；

（5）水泥浆调制至灌注延续时间不应超过 45min，并在压浆中经常搅动。

22. 压浆应符合下列规定：

（1）每一孔道宜于两端先后各压一次，间隔时间30～45min。泌水率较小的水泥浆，可采用一次压注法进行。

（2）压浆压力为0.5～0.7MPa。

（3）压浆中及压浆后48h内，结构混凝土温度不应低于5℃。当气温高于35℃时，宜在夜间施工。

（4）压浆应填写记录，每班留取3组试件。

23. 预制构件的孔道水泥浆达到设计强度的55%，并不低于20MPa时方可移运和吊装。

3.10.5 桥面系

1. 栏杆安装应符合下列规定：

（1）立柱位置和顶端高程应正确并垂直，其允许偏差：平面位置和高程均为±4mm 垂直度为2‰；

（2）扶手应直顺，允许偏差为3mm。

2. 消声墙安装位置应正确，支架应横平竖直，消声板固定牢固。

消声墙允许偏差为：平面位置±5mm，垂直度2‰。

3. 人行步道应平整，并按设计留置排水坡度，其平整度允许偏差为3mm。

4. 缘石必须固定牢固，位置正确，其平整度允许偏差为 3mm。

5. 灯杆安装允许偏差为：平面位置，纵向 ±100mm，横向±20mm；垂直度 2‰。

6. 排水孔位置应正确，排水畅通，并应伸出结构 100~500mm。

3.10.6 工程验收

高架桥结构竣工验收时，其混凝土强度必须符合设计要求，无露筋、露石、裂缝，表面平整，结构允许偏差值应符合表 3.10.6 的规定。

高架桥钢筋混凝土结构允许偏差值（mm）

表 3.10.6

<table>
<tr><th colspan="2">项　目</th><th>允许偏差</th><th>检查方法</th></tr>
<tr><td rowspan="8">平
面
位
置</td><td>基础</td><td>±20</td><td>以线路中线为准，经纬仪检查</td></tr>
<tr><td>承台</td><td>±15</td><td>以线路中线为准，经纬仪检查</td></tr>
<tr><td>台、墩、柱</td><td>±10</td><td>以线路中线为准，经纬仪检查</td></tr>
<tr><td>梁、板</td><td>±10</td><td>以线路中线为准，经纬仪检查</td></tr>
<tr><td>变形缝</td><td>±10</td><td>以线路中线为准，用尺检查</td></tr>
<tr><td>预埋件</td><td>±10</td><td>以线路中线为准，用尺检查</td></tr>
<tr><td>预留孔洞</td><td>±10</td><td>以线路中线为准，用尺检查</td></tr>
<tr><td>消声墙</td><td>±10</td><td>以线路中线为准，用尺检查</td></tr>
<tr><td rowspan="4">垂
直
度</td><td>基础</td><td>±30</td><td>吊锤塞尺检查</td></tr>
<tr><td>承台</td><td>±20</td><td>吊锤塞尺检查</td></tr>
<tr><td>台、墩、柱</td><td>2‰</td><td>吊锤塞尺检查</td></tr>
<tr><td>消声墙</td><td>2‰</td><td>吊锤塞尺检查</td></tr>
</table>

项　目		允许偏差	检查方法
平整度及直顺度	基础	20	拉线用 2m 靠尺检查
	承台	15	拉线用 2m 靠尺检查
	台、墩、柱	10	拉线用 2m 靠尺检查
	梁、板及步道	10	拉线用 2m 靠尺检查
	消声墙	10	拉线用 2m 靠尺检查
	预埋件	10	靠尺检查
高程	基础	±20	水平仪检查
	承台	±15	水平仪检查
	台、墩、柱	±10	水平仪检查
	梁、板	±10	水平仪检查
	桥面梁板防水保护层及步道	±10	水平仪检查
	预留孔洞	±15	水平仪检查
	预埋件	±10	水平仪检查

3.11　建筑装修

以下适用于车站及附属建筑物装修工程的施

工及验收。装修工程施工时的环境温度和湿度应符合下列规定：

(1) 抹灰、镶贴板块饰面工程应不低于5℃；

(2) 涂料工程应不低于8℃；

(3) 玻璃工程应不低于5℃；

(4) 胶粘剂粘贴饰面工程应不低于10℃；

(5) 施工环境相对湿度不宜大于80%。

3.11.1 吊顶

1. 吊顶的吊挂点与结构连接可采用预埋件或膨胀螺栓，位置应正确并固定牢固。

膨胀螺栓钻孔遇到结构钢筋时，应沿大龙骨方向前后移动50~100mm补设。

2. 车站大厅吊顶中间应起拱，起拱高度宜为顶棚短边长度的1/400~1/500。

3. 吊顶的大龙骨不宜悬挑，如遇到悬挑时，其悬挑长度不应大于300mm。

大龙骨对接接长时，相邻大龙骨的接头位置应相互错开。

3.11.2 站厅（台）地面

1. 站厅（台）地面必须以轨道中线位置及高程为基准，测放其高程及站台侧面帽石外缘的位置，其允许偏差为：距离$_0^{+3}$mm，高程±3mm。

2. 站厅（台）面层采用板（砖）块铺砌时

应符合的规定为：板（砖）块面层宜在铺砌 1～2d 后用水泥填缝，水泥凝固后方可清洗面层。

3.11.3 站厅（台）钢管柱及钢筋混凝土柱饰面柱面面层镶贴面砖施工应符合的规定为：钢筋混凝土柱面应凿毛、刷界面剂，抹 1：3 水泥砂浆底层后弹好控制线。

3.11.4 站台电缆墙

1. 电缆墙饰面层使用的材料应符合设计要求，墙面应垂直、平整、直顺，并与主体结构连接牢固，其位置以线路中线为准，允许偏差为 $^{+3}_{0}$mm。

2. 混凝土管块电缆墙铺砌应符合下列规定：

（1）管块应平实铺卧在砂浆垫层上，垫层厚度为 15～20mm；

（2）管块接缝间隙不应大于 5mm，上下两层接缝宜错开 1/2 管块长度。

3. 水泥加压板电缆墙板面安装应符合的规定为：板面安装可用自攻螺钉或沉头螺栓紧固在型钢骨架上，自攻螺钉或沉头螺栓间距：周边不应大于 200mm，中间不应大于 300mm，距板边宜为 12～16mm。

3.11.5 不锈钢栏杆及楼梯扶手

不锈钢栏杆及楼梯扶手使用的材料品种、规格应符合设计要求，管壁厚度如设计无要求时，应大于 1.2mm。

3.11.6 工程验收

1. 吊顶竣工后，龙骨及板块必须固定牢固，板面平整，无污染、翘曲、下垂、缺棱掉角等缺陷，板（条）均匀一致，纵横直顺。其吊顶饰面板面允许偏差应符合表 3.11.6-1 的规定。

吊顶饰面板面允许偏差值（mm）　　表 3.11.6-1

项　目	允许偏差	检查方法
表面平整度	2	用 2m 靠尺和楔形塞尺检查
接缝平直度	3	拉 5m 线，不足 5m 拉通线用尺量检查
接缝高低差	0.5	用直尺和楔形塞尺检查
吊顶起拱高度	±5	拉线用尺量或水平仪检查
吊顶边线高度	±2	拉线用尺量或水平仪检查
分格线平直度	2	拉 5m 线，不足 5m 拉通线用尺量检查

2. 站厅（台）板块地面竣工后应无空鼓，表面平整、洁净，无明显色差，缝隙直顺，宽窄一致，其地面面层偏差应符合表 3.11.6-2 的规定。

板块地面面层允许偏差值（mm）

表 3. 11. 6-2

项　　　目	允许偏差				检查方法
	天然光镜面石材	预制水磨石	陶瓷地砖	缸砖	
表面平整度	1	2	2	4	用 2m 靠尺和楔形塞尺检查
缝格平直度	2	3	3	3	拉 5m 线，不足 5m 拉通线尺量检查
接缝高低差	0.5	1	1	1.5	直尺和楔形塞尺检查
踢脚板上口平直度	1	2	2	—	拉 5m 线，不足 5m 拉通线尺量检查
板缝宽度	1	2	2	2	尺量检查
帽石边距轨道中线	+3 0				用经纬仪和尺量检查
站台面高程	±3				用水平仪和尺量检查

注：表中第 5 项板缝宽度为设计无要求时的宽度。

3. 站厅（台）柱面板块饰面竣工后应无空鼓，表面平整、洁净，无明显色差，缝隙直顺，宽窄一致，阳角方正，弧面圆顺。其柱面板块面层允许偏差应符合表 3.11.6-3 的规定。

柱面面层允许偏差值（mm）　　　表 3.11.6-3

项目	允许误差					检查方法
	天然光镜面石材		粗磨面石材	预制水磨石	饰面砖	
	方柱	圆柱				
表面平整度	1	—	2	2	2	用 2m 靠尺和楔形塞尺检查
立面垂直度	2	2	2	2	2	用 2m 托线板检查
阳角方正	2	—	3	2	2	用 200mm 方尺和楔形塞尺检查
接缝高低差	0.3	0.3	1	0.5	0.5	用直尺和楔形塞尺检查
板缝宽度	0.5	0.5	1	0.5	1	用尺量检查
弧形柱面精度	—	1.5	—	—	—	用 1/4 圆周样板和楔形塞尺检查
柱群纵横向直顺度	5	5				拉通线或经纬仪用尺量检查

4. 电缆墙竣工后应与结构连接牢固，墙面平整、垂直，混凝土管孔拉棒试通合格，金属活

动板及水泥加压板骨架横平竖直，其允许偏差应
符合表 3.11.6-4 的规定。

电缆墙允许偏差值（mm）　　表 3.11.6-4

项目	允许偏差	检查方法
墙面距轨道中线	+3 −2	用经纬仪和尺量检查
墙面垂直度	3	用 2m 托线板检查
墙面平整度	3	用 2m 靠尺和楔形塞尺检查
板墙骨架横竖龙骨中心距	±2.5	用尺量检查
板墙骨架横竖龙骨对角线尺寸	≤5	用尺量检查
管道管孔通顺度	拉棒试通	用比管孔孔径小 5mm、长 900mm 的拉棒进行检查，两孔以上的水泥管块管道，每个管块任抽试两孔应通顺

5. 栏杆、扶手竣工后应固定牢固，位置正确，表面光滑、色泽光亮一致，扶手弧形弯角无变形，直角接口严密无缝隙，其允许偏差应符合表 3.11.6-5 的规定。

不锈钢栏杆扶手安装

允许偏差值（mm）　　表 3.11.6-5

项目	允许偏差	检查方法
扶手直顺度	1	拉 5m 线，不足 5m 拉通线尺量检查
栏杆垂直度	1	吊线尺量检查
栏杆间距	2	尺量检查

3.12　整体道床轨道

以下适用于隧道内 1435m 标准轨距，采用预埋混凝土轨枕或短轨（岔）枕整体道床无缝线路和道岔的施工及验收。

3.12.1　器材整备、堆放和运输

钢轨堆放应符合下列规定：

（1）标定长度公差值在 3mm 以内的应同垛堆放，并在轨端标注清楚；

（2）钢轨应用垫木与地面隔离并分层堆放，每层垫木间距不应大于 5m，上下层垫木应在同一垂线上。

3.12.2　基标设置

1. 基标设置位置应符合下列规定：

（1）控制基标：直线上每 120m、曲线上每 60m 和曲线起止点、缓圆点、圆缓点、道岔起

223

止点等均应各设置一个点；

（2）加密基标：直线上每6m、曲线上每5m各设置一个点。

2. 基标设置允许偏差应符合下列规定：

（1）控制基标：方向为6″；高程为±2mm；直线段距离为1/5000，曲线段距离为1/10000；

（2）加密基标：方向为±1mm；高程为±2mm；直线段距离为±5mm，曲线段距离为±3mm。

3.12.3 轨道架设与轨枕或短轨（岔）枕安装

1. 钢轨和道岔均应采用支撑架架设。

钢轨支撑架架设间距：直线段宜3m、曲线段宜2.5m设置一个，并直线段支撑架应垂直线路方向，曲线段支撑架应垂直线路的切线方向。道岔支撑架应按设计位置设置。

2. 轨枕或短轨（岔）枕安装距离允许偏差为±10mm，承轨槽边缘距整体道床变形缝和钢轨普通（绝缘）接缝中心均不应小于70mm。

3.12.4 轨道位置调整

1. 轨道应按设计图并依照基标进行调整。道尺使用前应校正，其精度允许偏差为$^{+0.5}_{0}$mm。

2. 轨道的两股钢轨应采用相对式接头，直线段允许相错量为20mm；曲线段采用现行标准缩短轨，允许相错量为规定缩短量之半加

15mm，当缩短轨对接布置困难而需要错接时，其错开距离不应小于 3m。道岔接头应按设计图布置。

3. 轨道钢轨调整精度应符合下列规定：

（1）轨道中心线：距基标中心线允许偏差为 ±2mm.

（2）轨道方向：直线段用 10m 弦量，允许偏差为 1mm。曲线段用 20m 弦量正矢，允许偏差应符合表 3.12.4 的规定。

轨道曲线正矢调整允许偏差值（mm）

表 3.12.4

曲线半径 （m）	缓和曲线正矢与 计算正矢差	圆曲线正矢 连续差	圆曲线正矢 最大最小值差
251～350	3	5	7
351～450	2	4	5
451～650	2	3	4
＞650	1	2	3

（3）轨顶水平及高程：高程允许偏差为 ±1mm，左右股钢轨顶面水平允许偏差为 1mm，在延长 18m 的距离范围内应无大于 1mm 三角坑。

（4）轨顶高低差：用 10m 弦量不应大于 1mm。

（5）轨距：允许偏差为 $^{+2}_{-1}$ mm，变化率不应大于 1‰。

（6）轨底坡：按 1/40 设置。

（7）轨缝：允许偏差为 $^{+1}_{0}$ mm。

（8）钢轨接头：轨面、轨头内侧应平（直）顺，允许偏差为 0.5mm。

4. 轨道道岔调整精度应符合下列规定：

（1）里程位置：允许偏差为 ±15mm。

（2）导曲线及附带曲线：导曲线支距允许偏差为 1mm。附带曲线用 10m 弦量连续正矢差允许偏差为 1mm。

（3）轨顶水平及高程：全长范围内高低差不应大于 2mm；高程允许偏差为 ±1mm。

（4）转辙器必须扳动灵活，曲尖轨在第一连接杆处的动程不应小于 152mm；尖轨与基本轨密贴，其间隙不应大于 1mm。尖轨的尖端处轨距允许偏差为 ±1mm。

（5）护轨头部外侧至辙岔心作用边的距离为 1391mm，允许偏差为 $^{+2}_{0}$ mm，至翼轨作用边的距离为 1348mm，允许偏差为 $^{0}_{-1}$ mm。

（6）轨面应平顺，滑床板在同一平面内。轨撑与基本轨密贴，其间隙不应大于 0.5mm。

3.12.5 整体道床

1. 整体道床混凝土的变形缝和水沟模板支

立应牢固，其允许偏差为：位置±5mm；垂直度 2mm。

2. 道床混凝土初凝前应及时进行面层及水沟的抹面，并将钢轨、轨枕或短轨（岔）枕及接触轨预制底座、扣件、支撑架等表面灰浆清理干净。抹面允许偏差为：平整度 3mm，高程$^0_{-5}$mm。

3. 混凝土灌注终凝后应及时养护，其强度达到 5MPa 时方可拆除钢轨支撑架。

混凝土未达到设计强度的 70% 时，道床上不得行驶车辆和承重。

4. 混凝土抗压试件留置组数：同一配合比，每灌注 100m（不足者也按 100m 计）应取两组试件，一组在标准条件下养护；另一组与道床同条件下养护。

3.12.6 混凝土预制构件制作

1. 混凝土轨枕及短轨（岔）枕制作允许偏差为：

（1）承轨槽底线至螺栓套管中心距离±2mm；

（2）承轨槽挡肩高度$^{+3}_{-1}$mm，坡度±2°；

（3）承轨槽面平整度 1mm；

（4）螺栓套管与承轨面：垂直度 1mm；位置±1mm；中心间距±1mm；螺栓套管口与承

轨面相平度 $^{+2}_{0}$ mm；

（5）外形长、宽、高 $^{+10}_{-5}$ mm。

2. 接触轨混凝土预制底座制作允许偏差为：表面平整度 1mm；螺栓与底座平面垂直度 2mm，高出平面 $^{+2}_{0}$ mm，位置 ±1mm；中心线间距 ±2mm；外形长、宽、高 $^{+3}_{0}$ mm。

3. 混凝土预制构件的试件留置组数，同一品种的同一配合比每 1000 块（不足 1000 块也按 1000 块计）应取两组试件：一组在标准条件下养护；另一组和构件同条件下养护。

3.12.7 工程验收

1. 整体道床竣工验收应符合下列规定：

（1）混凝土强度应符合设计规定，并应无蜂窝、麻面和漏振。表面清洁，平整度允许偏差为 3mm，变形缝直顺，在全长范围内允许偏差为 10mm。

（2）水沟直（圆）顺；沟底坡与线路坡度一致并平顺，流水畅通，允许偏差为：位置 ±10mm，垂直度 3mm。

2. 轨道钢轨竣工验收，其精度应符合下列规定：

（1）轨道中心线：距基标中心线允许偏差为 ±3mm。

（2）轨道方向：直线段用 10m 弦量，允许偏差为 2mm；曲线段用 20m 弦量正矢，允许偏差应符合表 3.12.7 的规定。

轨道曲线竣工正矢允许偏差值（mm）

表 3.12.7

曲线半径（m）	缓和曲线正矢与计算正矢差	圆曲线正矢连续差	圆曲线正矢最大最小值差
251～350	5	10	15
351～450	4	8	12
451～650	3	6	9
>360	3	4	6

（3）轨顶水平及高程：高程允许偏差为 ±2mm；左右股钢轨顶面水平允许偏差为 2mm；在延长 18mm 的距离范围内应无大于 2mm 三角坑。

（4）轨顶高低差：用 10m 弦量不应大于 2mm。

（5）轨距：允许偏差为 $^{+3}_{-2}$mm，变化率不大于 1‰。

（6）轨底坡：1/30～1/50。

（7）轨缝：允许偏差为 $^{+1}_{0}$mm。

（8）钢轨接头：轨面、轨头内侧应平（直）顺，允许偏差为 1mm。

3. 轨道道岔竣工验收，其精度应符合下列

规定：

(1) 里程位置：允许偏差为±20mm。

(2) 导曲线及附带曲线：导曲线支距允许偏差为 2mm；附带曲线用 10mm 弦量正矢为 2mm。

(3) 轨顶水平及高程：全长范围内高低差不应大于 3mm，高程允许偏差为±2mm。

(4) 转辙器必须扳动灵活，曲尖轨在第一连接杆处的动程不应小于 152mm。尖轨与基本轨密贴，其间隙不应大于 1mm。尖轨尖端处轨距允许偏差为±1mm。

(5) 护轨头部外侧至辙岔心作用边距离为 1391mm，允许偏差为 $^{+3}_{0}$ mm。至翼轨作用边距离为 1348mm，允许偏差为 $^{0}_{-2}$ mm。

(6) 轨面应平顺，滑床板在同一平面内。轨撑与基本轨密贴，其间隙不应大于 1mm。

4. 整体道床轨道线路验收合格后应进行通车试验，其运行速度：第一次为 15km/h，第二次为 25km/h，第三次为 45km/h，以后按设计速度运行，并在运行的头 3d 内复紧一次扣件螺栓。

3.13 自动扶梯

本节适用于自动扶梯设备现场组装的施工及验收。整机安装时也应按本节相应规定执行。自动扶梯安装前应对基础进行检查，并测放出上、下地坪高程及扶梯安装中心线，允许偏差为高程 $_{-3}^{0}$ mm；中心线 ±10 mm。

3.13.1 金属结构架

自动扶梯金属结构架各段连接应符合下列规定：

（1）连接应平直，允许偏差为 ±1 mm；

（2）结构架中心线与扶梯安装中心线允许偏差为 ±1 mm，头、尾部水平段的水平度允许偏差为 0.5‰；

（3）结构架与混凝土基础的连接、固定应符合设计和设备技术文件的规定，固定可靠。

3.13.2 梯路系统

1. 驱动端与张紧端安装应符合设计和设备技术文件规定。左右转向端对称于扶梯安装中心线的允许偏差为 ±0.5 mm。

2. 驱动轴与张紧轴安装应符合下列规定：

（1）轴心线水平度允许偏差为 0.5‰；

（2）轴心线与扶梯安装中心线的垂直度允许

偏差为 0.5‰。

3. 梯路导轨安装应符合下列规定：

（1）直线段导轨的直顺度允许偏差为 0.2‰，全长不得大于 1.5mm；

（2）两侧导轨与扶梯安装中心线的允许偏差为 0.5mm；

（3）上、下水平段两侧导轨水平度允许偏差为 0.5‰；

（4）两侧对应导轨的接头应错开，固定应紧密、平滑、无凸肩。埋头螺栓顶面应埋入导轨平面以下 0.15～0.25mm。

4. 梯级安装应符合下列规定：

（1）梯级踏板与围裙板的间隙每侧不得大于 4mm，两侧间隙之和不得大于 7mm；

（2）在水平段内，相邻两个梯级的高度偏差不得大于 4mm；

（3）梳齿板梳齿与踏板面齿槽的啮合深度不得小于 6mm，间隙不得大于 4mm。

5. 前沿板安装应符合的规定为：前沿板水平度允许偏差为 0.5‰，与梳齿板拼接高低一致。

6. 链条组装应符合的规定为：链条与链轮齿的啮合位置应正确，无偏磨现象。驱动链条张紧后，松弛边的垂度不应大于两链轮中心距离的 2%。

3.13.3 驱动主机

1. 驱动主机安装应符合下列规定：

（1）驱动主机的纵向、横向水平度允许偏差为 0.5‰，且固定可靠；

（2）主驱动轴的轴心线水平度及轴心线与扶梯纵向中心线的垂直度允许偏差均为 0.5‰；

（3）主传动轮与驱动轮的轮宽中央平面应在同一平面上，允许偏差为±0.5mm。

2. 制动器安装应符合的规定为：制动带摩擦垫片与制动轮的实际接触面，不宜小于理论接触面积的 70%。

3.13.4 扶手装置

1. 左、右扶手带支架安装应对称于扶梯安装中心线，允许偏差为±1mm，顶面高度一致，固定可靠。

2. 扶手带导轨安装应符合下列规定：

（1）直线段导轨的直顺度允许偏差为 2mm；两侧导轨的平行度允许偏差为 2mm；

（2）两侧导轨对称于扶梯安装中心线，允许偏差为 1mm。

3. 扶手带表面应无伤痕。扶手带开口边缘与导轨或支架之间的距离不得大于 8mm，运行时不得偏移。

4. 护壁板安装应平整，两护壁板之间的缝隙不应大于 4mm，其边缘应成圆角或倒角。

3. 13. 5 电气装置

1. 电线槽安装应符合下列规定：

（1）每根电线槽固定点不应少于 2 点，并固定牢固；

（2）电线槽水平和垂直偏差不应大于其长度的 2‰，全长不应大于 20mm。

2. 接线箱或接线盒安装应牢固、端正。埋入墙内的盒口不应突出墙面，进墙面内不应大于 10mm。盒面板与墙面应密贴。

3. 配线应符合下列规定：

（1）电线槽内敷设导线的总截面（包括绝缘层），不应大于槽内截面积的 60%；电线管内敷设导线的总截面积（包括绝缘层），不应大于管内截面积的 40%；

（2）截面为 10mm² 及以下单股铜芯导线和截面为 2.5mm² 及以下的多股铜芯导线与电气设备端子可直接连接，但多股铜芯导线应拧紧并搪锡；

（3）截面大于 2.5mm² 的多股铜芯线与设备端子的连接应采用焊接，或压接后再连接。

4. 动力回路和电气安全回路的绝缘电阻不应小于 0.5MΩ。

3.13.6 安全保护装置

自动扶梯运行速度超过额定速度的 1.2 倍时，应自动停止运行并发出报警信号。

3.13.7 调整试验

1. 调整试验应符合下列规定：

(1) 驱动机构运行平稳，无振颤和异常声响。减速机不得漏油。空载运行时在高于上端梳齿板 1m 处所测得的噪声值不应大于 65dB（A）。

(2) 在额定电压下，空载运行速度与额定速度允许偏差为±5%。

(3) 扶手带在正常运行中不应卡阻和脱离导轨，其运行速度相对于梯级运行速度的允许偏差为$^{+2}_{0}$%。

(4) 制动器制动时，停车应平稳。空载和负载的向下制动距离应符合表 3.13.7 的规定。

自动扶梯空载和负载向下制动距离范围

表 3.13.7

额定速度（m/s）	制动距离范围（m）
0.50	0.20～1.00
0.65	0.30～1.30
0.75	0.35～1.50

2. 扶梯试运转时间：空载不得少于 4h；负载不得少于 2h。

3.14 通信

本节适用于通信线路和设备安装工程的施工及验收。

3.14.1 一般规定

1. 管路内的电缆、电线，其总截面积不得超过管路内截面积的 40%。管路内不得设置接头。

2. 预埋件的埋设应符合下列规定：

（1）预埋管伸入箱、盒内的长度应为 5mm，并拧紧锁紧螺母；多根管伸入时应排列整齐；

（2）管路煨管时，弯曲半径不得小于管外径的 6 倍，弯扁度不得大于该管外径的 1/10。

3.14.2 光、电缆线路

1. 电缆托架安装应符合的要求为：托架位置应正确，并固定牢固，水平和垂直允许偏差均为±5mm。

2. 电缆敷设应符合的规定为：直线段应平直，径路中心线允许偏差为 100mm。曲线段弯曲半径不得小于最大电缆外径的 15 倍。

3. 电缆敷设应符合下列规定：

（1）铅护套电缆与铝护套电缆的弯曲半径（无特殊规定的），不得小于其电缆外径的 7.5 倍与 15 倍；

（2）直埋电缆应平放于沟内并自然松弛，接头设置在接头坑内，余留长度应为 1～1.5m。其拐弯、接头、引入、靠近地下管线及接地处，穿越铁路、公路、河沟的两侧和直线段每隔 250m 处，应设电缆标志，并统一编号。

4. 直埋电缆的防护，应符合下列规定：

（1）穿越道路、铁路或其他障碍物时，其防护管路必须延伸于路基或其他障碍物以外0.5m。

（2）沿杆或墙引上的防护管应垂直并固定牢固。防护管上口高出地面不得小于 2.5m，并堵严。

5. 充气电缆应充入清洁、干燥、无腐蚀的气体。充气最高气压应为 0.1～0.15MPa，保持气压为 0.06～0.08MPa，报警气压为 0.04MPa。

6. 漏泄同轴电缆测试完毕，应在测试端标出 1～2 个周期的开槽位置和中心。

7. 隧道内漏泄同轴电缆敷设应符合的要求为：漏泄同轴电缆吊挂应平直，弯曲半径不得小于 2m。

8. 光缆敷设应符合下列规定：

（1）光缆的弯曲半径不得小于外护层直径的 15 倍。

（2）采用机械敷设时，牵引力不得超过光缆允许承受的最大拉力值。无牵引环的光缆应使用专用夹具及加强芯，牵引最大允许速度应为15m/min，并保持匀速。

（3）光缆敷设预留长度：接续处2～3m；中继站两侧引入口外3～5m；接续装置内光纤收容余长每侧不得小于0.8m；特殊情况按设计规定执行。

（4）直埋敷设，光缆敷设当天应先回填不少于300mm厚的细土或细砂。不得裸露过夜。

9. 光缆接续应符合的要求为：光纤应按颜色对应接续，不得损伤。收容光纤的弯曲半径不得小于40mm。

3.14.3 设备安装

1. 走线架和线槽安装应符合下列要求：

（1）走线架水平与垂直偏差不应大于2mm与3mm；

（2）线槽与机架应垂直，连接牢固，边帮应成一直线，偏差不应大于3mm；

（3）列间线槽应成一直线，偏差不应大于3mm，两列线槽拼接偏差不应大于2mm；

（4）走线架和线槽安装位置偏差不应大于50mm。

2. 配线架安装应符合下列规定：

（1）直列上下端垂直允许偏差不应大于 3mm。

（2）试验弹簧排和端子板在相对湿度 75%以下时，其相邻端子间绝缘电阻不得小于 100MΩ 和 500MΩ。

3. 设备安装应符合下列规定：

（1）机柜（架）固定应牢固、垂直、水平，其允许偏差为 2mm。并列机柜（架）应紧密靠拢。

（2）同列机柜（架）主走道侧的盘面应位于同一平面，允许偏差为 5mm。

4. 母钟安装允许偏差为：水平 1mm，垂直 1.5mm。

5. 无线通信设备安装应符合的规定为：保安器箱的真空避雷器放电间隙应为 0.7mm。

3.14.4 设备配线

1. 设备配线应符合下列要求：

（1）配线转弯圆滑，弯曲半径不得小于电缆直径的 5 倍。在进、出部位和转弯处，应固定牢固；

（2）设备的引入电缆或电线，其预留长度应分别为 1~2m 和 0.5~1m。

2. 电缆芯线与端子连接应符合的要求为：芯线采用绕接时，接触应严密，不得叠绕。直径为 0.4～0.5mm 与 0.6～1.0mm 的芯线，绕线匝数应分别为 6～8 匝及 4～6 匝。

3. 机架（设备）电源配线应符合的要求为：交直流馈线的直流正、负极线间和负极对地之间的绝缘电阻，交流芯线间和芯线对地之间的绝缘电阻（用 500V 兆欧表测试），均不得小于 1MΩ。

3.14.5　接地装置

1. 接地引入线与母线连接应采用气焊，搭焊长度不得小于 200mm，并不得损伤芯线。焊接处应做防腐处理。

2. 接地引入线保护套管与隧道穿墙管法兰盘连接应绝缘，绝缘电阻应大于 100MΩ。

3.14.6　调整试验

1. 音选调度电话调试应符合下列规定：

（1）电路全程工作衰减不得大于 19dB，外线与调度电话总机的阻抗应匹配；

（2）全程受信杂音防卫度应大于 52dB；

（3）总机或调度所向最远端分机送出低于额定选叫电平 4.3dB 的选叫频率时，应准确地呼出该分机。

2. 程控调度电话调试应符合的规定为：程控电路最大衰减不得大于 30dB，程控主控机电路最大衰减为 2.3dB。

3. 程控交换设备系统测试应符合下列规定：

(1) 可靠性测试：

1) 每个用户及中继电路中断，每月平均不应大于 150s；

2) 两个用户及两条中继电路同时中断，每月不应大于 120s；

3) 处理机的再启动次数每月不应大于：一类 5 次，二类 1 次，三类 0 次；

4) 软件故障不应大于 8 个；硬件故障不应大于 2 次；印刷板故障更换的次数不得大于 0.13 次/100 户；

5) 长时间通话不应小于 48h，通话路由应正常，有长时间通话信号输出。

(2) 接通率测试：

1) 在 MDF 上接不少于 32 对用户至模拟呼叫器，测试呼叫次数不应小于 40000 次，接通率不应小于 99.96%；

2) 在 MDF 上接不少于 10 对用户，分组进行人工拨号，累计呼叫次数不应小于 2000 次，接通率不应小于 95%；

3) 程控电话局间及程控电话局与模拟电话局间人工拨号，呼叫次数不应小于 200 次，接通率不应小于 95%。

(3) 性能测试应符合表 3.14.6 的要求。

项目	方法和要求	指标
本局呼叫	对正常通话，摘机不拨号和位间超时，拨号中途放弃，久叫不应，被叫忙，呼叫空千群和空号及链路忙等，每项抽测3～5次	良好
出入局呼叫	对每个直达局的中继线及重要路由作100%呼叫测试	良好
释放控制	分互不控制，主叫控制和被叫控制	良好
用户交换机	连选性能，夜间服务，应答反极性能	良好
其他	符合设计规定	—

（4）局间中继测试次数不应小于 40000 次，接续故障率不应大于 4×10^{-2}。

（5）环境验收测试：

1）对标称电压为 -48V 的电源，在电源为 -57V 和 -40V 时，用模拟呼叫器呼叫，接通率不应小于 99.9% 及各种操作维护功能应正常；

2）在室温为 35℃，相对湿度 30%～60% 时，系统应能正常工作 1h，用模拟呼叫器进行局内呼叫接通率为 99.9%；在室温为 45℃，相对湿度大于 20% 时，测试呼叫 0.5h，系统工作应正常。

4. 程控交换设备试运转应符合下列规定：

（1）试运转测试时间不应少于 3 个月，若主要指标达不到要求时，应延续 3 个月。

（2）软件故障不得大于 9 个。

（3）因元件故障更换印制板的次数，每百户每月不应大于 0.1 次。

（4）交换网络非正常倒换不得大于 4 次。

（5）试运转模拟测试：

1）局内接通率测试：用模拟呼叫器每月测试一次，每次作 10000 次呼叫，接通率不得小于 99.9%；用人工呼叫每月测试一次，每次作 2000 次呼叫，接通率不得小于 99.5%；

2）局间接通率测试：各局间出入中继接通率每月测试一次，每个局间作 200 次呼叫，接通率不得小于 95%；

3）长时间通话测试：每月测试一次，用 10 对话机连成通话状态，在 48h 内通话正常，无重接、断话或单向通话。

3. 14. 7 工程验收

工程竣工验收检验项目应符合表 3. 14. 7 的规定。

竣工验收检验项目　　　表 3. 14. 7

序号	名称	项　目	内　容
1	管路敷设		路径，规格，弯曲半径，凹扁程度，连接方式，接头管口及变形缝处的管路处理，备用铁线及规格

序号	名称	项目	内容
2	光、电缆及漏泄同轴电缆线路	立杆、拉线、吊线	杆位及规格，杆垂直度，撑杆距高比，吊线架设高度及规格，垂度，拉线规格
		托架、吊架	托架、吊架位置及规格，垫圈及螺栓规格
		光缆、电缆及漏泄同轴电缆敷设	规格，型号及程式，敷设及管孔位置，埋设深度，电缆防护，回填土夯实，电缆固定，挂钩间距，弯曲半径，电缆垂度，电缆接续程式，管口堵塞，人孔内走向，接地与电阻，余留长度
		电缆气闭	气闭位置，固定，性能，堵气头
		电气测试	电缆绝缘，环路电阻，平衡测试，漏泄同轴电缆阻抗，传输衰减，耦合损耗，光缆接头损耗，光纤线路衰减
3	设备	安装	设备型号，规格，安装位置及固定，机柜（架、台）排列，垂直与水平程度，外观，油漆
		配线	排列，编扎与绑扎，出线间距，固定，整理，焊点，绕接与卡接，电源线规格，正、负极性，跳线规格

序号	名称	项目	内容
3	设备	测验	
		调度电话	各种呼叫方式呼叫，通话清晰度，报警性能
		电话集中机	对分机、分盘的呼叫，应答与终话，主机的呼出，再呼出及组呼，分盘锁闭性能，回铃音，通话清晰度
		广播设备	自动与人工转换，开、并机与停机，强行插入，信号显示，极性配接，音质与音量
		时钟设备	人工与自动转换，同步装置，报警功能，走时精度
		无线设备	人工与自动转换，开机与停机，发送与接收频率，站间工作频率切换，场强覆盖率及接收电平
		电视监控	景物摄取范围及显示，云台旋转角度，仰角及俯角，手动与自动切换，遥控操作，扫描范围，时间与日期显示，录像及监示显示
		程控交换机	接通率，可靠性能，本局及出、入局呼叫，释放控制，特种及非电话业务，局间中断，处理能力及超负荷，维护管理与故障诊断，传输指标及同步方式，极限条件测试，试运转测试

序号	名称	项 目		内容
3	设备	测验	光电传输	单机检验，平均发送光功率和光接收灵敏度，接口信号速率及容差，误码及抖动性能，系统特性及辅助功能
			电源设备	手动与自动转换，自动稳压及稳流性能，过负荷保护
			高频（智能）开关电源	故障保护性能，对电池组的浮充与均充，液晶显示，输出电压与电流
			不间断电源	防护性能，故障时向负载供电连续性能
4	接地装置			规格，埋设位置与深度，数量，回填土及夯实，接点处理，引入线规格及型号，接地电阻

3.15 信号

本节适用于信号安装工程的施工及验收。设备涂漆应先除锈，漆面厚度应均匀并不得损伤、脱落。室外设备油漆颜色应符合表 3.15 规定。

室外设备油漆颜色　　　　表 3.15

机 件 名 称	漆 色
机柱（不包括混凝土柱）	白色
信号机构、背板及透镜式色灯信号机内部、信号机及表示器遮檐、机柱顶帽	黑色
转辙机，各种箱、盒、支、吊架，防护管	灰色
以上各栏未列的室外设备外部	灰色

3.15.1 电缆敷设

1. 电缆敷设应符合下列规定：

（1）电缆敷设的环境温度不得低于$-5℃$。采用耐寒护层电缆时，环境温度不得低于$-10℃$。

（2）电缆弯曲半径：全塑电缆不得小于电缆外径的 10 倍，铠装电缆不得小于电缆外径的 15 倍。

（3）电缆备用量：

1）引至室内的电缆备用量不得小于 5m；

2）室外设备端电缆备用量不得小于 2m，当电缆敷设长度小于 20m 时，备用量为 1m。

2. 直埋电缆应符合下列规定：

（1）土质地带电缆埋设深度不得小于 700mm，石质地带电缆埋深不得小于 500mm，并均应在冻土层以下。电缆沟沟底应平坦，电缆排列应整齐并自然松弛，不宜交叉。

（2）电缆通过碎石道床时，必须使用防护管，管内径不得小于管内所穿电缆堆积外径的1.5倍。防护管应伸出轨枕头部500mm，管口封堵严密。

（3）平行于轨道的电缆距最近钢轨轨底边缘的距离：

1）在线路外侧不得小于2m；

2）在两线路间不得小于1.6m，如果线间距离为4.5m时，电缆距两线路中心的距离应相等。

（4）电缆与供电电压大于500V的电力电缆或其他地下管线平行、交叉敷设间距及防护措施，应符合设计规定。

（5）干线电缆径路的下列地点应设电缆标志：

1）电缆的转向处或分支处；

2）大于500m的直线中间点。

3.15.2 室外设备

1. 信号机构及配件的紧固件应平衡拧紧，螺杆露出螺母2～3个螺距。

2. 隧道内信号机安装应符合的规定为：信号机安装高度允许偏差为±100mm。

3. 隧道外矮型信号机采用混凝土预制基础

时，基础埋设深度不得小于500mm，基础顶面应水平并高出轨面200～300mm。

4. 高柱信号机安装应符合的规定为：机柱埋设深度和信号机构最下方灯位中心到轨面的距离应符合设计规定，机柱垂直度允许偏差为8‰。

5. 电动转辙机安装前，道岔的状态应符合下列规定：

（1）单开道岔应方正，尖轨的尖端前后位置偏差不应大于20mm，尖轨开程应为142～151mm。

（2）复式交分道岔：

1）双转辙器道岔的4条尖轨的尖端应在一条直线上，前后偏差不应大于5mm。尖轨开程应为142～151mm；

2）活动心轨道岔的第一连接杆的中心线距其尖轨尖端距离应为450mm；两组尖轨尖端的间距应为312mm；尖轨开程应符合设计规定。

6. 电动转辙机中心距接触轨弯头端部不应小于1.5m。

7. 扼流变压器安装应符合的规定为：安装在股道中间时，其顶面高程应低于钢轨顶面5～25mm并固定牢固。

8. 焊接式钢轨接续线、道岔跳线、扼流变压器连接线安装，应符合下列规定：

（1）焊接线的断股数不得大于总股数的1%，焊点表面应涂防锈漆；

（2）道岔跳线敷设应平直，并固定牢固；道岔跳线穿越股道时，距钢轨底面不得小于30mm。

9. 塞钉式钢轨接续线、钢轨引接线、道岔跳线的安装，应符合的规定为：钢轨塞钉孔不得锈蚀，塞钉铆接牢固并不得弯曲，塞钉露出钢轨侧面长度应为1～4mm；塞钉与塞钉孔缘应涂漆封闭。

10. 钢轨绝缘安装应符合的规定为：轨道电路中相对的两绝缘节应对齐，不能对齐时，其错开距离不得大于2.5m。

3.15.3 室内设备

1. 设备安装应符合的规定为：设备排列应横平竖直、固定牢固，垂直度允许偏差为1.5‰。同排机架（柜）的盘面应在同一垂直平面上，允许偏差为±1mm。相邻机架（柜）间隙不得大于2mm。

2. 控制台盘面及两端方向标牌应与实际线路平面布置及方向相符合。控制台按钮和复示器的位置、颜色应符合设计规定。控制台背面与墙内侧距离不宜小于1m。

3. 设备配线尚应符合的规定为：机架（柜）侧面端子电源环线和零层电源端子配线在同一端子上不得大于 2 条。机架（柜）无电源从外架（柜）引入电源时，应从外架（柜）零层端子引入。

3.15.4 调整试验

1. 固定信号机的调试，应符合的规定为：信号机的光源在聚焦位置上，并根据外界环境亮度调整光源的电压，使其为额定电压的 85%～95%。

2. 电动转辙机的调试，应符合下列规定：

（1）转辙机内表示系统的动接点与定接点在接触状态时，其接触深度不应小于 4mm，与定接点座的距离不应小于 2mm。在挤岔状态时，表示系统的定位、反位接点均应断开。

（2）摩擦联接器：

摩擦电流不得大于额定电流的 1.3 倍。

3. 电源设备调试应符合的规定为：闪光电源的闪光频率宜调整在 80～120 次/min。

4. 控制台调试应符合的规定为：控制台端子对地绝缘电阻值，当设计无规定时，不应小于 0.2MΩ。

5. 列车自动防护系统设备调试应符合的规定为：联锁试验，稳定性试验时间不得小于 72h。

6. 在运营条件下，列车自动控制系统无负载试运行应符合的规定为：试运行时间应为 1～3 个月。

3.15.5 工程验收

工程竣工应按表 3.15.5 竣工验收项目规定进行验收，并符合本规范有关规定。

竣工验收项目　　　　　　　表 3.15.5

名称	项 目	检查内容
管路敷设	管路	路径、规格
	煨管	弯曲半径、凹扁程度
	连接	连接方式，连接长度及接头处理
	其他	结构变形缝处的管路处理，管口处理，备用管规格、数量、是否贯通
电缆敷设	托架、吊架	安装位置、配件是否齐全
	电缆	型号、规格、电气参数、电缆径路
室外设备	轨道电路	扼流变压器、调谐单无安装位置，配件；连接线连接，轨道继电器，分路灵敏度测试
	变压器箱、电缆盒	安装位置和高度，内部配线，基础埋设，钢轨引接线安装，限流器使用阻值
	电动转辙机	设备安装、配线，道岔尖轨开程，工作电流，摩擦电流

名称	项　目	检查内容
室外设备	色灯信号机	安装位置、灯位排列，灯光显示，配件，灯泡端电压，主副灯丝断丝转换
	列车自动防护和自动运行系统车载与轨旁设备	安装、配线、技术指标测试，天线调整距离，管路防扩，零部件
接地装置	接地体	埋设位置、深度、数量，接地电阻值
室内设备	控制台、电源屏、组合架（柜）	安装位置，盘面排列，内部配线，操纵按钮及扳键，表示灯显示，设备技术指标
	车站、车辆段联锁试验	1）控制台的控制与表示 2）按列车进路联锁表检查每条进路的联锁条件 3）检查每条进路取消，信号重复开放，进路正常解锁，人工解锁，调车中途返回解锁，引导接车，引导信号开放和解锁，区段人工解锁等反映设计意图的电路功能 4）联系电路试验
	列车自动控制系统控制中心设备	安装、配线、设备测试，配件

名称	项　目	检查内容
室内设备	列车自动控制系统车站、车辆段设备	安装、配线、设备测试
	列车自动控制系统综合检验	列车自动防护、自动运行、自动监控系统相互关系；进路办理，列车行车间隔，折返时间，运行调整功能；系统可靠性、可用性

3.16　供电

本节适用于交流供电额定电压为 110kV 及以下的变电所和电缆，直流牵引电网（额定电压为 750V 接触轨、1500V 架空接触网），1kV 及以下配线、动力电控设备安装工程的施工及验收。

3.16.1　牵引电网

1. 底座安装应符合的规定为：底座中心至相邻走行轨轨头内缘的距离允许偏差为±2mm，高程允许偏差为±2mm。

2. 轨条安装应符合下列规定：

（1）轨条中心至相邻走行轨轨头内缘的水平距离允许偏差为±6mm；轨条顶面与相邻走行

轨顶面的高程允许偏差为±6mm；

（2）除膨胀接头和普通接头外，轨条焊接时，其接续长度允许偏差为±2‰；

（3）轨条分段的位置必须符合设计规定，其断开距离允许偏差为：电分段处$^{+100}_{0}$mm；电不分段处±100mm；

（4）膨胀接头的伸缩预留值允许偏差为±1mm。

3. 隧道外支柱应根据设计测放位置。跨距允许调整值为$±\frac{1}{2}$m。

4. 支柱安装应符合下列规定：

（1）支柱埋深允许偏差为±100mm。

（2）支柱支立应垂直，允许偏差为（钢筋混凝土支柱从地面起算，钢柱从基础起算）：

1）顺线路方向：5‰，但锚柱端应向拉线侧倾斜0～200mm；

2）垂直线路方向：曲线外侧和直线上的支柱外倾不应超过支柱外缘垂直线；曲线内侧及硬横跨支柱应向受力的反方向倾斜5‰。

（3）同组软（硬）横跨支柱中心连线应垂直线路中心线，允许偏差为3°。

（4）拉线与地面的夹角宜为45°，特殊地形不得大于60°。

5. 隧道外接触网支持结构安装应符合下列

要求：

（1）硬横跨钢梁与支柱连接应牢固，并垂直线路中心线，固定高度允许偏差为 $^{+100}_{0}$ mm。

（2）软横跨安装，角钢安装高度允许偏差为 ±50mm。

（3）定位装置安装：

1）固定定位器的定位管宜呈水平状态，允许偏差为 $^{+20}_{0}$ mm；定位管在支持器外露长度不得大于 50mm；

2）定位器必须保证接触线拉出值及工作面正确，在平均温度时，定位器应垂直于线路中心线，当温度变化时，顺线路方向的偏移量应与接触导线在该点的伸缩量相一致，其偏角不得大于 18°。

6. 隧道内接触网支撑结构底座应按设计测放其位置，并应避开结构变形缝及不同断面处。跨距允许调整值为 ±0.5m。

7. 隧道内支撑结构安装应符合下列规定：

（1）底座定位臂的长度允许偏差为 ±100mm；

（2）弹性支撑必须调整在规定的范围内，其下垂角度不得超过 35°。

8. 锚段内的接触线、承力索，不得有接头。连续敷设的馈电线、接地线的接头距离不得小于

150m，且接头至悬挂点距离不得小于 2m。

9. 补偿装置安装应符合下列规定：

（1）补偿终端的断线自动制动装置应可靠，其制动块与棘轮齿间的距离为 25±5mm；

（2）坠砣应完整，坠串排列应整齐，其缺口应相互错开 180°。

10. 接触悬挂安装应符合下列规定：

（1）菱形或链形悬挂的吊弦应顺线路垂直安装，吊弦间距允许偏差为：地面 ±0.2m，隧道内±0.1m。

（2）接触线调整：

1）接触线的"之"字值和拉出值允许偏差为±20mm；

2）承力索与接触导线的"之"字值应调整在同一垂直平面内，允许偏差为：地面±75mm，隧道内±10mm；

3）悬挂点处接触线距轨面的高度允许偏差为：地面±30mm，隧道内±10mm；

4）相邻两悬挂点处，接触线高度允许偏差为±20mm；

5）相邻吊弦间接触线高度差不应大于 10mm。

11. 线岔安装应符合的要求为：静态时，交叉点处上、下方接触线的间隙宜为 1～3mm。

12. 架空接触网设备安装应符合下列规定:

(1) 隔离开关:

传动杆应校直,并与隔离开关、操作机构保持顺直,手动操作机构安装距地面高度宜为1.1~1.2m。

(2) 电分段绝缘器:

底平面必须与轨道平面平行;中心线应与轨道中心线重合,允许偏差为±50mm。

13. 架空接触网设备安装的安全距离应符合下列规定:

(1) 架空接触网带电部分至车辆限界线的最小安全间隙为115mm;

(2) 架空接触网带电部分在静态时至建筑物及设备的最小安全距离为150mm;

(3) 架空接触网设备安装后,受电弓与结构的最小安全间隙为150mm;

(4) 架空接触网上配件的横向突出部分与受电弓最小安全间隙为15mm;

(5) 隔离开关触头带电部分至顶部建筑物距离,不应小于500mm。

14. 供电线和回流线断3股及以下时,应采用同材质线绑扎加固,断3股以上必须剪断重接。

3.16.2　配线及动力电控设备

隧道内动力箱、电控箱（柜）的安装应符合的规定为：隔断门、排水站处的箱、柜基础应高出地面 150～250mm。

3.16.3　电缆线路与接地装置

1. 电缆管敷设应符合的要求为：引至设备的电缆管，其管口位置应便于设备连接及拆装；并列敷设的电缆管管口应排列整齐，露出地面的电缆管管口高度宜为 100～300mm。

2. 电缆接头布置应符合的要求为：托架上的电缆接头，应用绝缘托板托置固定，托板伸出电缆头两侧不应小于 200mm。

3. 电缆敷设应符合下列规定：

（1）隧道内电缆敷设，用牵引车敷设时，电缆盘支架及电缆导向架应稳固，牵引车速度均匀且不应大于 20m/min；

（2）直埋电缆的埋深不应小于 0.7m，并设于冻土层以下；跨越碎石道床的电缆，应采取保护措施。

4. 电缆固定点位置应符合下列规定：

（1）垂直敷设或超过 45°倾斜敷设的电缆在每个支架处或桥架上每隔 2m 处；

（2）沿隧道顶板敷设的电缆，应用刚性卡固定牢固，其间距不得大于 1m。

5. 铜质接地体（线）敷设应符合下列规定：

（1）接地体长度不应小于 2.5m，并垂直配置，其间距不应小于 5m；

（2）扁铜带的连接应采用搭接焊接，其搭接长度应为其扁铜带宽的 2 倍。

6. 室内接地线敷设应符合下列规定：

支撑件间的距离：水平直线段宜为 0.5～1.5m；垂直段宜为 1.5～3m；弯曲段宜为 0.3～0.5m。

3.16.4 调整试验

1. 直流快速自动开关试验应符合下列要求：

（1）开关的动作试验，应在直流操作母线额定电压值下分、合闸各 3 次，有条件时可在 115%、90% 额定电压下进行操作各 2 次，断路器动作应正常；

（2）开关动作电流值整定。动作电流应采用低电压大电流整定，动作电流值应为 3 次动作电流平均值，刻度标志应与之相符。

2. 接触网测试应符合下列规定：

（1）接触轨焊接接头无损探伤和电阻测试数目应为其总数的 1%～5%。

（2）绝缘电阻试验应按供电分段进行；架空接触网应大于 1.5MΩ/km，接触轨满足设计要求。

3. 接触网送电前应进行冷滑行试验，冷滑行试验不得少于 2 次。第一次运行速度为 10～15km/h，车辆段为 5～10km/h；第二次运行速度为 25～30km/h，车辆段为 10～15km/h；如需进行第三次，应按正常运行速度运行。

4. 牵引变电所向接触网送电时，直流快速自动开关合闸 3 次，接触网应无异常。送电过程中发生故障处理时，必须按有电运行线路的有关规定办理。

5. 接触网送电后，应在供电臂末端进行电压测试，合格后进行空载试验。空载运行 1h 无异常，再进行电动车组负载试验，并运行 24h 合格后方可进行试运行。

6. 牵引变电所直流短路试验应符合的要求为：单边供电时在供电末端，双边供电时在靠近一端变电所 30m 以内制造人为短路。

7. 计算机辅助存贮装置的调试项目，应符合的要求为：对全部存贮器地址进行反复读写检查，24h 不出现差错。

8. 监控系统设备应作 72h 连续运行试验，并应按现行国家标准《地区电网数据采集与监控系统通用技术条件》GB/T 13730 第 4.2 节执行。在试验中出现故障时，关连性故障则终止连续运行试验，待故障排除后重新开始计时试验；

非关连性故障，待故障排除后继续试验，排除故障过程不计时。

9. 监控系统设备试运行时间宜为 3 个月。

3.17 通风与空调

3.17.1 风管

1. 钢板风管的最小板材厚度应按风管的耐压等级及尺寸选用，并符合表 3.17.1-1 的规定。

风管钢板最小厚度（mm） 表 3.17.1-1

类别	矩形风管		圆形风管	
长边尺寸或直径	低压≤500Pa 中压>500Pa 且≤1500Pa	高压 >1500Pa	低压≤500Pa 中压>500Pa 且≤1500Pa	高压 >1500Pa
100～320	0.5	0.8	0.6	0.8
360～450	0.6	0.8	0.6	0.8
500～630	0.8	0.8	0.8	1.0
700～1000	0.8	0.8	0.8	1.0
1120～1250	1.0	0.8	1.0	1.2
1400～2000	1.0	1.2	1.2	1.2
2500～3000	1.2	1.2	按设计要求	

2. 钢板风管的厚度为 1.2mm 及以下时，应采用镀层质量为 $235\sim385\mathrm{g/m^2}$ 的热镀锌钢板，钢板表面不得有镀锌层脱落、锈蚀及划伤等缺陷。厚度为 1.5mm 及以上时，可采用普通钢板。

3. 排烟或排风兼排烟风管的钢板厚度如设计无规定可按高压风管壁厚选取，并不得使用按扣式咬口。

4. 钢板风管管段间的连接可采用法兰或无法兰连接形式，并应符合表 3.17.1-2 或表 3.17.1-3 的规定。

5. 钢板风管需做环状加固时，矩形风管宜采用角钢、轻钢型材或钢板折叠；圆形风管宜采用角钢。其尺寸可按表 3.17.1-4 选定。

6. 矩形风管两个管段连接间（或与环状加强筋间）的最大距离应符合表 3.17.1-5 和表 3.17.1-6 的规定。

7. 矩形风管的板面加固应符合下列规定：

（1）板面宽度为 630～1250mm 时，宜采用钢板预轧横向弧形楞筋或交叉楞线方式加固；

（2）板面宽度为 1600～3000mm 时，应采用∠40×4 角钢沿气流方向加固。角钢应置于风管宽度方向的中间或均分位置，其间距为 800～1000mm。

矩形风管连接形式 (mm)

表 3.17.1-2

名称	连接形式与密封	附件厚度	转角要求	使用范围 长边尺寸	刚度等级
C形插条		0.7~0.8	立面插条两端压压到两平面各20左右	低压风管，≤630 中压风管，≤400	G1
立插条		0.8	四角加90°平板条固定	低压风管，≤1000 中压风管，≤630	G2
立咬口		0.8	四角加90°贴角并固定	低压风管，≤1000 中压风管，≤630	G2
薄钢板法兰插条		0.8~1.2	四角加90°贴角	低压风管，≤1250 中压风管，≤1000 高压风管，≤800	G3

名称	连接形式与密封	附件厚度	转角要求	使用范围 长边尺寸	刚度等级
薄钢板法兰弹簧夹		1.0~1.2	四角加 90° 贴角	低压风管，≤1250 中压风管，≤1000 高压风管，≤800	G3
角钢法兰		∠25×3	四角加螺栓	低、中、高压风管，≤630	G3
		∠30×4		低、中、高压风管，≤1250	G4
		∠40×4		低、中压风管，≤2500 高压风管，≤1600	G5
		∠50×5		低、中压风管，≤3000 高压风管，≤2500	G6

表 3.17.1-3

圆形风管连接形式 （mm）

名称	连接形式与密封	附件厚度	接口要求	使用范围直径	备 注
芯管连接	自攻螺钉 密封胶	≥风管板厚	芯管长度200~250，插入至根部，密封胶嵌缝	低压风管，≤1000 中压风管，≤700	直缝圆风管单节 长度≤2000
扁钢法兰		−20×4	翻边>5，加密封垫片	低、中、高压风管，≤140	直缝圆风管单节 长度≤2000
		−25×4		低、中、高压风管 ≤280	

名称	连接形式与密封	附件厚度	接口要求	使用范围直径	备 注
角钢法兰		∠25×3	翻边＞6 加密封垫片	低、中、高压风管，≤500	直缝圆风管单切长度≤2000
		∠30×4		低压风管，≤1250中、高压风管，≤800	两个管段连接间最大距离1000。对应的环状加强筋刚度等级为 G3
		∠40×4		低压风管，≤2000中、高压风管，≤1500	两个管段连接间最大距离1000。对应的环状加强筋刚度等级为 G4

267

环状加固用加强筋规格 (mm)

表 3.17.1-4

名称	断面	高度 H	厚度 δ	刚度等级
角钢		25	3	G2
		30	4	G3
		40	4	G4
		50	5	G5
		60	5	G6
钢板折叠		25	1.2	G1
		30	1.2	G2
		40	1.2	G3
		40	2.0	G4

表 3.17.1-5

低、中压矩形风管两个管段连接间的最大距离（mm）

风管长边尺寸		400	630	800	1000	1250	1600	2000	2500	3000
最小板厚		0.6		0.8			1.0			1.2
连接或加强筋的刚度等级	G1	3000 / 3000	1600 / —	—	—	—	—	—	—	—
	G2	3000 / 3000	2000 / 1600	1600 / —	1200 / —	—	—	—	—	—
	G3	—	2000 / 1600	1600 / 1200	1200 / 1000	1000 / —	—	—	—	—
	G4	—	—	1600 / 1200	1200 / 1000	1000 / —	—	—	—	—
	G5	—	—	—	—	1000 / 800	800 / 800	800 / 600	800 / 600	800 / 600
	G6	—	—	—	—	—	800 / 800	800 / 800	800 / 800	800 / 600

注：表中每格内上排为低压风管，下排为中压风管。

高压矩形风管两个管段连接间的最大距离（mm）

表 3. 17. 1-6

风管长边尺寸		400	630	800	1000	1250	1600	2000	2500
最小板厚		0.8				1.0		1.2	
连接或加强筋的刚度等级	G3	3000	1200	1000	—	—	—	—	—
	G4	—	—	1200	1000	800	—	—	—
	G5	—	—	—	1200	800	800	—	—
	G6	—	—	—	—	—	800	800	600

8. 矩形风管的法兰或环状加强筋的边长为 2500～3000mm 时，应在法兰或加强筋内部采用 10mm 圆钢或 20mm×4mm 扁钢作拉撑杆。拉撑杆置于法兰宽度方向的中间或均分位置，其间距为 1000～1250mm。

9. 当制作超出表 3.17.1-2 和表 3.17.1-3 所列最大尺寸或耐受－1000Pa 以上负压的钢板风管时，应符合设计规定。如设计无规定时，宜使用 1.5～2mm 厚钢板。法兰、加强筋使用∠60×5 或更大规格的角钢，除法兰连接使用螺栓外，全部采用焊接成型。

3. 17. 2　通风部件

通风系统中的调节阀，如设计无规定，其长边或直径大于 400mm 时，应采用多叶阀。

3. 17. 3　风管及部件安装

1. 矩形风管水平安装吊架的规格和间距应

符合表 3.17.3-1 的规定。

矩形风管水平安装吊架的规格和间距 (mm)

表 3.17.3-1

风管长边尺寸	横担规格	吊杆 ϕ	吊架最大间距
400	$\angle 25 \times 3$	8	3600
630	$\angle 25 \times 3$	8	3000
1000	$\angle 30 \times 4$	8	3000
1600	$\angle 40 \times 4$	8	3000
2000	$\angle 50 \times 5$	10	3000
2500	$\angle 60 \times 5$	12	2500

注：1. 长边尺寸 400mm 的风管亦可用 25mm×4mm 扁钢 U
形吊架代替横担和吊杆。

2. 长边尺寸 2500mm 的焊接风管，其横担和吊杆需进行
荷载计算。

2. 圆形风管（直缝）水平安装吊架的规格
和间距应符合表 3.17.3-2 的规定。

圆形风管水平安装吊架的规格和间距 (mm)

表 3.17.3-2

风管直径 ϕ	吊箍规格			吊杆		吊架最大间距
	垂直剖分环形箍	水平剖分环形箍	U形半圆箍	扁钢（1个）	圆钢 ϕ（2个）	
450	-25×2	—	—	-25×2	—	3000
800	-30×3	—	—	-30×3	—	2500
	—	—	-30×4	—	8	

风管直径 ϕ	吊箍规格			吊杆		吊架最大间距
	圆钢 (2个)	垂直剖分环形箍	水平剖分环形箍	U形半圆箍	扁钢 (1个)	
1000	—	-30×4	-40×5	—	10	2500
1500	—	-30×4	-40×5	—	10	2500
2000	—	-40×5	—	—	10	2500

3. 玻璃纤维氯氧镁水泥矩形风管水平安装吊架的规格和间距应符合表 3.17.3-3 的规定。

玻璃纤维氯氧镁水泥矩形风管水平安装吊架的规格和间距（mm）

表 3.17.3-3

风管长边尺寸横	横担规格	吊杆 ϕ	吊架最大间距
400	$\angle 30\times4$	8	3000
630	$\angle 40\times4$	8	2500
1000	$\angle 40\times4$	8	2000
1250	$\angle 40\times5$	8	2000
1600	$\angle 50\times5$	10	2000
2000	$\angle 50\times6$	10	2000

注：上述风管高度应不超过 500mm，如超过时需进行荷载计算。

4. 悬吊的风管与部件应设防止位移的固定点，两固定点间的距离不宜大于 20m。

5. 风管末端的支、吊架距风管端部的距离不应大于 400mm。

6. 风管法兰垫片的材质，当设计无要求时，输送空气或烟气温度高于 70℃，应采用厚 3mm 及以上的耐热橡胶板。

7. 风管连接或咬口处用于防止泄漏的密封胶，其适用温度范围应达到－20～＋200℃。

8. 风管通过结构沉降缝时，应使用柔性短管连接。柔性短管应符合设计规定。如设计无要求时，柔性短管长度宜为 300～400mm，其中点距沉降缝中心不应大于 100mm。

9. 站厅与站台厅的风口安装位置应正确，横平竖直，与风管接合牢固。同轴线、同水平面或垂直面的连续 3 个以上的风口，其中心与轴线的允许偏差为 10mm。

10. 通风与空调系统的风管及部件安装完毕，保温前应做漏风量测试。测试宜分段进行。当设计未做规定时，应符合表 3.17.3-4 的要求。

风管单位面积允许漏风量$[m^3/(m^2 \cdot h)]$

表 3.17.3-4

风管系统压力级别	漏风测试压力（Pa）				
（Pa）	＋300	＋500	＋800	＋1200	＋1500
低压风管≤500	4.3	6.0	—	—	—
中压风管＞500，且≤1500	—	2.0	2.6	3.5	—
高压风管＞1500	—	—	—	1.1	1.3

11. 漏风量测试的抽检率应符合下列要求：

（1）低压系统 5%，但不得少于一个系统。可只作透光检漏，如有明漏光，应做漏风量测试。

（2）中压系统 10%，但不得少于一个系统，并均做漏风量测试。如抽检部分不合格，则加倍做漏风量测试。

3.17.4 设备安装

组合式消声器安装，应符合的规定为：每个纵向段的吸声体，其组件竖直方向接口必须对齐，且连接牢固。吸声体两侧外缘垂直度允许偏差为 3‰。

3.17.5 调整试验

无负荷联合试运转的时间，应符合下列规定：

（1）隧道通风系统、局部通风系统、事故通风和排烟系统应连续、稳定运行 6h 以上；

（2）空调系统、带制冷剂的制冷系统和采暖系统应连续、稳定运行 8h 以上。

3.18 给水排水

本节适用于隧道内给水干管及排水系统安装工程的施工及验收。地面、高架线路及通风道、车站室内给排水以及隧道内引至地面的管道施工，应符合国家现行的有关强制性标准的规定。

3.18.1 给水干管加工与安装

1. 钢管切口应垂直钢管中心线，允许偏差为管径的±1%，且不大于2mm。

2. 钢管与法兰焊接时，法兰应垂直钢管中心线，允许偏差为0.5mm。法兰内侧焊缝不得凸出法兰密封面。

3. 钢管套丝螺纹应完整。其断丝或缺丝数量不得大于螺纹全扣数的10%。

4. 管道支座位置应正确，并与结构固定牢固。其位置允许偏差为：纵向±50mm；横向±10mm，高程±10mm。

5. 管道采用法兰连接时应符合下列规定：

（1）两法兰面应相互平行，允许偏差为1mm。

（2）法兰连接螺栓的螺帽应置于法兰同一侧，并对称、均匀紧固。螺栓露出螺帽不得少于2倍螺距，并不得大于螺栓直径的1/2。

6. 钢管采用丝扣连接时应符合的规定为：钢管丝扣与套管丝扣相一致。安装后，外露丝扣为2～3扣，并清除麻头等杂物。

7. 铸铁管承插口连接的对口间隙为3～5mm，环向间隙应均匀一致，允许偏差$^{+3}_{-2}$mm。

其接缝填料应符合设计规定，并按国家现行的有关标准施工。

8. 管道安装位置应正确，其允许偏差为：中心线±15mm，高程为±20mm。

9. 管道支座混凝土达到设计强度后，方可进行水压试验。试压管段长度不宜大于1000m。

10. 管道试压前应进行检查，并符合的规定为：铸铁管在灌水后宜先加压到 0.2～0.3MPa 压力，并浸泡24h。

11. 管道试验压力应符合表 3.18.1 规定。在试验压力下，稳压 30min 降压不应大于0.05MPa，且无渗漏水现象。

给水管道水压试验压力（MPa）　　表 3.18.1

管材	工作压力 P	试验压力
钢管	P	$P+0.5$，且不应小于 0.9
铸铁管	$P \leqslant 0.5$	$2P$
	$P > 0.5$	$P+0.5$

3.18.2 排水系统安装

1. 排水管道安装应符合的规定为：立管垂直度允许偏差为2‰。

2. 水泵试运转应符合下列规定：

（1）水泵带负荷连续运转不应少于 2h；

（2）滚动轴承温度不高于 80℃，特殊轴承温度应符合设备技术文件的规定。

3.19 工程岩体基本质量分级标准表

工程岩体基本质量分级标准表 表 3.19

岩体稳定分类	基本质量级别	岩体基本质量定性特征	岩体基本质量指标（BQ）
稳定岩体	Ⅰ	坚硬岩，岩体完整	＞550
	Ⅱ	坚硬岩，岩体较完整 较坚硬岩，岩体完整	550～451
中等稳定岩体	Ⅲ	坚硬岩，岩体较破碎 较坚硬岩或软硬岩互层，岩体较完整 较软岩，岩体完整	450～351
	Ⅳ	坚硬岩，岩体破碎 较坚硬岩，岩体较破碎～破碎 较软岩或软硬岩互层，且以软岩为主，岩体较完整～较破碎 软岩，岩体完整～较完整	350～251
不稳定岩体	Ⅴ	较软岩，岩体破碎 软岩，岩体较破碎～破碎 全部极软岩及全部极破碎岩	＜250

注：岩体基本质量定性特征和基本质量指标（BQ）的计算方法及参数选择，应按现行国家标准《工程岩体分级标准》GB 50218 第 4.2.1 条和第 4.2.2 条规定执行。

3.20　隧道喷锚暗挖法施工方法图

隧道喷锚暗挖法施工方法图　　表 3.20

开挖方法	图　例	适用范围	主要施工方法
全断面法		稳定岩体中的单拱单线区间隧道	1）采用光面或预裂爆破开挖 2）施工仰拱后根据设计做初期支护结构或直接进行二次衬砌施工
台阶法		稳定岩体、土层及不稳定岩体	1）稳定岩体：上台阶采用光面爆破，下台阶采用预裂爆破，开挖后并分别施工初期支护结构。台阶留置长度不宜大于 5B（B 为隧道开挖跨度）或 50m，下台阶开挖后适时施工仰拱 2）土层及不稳定岩体：拱部开挖后及时施工初期支护结构，台阶根据地质和隧道跨度采用短台阶 [（1～1.5）B] 或超短台阶（3～5m）开挖，下台阶开挖后，适时施工仰拱

278

开挖方法	图 例	适用范围	主要施工方法
中隔壁法		土层及不稳定岩体单拱隧道	1）以台阶法为基础，将上下台阶各分成左右两个单元洞体 2）分别开挖上台阶两个洞体，并施工初期支护结构 3）拱部初期支护结构稳定后，再分别进行下台阶左右两个洞体及仰拱施工
单侧壁导洞法		土层及不稳定岩体单拱隧道	1）以台阶法为基础，先开挖侧壁导洞并施工初期支护结构。 2）开挖拱部并施工初期支护结构 3）开挖下台阶后并施工仰拱
双侧壁导洞法		土层及不稳定岩体单拱隧道	1）以台阶法为基础，先开挖双侧壁导洞并施工初期支护结构。 2）开挖拱部并施工初期支护结构 3）开挖下台阶，施工墙体初期支护结构后并做仰拱

开挖方法	图　例	适用范围	主要施工方法
双侧壁边桩导洞法	IV　VI ① ③ ⑤ ① II　　　II ⑦ VI	土层及不稳定岩体单拱隧道	1）以台阶法为基础，先开挖双侧壁导洞并施工初期支护结构。 2）在双侧壁导洞内施工边墙支护桩。 3）开挖拱部并施工初期支护结构。 4）采用逆筑法开挖下台阶并施工楼、底板结构
环形留核心土法	1　　II ③ V　　V ④ VI	土层及不稳定岩体单拱隧道	1）以台阶法为基础，先分别开挖上台阶的环形拱部，并施工完初期支护结构后开挖核心土 2）开挖下台阶，施工墙体初期支护结构后并做仰拱

开挖方法	图　例	适用范围	主要施工方法
双侧壁及梁柱导洞法		土层及不稳定岩体中多拱（双拱以上）隧道	1）以台阶法为基础，施工双侧壁及梁柱导洞，然后在梁柱导洞内施工梁柱结构 2）开挖拱部并施工初期支护结构 3）开挖下台阶，施工墙体初期结构后并做楼板和仰拱
双侧壁桩及梁柱导洞法		土层及不稳定岩体中多拱（双拱以上）隧道	1）以台阶法为基础，施工双侧壁及梁柱导洞，然后在双侧壁及梁柱导洞内分别施工边墙支护桩和梁柱结构 2）开挖拱部并施工初期支护结构 3）采用逆筑法开挖下台阶并施工楼板、底板结构

注：1. 图注阿拉伯数字为开挖顺序，罗马数字为初期支护结构或仰拱结构施工顺序。
　　2. 土层及不稳定岩体开挖，必要时应采取预加固措施。

本章参考文献

《地下铁道工程施工及验收规范》GB 50299—1999，2003 年版

4 城镇道路工程

4.1 符号及代号

本节各种符号代号以及意义参见表4.1。

符号及代号

表4.1

符号或代号	意 义
A	道路石油沥青
PC	喷洒型阳离子乳化沥青
BC	拌和型阳离子乳化沥青
PA	喷洒型阴离子乳化沥青
BA	拌和型阳离子乳化沥青
AL（R）	快凝液体石油沥青
AL（M）	中凝液体石油沥青
AL（S）	慢凝液体石油沥青
AC	密级配沥青混凝土混合料，分为粗型和细型两类
SMA	沥青玛琋脂碎石混合料 SMA Stone mastic asphalt（英），Stone matrix asphait（美）之略语

符号或代号	意　　义
OGFC	大孔隙开级配排水式沥青磨耗层
ATB	密级配沥青稳定碎石混合料
ATPB	铺筑在沥青层底部的排水式沥青稳定碎石混合料
AM	半开级配沥青稳定碎石混合料
SBS	苯乙烯－丁二烯－苯乙烯嵌段共聚物，Styrene-Butadiene-Styrene Block Copolymer 之略语
SBR	苯乙烯－丁二烯橡胶（丁苯橡胶），Styrene-Butadiene-Rubber 之略语
EVA	乙烯－醋酸乙烯共聚物，Ethyl-Vinyl-Acetate 之略语
PE	聚乙烯，Polyethylene 之略语

4.2　测量

4.2.1　平面控制测量

1. 国家有关标准规定的各种精度的三角点，一级、二级、三级导线点以及相应精度的 GPS 点，根据施工需要均宜作为施工测量的首级控制。施工图提供的首级控制点（交桩点）点位中误差（相对起算点）不得大于 5cm。首级控制点应满足施工复核和施工控制需要，首级控制点应为 2 个以上，间距不宜大于 700m。控制点宜为控制道路施工图的相交道路交点、中线上点、折点及附近点、控制施工点等。

2. 三角测量应符合下列规定：

（1）城镇道路工程施工首级控制（交桩点）、复核的小三角测量的主要技术指标，应符合表 4.2.1-1 的规定。

三角测量的主要技术指标　　表 4.2.1-1

控制等级	平均边长（m）	测角中误差（″）	起始边边长相对中误差	最弱边边长相对中误差	测回数		三角形最大闭合差（″）
					DJ₂	DJ₆	
一级小三角	1000	±5	≤1/40000	≤1/20000	2	4	±15
二级小三角	500	±10	≤1/20000	≤1/10000	1	2	±30

（2）城镇道路工程施工控制网的三角测量的主要技术指标不得低于表 4.2.1-2 的规定精度。

施工控制三角测量的主要技术指标　　表 4.2.1-2

控制等级	边长（m）	测角中误差（″）	锁的三角形个数	测回数 DJ₆	三角形最大闭合差（″）	方位角闭合差（″）
施工控制	≤150	±20	≤13	1	±60	$\pm 40\sqrt{n}$

（3）三角测量的网（锁）布设应符合下列要求：

1）各等级的首级控制网，宜布设成近似等边三角形的网（锁），且其三角形的最大内角不应大于100°，最小内角不宜小于30°，个别角受条件限制时可为25°。

2）加密的控制网，可采用插网、线形锁或插点等形式。各等级的插点宜采用坚强图形布设。插点的内交会方向数不应少于4个或外交会方向数不应少于3个。

3）三角网的布设，可采用线形锁。线形锁的布设，宜近于直伸形状。狭窄地区布设线形锁控制时，按传距角计算的图形强度的总和值，应以对数6位取值，并不应小于60。

3. 导线测量应符合下列规定：

（1）城镇道路工程施工首级控制（交桩点）测量、复核的主要技术指标，应符合表4.2.1-3的规定。

导线测量的主要技术指标　　表4.2.1-3

控制等级	导线长度(km)	平均边长(km)	测角中误差(")	测距中误差(mm)	测距相对中误差	测回数		方位角闭合差(")	相对闭合差
						DJ$_2$	DJ$_6$		
一级	4.0	0.5	±5	±15	≤1/30000	2	4	±10$\sqrt{n}$	≤1/15000
二级	2.4	0.25	±8	±15	≤1/14000	1	3	±16$\sqrt{n}$	≤1/10000
三级	1.2	0.1	±12	±15	≤1/7000	1	2	±24$\sqrt{n}$	≤1/5000

注：n 为测站数。

（2）城镇道路工程施工控制网的导线测量、复核的主要技术指标，应符合表 4.2.1-4 的规定。

施工控制导线测量的主要技术指标　　　表 4.2.1-4

控制等级	导线长度（m）	相对闭合差	边长（m）	测距中误差（mm）	测回数 DJ$_6$	方位角闭合差（"）
施工控制	1000	≤1/4000	150	±20	1	±40$\sqrt{n}$

（3）当导线平均边长较短时，应控制导线的边数，但不应超过表 4.2.1-3 中相应等级导线平均长度和平均边长算得的边数；当导线长度小于表 4.2.1-3 中规定的长度的 1/3 时，导线全长的绝对闭合差不应大于 13cm。

（4）导线宜布设成直伸形状，相邻边长不宜相差过大。当附合导线长度超过规定时，应布设成结点网形。结点与结点、结点与高级点之间的导线长度，不应大于规定长度的 70%。

4. 边角测量应符合下列规定：

（1）各等级边角组合网的设计应与三角网的规格取得一致，并应重视图形结构，各边边长宜近似相等，各三角形内角宜为 30°～100°；个别角受条件限制时不应小于 25°。

（2）城镇道路的各等级边角组合网中边长测

量的主要技术指标应符合表 4.2.1-5 的规定。

边长测量的主要技术指标　**表 4.2.1-5**

控制等级	平均边长 （m）	测距中误差 （mm）	测距相对中误差
一级	1000	±16	≤1/60000
二级	500	±16	≤1/30000

5. 水平角观测应符合的规定为：

水平角观测应采用方向观测法。当方向数不多于 3 个时，可不归零。方向观测法的技术指标应符合表 4.2.1-6 的规定。

方向观测法的技术指标　**表 4.2.1-6**

控制等级	仪器类型	测回数	光学测微器两次重合读数差 （″）	半测回归零差 （″）	一测回中2倍照准差变动范围 （″）	同一方向值各测回较差 （″）
一级及以下	DJ₂	2	≤3①	≤12	≤18	≤12
	DJ₆	4	—	≤18	—	≤24

注：① 只用于光学经纬仪。

6. 距离测量宜优先采用Ⅰ级或Ⅱ级电磁波测距仪（含全站仪），并应符合下列规定：

（1）当采用电磁波测距仪时，应符合的要求为：

电磁波测距仪测距的主要技术指标，应符合

表 4.2.1-7 的规定。

电磁波测距仪测距的主要技术指标　　表 4.2.1-7

仪器等级	测回数	一测回读数较差（mm）	测回间较差（mm）	往返测或不同时间所测较差（mm）
Ⅰ级	>2	≤5	≤7	$2(a+b \cdot D)$
Ⅱ级	≥2	≤10	≤15	$2(a+b \cdot D)$

(2) 当采用普通钢尺测距时，应符合国家现行标准《城市测量规范》CJJ 8 的有关规定。普通钢尺测距的主要技术指标，应符合表 4.2.1-8 的规定。

普通钢尺测距的主要技术指标　　表 4.2.1-8

控制精度	边长丈量较差的相对误差	作业尺数	丈量总次数	尺段高差较差（mm）	估读数值至（mm）	温度读数值至（℃）	读数次数	同尺各次或同段各尺的较差（mm）
一级	≤1/30000	2	4	≤5	0.5	0.5	3	≤2
二级	≤1/20000	1~2	2	≤10	0.5	0.5	3	≤2
	≤1/10000	1~2	2	≤10	0.5	0.5	3	≤3

(3) 施工控制直线丈量测距的允许偏差应符合表 4.2.1-9 的规定。

直线丈量测距的允许偏差　表 4.2.1-9

固定测桩间距离（m）	允许偏差 Δ
<200	≤1/5000
200～500	≤1/10000
>500	≤1/20000

4.2.2　高程控制测量

1. 水准测量的主要技术指标，应符合表 4.2.2-1 的规定。

水准测量的主要技术指标　表 4.2.2-1

等级	每千米高差全中误差（mm）	路线长度（km）	水准仪型号	水准尺	观测次数		往返较差、闭合或环线闭合差（mm）
					与已知点联测	附合或环线	
二等	≤2	—	DS_1	铟瓦	往返各一次	往返各一次	$\pm 4\sqrt{L}$
三等	≤6	≤50	DS_1	铟瓦	往返各一次	往一次	$\pm 12\sqrt{L}$
			DS_3	双面		往返各一次	

注：1. 节点之间或节点与高级点之间，其线路的长度不得大于表中规定的 0.7 倍。

2. L 为往返测段、附合或环线的水准路线长度（km）。

3. 三等水准测量可采用双仪高法单面尺施测；每站观测顺序为后—前—前—后。

2. 水准测量所使用的仪器及水准尺，应符合下列规定：

（1）水准仪视准轴与水准管轴的夹角，DS₁不得超过 15″，DS₃不得超过 20″。

（2）水准尺上的米间隔平均真长与名义长之差，对于铟瓦水准尺不得超过 0.15mm，对于双面水准尺不得超过 0.5mm。

（3）当二等水准测量采用补偿式自动安平水准仪时，其补偿误差（Δ_α）不得超过 0.2″。

3. 水准观测的主要技术指标，应符合表 4.2.2-2 的规定。

水准观测的主要技术指标　表 4.2.2-2

等级	水准仪型号	视线长度 (m)	前后视距较差 (m)	前后视距累计差 (mm)	视线距地面最低高度 (m)	基本分划、辅助分划或黑面、红面的读数较差 (mm)	基本分划、辅助分划或黑面、红面的所测高差较差 (mm)
二等	DS₁	≤50	≤1	≤3	0.5	≤0.5	≤0.7
三等	DS₁	≤100	≤3	≤6	0.3	≤1.0	≤1.5
	DS₃	≤75				≤2.0	≤3.0

注：1. 二等水准视线长度小于 20m 时，其视线高度不应低于 0.3m。

2. 三等水准采用变动仪器高度观测单面水准尺时，所测两次高差较差，应与黑面、红面所测高差之差的要求相同。

4.2.3 施工放线测量

1. 施工布桩、放线测量前应建立平面、高程控制网，依实地情况埋设牢固、通视良好。道路施工放线采用的经纬仪等级不应低于 DJ_6 级。

以三级导线平面控制测量时，方位角闭合差为 $\pm 24\sqrt{n}$ ($''$)；以施工平面控制测量时，方位角闭合差为 $\pm 40\sqrt{n}$ ($''$)，且应报建设单位验收、确认。

2. 城镇道路高程控制应符合下列规定：

(1) 高程测量视线长宜控制在 $50 \sim 80m$；

(2) 水准测量应采用 DS_3 及以上等级的水准仪施测；

(3) 水准测量闭合差为 $\pm 12\sqrt{L}$ mm (L 为相邻控制点间距，单位为 km)。

3. 城镇道路控制测量应符合下列规定：

(1) 采用 DJ_2 级仪器时，角度应至少测一测回；采用 DJ_6 级仪器时，角度应至少测两测回。

(2) 施工放样点允许误差 M，相对于相邻控制点，按极坐标法放样，应符合表 4.2.3 的规定。

施工放样点的点位允许误差 M（cm）　表 4.2.3

横向偏位要求	$\leqslant 1$	$\leqslant 1.5$	$\leqslant 2$	$\leqslant 3$	其他
点位放样允许误差	0.7	1	1.3	2	5

横向偏位要求	≤1	≤1.5	≤2	≤3	其他
例	人行地道中线	筑砌片石、块石挡土墙	路面、基层中线	路床中线	一般桩位

（3）道路中心桩间距宜为 10～20m。

4. 平曲线和竖曲线桩应在道路中线桩、边桩的测设中完成，并标出设计高程。当曲线长度小于等于 40m 时，桩间距宜小于等于 5m；当曲线长度大于 40m 时，桩间距宜小于等于 10m。

4.3　路基

4.3.1　施工排水与降水

在路堑坡顶部外侧设排水沟时，其横断面和纵向坡度，应经水力计算确定，且底宽与沟深均不宜小于 50cm。排水沟离路堑顶部边缘应有足够的防渗安全距离或采取防渗措施，并在路堑坡顶部筑成倾向排水沟 2% 的横坡。排水沟应采取防冲刷措施。

4.3.2　土方路基

1. 挖方施工应符合下列规定：

（1）机械开挖作业时，必须避开构筑物、管线，在距管道边 1m 范围内应采用人工开挖；在距直埋缆线 2m 范围内必须采用人工开挖。

（2）严禁挖掘机等机械在电力架空线路下作业。需在其一侧作业时，垂直及水平安全距离应符合表 4.3.2-1 的规定。

挖掘机、起重机（含吊物、载物）等机械与电力架空线路的最小安全距离　表 4.3.2-1

电压（kV）		<1	10	35	110	220	330	500
安全距离（m）	沿垂直方向	1.5	3.0	4.0	5.0	6.0	7.0	8.5
	沿水平方向	1.5	2.0	3.5	4.0	6.0	7.0	8.5

2. 填方施工应符合下列规定：

（1）填方材料的强度（CBR）值应符合设计要求，其最小强度应符合表 4.3.2-2 规定。不应使用淤泥、沼泽土、泥炭土、冻土、有机土以及含生活垃圾的土做路基填料。对液限大于 50%、塑性指数大于 26、可溶盐含量大于 5%、700℃有机质烧失量大于 8% 的土，未经技术处理不得作路基填料。

（2）不同性质的土应分类、分层填筑，不得混填，填土中大于 10cm 的土块应打碎或剔除。

（3）填土应分层进行。下层填土验收合格后，方可进行上层填筑。路基填土宽度每侧应比设计规定宽 50cm。

路基填料强度（CBR）的最小值　表 4. 3. 2-2

填方类型	路床顶面以下深度（cm）	最小强度（%）	
		城市快速路、主干路	其他等级道路
路床	0～30	8.0	6.0
路基	30～80	5.0	4.0
路基	80～150	4.0	3.0
路基	＞150	3.0	2.0

（4）路基填筑中宜做成双向横坡，一般土质填筑横坡宜为 2%～3%，透水性小的土类填筑横坡宜为 4%。

（5）在路基宽度内，每层虚铺厚度应视压实机具的功能确定。人工夯实虚铺厚度应小于 20cm。

（6）原地面横向坡度在 1：10～1：5 时，应先翻松表土再进行填土；原地面横向坡度陡于 1：5 时应做成台阶形，每级台阶宽度不得小于 1m，台阶顶面应向内倾斜；在砂土地段可不做台阶，但应翻松表层土。

（7）压实应符合下列要求：

1）路基压实度应符合表 4.3.2-3 的规定。

路基压实度标准　　　表 4.3.2-3

填挖类型	路床顶面以下深度（cm）	道路类别	压实度（%）（重型击实）	检验频率		检验方法
				范围	点数	
挖方	0～30	城市快速路、主干路	95			
		次干路	93			
		支路及其他小路	90			
填方	0～80	城市快速路、主干路	95	1000m²	每层1组（3点）	环刀法、灌水法或灌砂法
		次干路	93			
		支路及其他小路	90			
	>80～150	城市快速路、主干路	93			
		次干路	90			
		支路及其他小路	90			
	>150	城市快速路、主干路	90			
		次干路	90			
		支路及其他小路	87			

2）压实应先轻后重、先慢后快、均匀一致。压路机最大速度不宜超过 4km/h。

4.3.3 石方路基

石方填筑路基应符合的规定为：填石路堤宜选用 12t 以上的振动压路机、25t 以上的轮胎压路机或 2.5t 以上的夯锤压（夯）实。

4.3.4 构筑物处理

沟槽回填土施工应符合下列规定：

（1）预制涵洞的现浇混凝土基础强度及预制件装配接缝的水泥砂浆强度达 5MPa 后，方可进行回填。砌体涵洞应在砌体砂浆强度达到 5MPa，且预制盖板安装后进行回填；现浇钢筋混凝土涵洞，其胸腔回填土宜在混凝土强度达到设计强度 70% 后进行，顶板以上填土应在达到设计强度后进行。

（2）涵洞两侧应同时回填，两侧填土高差不得大于 30cm。

（3）对有防水层的涵洞靠防水层部位应回填细粒土，填土中不得含有碎石、碎砖及大于 10cm 的硬块。

4.3.5 特殊土路基

1. 软土路基施工应符合下列规定：

（1）置换土施工应符合下列要求：

1）填土应由路中心向两侧按要求分层填筑并压实，层厚宜为 15cm。

2）分段填筑时，接槎应按分层作成台阶形

状，台阶宽不宜小于 2m。

（2）当软土层厚度小于 3.0m，且位于水下或为含水量极高的淤泥时，可使用抛石挤淤，并应符合下列要求：

1）应使用不易风化石料，石料中尺寸小于 30cm 粒径的含量不得超过 20%。

2）抛填方向应根据道路横断面下卧软土地层坡度而定。坡度平坦时自地基中部渐次向两侧扩展；坡度陡于 1∶10 时，自高侧向低侧抛填，并在低侧边部多抛投，使低侧边部约有 2m 宽的平台顶面。

（3）采用砂垫层置换时，砂垫层应宽出路基边脚 0.5～1.0m，两侧以片石护砌。

（4）采用反压护道时，护道宜与路基同时填筑。当分别填筑时，必须在路基达到临界高度前将反压护道施工完成。压实度应符合设计规定，且不应低于最大干密度的 90%。

（5）采用土工材料处理软土路基应符合下列要求：

1）土工材料铺设前，应对基面压实整平。宜在原地基上铺设一层 30～50cm 厚的砂垫层。铺设土工材料后，运、铺料等施工机具不得在其上直接行走。

2）铺设土工材料时，应将其沿垂直于路轴

线展开，并视填土层厚度选用符合要求的锚固钉固定、拉直，不得出现扭曲、折皱等现象。土工材料纵向搭接宽度不应小于 30cm，采用锚接时其搭接宽度不得小于 15cm；采用胶结时胶接宽度不得小于 5cm，其胶结强度不得低于土工材料的抗拉强度。相邻土工材料横向搭接宽度不应小于 30cm。

3）路基边坡留置的回卷土工材料，其长度不应小于 2m。

4）土工材料铺设完后，应立即铺筑上层填料，其间隔时间不应超过 48h。

5）双层土工材料上、下层接缝应错开，错缝距离不应小于 50cm。

（6）采用袋装砂井排水应符合下列要求：

1）宜采用含泥量小于 3％的粗砂或中砂做填料。砂袋的渗透系数应大于所用砂的渗透系数。

2）砂袋安装应垂直入井，不应扭曲、缩颈、断割或磨损，砂袋在孔口外的长度应能顺直伸入砂垫层不小于 30cm。

（7）采用塑料排水板应符合的要求为：塑料排水板敷设应直顺，深度符合设计规定，超过孔口长度应伸入砂垫层不小于 50cm。

（8）采用砂桩处理软土地基应符合的要求

为：砂宜采用含泥量小于 3％的粗砂或中砂。

（9）采用碎石桩处理软土地基应符合的要求为：宜选用含泥砂量小于 10％、粒径 19～63mm 的碎石或砾石作桩料。

（10）采用粉喷桩加固土桩处理软土地基应符合下列要求：

1）石灰应采用磨细Ⅰ级钙质石灰（最大粒径小于 2.36mm、氧化钙含量大于 80％），宜选用 SiO_2 和 Al_2O_3 含量大于 70％，烧失量小于 10％的粉煤灰、普通或矿渣硅酸盐水泥。

2）工艺性成桩试验桩数不宜少于 5 根，以获取钻进速度、拉升速度、搅拌、喷气压力与单位时间喷入量等参数。

2. 湿陷性黄土路基施工应符合下列规定：

（1）用换填法处理路基时应符合下列要求：

1）换填材料可选用黄土、其他黏性土或石灰土，其填筑压实要求同土方路基。采用石灰换填时，消石灰与土的质量配合比，宜为石灰：土等于 9：91（二八灰土）或 12：88（三七灰土）。

2）换填宽度应宽出路基坡脚 0.5～1.0m。

3）填筑用土中大于 10cm 的土块必须打碎，并应在接近土的最佳含水量时碾压密实。

（2）强夯处理路基时应符合的要求为：地基处理范围不宜小于路基坡脚外 3m。

3. 盐渍土路基施工应符合下列规定:

(1) 过盐渍土、强盐渍土不得作路基填料。弱盐渍土可用于城市快速路、主干路路床 1.5m 以下范围填土,也可用于次干路及其他道路路床 0.8m 以下填土。

(2) 施工中应对填料的含盐量及其均匀性加强监控,路床以下每 1000m³ 填料、路床部分每 500m³ 填料至少应做一组试件(每组取 3 个土样),不足上列数量时,也应做一组试件。

(3) 地表为过盐渍土、强盐渍土时,路基填筑前应按设计要求将其挖除,土层过厚时应设隔离层,并宜设在距路床下 0.8m 处。

(4) 盐渍土路基应分层填筑、夯实,每层虚铺厚度不宜大于 20cm。

4. 膨胀土路基施工应符合下列规定:

(1) 路堑开挖应符合下列要求:

1) 边坡应预留 30~50cm 厚土层,路堑挖完后应立即按设计要求进行削坡与封闭边坡。

2) 路床应比设计标高超挖 30cm,并应及时采用粒料或非膨胀土等换填、压实。

(2) 路基填方应符合下列要求:

1) 路床顶面 30cm 范围内应换填非膨胀土或经改性处理的膨胀土。当填方路基填土高度小于 1m 时,应对原地表 30cm 内的膨胀土挖除,进行换填。

2）强膨胀土不得做路基填料。中等膨胀土应经改性处理方可使用，但膨胀总率不得超过 0.7%。

3）施工中应根据膨胀土自由膨胀率，选用适宜的碾压机具，碾压时应保持最佳含水量；压实土层松铺厚度不得大于 30cm；土块粒径不得大于 5cm，且粒径大于 2.5cm 的土块量应小于 40%。

（3）在路堤与路堑交界地段，应采用台阶方式搭接，每阶宽度不得小于 2m，并碾压密实。

5. 冻土路基施工应符合的规定为：当路基位于永久冻土的富冰冻土、饱冰冻土或含冰层地段时，必须保持路基及周围的冻土处于冻结状态，且应避免施工时破坏土基热流平衡。排水沟与路基坡脚距离不应小于 2m。

4.3.6 检验标准

1. 土方路基（路床）质量检验应符合下列规定：

（1）路基压实度应符合表 4.3.2-3 的规定。

检查数量：每 1000m² 、每压实层抽检 3 点。

检验方法：查检验报告（环刀法、灌砂法或灌水法）。

（2）弯沉值，不得大于设计规定。

检查数量：每车道、每 20m 测 1 点。

检验方法：弯沉仪检测。

（3）土路基允许偏差应符合表 4.3.6-1 的规定。

土路基允许偏差　　　　表 4.3.6-1

项　目	允许偏差	检验频率			检验方法
		范围 (m)	点　数		
路床纵断高程 (mm)	−20 +10	20	1		用水准仪测量
路床中线偏位 (mm)	≤30	100	2		用经纬仪、钢尺量取最大值
平整度	路基各压实层	≤20	20	<9	1	用3m直尺和塞尺连续量两尺取较大值
				9～15	2	
	路　床	≤15		>15	3	
路床宽度 (mm)	不小于设计值+B	40	1		用钢尺量
路床横坡	±0.3% 且不反坡	20	<9	2	用水准仪测量
			9～15	4	
			>15	6	
边坡	不陡于设计值	20	2		用坡度尺量，每侧1点

注：B为施工时必要的附加宽度。

2. 石方路基质量检验应符合下列规定:

(1) 挖石方路基(路堑)质量应符合下列要求:

路基挖石方允许偏差应符合表 4.3.6-2 的规定。

路基挖石方允许偏差　　表 4.3.6-2

| 项　目 | 允许偏差 | 检验频率 | | 检验方法 |
		范围(m)	点数	
路床纵断高程 (mm)	+50 −100	20	1	用水准仪测量
路床中线偏位 (mm)	≤30	100	2	用经纬仪、钢尺量取最大值
路床宽 (mm)	不小于设计规定 +B	40	1	用钢尺量
边坡(%)	不陡于设计规定	20	2	用坡度尺量,每侧 1 点

(2) 填石路堤质量应符合下列要求:

1) 压实密度应符合试验路段确定的施工工艺,沉降差不应大于试验路段确定的沉降差。

检查数量:每 1000m²,抽检 3 点。

检验方法:水准仪量测。

2) 填石方路基允许偏差应符合表 4.3.6-3 的规定。

填石方路基允许偏差   表 4.3.6-3

项 目		允许偏差	检验频率		检验方法
			范围 (m)	点数	
路床纵断高程 (mm)		−20 +10	20	1	用水准仪测量
路床中线偏位 (mm)		≤30	100	2	用经纬仪、钢尺 量取最大值
平整度 (mm)	各压 实层	≤30	20	路宽 (m)	<9	1	用 3m 直尺和 塞尺连续量两 尺，取较大值
	路床	≤20			9～ 15	2	
					>15	3	
路床宽度（mm）		不小于设 计值+B	40	1	用钢尺量
路床横坡		±0.3% 且不反坡	20	路宽 (m)	<9	2	用水准仪测量
					9～ 15	4	
					>15	6	
边坡		不陡于 设计值	20	2	用坡度尺量， 每侧 1 点

注：B 为施工必要附加宽度。

3. 路肩质量检验应符合下列规定：

（1）路肩，压实度应大于或等于 90%。

检查数量：每 100m，每侧各抽检 1 点。

检验方法：环刀法、灌砂法或灌水法。

（2）路肩允许偏差应符合表 4.3.6-4 的规定。

路肩允许偏差　　　　表 4.3.6-4

项　　目	允许偏差	检验频率		检验方法
		范围 (m)	点数	
宽度 (mm)	不小于设计规定	40	2	用钢尺量，每侧 1 点
横坡	±1%且不反坡	40	2	用水准仪测量，每侧 1 点

注：硬质路肩应结合所用材料，按规范的有关规定，补充相应的检查项目。

4. 软土路基施工质量检验应符合下列规定：

（1）砂垫层处理软土路基质量检验应符合下列规定：

1）砂垫层的材料质量应符合设计要求。

检查数量：按不同材料进场批次，每批检查 1 次。

检验方法：查检验报告。

2）砂垫层的压实度应大于等于 90%。

检查数量：每 1000m² 、每压实层抽检 3 点。

检验方法：灌砂法。

3）砂垫层允许偏差应符合表 4.3.6-5 的规定。

砂垫层允许偏差 表 4.3.6-5

项目	允许偏差（mm）	检验频率		检验方法
		范围（m）	点数	
宽度	不小于设计规定 +B	40	1	用钢尺量
厚度	不小于设计规定	200	<9	2	用钢尺量
			9～15	4	
			>15	6	

注：B 为必要的附加宽度。

（2）反压护道质量检验应符合下列规定：

压实度不应小于 90%。

检查数量：每压实层，每 200m 检查 3 点。

检验方法：环刀法、灌砂法或灌水法。

（3）土工材料处理软土路基质量检验应符合下列规定：

1）土工材料的技术质量指标应符合设计要求。

检查数量：按进场批次，每批次按 5% 抽检。

检验方法：查出厂检验报告，进场复检。

2）土工合成材料铺设允许偏差应符合表 4.3.6-6 的规定。

土工合成材料铺设允许偏差　表 4.3.6-6

项　目	允许偏差	检验频率			检验方法
		范围（m）	点数		
下承面平整度（mm）	≤15	20	路宽（m）	<9	1	用 3m 直尺和塞尺连续量两尺，取较大值
				9～15	2	
				>15	3	
下承面拱度	±1%	20	路宽（m）	<9	2	用水准仪测量
				9～15	4	
				>15	6	

（4）袋装砂井质量检验应符合下列规定：

1）砂的规格和质量、砂袋织物质量必须符合设计要求。

检查数量：按不同材料进场批次，每批检查 1 次。

检验方法：查检验报告。

2）井深不小于设计要求，砂袋在井口外应伸入砂垫层 30cm 以上。

检查数量：全数检查。

检验方法：钢尺量测。

3）袋装砂井允许偏差应符合表 4.3.6-7 的规定。

袋装砂井允许偏差　　　表 4.3.6-7

项　目	允许偏差	检验频率		检验方法
		范围	点数	
井间距（mm）	±150	全部	抽查2%且不少于5处	两井间，用钢尺量
砂井直径（mm）	+10 0			查施工记录
井竖直度	≤1.5%H			查施工记录
砂井灌砂量	−5%G			查施工记录

注：H 为桩长或孔深，G 为灌砂量。

（5）塑料排水板质量检验应符合下列规定：

1）塑料排水板质量必须符合设计要求。

检查数量：按不同材料进场批次，每批检查 1 次。

检验方法：查检验报告。

2）板深不小于设计要求，排水板在井口外应伸入砂垫层 50cm 以上。

检查数量：全数检查。

检验方法：查施工记录。

3）塑料排水板设置允许偏差应符合表 4.3.6-8 的规定。

塑料排水板设置允许偏差 表 4.3.6-8

项 目	允许偏差	检验频率		检验方法
		范围	点数	
板间距 （mm）	±150	全部	抽查 2%	两板间， 用钢尺量
板竖直度	≤1.5%H			查施工记录

注：H 为桩长或孔深。

（6）砂桩处理软土路基质量检验应符合下列规定：

1）砂桩材料应符合设计规定。

检查数量：按不同材料进场批次，每批检查1次。

检验方法：查检验报告。

2）复合地基承载力不应小于设计规定值。

检查数量：按总桩数的1%进行抽检，且不少于3处。

检验方法：查复合地基承载力检验报告。

3）砂桩允许偏差应符合表4.3.6-9的规定。

砂桩允许偏差 表 4.3.6-9

项目	允许偏差	检验频率		检验方法
		范围	点数	
桩距(mm)	±150		抽查	两桩间，用钢
桩径(mm)	≥设计值	全部	2%，且不	尺量，查施工
竖直度	≤1.5%H		少于2根	记录

注：H 为桩长或孔深。

（7）碎石桩处理软土路基质量检验应符合下列规定：

1）碎石桩材料应符合设计规定。

检查数量：按不同材料进场批次，每批检查1次。

检验方法：查检验报告。

2）复合地基承载力不应小于设计规定值。

检查数量：按总桩数的1％进行抽检，且不少于3处。

检验方法：查复合地基承载力检验报告。

3）碎石桩成桩质量允许偏差应符合表4.3.6-10的规定。

碎石桩允许偏差　　　表4.3.6-10

项　目	允许偏差	检验频率		检验方法
		范围	点数	
桩距(mm)	±150	全部	抽查 2％，且不少于2根	两桩间，用钢尺量，查施工记录
桩径(mm)	≥设计值			
竖直度	≤1.5％H			

注：H 为桩长或孔深。

（8）粉喷桩处理软土地基质量检验应符合下列规定：

1）水泥的品种、级别及石灰、粉煤灰的性

能指标应符合设计要求。

检查数量：按不同材料进场批次，每批检查
1次。

检验方法：查检验报告。

2）复合地基承载力不应小于设计规定值。

检查数量：按总桩数的1%进行抽检，且不
少于3处。

检验方法：查复合地基承载力检验报告。

3）粉喷桩成桩允许偏差应符合表4.3.6-11
的规定。

粉喷桩允许偏差　　表 4.3.6-11

项　目	允许偏差	检验频率		检验方法
		范围	点数	
桩距(mm)	±100	全部	抽查 2%，且不少于2根	两桩间，用钢尺量，查施工记录
桩径(mm)	不小于设计值			

5. 湿陷性黄土路基强夯处理质量检验应符
合下列规定：

（1）路基土的压实度应符合设计规定和
4.3.2-3 的规定。

检查数量：每 1000m²，每压实层，抽检
3点。

检验方法：环刀法、灌砂法或灌水法。

（2）湿陷性黄土夯实质量应符合表 4.3.6-12 的规定。

湿陷性黄土夯实质量检验标准　　表 4.3.6-12

项　目	检验标准	检验频率			检验方法
		范围 (m)	点数		
夯点累计夯沉量	不小于试夯时确定夯沉量的 95%	200	路宽 (m)	<9	2	查施工记录
				9～15	4	
				>15	6	
湿陷系数	符合设计要求		路宽 (m)	<9	2	见注
				9～15	4	
				>15	6	

注：隔 7～10d，在设计有效加固深度内，每隔 50～100cm 取土样测定土的压实度、湿陷系数等指标。

4.4　基层

4.4.1　一般规定

石灰稳定土类材料宜在冬期开始前 30～45d 完成施工，水泥稳定土类材料宜在冬期开始前 15～30d 完成施工。

313

4.4.2 石灰稳定土类基层

1. 原材料应符合下列规定：

(1) 土应符合下列要求：

1) 宜采用塑性指数 10～15 的粉质黏土、黏土。

2) 土中的有机物含量宜小于 10%。

3) 使用旧路的级配砾石、砂石或杂填土等应先进行试验。级配砾石、砂石等材料的最大粒径不宜超过分层厚度的 60%，且不应大于 10cm。土中欲掺入碎砖等粒料时，粒料掺入含量应经试验确定。

(2) 石灰应符合下列要求：

1) 宜用 1～3 级的新灰，石灰的技术指标应符合表 4.4.2-1 的规定。

2) 磨细生石灰，可不经消解直接使用；块灰应在使用前 2～3d 完成消解，未能消解的生石灰块应筛除，消解石灰的粒径不得大于 10mm。

(3) 水应符合国家现行标准《混凝土用水标准》JGJ 63 的规定。宜使用饮用水及不含油类等杂质的清洁中性水，pH 值宜为 6～8。

2. 石灰土配合比设计应符合下列规定：

(1) 每种土应按 5 种石灰掺量进行试配，试配石灰用量宜按表 4.4.2-2 选取。

表 4.4.2-1

石灰技术指标

类别 项目	钙质生石灰			镁质生石灰			钙质消石灰			镁质消石灰		
	|					等	级					
	I	II	III	I	II	III	I	II	III	I	II	III
有效钙加氧化镁含量(%)	≥85	≥80	≥70	≥80	≥75	≥65	≥65	≥60	≥55	≥60	≥55	≥50
未消化残渣含量5mm圆孔筛的筛余(%)	≤7	≤11	≤17	≤10	≤14	≤20	—	—	—	—	—	—
含水量(%)	—	—	—	—	—	—	≤4	≤4	≤4	≤4	≤4	≤4
细度 0.71mm方孔筛的筛余(%)	—	—	—	—	—	—	0	≤1	≤1	0	≤1	≤1
细度 0.125mm方孔筛余(%)	—	—	—	—	—	—	≤13	≤20	—	≤13	≤20	—
钙镁石灰的分类界限,氧化镁含量(%)	≤5			>5			≤4			>4		

注:硅、铝、铁氧化物含量之和大于5%的生石灰,有效钙加氧化镁含量指标,I等≥75%,II等≥70%,III等≥60%;

石灰土试配石灰用量　　表 4. 4. 2-2

土壤类别	结构部位	石灰掺量（%）				
		1	2	3	4	5
塑性指数≤12的黏性土	基层	10	12	13	14	16
	底基层	8	10	11	12	14
塑性指数＞12的黏性土	基层	5	7	9	11	13
	底基层	5	7	8	9	11
砂砾土、碎石土	基层	3	4	5	6	7

（2）强度试验的平行试验最少试件数量，不得小于表 4.4.2-3 的规定。如试验结果的偏差系数大于表中规定值，应重做试验。如不能降低偏差系数，则应增加试件数量。

最少试件数量（件）　　表 4. 4. 2-3

土壤类别 \ 偏差系数	＜10%	10%～15%	15%～20%
细粒土	6	9	—
中粒土	6	9	13
粗粒土	—	—	13

（3）实际采用的石灰剂量应比室内试验确定的剂量增加 0.5%～1.0%。采用集中厂拌时可增加 0.5%。

3. 厂拌石灰土摊铺应符合的规定为：压实

系数应经试验确定。现场人工摊铺，压实系数宜为 1.65～1.70。

4. 碾压应符合下列规定：

（1）初压时，碾速宜为 20～30m/min；灰土初步稳定后，碾速宜为 30～40m/min。

（2）人工摊铺时，宜先用 6～8t 压路机碾压，灰土初步稳定，找补整形后，方可用重型压路机碾压。

（3）当采用碎石嵌丁封层时，嵌丁石料应在石灰土底层压实度达到 85% 时撒铺，然后继续碾压，使其嵌入底层，并保持表面有棱角外露。

5. 纵、横接缝均应设直槎。接缝应符合的规定为：纵向接缝宜设在路中线处。接缝应做成阶梯形，梯级宽不得小于 1/2 层厚。

6. 石灰土养护应符合的规定为：石灰土碾压成活后可采取喷洒沥青透层油养护，并宜在其含水量为 10% 左右时进行。

4.4.3 石灰、粉煤灰稳定砂砾基层

1. 原材料应符合下列规定：

（1）粉煤灰应符合下列规定：

1）粉煤灰中的 SiO_2、Al_2O_3 和 Fe_2O_3 总量宜大于 70%；在温度为 700℃ 的烧失量宜小于或等于 10%。

2）当烧失量大于 10% 时，应经试验确认混

317

合料强度符合要求时方可采用。

3）细度应满足 90% 通过 0.3mm 筛孔，70% 通过 0.075mm 筛孔，比表面积宜大于 2500cm²/g。

（2）砂砾应经破碎、筛分，级配宜符合表 4.4.3 的规定，破碎砂砾中最大粒径不应大于 37.5mm。

砂砾、碎石级配　　　　表 4.4.3

筛孔尺寸 （mm）	通过质量百分率（%）			
	级配砂砾		级配碎石	
	次干路及 以下道路	城市快速路、 主干路	次干路及 以下道路	城市快速路、 主干路
37.5	100	—	100	—
31.5	85～100	100	90～100	100
19.0	65～85	85～100	72～90	81～98
9.50	50～70	55～75	48～68	52～70
4.75	35～55	39～59	30～50	30～50
2.36	25～45	27～47	18～38	18～38
1.18	17～35	17～35	10～27	10～27
0.60	10～27	10～25	6～20	8～20
0.075	0～15	0～10	0～7	0～7

2. 摊铺应符合的规定为：混合料每层最大压实厚度应为 20cm，且不宜小于 10cm。

3. 养护应符合的规定为：混合料基层，应在潮湿状态下养护。养护期视季节而定，常温下不宜少于 7d。

4.4.4 石灰、粉煤灰、钢渣稳定土类基层

1. 原材料应符合下列规定：

（1）钢渣破碎后堆存时间不应少于半年，且达到稳定状态，游离氧化钙（fCaO）含量应小于 3%；粉化率不得超过 5%。钢渣最大粒径不应大于 37.5mm，压碎值不应大于 30%，且应清洁，不含废镁砖及其他有害物质；钢渣质量密度应以实际测试值为准。钢渣颗粒组成应符合表 4.4.4-1 的规定。

钢渣混合料中钢渣颗粒组成　表 4.4.4-1

通过下列筛孔（mm，方孔）的质量（%）								
37.5	26.5	16	9.5	4.75	2.36	1.18	0.60	0.075
100	95~100	60~85	50~70	40~60	27~47	20~40	10~30	0~15

（2）土应符合下列要求：

1）当采用石灰粉煤灰稳定土时，土的塑性指数宜为 12~20。

2）当采用石灰与钢渣稳定土时，土的塑性指数不应小于 6，且不应大于 30，宜为 7~17。

2. 石灰、粉煤灰、钢渣稳定土类混合料配合比设计步骤应依据规范的有关规定。根据试件

的平均抗压强度（R）和设计抗压强度（R_d），选定配合比。配合比可按表 4.4.4-2 进行初选。

石灰、粉煤灰、钢渣稳定土类混合料常用配合比

表 4.4.4-2

混合料种类	钢渣	石灰	粉煤灰	土
石灰、粉煤灰、钢渣	60～70	10～7	30～23	—
石灰、钢渣、土	50～60	10～8	—	40～32
石灰、钢渣	90～95	10～5		

4.4.5　水泥稳定土类基层

1. 原材料应符合下列规定：

（1）水泥应符合下列要求：

1）应选用初凝时间大于 3h、终凝时间不小于 6h 的 32.5 级、42.5 级普通硅酸盐水泥、矿渣硅酸盐、火山灰质硅酸盐水泥。水泥应有出厂合格证与生产日期，复验合格方可使用。

2）水泥贮存期超过 3 个月或受潮，应进行性能试验，合格后方可使用。

（2）土应符合下列要求：

1）土的均匀系数不应小于 5，宜大于 10，塑性指数宜为 10～17；

2）土中小于 0.6mm 颗粒的含量应小于 30%。

2. 稳定土的颗粒范围和技术指标宜符合表 4.4.5-1 的规定。

水泥稳定土类的粒料范围及技术指标

表 4.4.5-1

项 目		通过质量百分率（%）			
		底基层		基 层	
		次干路	城市快速路、主干路	次干路	城市快速路、主干路
筛孔尺寸（mm）	53	—			—
	37.5	100	—	100	
	31.5	—	90～100	90～100	100
	26.5	—		—	90～100
	19	—	67～90	67～90	72～89
	9.5	—	—	45～68	47～67
	4.75	50～100	50～100	29～50	29～49
	2.36	—	—	18～38	17～35
	1.18	—	—	—	—
	0.60	17～100	17～100	8～22	8～22
	0.075	0～50	0～30②	0～7	0～7①
	0.002	0～30	—	—	—
液限（%）		—	—	—	<28
塑性指数		—	—	—	<9

1. 集料中 0.5mm 以下细料土有塑性指数时，小于 0.075mm 的颗粒含量不得超过 5%；细粒土无塑性指数时，小于 0.075mm 的颗粒含量不得超过 7%。

2. 当用中粒土、粗粒土作城市快速路、主干路底基层时，颗粒组成范围宜采用作次干路基层的组成。

粒料应符合下列要求：

（1）当作基层时，粒料最大粒径不宜超过 37.5mm；

（2）当作底基层时，粒料最大粒径：对城市快速路、主干路不得超过 37.5mm；对次干路及以下道路不得超过 53mm；

（3）碎石、砾石、煤矸石等的压碎值：对城市快速路、主干路基层与底基层不得大于 30%；对其他道路基层不得大于 30%，对底基层不得大于 35%；

（4）集料中有机质含量不得超过 2%；

（5）集料中硫酸盐含量不得超过 0.25%。

3. 水泥稳定土类材料的配合比设计步骤，应按规范的有关规定进行，且应符合下列规定：

（1）试配时水泥掺量宜按表 4.4.5-2 选取。

水泥稳定土类材料试配水泥掺量　　表 4.4.5-2

土壤、粒料种类	结构部位	水泥掺量（%）				
		1	2	3	4	5
塑性指数 <12 的细粒土	基层	5	7	8	9	11
	底基层	4	5	6	7	9
其他细粒土	基层	8	10	12	14	16
	底基层	6	8	9	10	12
中粒土、粗粒土	基层①	3	4	5	6	7
	底基层	3	4	5	6	7

注：① 当强度要求较高时，水泥用量可增加 1%。

（2）当采用厂拌法生产时，水泥掺量应比试验剂量加 0.5%，水泥最小掺量粗粒土、中粒土应为 3%，细粒土为 4%。

（3）水泥稳定土料材料 7d 抗压强度：对城市快速路、主干路基层为 3～4MPa，对底基层为 1.5～2.5MPa；对其他等级道路基层为 2.5～3MPa，底基层为 1.5～2.0MPa。

4. 摊铺应符合下列规定：

（1）施工前应通过试验确定压实系数。水泥土的压实系数宜为 1.53～1.58；水泥稳定砂砾的压实系数宜为 1.30～1.35。

（2）水泥稳定土类材料自搅拌至摊铺完成，不得超过 3h。应按当班施工长度计算用料量。

（3）分层摊铺时，应在下层养护 7d 后，方可摊铺上层材料。

5. 碾压应符合的规定为：宜用 12～18t 压路机作初步稳定碾压，混合料初步稳定后用大于 18t 的压路机碾压，至表面平整、无明显轮迹，且达到要求的压实度。

6. 养护应符合的规定为：常温下成活后应经 7d 养护，方可在其上铺筑面层。

4.4.6 级配砂砾及级配砾石基层

1. 级配砂砾及级配砾石应符合下列要求：

（1）天然砂砾应质地坚硬，含泥量不得大于砂质量（粒径小于 5mm）的 10%，砾石颗粒中细长及扁平颗粒的含量不得超过 20%。

（2）级配砾石作次干路及其以下道路底基层时，级配中最大粒径宜小于 53mm，作基层时最大粒径不得大于 37.5mm。

（3）级配砂砾及级配砾石的颗粒范围和技术指标宜符合表 4.4.6-1 的规定。

级配砂砾及级配砾石的颗粒
范围及技术指标　　表 4.4.6-1

项　目		通过质量百分率（%）		
		基层	底基层	
		砾石	砾石	砂砾
筛孔尺寸（mm）	53		100	100
	37.5	100	90～100	80～100
	31.5	90～100	81～94	
	19.0	73～88	63～81	
	9.5	49～69	45～66	40～100
	4.75	29～54	27～51	25～85
	2.36	17～37	16～35	
	0.6	8～20	8～20	8～45
	0.075	0～7②	0～7②	0～15
液限（%）		<28	<28	<28
塑性指数		<6（或9①）	<6（或9①）	<9

① 示潮湿多雨地区塑性指数宜小于 6，其他地区塑性指数宜小于 9。

② 示对于无塑性的混合料，小于 0.075mm 的颗粒含量接近高限。

（4）集料压碎值应符合表 4.4.7-2 的规定。

2. 摊铺应符合的规定为：

（1）压实系数应通过试验段确定。每层摊铺虚厚不宜超过 30cm。

（2）摊铺长度至少一个碾压段 30～50m。

3. 碾压成活应符合的规定为：碾压时应自路边向路中倒轴碾压。采用 12t 以上压路机进行，初始碾速宜为 25～30m/min，砂砾初步稳定后，碾速宜控制在 30～40m/min。碾压至轮迹不大于 5mm，砂石表面平整、坚实，无松散和粗、细集料集中等现象。

4.4.7　级配碎石及级配碎砾石基层

1. 级配碎石及级配碎砾石材料应符合下列规定：

（1）轧制碎石的材料可为各种类型的岩石（软质岩石除外）、砾石。轧制碎石的砾石粒径应为碎石最大粒径的 3 倍以上，碎石中不得有黏土块、植物根叶、腐殖质等有害物质。

（2）碎石中针片状颗粒的总含量不得超过 20%。

（3）级配碎石及级配碎砾石颗粒范围和技术指标应符合表 4.4.7-1 的规定。

（4）级配碎石及级配碎砾石石料的压碎值应符合表 4.4.7-2 的规定。

级配碎石及级配碎砾石的颗粒范围及技术指标   表 4.4.7-1

项 目		通过质量百分率(%)			
		基层		底基层③	
		次干路及以下道路	城市快速路、主干路	次干路及以下道路	城市快速路、主干路
筛孔尺寸(mm)	53	—		100	
	37.5	100	—	85～100	100
	31.5	90～100	100	69～88	83～100
	19.0	73～88	85～100	40～65	54～84
	9.5	49～69	52～74	19～43	29～59
	4.75	29～54	29～54	10～30	17～45
	2.36	17～37	17～37	8～25	11～35
	0.6	8～20	8～20	6～18	6～21
	0.075	0～7②	0～7②	0～10	0～10
液限(%)		<28	<28	<28	<28
塑性指数		<9①	<9①	<9①	<9①

①示潮湿多雨地区塑性指数宜小于 6，其他地区塑性指数宜小于 9；

②示对于无塑性的混合料，小于 0.075mm 的颗粒含量接近高限；

③示底基层所列为未筛分碎石颗粒组成范围。

326

级配碎石及级配碎砾石压碎值　　　**表 4.4.7-2**

项　　目	压碎值	
	基层	底基层
城市快速路、主干路	<26%	<30%
次干路	<30%	<35%
次干路以下道路	<35%	<40%

（5）碎石或碎砾石应为多棱角块体，软弱颗粒含量应小于 5%；扁平细长碎石含量应小于 20%。

2. 摊铺应符合的规定为：压实系数应通过试验段确定，人工摊铺宜为 1.40～1.50；机械摊铺宜为 1.25～1.35。

3. 成活应符合的规定为：宜采用 12t 以上的压路机碾压成活，碾压至缝隙嵌挤密实，稳定坚实，表面平整，轮迹小于 5mm。

4.4.8　检验标准

1. 石灰稳定土，石灰、粉煤灰稳定砂砾（碎石），石灰、粉煤灰稳定钢渣基层及底层质量检验应符合下列规定：

（1）基层、底基层的压实度应符合下列要求：

1）城市快速路、主干路基层大于或等于 97%、底基层大于或等于 95%。

2）其他等级道路基层大于或等于 95%、底基层大于或等于93%。

检查数量：每1000m²，每压实层抽检1点。

检验方法：环刀法、灌砂法或灌水法。

（2）基层、底基层试件作7d饱水抗压强度，应符合设计要求。

检查数量：每2000m²1组（6块）。

检验方法：现场取样试验。

（3）基层及底基层允许偏差应符合表4.4.8-1的规定。

石灰稳定土类基层及底基层允许偏差　表 4.4.8-1

项　目		允许偏差	检验频率			检验方法
			范围	点数		
中线偏位（mm）		≤20	100m	1		用经纬仪测量
纵断高程（mm）	基层	±15	20m	1		用水准仪测量
	底基层	±20				
平整度（mm）	基层	≤10	20m	路宽（m）	<9　　1	用 3m 直尺和塞尺连续量两尺，取较大值
	底基层	≤15			9～15　2	
					>15　3	
宽度（mm）		不小于设计规定 +B	40m	1		用钢尺量

项　目	允许偏差	检验频率			检验方法
		范围	点数		
横坡	±0.3％且不反坡	20m	路宽(m)	<9　2	用水准仪测量
				9～15　4	
				>15　6	
厚度（mm）	±10	1000m²	1		用钢尺量

2. 水泥稳定土类基层及底基层质量检验应符合下列规定：

（1）基层、底基层的压实度应符合下列要求：

1）城市快速路、主干路基层大于等于97％；底基层大于等于95％。

2）其他等级道路基层大于等于95％；底基层大于等于93％。

检查数量：每1000m²，每压实层抽查1点。

检查方法：灌砂法或灌水法。

（2）基层、底基层7d的无侧限抗压强度应符合设计要求。

检查数量：每2000m²抽检1组（6块）。

检查方法：现场取样试验。

（3）基层及底基层的偏差应符合表4.4.8-1的规定。

3. 级配砂砾及级配砾石基层及底基层质量检验应符合下列规定：

（1）基层压实度大于等于 97%、底基层压实度大于等于 95%。

检查数量：每压实层，每 1000m² 抽检 1 点。

检验方法：灌砂法或灌水法。

（2）弯沉值，不应大于设计规定。

检查数量：设计规定时每车道、每 20m，测 1 点。

检验方法：弯沉仪检测。

（3）级配砂砾及级配砾石基层和底基层允许偏差应符合表 4.4.8-2 的有关规定。

4. 级配碎石及级配碎砾石基层和底基层施工质量检验应符合下列规定：

（1）级配碎石压实度，基层不应小于 97%，底基层不应小于 95%。

检查数量：每 1000m² 抽检 1 点。

检验方法：灌砂法或灌水法。

（2）弯沉值，不应大于设计规定。

检查数量：设计规定时每车道、每 20m，测 1 点。

检验方法：弯沉仪检测。

（3）级配碎石及级配碎砾石基层和底基层的偏差应符合表 4.4.8-2 的有关规定。

表 4.4.8-2

级配砂砾及级配碎石基层和底基层允许偏差

项 目	允许偏差		检验频率			检验方法
			范围	点数		
中线偏位 (mm)	≤20		100m	1		用经纬仪测量
纵断高程 (mm)	基层	±15	20m	1		用水准仪测量
	底基层	±20				
平整度 (mm)	基层	≤10	20m	路宽 (m)	<9	1	用3m直尺和塞尺连续量两尺，取较大值
	底基层	≤15			9~15	2	
					>15	3	
宽度 (mm)	不小于设计规定＋B		40m	1		用钢尺量
横 坡	±0.3%且不反坡		20m	路宽 (m)	<9	2	用水准仪测量
					9~15	4	
					>15	6	
厚度 (mm)	砂石	+20 −10	1000m²	1		用钢尺量
	砾石	+20 −10%层厚				

5. 沥青贯入式基层施工质量检验应符合下列规定：

（1）压实度不应小于 95%。

检查数量：每 1000m² 抽检 1 点。

检验方法：灌砂法、灌水法、蜡封法。

（2）弯沉值，不应大于设计规定。

检查数量：设计规定时每车道、每 20m，测 1 点。

检验方法：弯沉仪检测。

（3）沥青贯入式碎石基层和底基层允许偏差应符合表 4.4.8-3 的规定。

沥青贯入式碎石基层和底基层允许偏差 表 4.4.8-3

项　目	允许偏差	检验频率		检验方法
		范围	点数	
中线偏位 （mm）	≤20	100m	1	用经纬 仪测量
纵断高程 （mm）	±15	20m	1	用水准 仪测量
平整度 （mm）	≤10	20m	路宽 （m）	<9	1	用 3m 直尺和塞 尺连续量 两尺，取 较大值
			9～15	2	
			>15	3	

项 目	允许偏差	检验频率			检验方法
		范围	点数		
宽度 （mm）	不小于设计 规定+B	40m	1		用 钢 尺量
横坡	±0.3%且 不反坡	20m	路宽 （m）	<9	2	用水准 仪测量
				9～15	4	
				>15	6	
厚度 （mm）	±10	1000m²	1		用 钢 尺量

6. 沥青贯入式基层施工质量检验应符合下列规定：

（1）碎石的压实密度，不得小于95%。

检查数量：每1000m²1组（1点）。

检验方法：查检验报告（灌砂法或灌水法）。

（2）弯沉值，设计规定时不得大于设计规定。

检查数量：每车道、每20m，测1点。

检验方法：弯沉仪检测。

（3）沥青贯入式碎石基层和底基层允许偏差应符合表4.4.8-4的规定。

表 4.4.8-4

沥青贯入式碎石基层和底基层允许偏差

项 目	允许偏差		检验频率			检验方法
			范围	点数		
中线偏位（mm）	≤20		100m	1		用经纬仪测量
纵断高程（mm）	基层	±15	20m	1		用水准仪测量
	底基层	±20				
平整度（mm）	基层	≤10	20m	路宽(m)	<9	1	用 3m 直尺和塞尺连续量两尺，取较大值
	底基层	≤15			9～15	2	
					>15	3	
宽度（mm）	不小于设计规定＋B		40m	1		用钢尺量
横坡	±0.3%且不反坡		20m	路宽(m)	<9	2	用水准仪测量
					9～15	4	
					>15	6	
厚度（mm）	+20 -10%层厚		1000m²	1		刨挖，用钢尺量
沥青总用量	±0.5%		每工作日，每层	1		T0982

4.5 沥青混合料面层

4.5.1 一般规定

1. 沥青混合料面层不得在雨、雪天气及环境最高温度低于5℃时施工。

2. 当采用旧沥青路面作为基层加铺沥青混合料面层时，应对原有路面进行处理、整平或补强，符合设计要求，并应符合的规定为：填补旧沥青路面，凹坑应按高程控制、分层铺筑，每层最大厚度不宜超过10cm。

3. 原材料应符合下列规定：

（1）沥青应符合下列要求：

1）宜优先采用A级沥青作为道路面层使用。B级沥青可作为次干路及其以下道路面层使用。当缺乏所需标号的沥青时，可采用不同标号沥青掺配，掺配比应经试验确定。道路石油沥青的主要技术指标应符合表4.5.1-1的要求。

2）乳化沥青的质量应符合表4.5.1-2的规定。在高温条件下宜采用黏度较大的乳化沥青，寒冷条件下宜使用黏度较小的乳化沥青。

3）用于透层、粘层、封层及拌制冷拌沥青混合料的液体石油沥青的技术要求应符合表4.5.1-3的规定。

表 4.5.1-1

道路石油沥青的主要技术要求

指标	单位	等级	沥青标号							试验方法①
			160④	130④	110	90	70③	50③	30④	
针入度(25℃, 5s, 100g)	0.1mm	—	140~200	120~140	100~120	80~100	60~80	40~60	20~40	T0604
适用的气候分区⑥	—	—	注④	注④	2-1 2-2	1-1 1-2 1-3 2-2 2-3	1-3 1-4 2-2 2-3 2-4	1-4	注④	附录A 注⑤
针入度指数 PI②	—	A	-1.5~+1.0							T0604
		B	-1.8~+1.0							
软化点(R&B), ≥	℃	A	38	40	43	45	46	49	55	T0606
		B	36	39	42	43	44	46	53	
		C	35	37	41	42	43	45	50	
60℃动力粘度 系数②≥	Pa·s	A	—	60	120	160 (140)	180 (160)	200	260	T0620
10℃延度②, ≥	cm	A	50	50	40	45 30	30 20	15	10	T0605
		B	30	30	30	20 15	20 15	10	8	
15℃延度②, ≥	cm	A, B	100	80	60	50	40	30	20	T0605
		C	80	80						

指标	单位	等级	160[4]	130[4]	110	90	70[3]	50[3]	30[4]	试验方法[1]
蜡含量 (蒸馏法),≤	%	A	2.2							T0615
		B	3.0							
		C	4.5							
闪点,≥	℃		230			245	260			T0611
溶解度,≥	%		99.5							T0607
密度 (15℃)	g/m³		实测记录							T0603
TFOT (或 RTFOT) 后[5]										T0610 或 T0609
质量变化,≤	%		±0.8							
残留针入度比 (25℃),≥	%	A	48	54	55	57	61	63	65	T0604
		B	45	50	52	54	58	60	62	
		C	40	45	48	50	54	58	60	

指标	单位	等级	沥青标号							试验方法①
			160④	130④	110	90	70③	50③	30④	
残留延度 (10℃), ≥	cm	A	12	12	10	8	6	4	—	T0605
		B	10	10	8	6	4	2	—	
残留延度 (15℃), ≥	cm	C	40	35	30	20	15	10	—	T0605

注：① 按照国家现行标准《公路工程沥青及沥青混合料试验规程》JTJ 052 规定的方法执行。用于仲裁试验应采取 PI 时的 5 个温度的针入度关系的相关系数不得小于 0.997。

② 经建设单位同意，表中 PI 值、60℃动力黏度、10℃延度可作为选择性指标，也可不作为施工质量检验指标。

③ 70 号沥青可根据需要要求供应商提供针入度范围为 60～70 或 70～80 的沥青，50 号沥青可要求提供针入度范围为 40～50 或 50～60 的沥青。

④ 30 号沥青仅适用于沥青稳定基层。130 号和 160 号沥青除寒冷地区可直接在次干路以下道路上直接应用外，通常用作乳化沥青、稀释沥青、改性沥青的基质沥青。

⑤ 老化试验以 TFOT 为准，也可以 RTFOT 代替。

⑥ 系指《公路沥青路面施工技术规范》JTJ F40 附录 A 沥青路面使用性能气候分区。

表 4.5.1-2

道路用乳化沥青技术要求

试验项目	单位	阳离子				阴离子				非离子		试验方法
		喷洒用			搅拌用	喷洒用			搅拌用	喷洒用	搅拌用	
		PC-1	PC-2	PC-3	BC-1	PA-1	PA-2	PA-3	BA-1	PN-2	BN-1	
破乳速度	—	快裂	慢裂	快裂或中裂	慢裂或中裂	快裂	慢裂	快裂或中裂	慢裂或中裂	慢裂	慢裂	T0658
粒子电荷	—	阳离子（＋）				阴离子（一）				非离子		T0653
筛上残留物 (1.18mm筛)，≤	%	0.1				0.1				0.1		T0652
黏度 恩格拉黏度计 E_{25}	—	2~10	1~6	1~6	1~6	2~10	1~6	1~6	2~30	1~6	2~30	T0622
黏度 道路标准黏度计 $C_{25.3}$	s	10~25	8~20	8~20	10~60	10~25	8~20	8~20	10~60	8~20	10~60	T0621
蒸发残留物 残留分含量，≥	%	50	50	50	55	50	50	50	55	50	55	T0651
蒸发残留物 溶解度，≥	%	97.5				97.5				97.5		T0607
蒸发残留物 针入度 (25℃)	0.1mm	50~200	50~300	45~150	45~150	50~200	50~300	45~150	45~150	50~300	60~300	T0604
蒸发残留物 延度 (15℃) ≥	cm	40				40				40		T0605

试验项目	单位	品种代号										试验方法
		阴离子				阳离子				非离子		
		喷洒用			搅拌用	喷洒用			搅拌用	喷洒用	搅拌用	
		PC-1	PC-2	PC-3	BC-1	PA-1	PA-2	PA-3	BA-1	PN-2	BN-1	
与粗集料的粘附性、裹附面积，≥	—		2/3				2/3			2/3	—	T0654
与粗、细粒式集料搅拌试验	—				均匀				均匀			T0659
水泥拌和试验的筛上剩余，≤	%										3	T0657
常温贮存稳定性：1d，≤ / 5d，≤	%		1 / 5				1 / 5				1 / 5	T0655

注：
1. P为喷洒型，B为搅拌型，C、A、N分别表示阴离子、阳离子、非离子乳化沥青。
2. 黏度可选用恩格拉黏度计或沥青标准黏度计之一测定。
3. 表中的破乳速度与集料的粘附性、搅拌试验，仅进行试验选择时可不要求此三项指标。所使用的石料品种有关，质量检验时应采用工程上实际使用的石料进行试验。
4. 贮存稳定性根据施工实际情况选用试验时间，通常采用5d，乳液生产后能在当天使用时，也可用1d的稳定性。
5. 当乳化沥青需要在低温冰冻条件下贮存或使用时，尚需按T0656进行-5℃低温贮存稳定性试验。要求没有粗颗粒、不结块。
6. 如果乳化沥青是高浓度乳化沥青产品运到现场经稀释后使用时，表中的蒸发残留物等各项指标稀释前乳化沥青的要求。

表 4.5.1-3

道路用液体石油沥青技术要求

试验项目		单位	快凝		中凝						慢凝						试验方法[1]
			AL(R)-1	AL(R)-2	AL(M)-1	AL(M)-2	AL(M)-3	AL(M)-4	AL(M)-5	AL(M)-6	AL(S)-1	AL(S)-2	AL(S)-3	AL(S)-4	AL(S)-5	AL(S)-6	
粘度	$C_{25,5}$	s	<20	—	<20	—	—	—	—	—	<20	—	—	—	—	—	T0621
	$C_{60,5}$	s	—	5~15	—	5~15	16~25	26~40	41~100	101~200	—	5~15	16~25	26~40	41~100	101~200	
蒸馏体积	225℃	%	>20	>15	<10	<7	<3	<2	0	0	—	—	—	—	—	—	T0632
	315℃	%	>35	>30	<35	<25	<17	<14	<8	<5	—	—	—	—	—	—	
	360℃	%	>45	>35	<50	<35	<30	<25	<20	<15	<40	<35	<25	<20	<15	<5	

续表

试验项目		单位	快凝		中凝						慢凝						试验方法[1]
			AL(R)-1	AL(R)-2	AL(M)-1	AL(M)-2	AL(M)-3	AL(M)-4	AL(M)-5	AL(M)-6	AL(S)-1	AL(S)-2	AL(S)-3	AL(S)-4	AL(S)-5	AL(S)-6	
蒸馏后残留物	针入度(25℃)	0.1mm	60~200	60~200	100~300	100~300	100~300	100~300	100~300	100~300	—	—	—	—	—	—	T0604
	延度(25℃)	cm	>60	>60	>60	>60	>60	>60	>60	>60	—	—	—	—	—	—	T0605
	浮漂度(5℃)	s	—	—	—	—	—	—	—	—	<20	>20	>30	>40	>45	>50	T0631
闪点(TOC法)		℃	>30	>30	>65	>65	>65	>65	>65	>65	>70	>70	>100	>100	>120	>120	T0633
含水量≤		%	0.2	0.2	0.2	0.2	0.2	0.2	0.2	0.2	2.0	2.0	2.0	2.0	2.0	2.0	T0612

4) 当使用改性沥青时，改性沥青的基质沥青应与改性剂有良好的配伍性。聚合物改性沥青主要技术要求应符合表 4.5.1-4 的规定。

5) 改性乳化沥青技术要求应符合表 4.5.1-5 的规定。

(2) 粗集料应符合下列要求：

1) 骨料对沥青的粘附性，城市快速路、主干路应大于或等于 4 级；次干路及以下道路应大于或等于 3 级。集料具有一定的破碎面颗粒含量，具有 1 个破碎面宜大于 90%，2 个及以上的宜大于 80%。

2) 粗集料的质量技术要求应符合表 4.5.1-6 的规定。

3) 粗集料的粒径规格应按表 4.5.1-7 的规定生产和使用。

(3) 细集料应符合下列要求：

1) 含泥量，对城市快速路、主干路不得大于 3%；对次干路及其以下道路不得大于 5%。

2) 与沥青的粘附性小于 4 级的砂，不得用于城市快速路和主干路。

3) 细集料的质量要求应符合表 4.5.1-8 的规定。

表 4.5.1-4

聚合物改性沥青技术要求

指标	单位	SBS类（I类）				SBR类（II类）			EVA，PE类（III类）				试验方法
		I-A	I-B	I-C	I-D	II-A	II-B	II-C	III-A	III-B	III-C	III-D	
针入度25℃，100g，5s，≥	0.1mm	>100	80~100	60~80	30~60	>100	80~100	60~80	>80	60~80	40~60	30~40	T0604
针入度指数PI，≥	—	-1.2	-0.8	-0.4	0	-1.0	-0.8	-0.6	-1.0	-0.8	-0.6	-0.4	T0604
延度5℃，5cm/min，≥	cm	50	40	30	20	60	50	40	—				T0604
软化点$T_{R\&B}$，≥	℃	45	50	55	60	45	48	50	48	52	56	60	T0605
运动黏度①135℃，≤	Pa·s	3											T0606
闪点，≥	℃	230				230			230				T0625 T0619
溶解度，≥	%	99				99			—				T0611
弹性恢复25℃，≥	%	55	60	65	75	—			—				T0607
黏韧性，≥	N·m	—				5			—				T0662
韧性，≥	N·m	—				2.5			—				T0624

指 标	单位	SBS类（I类）				SBR类（II类）			EVA、PE类（III类）				试验方法
		I-A	I-B	I-C	I-D	II-A	II-B	II-C	III-A	III-B	III-C	III-D	
贮存稳定性②离析，48h，软化点差，≤	℃	2.5							无改性剂明显析出、凝聚				T0661
TFOT（或RTFOT）后残留物													
质量变化允许范围	%	±1.0											T0610或T0609
针入度比25℃，≥	%	50	55	60	65	50	55	60	50	55	58	60	T0604
延度5℃，≥	cm	30	25	20	15	30	20	10	—				T0605

注：①表中135℃运动黏度可采用国家现行标准《公路工程沥青及沥青混合料试验规程》JTJ 052中的"沥青旋转黏度试验方法（布洛克菲尔德黏度计法）"进行测定。若在不改变沥青物理力学性质并符合安全条件的温度下易于泵送和搅拌，或经证明适当提高泵送和搅拌温度时能保证改性沥青的质量、容易施工，可不要求测定。

②贮存稳定性指标适用于工厂生产的成品改性沥青。现场制作的改性沥青对贮存稳定性指标可不作要求，但必须有搅拌或泵送循环，保证不同掺量的搅拌或泵送均匀，保证使用前没有明显的离析。

表 4.5.1-5

改性乳化沥青技术要求

试验项目		单位	品种及代号		试验方法
			PCR	BCR	
破乳速度		—	快裂或中裂	慢裂	T0658
粒子电荷		—	阳离子（+）	阳离子（+）	T0653
筛上剩余量（1.18mm），≤		%	0.1	0.1	T0652
黏度	恩格拉黏度 E_{25}	—	1~10	3~30	T0622
	沥青标准黏度 $C_{25.3}$	s	8~25	12~60	T0621
蒸发残留物	含量，≥	%	50	60	T0651
	针入度（100g，25℃，5s）	0.1mm	40~120	40~100	T0604
	软化点，≥	℃	50	53	T0606
	延度（5℃），≥	cm	20	20	T0605
	溶解度（三氯乙烯），≥	%	97.5	97.5	T0607

续表

试验项目		单位	品种及代号			试验方法
			PCR	BCR		
与矿料的粘附性、裹覆面积，≥		—	2/3	—		T0654
	1d，≤	%	1	1		T0655
贮存稳定性	5d，≤	%	5	5		T0655

注：1. 破乳速度与集料粘料粘附性、搅拌试验，所使用的石料种有关。工程上施工质量检验时应采用实际的石料进行试验，仅进行产品质量评定时可不对这些指标提出要求。

2. 当用于填补车辙时，BCR 蒸发残留物的软化点宜提高至不低于 55℃。

3. 贮存稳定性根据施工实际情况选择试验天数。通常采用 5d，乳液生产后能在第二天使用时也可选用 1d。个别情况下改性乳化沥青的贮存稳定性难以满足要求，如果经搅拌后能达到均匀一致而不影响正常使用，此时要求改性乳化沥青运至工地后存放有搅拌装置的所有贮存罐内，并不断地进行搅拌，否则不能使用。

4. 当改性乳化沥青或特种改性乳化沥青需要在低温冰冻条件下贮存或使用时，尚需按 T0656 进行—5℃低温贮存稳定性试验，要求没有粗颗粒、不结块。

347

沥青混合料用粗集料质量技术要求

表 4.5.1-6

指标	单位	城市快速路、主干路			其他等级道路	试验方法
		表面层	其他层次			
石料压碎值，≤	%	26	28		30	T0316
洛杉矶磨耗损失，≤	%	28	30		35	T0317
表观相对密度，≥	—	2.60	2.5		2.45	T0304
吸水率，≤	%	2.0	3.0		3.0	T0304
坚固性，≤	%	12	12		—	T0314
针片状颗粒含量（混合料），≤	%	15	18		20	T0312
其中粒径大于 9.5mm，≤	%	12	15		—	
其中粒径小于 9.5mm，≤	%	18	20		—	
水洗法＜0.075mm 颗粒含量，≤	%	1	1		1	T0310
软石含量，≤	%	3	5		5	T0320

注：1. 坚固性试验可根据需要进行。

2. 用于城市快速路、主干路时，多孔玄武岩的视密度可放宽至 2.45t/m³，吸水率可放宽至 3%，但必须得到建设单位的批准，且不得用于 SMA 路面。

3. 对 S14 即 3～5 规格的粗集料，针片状颗粒含量可不予要求，小于 0.075mm 含量可放宽到 3%。

348

表 4.5.1-7

沥青混合料用粗集料规格

规格名称	公称粒径 (mm)	通过下列筛孔 (mm) 的质量百分率 (%)												
		106	75	63	53	37.5	31.5	26.5	19.0	13.2	9.5	4.75	2.36	0.6
S1	40~75	100	90~100	—	—	0~15	—	0~5						
S2	40~60		100	90~100	—	0~15	—	0~5						
S3	30~60		100	90~100	—	—	0~15	—	0~5					
S4	25~50			100	90~100	—	—	0~15	—	0~5				
S5	20~40				100	90~100	—	—	0~15	—	0~5			
S6	15~30					100	90~100	—	—	0~15	—	0~5		
S7	10~30					100	90~100	—	—	—	0~15	0~5		

规格名称	公称粒径 (mm)	通过下列筛孔 (mm) 的质量百分率 (%)												
		106	75	63	53	37.5	31.5	26.5	19.0	13.2	9.5	4.75	2.36	0.6
S8	10~25							90~100	—	0~15	—	0~5		
S9	10~20						100	100	90~100	—	0~15	0~5		
S10	10~15								100	90~100	0~15	0~5		
S11	5~15								100	90~100	40~70	0~15	0~5	
S12	5~10									100	90~100	0~15	0~5	
S13	3~10									100	90~100	40~70	0~20	0~5
S14	3~5										100	90~100	0~15	0~3

细集料质量要求　　表 4.5.1-8

项　目	单位	城市快速路、主干路	其他等级道路	试验方法
表观相对密度	—	≥2.50	≥2.45	T0328
坚固性（>0.3mm 部分）	%	≥12	—	T0340
含泥量（小于 0.075mm 的含量）	%	≤3	≤5	T0333
砂当量	%	≥60	≥50	T0334
亚甲蓝值	g/kg	≤25	—	T0346
棱角性（流动时间）	s	≥30	—	T0345

注：坚固性试验可根据需要进行。

4）沥青混合料用天然砂规格见表 4.5.1-9。

沥青混合料用天然砂规格　　表 4.5.1-9

筛孔尺寸（mm）	通过各孔筛的质量百分率（%）		
	粗砂	中砂	细砂
9.5	100	100	100
4.75	90～100	90～100	90～100
2.36	65～95	75～90	85～100
1.18	35～65	50～90	75～100
0.6	15～30	30～60	60～84
0.3	5～20	8～30	15～45
0.15	0～10	0～10	0～10
0.075	0～5	0～5	0～5

5）沥青混合料用机制砂或石屑规格见表4.5.1-10。

沥青混合料用机制砂或石屑规格 表4.5.1-10

规格	公称粒径（mm）	水洗法通过各筛孔的质量百分数（%）							
		9.5	4.75	2.36	1.18	0.6	0.3	0.15	0.075
S15	0～5	100	90～100	60～90	40～75	20～55	7～40	2～20	0～10
S16	0～3	—	100	80～100	50～80	25～60	8～45	0～25	0～15

注：当生产石屑采用喷水抑制扬尘工艺时，应特别注意含粉量不得超过表中要求。

（4）矿粉应用石灰岩等憎水性石料磨制。城市快速路与主干路的沥青面层不宜采用粉煤灰做填料。当次干路及以下道路用粉煤灰作填料时，其用量不应超过填料总量50%，粉煤灰的烧失量应小于12%。沥青混合料用矿粉质量要求应符合表4.5.1-11的规定。

沥青混合料用矿粉质量要求 表4.5.1-11

项　　目	单位	城市快速路、主干路	其他等级道路	试验方法
表观密度，不小于	t/m³	2.50	2.45	T0352
含水量，不小于	%	1	1	T0103 烘干法

项　目	单位	城市快速路、主干路	其他等级道路	试验方法
粒度范围<0.6mm	%	100	100	T0351
<0.15mm	%	90～100	90～100	
<0.075mm	%	75～100	70～100	
外观	—	无团粒结块		—
亲水系数	—	<1		T0353
塑性指数	%	<4		T0354
加热安定性	—	实测记录		T0355

（5）纤维稳定剂应在 250℃ 条件下不变质。不宜使用石棉纤维。木质纤维素技术要求应符合表 4.5.1-12 的规定。

木质素纤维技术要求　　表 4.5.1-12

项　目	单位	指　标	试验方法
纤维长度	mm	≤6	水溶液用显微镜观测
灰分含量	%	18±5	高温 590～600℃ 燃烧后测定残留物
pH 值	—	7.5±1.0	水溶液用 pH 试纸或 pH 计测定

项 目	单位	指 标	试验方法
吸油率	—	≥纤维质量的5倍	用煤油浸泡后放在筛上经振敲后称量
含水率（以质量计）	%	≤5	105℃烘箱烘2h后的冷却称量

4.5.2 热拌沥青混合料面层

1. 热拌沥青混合料（HMA）适用于各种等级道路的面层。其种类按集料公称最大粒径、矿料级配、空隙率划分见表 4.5.2-1。应按工程要求选择适宜的混合料规格、品种。

2. 沥青混合料面层集料的最大粒径应与分层压实层厚度相匹配。密级配沥青混合料，每层的压实厚度不宜小于集料公称最大粒径的 2.5～3 倍；对 SMA 和 OGFC 等嵌挤型混合料不宜小于公称最大粒径的 2～2.5 倍。

3. 沥青混合料搅拌及施工温度应根据沥青标号及黏度、气候条件、铺装层的厚度、下卧层温度确定。

（1）普通沥青混合料搅拌及压实温度宜通过在 135～175℃ 条件下测定的黏度-温度曲线，按表 4.5.2-2 确定。缺乏黏温曲线数据时，可按表 4.5.2-3 的规定，结合实际情况确定混合料的搅拌及施工温度。

表 4.5.2-1

热拌沥青混合料种类

混合料类型	密级配			开级配		半开级配	公称最大粒径 (mm)	最大粒径 (mm)
	连续级配		间断级配	间断级配				
	沥青混凝土	沥青稳定碎石	沥青玛蹄脂碎石	排水式沥青磨耗层	排水式沥青碎石基层	沥青碎石		
特粗式	—	ATB-40	—	—	ATPB-40	—	37.5	53.0
粗粒式	—	ATB-30	—	—	ATPB-30	—	31.5	37.5
	AC-25	ATB-25	—	—	ATPB-25	—	26.5	31.5
中粒式	AC-20	—	SMA-20	—	—	AM-20	19.0	26.5
	AC-16	—	SMA-16	OGFC-16	—	AM-16	16.0	19.0
细粒式	AC-13	—	SMA-13	OGFC-13	—	AM-13	13.2	16.0
	AC-10	—	SMA-10	OGFC-10	—	AM-10	9.5	13.2
砂粒式	AC-5	—	—	—	—	—	4.75	9.5
设计空隙率 (%)	3~5	3~6	3~4	>18	>18	6~12	—	—

注: 设计空隙率可按配合比设计要求适当调整。

沥青混合料搅拌及压实时适宜温度相应的黏度

表 4.5.2-2

黏度	适宜于搅拌的沥青混合料黏度 Pa·s	适宜于压实时的沥青混合料黏度	测定方法
表观黏度	(0.17±0.02)Pa·s	(0.28±0.03)Pa·s	T0625
运动黏度	(170±20)mm²/s	(280±30)mm²/s	T0619
赛波特黏度	(85±10)s	(140±15)s	T0623

热拌沥青混合料的搅拌及施工温度 (℃)

表 4.5.2-3

施工工序		石油沥青的标号			
		50 号	70 号	90 号	110 号
沥青加热温度		160~170	155~165	150~160	145~155
矿料加热温度	间歇式搅拌机	集料加热温度比沥青温度高 10~30			
	连续式搅拌机	矿料加热温度比沥青温度高 5~10			
沥青混合料出料温度①		150~170	145~165	140~160	135~155
混合料贮料仓贮存温度		贮料过程中温度降低不超过 10			

施工工序	石油沥青的标号			
	50 号	70 号	90 号	110 号
混合料废弃温度，高于①	200	195	190	185
运输到现场温度①	145~165	140~155	135~145	130~140
混合料摊铺温度，不低于①	140~160	135~150	130~140	125~135
开始碾压的混合料内部温度，不低于①	135~150	130~145	125~135	120~130
碾压终了的表面温度，不低于②	75~85	70~80	65~75	55~70
	75	70	60	55
开放交通的路表面温度，不高于②	50	50	50	45

注：1. 沥青混合料的施工温度采用具有金属探测针的插入式数显温度计测量。表面温度可采用表面接触
   式温度计测定。当采用红外线温度计测量表面温度时，应进行标定。

2. 表中未列入的 130 号、160 号及 30 号沥青的施工温度由试验确定。

3. ①常温下宜用低值，低温下宜用高值。

4. ②视压路机类型而定。轮胎压路机取高值，振动压路机取低值。

357

（2）聚合物改性沥青混合料搅拌及施工温度应根据实践经验经试验确定。通常宜较普通沥青混合料温度提高 10～20℃。

4. 自行设置集中搅拌站应符合的规定为：采用间歇式搅拌机搅拌时，搅拌能力应满足施工进度要求。冷料仓的数量应满足配合比需要，通常不宜少于 5～6 个。

5. 沥青混合料搅拌时间应经试拌确定，以沥青均匀裹覆集料为度。间歇式搅拌机每盘的搅拌周期不宜少于 45s，其中干拌时间不宜少于 5～10s。改性沥青和 SMA 混合料的搅拌时间应适当延长。

6. 用成品仓贮存沥青混合料，贮存期混合料降温不得大于 10℃。贮存时间普通沥青混合料不得超过 72h；改性沥青混合料不得超过 24h；SMA 混合料限当日使用；OGFC 应随拌随用。

7. 生产添加纤维的沥青混合料时，搅拌机应配备同步添加投料装置，搅拌时间宜延长 5s 以上。

8. 热拌沥青混合料的摊铺应符合下列规定：

（1）热拌沥青混合料应采用机械摊铺。摊铺温度应符合表 4.5.2-4 的规定。城市快速路、主干路宜采用两台以上摊铺机联合摊铺。每台机器的摊铺宽度宜小于 6m。表面层宜采用多机全幅摊铺，减少施工接缝。

（2）沥青混合料的最低摊铺温度应根据气温、下卧层表面温度、摊铺层厚度与沥青混合料种类经试验确定。城市快速路、主干路不宜在气温低于10℃条件下施工。

（3）沥青混合料的松铺系数应根据混合料类型、施工机械和施工工艺等应通过试验段确定，试验段长不宜小于100m。松铺系数可按照表4.5.2-5进行初选。

沥青混合料的松铺系数　　表 4.5.2-5

种　　类	机械摊铺	人工摊铺
沥青混凝土混合料	1.15～1.35	1.25～1.50
沥青碎石混合料	1.15～1.30	1.20～1.45

（4）摊铺沥青混合料应均匀、连续不间断，不得随意变换摊铺速度或中途停顿。摊铺速度宜为2～6m/min。摊铺时螺旋送料器应不停顿地转动，两侧应保持有不少于送料器高度2/3的混合料，并保证在摊铺机全宽度断面上不发生离析。熨平板按所需厚度固定后不得随意调整。

9. 热拌沥青混合料的压实应符合下列规定：

（1）压实应按初压、复压、终压（包括成形）三个阶段进行。压路机应以慢而均匀的速度碾压，压路机的碾压速度宜符合表4.5.2-6的规定。

压路机碾压速度（km/h）   表 4.5.2-6

压路机类型	初压		复压		终压	
	适宜	最大	适宜	最大	适宜	最大
钢筒式压路机	1.5～2	3	2.5～3.5	5	2.5～3.5	5
轮胎压路机	—	—	3.5～4.5	6	4～6	8
振动压路机	1.5～2（静压）	5（静压）	1.5～2（振动）	1.5～2（振动）	2～3（静压）	5（静压）

(2) 初压应符合的要求为：初压应采用轻型钢筒式压路机碾压 1～2 遍。初压后应检查平整度、路拱，必要时应修整。

(3) 复压应紧跟初压连续进行，并应符合下列要求：

1) 复压应连续进行。碾压段长度宜为 60～80m。当采用不同型号的压路机组合碾压时，每一台压路机均应做全幅碾压。

2) 对大粒径沥青稳定碎石类的基层，宜优先采用振动压路机复压。厚度小于 30mm 的沥青碎石基层不宜采用振动压路机碾压。相邻碾压带重叠宽度宜为 10～20cm。振动压路机折返时应先停止振动。

3) 采用三轮钢筒式压路机时，总质量不宜小于 12t。

10. OGFC 混合料的压实应符合的规定为：OGFC 混合料宜用 12t 以上的钢筒式压路机碾压。

11. 接缝应符合的规定为：上、下层的纵向热接缝应错开 15cm；冷接缝应错开 30～40cm。相邻两幅及上、下层的横向接缝均应错开 1m 以上。

12. 热拌沥青混合料路面应待摊铺层自然降温至表面温度低于 50℃后，方可开放交通。

4.5.3 冷拌沥青混合料面层

1. 混合料的搅拌时间应通过试拌确定。机械搅拌时间不宜超过 30s，人工搅拌时间不宜超过 60s。

2. 冷拌沥青混合料摊铺后宜采用 6t 压路机初压初步稳定，再用中型压路机碾压。当乳化沥青开始破乳，混合料由褐色转变成黑色时，改用 12～15t 轮胎压路机复压，将水分挤出后暂停碾压，待水分基本蒸发后继续碾压至轮迹小于 5mm，表面平整，压实度符合要求为止。

3. 冷沥青混合料路面施工结束后宜封闭交通 2～6h，并应做好早期养护。开放交通初期车速不得超过 20km/h，不得在其上刹车或掉头。

4.5.4 透层、粘层、封层

1. 透层施工应符合下列规定：

（1）施工中应根据基层类型选择渗透性好的液体沥青、乳化沥青做透层油。透层油的规格应符合表 4.5.4-1 的规定。

沥青路面透层材料的规格和用量　　表 4.5.4-1

用　途	液 体 沥 青		乳 化 沥 青	
	规　格	用量 (L/m²)	规　格	用量 (L/m²)
无机结合料粒料基层	AL（M）-1、2 或 3	1.0～2.3	PC-2	1.0～2.0
	AL（S）-1、2 或 3		PA-2	
半刚性基层	AL（M）-1 或 2	0.6～1.5	PC-2	0.7～1.5
	AL（S）-1 或 2		PA-2	

注：表中用量是指包括稀释剂和水分等在内的液体沥青、乳化沥青的总量，乳化沥青中的残留物含量是以 50% 为基准。

（2）用作透层油的基质沥青的针入度不宜小于 100。液体沥青的黏度应通过调节稀释剂的品种和掺量经试验确定。

（3）透层油的用量与渗透深度宜通过试洒确定，不宜超出表 4.5.4-1 的规定。

（4）透层油宜采用沥青洒布车或手动沥青洒布机喷洒。洒布设备喷嘴应与透层沥青匹配，喷洒应呈雾状，洒布管高度应使同一地点接受 2～

3个喷油嘴喷洒的沥青。

2. 粘层施工应符合下列规定：

（1）粘层油宜采用快裂或中裂乳化沥青、改性乳化沥青，也可采用快、中凝液体石油沥青，其规格和用量应符合表 4.5.4-2 的规定。所使用的基质沥青标号宜与主层沥青混合料相同。

沥青路面粘层材料的规格和用量　　表 4.5.4-2

下卧层类型	液体沥青		乳化沥青	
	规　格	用　量 (L/m²)	规　格	用　量 (L/m²)
新建沥青层或旧沥青路面	AL（R）-3～ AL（R）-6 AL（M）-3～ AL（M）-6	0.3～0.5	PC-3 PA-3	0.3～ 0.6
水泥混凝土	AL（M）-3～ AL（M）-6 AL（S）-3～ AL（S）-6	0.2～0.4	PC-3 PA-3	0.3～ 0.5

注：表中用量是指包括稀释剂和水分等在内的液体沥青、乳化沥青的总量，乳化沥青中的残留物含量是以 50% 为基准。

（2）粘层油品种和用量应根据下卧层的类型通过试洒确定，并应符合表 4.5.4-2 的规定。当粘层油上铺筑薄层大孔隙排水路面时，粘层油的用量宜增加到 0.6～1.0L/m²。沥青层间兼做封层的粘层油宜采用改性沥青或改性乳化沥青，其用量不宜少于 1.0L/m²。

3. 气温在 10℃ 及以下，风力大于 5 级及以上时，不得喷洒透层、粘层、封层油。

4.5.5 检验标准

1. 热拌沥青混合料面层质量检验应符合下列规定：

（1）热拌沥青混合料质量应符合下列要求：

1) 道路用沥青的品种、标号应符合国家现行有关标准和规范的有关规定。

检查数量：按同一生产厂家、同一品种、同一标号、同一批号连续进场的沥青（石油沥青每 100t 为 1 批，改性沥青每 50t 为 1 批）每批次抽检 1 次。

检验方法：查出厂合格证，检验报告并进场复检。

2) 沥青混合料品质应符合马歇尔试验配合比技术要求。

检查数量：每日、每品种检查 1 次。

检验方法：现场取样试验。

（2）热拌沥青混合料面层质量检验应符合下列规定：

1) 沥青混合料面层压实度，对城市快速路、主干路不得小于 96%；对次干路及以下道路不得小于 95%。

检查数量：每 1000m² 测 1 点。

检验方法：查试验记录（马歇尔击实试件密度，试验室标准密度）。

2）面层厚度应符合设计规定，允许偏差为 +10～－5mm。

检查数量：每 1000m² 测 1 点。

检验方法：钻孔或刨挖，用钢尺量。

3）弯沉值，不得大于设计规定。

检查数量：每车道、每 20m，测 1 点。

检验方法：弯沉仪检测。

（3）热拌沥青混合料面层允许偏差应符合表 4.5.5-1 的规定。

2. 冷拌沥青混合料面层质量检验应符合下列规定：

（1）冷拌沥青混合料的压实度不得小于 95%。

检查数量：每 1000m² 测 1 点。

检验方法：检查配合比设计资料、复称。

（2）面层厚度应符合设计规定，允许偏差为 +15～－5mm。

检查数量：每 1000m² 测 1 点。

检验方法：钻孔或刨挖，用钢尺量。

（3）冷拌沥青混合料面层允许偏差应符合表 4.5.5-2 的规定。

热拌沥青混合料面层允许偏差　　　　表 4.5.5-1

项　目		允许偏差	检验频率			检验方法
			范围	点数		
纵断高程(mm)		±15	20m	1		用水准仪测量
中线偏位(mm)		≤20	100m	1		用经纬仪测量
平整度(mm)	标准差σ值	快速路、主干路 ≤1.5	100m	路宽(m)	<9 →1 9~15 →2 >15 →3	用测平仪检测，见注1
		次干路、支路 ≤2.4				
	最大间隙	次干路、支路 ≤5	20m	路宽(m)	<9 →1 9~15 →2 >15 →3	用3m直尺和塞尺连续量取两尺，取最大值
宽度(mm)		不小于设计值	40m	1		用钢尺量
横坡		±0.3%且不反坡	20m	路宽(m)	<9 →2 9~15 →4 >15 →6	用水准仪测量

项　目		允许偏差	检验频率		检验方法
			范围	点数	
井框与路面高差 (mm)		≤5	每座	1	十字法，用直尺、塞尺量取最大值
抗滑	摩擦系数	符合设计要求	200m	全线连续	摆式仪 / 横向力系数车
	构造深度	符合设计要求	200m	1	砂铺法 / 激光构造深度仪

注：1　测平仪为全线每车道连续检测每100m计算标准差σ；无测平仪时可采用3m直尺检测；表中检验频率点数为测线数；

2　平整度、抗滑性能也可采用自动检测设备进行检测；

3　底基层表面、下面层应按设计规定量洒透层油、粘层油；

4　中面层、底面层应进行中线偏位、平整度、宽度、横坡的检测；

5　改性（再生）沥青混凝土路面可采用此表进行检验；

6　十字法检查井框与路面高差，每座检查井均应采用此法进行检验。十字法检查中，以平行于道路中线，过井盖中心的直线做基线，另一条线与基线垂直，构成检查井十字线。

冷拌沥青混合料面层允许偏差

表 4.5.5-2

项　目		允许偏差	检　验　频　率			检　验　方　法
			范围	点　数		
纵断高程 (mm)		±20	20m	1		用水准仪测量
中线偏位 (mm)		≤20	100m	1		用经纬仪测量
平整度 (mm)		≤10	20m	路宽 (m)	<9	1	用 3m 直尺、塞尺连续量两尺，取最大值
					9~15	2	
					>15	3	
宽度 (mm)		不小于设计值	40m	1		用钢尺量
横　坡		±0.3% 且不反坡	20m	路宽 (m)	<9	2	用水准仪测量
					9~15	4	
					>15	6	
井框与路面高差 (mm)		≤5	每座	1		十字法，用直尺、塞尺量，取最大值
抗滑	摩擦系数	符合设计要求	200m	全线连续		摆式仪横向力系数车
	构造深度	符合设计要求	200m	1		砂铺法激光构造深度仪

368

3. 粘层、透层与封层质量检验应符合下列规定：

（1）透层、粘层、封层所采用沥青的品种、标号和封层粒料质量、规格应符合规范的有关规定。

检查数量：按进场品种、批次，同品种、同批次检查不应少于1次。

检验方法：查产品出厂合格证、出厂检验报告和进场复检报告。

（2）透层、粘层、封层的宽度不应小于设计规定值。

检查数量：每40m抽检1处。

检验方法：用尺量。

4.6 沥青贯入式与沥青表面处治面层

1. 沥青贯入式与沥青表面处治面层，宜在干燥和较热的季节施工，并宜在日最高温度低于15℃到来以前半个月结束。

2. 各层集料必须保持干燥、洁净，喷洒沥青宜在3级（含）风以下进行。

4.6.1 沥青贯入式面层

1. 沥青贯入式面层宜作城市次干路以下道路面层使用。其主石料层厚应根据碎石的粒径确定，厚度不宜超过 10cm。

2. 沥青贯入式面层应按贯入深度并根据实践经验与试验，选择主层及其他各层的集料粒径与沥青用量。主层集料中大于颗粒范围中值的不得小于 50%。

3. 沥青贯入式面层的原材料应符合下列规定：

（1）沥青材料宜选道路用 B 级沥青或由其配制的快裂喷洒型阳离子乳化沥青（PC-1）或阴离子乳化沥青（PA-1）。

（2）集料应选择有棱角、嵌挤性好的坚硬石料；当使用破碎砾石时，具有一个破碎面的颗粒应大于 80%，两个或两个以上破碎面应大于 60%。主集料的最大粒径应与结构层厚相匹配。

4. 沥青贯入式面层材料规格和用量宜符合表 4.6.1 的规定。

5. 沥青或乳化沥青的浇洒温度应根据沥青标号及气温情况选择。采用乳化沥青时，应在碾压稳定后的主集料上先撒布一部分嵌缝料，当需要加快破乳速度时，可将乳液加温，乳液温度不得超过 60℃。每层沥青完成浇洒后，应立即撒布相应的嵌缝料，嵌缝料应撒布均匀。使用乳化沥青时，嵌缝料撒布应在乳液破乳前完成。

表 4.6.1

沥青贯入式面层材料规格和用量

（用量单位：集料，m³/1000m²；沥青及乳化沥青，kg/m²）

沥青品种 规格和用量 厚度(cm)	石 油 沥 青										乳 化 沥 青			
	4		5		6		7		8		4		5	
	规格	用量	规格	用量	规格	用量	规格	用量	规格	用量	规格	用量	规格	用量
封层料	S14	3~5	S14	3~5	S13 (S14)	4~6	S13 (14)	4~6	S13 (S14)	4~6	S13 (S14)	4~6	S14	4~6
第五遍 沥青	—													0.8~ 1.0
第四遍 嵌缝料													S14	5~6
第四遍 沥青												0.8~ 1.0		1.2~ 1.4
第三遍 嵌缝料											S14	5~6	S12	7~9
第三遍 沥青		1.0~ 1.2		1.0~ 1.2		1.0~ 1.2		1.0~ 1.2		1.0~ 1.2		1.4~ 1.6		1.5~ 1.7

371

续表

沥青品种\厚度 (cm)	石油沥青 4	5	6	7	8	乳化沥青 4	5
第二遍嵌缝料	S12 6~7	S11(S10) 10~12	S11(S10) 10~12	S10(S11) 11~13	S10(S11) 11~13	S12 7~8	S10 9~11
第二遍沥青	1.6~1.8	1.8~2.0	2.0~2.2	2.4~2.6	2.6~2.8	1.6~1.8	1.6~1.8
第一遍嵌缝料	S10(S9) 12~14	S8 12~14	S8(S6) 16~18	S6(S8) 18~20	S6(S8) 20~22	S9 12~14	S8 10~12
第一遍沥青	1.8~2.1	1.6~1.8	2.8~3.0	3.3~3.5	4.0~4.2	2.2~2.4	2.6~2.8
主层石料	S5 45~50	S4 55~60	S3(S4) 66~76	S2 80~90	S1(S2) 95~100	S5 40~50	S4 50~55
沥青总用量	4.4~5.1	5.2~5.8	5.8~6.4	6.7~7.3	7.6~8.2	6.0~6.8	7.4~8.5

注：1 表中乳化沥青用量是指乳液的用量，并适用于乳液浓度约为60%的情况，如果浓度不同，用量应乘子换算；

2 在高寒地区及干旱风砂大的地区，可超出高限，再增加5%~10%。

6. 嵌缝料撒布后应立即用 8～12t 钢筒式压路机碾压，碾压时应随压随扫，使嵌缝料均匀嵌入。至压实密度大于等于 2.15t/m³ 为止。严禁车辆通行。

7. 终碾后即可开放交通，且应设专人指挥交通，以使面层全部宽度均匀压实。面层完全成型前，车速度不得超过 20km/h。

4.6.2　沥青表面处治面层

1. 沥青表面处治面层用材料规格与用量宜符合表 4.6.2 的规定。

2. 在清扫干净的碎石或砾石路面上铺筑沥青表面处治面层时，应喷洒透层油。在旧沥青路面、水泥混凝土路面、块石路面上铺筑沥青表面处治面层时，可在第一层沥青用量中增加 10%～20%，不再另洒透层油或粘层油。

3. 沥青表面处治面层的沥青洒布温度应根据气温及沥青标号选择，石油沥青宜为 130～170℃，乳化沥青乳液温度不宜超过 60℃。洒布车喷洒沥青纵向搭接宽度宜为 10～15cm，撒布各层沥青的搭接缝应错开。

4. 沥青表面处治施工后，初期养护用料宜为 S_{12}（5～10mm）碎石或 S_{14}（3～5mm）石屑、粗砂或小砾石，用量宜为 2～3m³/1000m²。

表 4.6.2

沥青表面处治材料规格和用量

（用量单位：集料，m³/1000m²；沥青及乳化沥青，kg/m²）

材料用量 厚度(mm)		石油沥青						乳化沥青					
		第一层		第二层		第三层		第一层		第二层		第三层	
		规格	用量	规格	用量	规格	用量	规格	用量	规格	用量	规格	用量
单层式	5	—	—	—	—	—	—	▲S_{14}	0.9~1.0 7~9	—	—	—	—
	10	•S_{12}	1.0~1.2 7~9	—	—	—	—	—	—	—	—	—	—
	15	•S_{10}	1.4~1.6 12~14	—	—	—	—	—	—	—	—	—	—
双层式	10	—	—	—	—	—	—	▲S_{12}	1.8~2.0 9~11	▲S_{14}	1.0~1.2 4~6	—	—
	15	•S_{10}	1.4~1.6 12~14	•S_{12}	1.0~1.2 7~8	—	—	—	—	—	—	—	—

材料用量 厚度(mm)	石油沥青						乳化沥青					
	第一层		第二层		第三层		第一层		第二层		第三层	
	规格	用量	规格	用量	规格	用量	规格	用量	规格	用量	规格	用量
双层式　20	• S_9	1.6~1.8 16~18	• S_{12}	1.0~1.2 7~8	—	—	—	—	—	—	—	—
双层式　25	• S_8	1.8~2.0 18~20	• S_{12}	1.0~1.2 7~8	—	—	—	—	—	—	—	—
三层式　25	• S_8	1.6~1.8 18~20	• S_{10}	1.2~1.4 12~14	• S_{12}	1.0~1.2 7~8	—	—	—	—	—	—
三层式　30	• S_8	1.8~2.0 20~22	• S_{10}	1.2~1.4 12~14	• S_{10}	1.0~1.2 7~8	▲ S_8	2.0~2.2 20~22	▲ S_{10}	1.8~2.0 9~11	▲ S_{12} S_{14}	1.0~1.2 4~6 3.5~4.5

注：
1　表中的乳化沥青用量系按乳化沥青的蒸发残留物含量60%计算，如沥青含量不同应予以折算；
2　在高寒地区及干旱风沙大的地区，可超出高限5%~10%；
3　•代表沥青，▲代表乳化沥青；
4　S_n代表配集料规格。

4.6.3 检验标准

1. 沥青贯入式面层质量检验应符合下列规定：

（1）沥青、乳化沥青、集料、嵌缝料的质量应符合设计及规范的有关规定。

检查数量：按不同材料进场批次，每批次1次。

检验方法：查出厂合格证及进场复检报告。

（2）压实度不应小于95%。

检查数量：每1000m²抽检1点。

检验方法：灌砂法、灌水法、蜡封法。

（3）弯沉值，不得大于设计规定。

检查数量：按设计规定。

检验方法：每车道、每20m，测1点。

（4）面层厚度应符合设计规定，允许偏差为−5～+15mm。

检查数量：每1000m²抽检1点。

检验方法：钻孔或刨坑，用钢尺量。

（5）沥青贯入式面层允许偏差应符合表4.6.3-1的规定。

2. 沥青表面处治施工质量检验应符合的规定为：

沥青表面处治允许偏差应符合表4.6.3-2的规定。

沥青贯入式面层允许偏差　表 4.6.3-1

项　目	允许偏差	检验频率			检验方法
		范围	点　数		
纵断高程 （mm）	±15	20m	1		用水准仪 测量
中线偏位 （mm）	≤20	100m	1		用经纬仪 测量
平整度 （mm）	≤7	20m	路宽 （m）	<9	1	用 3m 直 尺、塞尺连 续量两尺， 取较大值
				9～15	2	
				>15	3	
宽度 （mm）	不小于 设计值	40m	1		用钢尺量
横　坡	±0.3% 且不反坡	20m	路宽 （m）	<9	2	用水准仪 测量
				9～15	4	
				>15	6	
井框与路 面高差 （mm）	≤5	每座	1		十字法， 用直尺、塞 尺量最大值
沥青总 用量 （kg/m²）	±0.5%	每工作 日、每层	1		T0982

377

沥青表面处治允许偏差   表 4.6.3-2

项　目	允许偏差	检验频率			检验方法
		范围	点　　数		
纵断高程 (mm)	±15	20m	1		用水准仪测量
中线偏位 (mm)	≤20	100m	1		用经纬仪测量
平整度 (mm)	≤7	20m	路宽 (m)	<9	1	用 3m 直尺和塞尺连续量两尺,取较大值
				9~15	2	
				>15	3	
宽度 (mm)	不小于设计规定	40m	1		用钢尺量
横　坡	±0.3% 且不反坡	20m	路宽 (m)	<9	2	用水准仪测量
				9~15	4	
				>15	6	
厚度 (mm)	+10 −5	1000m²	1		钻孔,用钢尺量
弯沉值	符合设计要求	设计要求时	—		弯沉仪测定时
沥青总用量 (kg/m²)	±0.5% 总用量	每工作日、每层	1		T0982

4.7　水泥混凝土面层

4.7.1　原材料

1. 水泥应符合下列规定:

(1) 重交通以上等级道路、城市快速路、主干路应采用42.5级以上的道路硅酸盐水泥或硅酸盐水泥、普通硅酸盐水泥；中、轻交通等级的道路可采用矿渣水泥，其强度等级不宜低于32.5级。水泥应有出厂合格证（含化学成分、物理指标），并经复验合格，方可使用。

（2）不同等级、厂牌、品种、出厂日期的水泥不得混存、混用。出厂期超过三个月或受潮的水泥，必须经过试验，合格后方可使用。

（3）用于不同交通等级道路面层水泥的弯拉强度、抗压强度最小值应符合表4.7.1-1的规定。

**道路面层水泥的弯拉强度、
抗压强度最小值** 表 4.7.1-1

道路等级	特重交通		重 交 通		中、轻交通	
龄期（d）	3	28	3	28	3	28
抗压强度（MPa）	25.5	57.5	22.0	52.5	16.0	42.5
弯拉强度（MPa）	4.5	7.5	4.0	7.0	3.5	6.5

（4）水泥的化学成分、物理指标应符合表4.7.1-2的规定。

各交通等级路面用水泥的化学

成分和物理指标　　表 4.7.1-2

交通等级 水泥性能	特重、重交通	中、轻交通
铝酸三钙	不宜大于 7.0%	不宜大于 9.0%
铁铝酸三钙	不宜小于 15.0%	不宜小于 12.0%
游离氧化钙	不得大于 1.0%	不得大于 1.5%
氧化镁	不得大于 5.0%	不得大于 6.0%
三氧化硫	不得大于 3.5%	不得大于 4.0%
碱含量	$(Na_2O+$ $0.658K_2O)$ $\leqslant 0.6\%$	怀疑有碱活性集料 时，$\leqslant 0.6\%$；无碱活 性集料时，$\leqslant 1.0\%$
混合材种类	不得掺窑灰、煤矸石、火山灰和黏土， 有抗盐冻要求时不得掺石灰、石粉	
出磨时安定性	雷氏夹或蒸煮法 检验必须合格	蒸煮法检验必须合格
标准稠度需水量	不宜大于 28%	不宜大于 30%
烧失量	不得大于 3.0%	不得大于 5.0%
比表面积	宜在 $300\sim450m^2/kg$	
细度（80μm）	筛余量 $\leqslant10\%$	
初凝时间	$\geqslant1.5h$	
终凝时间	$\leqslant10h$	
28d 干缩率 *	不得大于 0.09%	不得大于 0.10%
耐磨性 *	$\leqslant3.6kg/m^2$	

注：* 28d 干缩率和耐磨性试验方法采用现行国家标准《道
　　路硅酸盐水泥》GB 13693。

2. 粗集料应符合下列规定：

（1）粗集料应采用质地坚硬、耐久、洁净的碎石、砾石、破碎砾石，并应符合表 4.7.1-3 的规定。城市快速路、主干路、次干路及有抗（盐）冻要求的次干路、支路混凝土路面使用的粗集料级别应不低于Ⅰ级。Ⅰ级集料吸水率不应大于 1.0%，Ⅱ级集料吸水率不应大于 2.0%。

粗集料技术指标　　　表 4.7.1-3

项　目	技 术 要 求	
	Ⅰ 级	Ⅱ 级
碎石压碎指标(%)	<10	<15
砾石压碎指标(%)	<12	<14
坚固性(按质量损失计,%)	<5	<8
针片状颗粒含量(按质量计,%)	<5	<15
含泥量(按质量计,%)	<0.5	<1.0
泥块含量(按质量计,%)	<0	<0.2
有机物含量(比色法)	合格	合格
硫化物及硫酸盐(按 SO₃ 质量计,%)	<0.5	<1.0
空隙率	<47%	
碱集料反应	经碱集料反应试验后无裂缝、酥缝、胶体外溢等现象，在规定试验龄期的膨胀率小于 0.10%	
抗压强度(MPa)	火成岩，≥100；变质岩，≥80；水成岩，≥60	

（2）粗集料宜采用人工级配。其级配范围宜符合表 4.7.1-4 的规定。

人工合成级配范围 表 4.7.1-4

粒径	方 筛 孔 尺 寸(mm)							
	2.36	4.75	9.50	16.0	19.0	26.5	31.5	37.5
级配	累 计 筛 余(以 质 量 计)(%)							
4.75~16	95~100	85~100	40~60	0~10	—	—	—	—
4.75~19	95~100	85~95	60~75	30~45	0~5	0	—	—
4.75~26.5	95~100	90~100	70~90	50~70	25~40	0~5	0	—
4.75~31.5	95~100	90~100	75~90	60~75	40~60	20~35	0~5	0

（3）粗集料的最大公称粒径，碎砾石不得大于 26.5mm，碎石不得大于 31.5mm，砾石不宜大于 19.0mm；钢纤维混凝土粗集料最大粒径不宜大于 19.0mm。

3. 细集料应符合下列规定：

（1）宜采用质地坚硬、细度模数在 2.5 以上、符合级配规定的洁净粗砂、中砂。

（2）砂的技术要求应符合表 4.7.1-5 的规定。

砂的技术指标

表 4.7.1-5

项　目		技　术　要　求					
颗粒级配	筛孔尺寸（mm）	0.15	0.30	0.60	1.18	2.36	4.75
	累计筛余量（%）粗砂	90~100	80~95	71~85	35~65	5~35	0~10
	累计筛余量（%）中砂	90~100	70~92	41~70	10~50	0~25	0~10
	累计筛余量（%）细砂	90~100	55~85	16~40	10~25	0~15	0~10
		一　级		二　级		三　级	
泥土杂物含量（%）（冲洗法）		<1		<2		<3	
硫化物和硫酸盐含量（折算为 SO₃）（%）		<0.5					
氯化物（氯离子质量计）		≤0.01		≤0.02		≤0.06	
有机物含量（比色法）		颜色不应深于标准溶液的颜色					
其他杂物		不得混有石灰、煤渣、草根等其他杂物					

（3）使用机制砂时，除应满足上表的规定外，还应检验砂磨光值，其值宜大于 35，不宜使用抗磨性较差的水成岩类机制砂。

4. 水应符合国家现行标准《混凝土用水标准》JGJ 63 的规定。宜使用饮用水及不含油类等杂质的清洁中性水，pH 值为 6～8。

5. 用于混凝土路面的钢纤维应符合下列规定：

（1）单丝钢纤维抗拉强度不宜小于 600MPa。

（2）钢纤维长度应与混凝土粗集料最大公称粒径相匹配，最短长度宜大于粗集料最大公称粒径的 1/3；最大长度不宜大于粗集料最大公称粒径的 2 倍，钢纤维长度与标称值的允许偏差为 ±10%。

6. 胀缝板宜采用厚 20mm、水稳定性好、具有一定柔性的板材制作，且应经防腐处理。

4.7.2 混凝土配合比设计

1. 混凝土配合比设计应符合下列规定：

（1）不同摊铺方式混凝土最佳工作性范围及最大用水量应符合表 4.7.2-1 的规定。

（2）混凝土耐久性应符合下列要求：

1）路面混凝土含气量及允许偏差宜符合表 4.7.2-2 的规定。

不同摊铺方式混凝土工作性

及用水量要求　　　　表 4.7.2-1

混凝土类型	项　目	摊　铺　方　式			
		滑模摊铺机	轨道摊铺机	三轴机组摊铺机	小型机具摊铺
砾石混凝土	出机坍落度（mm）	20~40[①]	40~60	30~50	10~40
	摊铺坍落度（mm）	5~55[②]	20~40	10~30	0~20
	最大用水量（kg/m³）	155	153	148	145
碎石混凝土	出机坍落度（mm）	25~50[①]	40~60	30~50	10~40
	摊铺坍落度（mm）	10~65[②]	20~40	10~30	0~20
	最大用水量（kg/m³）	160	156	153	150

注：①为设超铺角的摊铺机。不设超铺角的摊铺机最佳坍落度
　　　砾石为 10~40mm；碎石为 10~30mm；

　　②为最佳工作性允许波动范围。

路面混凝土含气量及允许偏差（%）　　表 4.7.2-2

最大粒径（mm）	无抗冻性要求	有抗冻性要求	有抗盐冻要求
19.0	4.0±1.0	5.0±0.5	6.0±0.5
26.5	3.5±1.0	4.5±0.5	5.5±0.5
31.5	3.5±1.0	4.0±0.5	5.0±0.5

2) 混凝土最大水灰比和最小单位水泥用量宜符合表 4.7.2-3 的规定。最大单位水泥用量不宜大于 400kg/m³。

路面混凝土的最大水灰比和
最小单位水泥用量　　表 4.7.2-3

道 路 等 级		城市快速路、主干路	次干路	其他道路
最大水灰比		0.44	0.46	0.48
抗冰冻要求最大水灰比		0.42	0.44	0.46
抗盐冻要求最大水灰比		0.40	0.42	0.44
最小单位水泥用量（kg/m³）	42.5 级水泥	300	300	290
	32.5 级水泥	310	310	305
抗冰(盐)冻时最小单位水泥用量（kg/m³）	42.5 级水泥	320	320	315
	32.5 级水泥	330	330	325

注：水灰比计算以砂石料的自然风干状态计(砂含水量≤1.0%；石子含水量≤0.5%)；

3) 严寒地区路面混凝土抗冻等级不宜小于 F250，寒冷地区不宜小于 F200。

(3) 路面混凝土外加剂的使用应符合的要求为：高温施工时，混凝土搅拌物的初凝时间不得小于 3h；低温施工时，终凝时间不得大于 10h。

2. 钢纤维混凝土的配合比设计，应符合下列规定：

混凝土耐久性应符合下列要求：

1）最大水灰比和最小单位水泥用量应符合表 4.7.2-4 的规定。

路面钢纤维混凝土的最大水灰比和

最小单位水泥用量　　　表 4.7.2-4

道 路 等 级		城市快速路、主干路	次干路及其他道路
最大水灰比		0.47	0.49
抗冰冻要求最大水灰比		0.45	0.46
抗盐冻要求最大水灰比		0.42	0.43
最小单位水泥用量（kg/m³）	42.5 级水泥	360	360
	32.5 级水泥	370	370
抗冰（盐）冻要求最小单位水泥用量（kg/m³）	42.5 级水泥	380	380
	32.5 级水泥	390	390

2）砂石料用量可采用密度法或体积法计算。按密度法计算时，钢纤维混凝土单位质量可取 $2450 \sim 2580 kg/m^3$；按体积法计算时，应计入设计含气量。

4.7.3　施工准备

施工前，应按设计规定划分混凝土板块，板

块划分应从路口开始，必须避免出现锐角。曲线段分块，应使横向分块线与该点法线方向一致。直线段分块线应与面层胀、缩缝结合，分块距离宜均匀。分块线距检查井盖的边缘，宜大于1m。

4.7.4　模板与钢筋

1. 模板应符合下列规定：

（1）钢模板应直顺、平整，每1m设置1处支撑装置。

（2）木模板直线部分板厚不宜小于5cm，每0.8～1m设1处支撑装置；弯道部分板厚宜为1.5～3cm，每0.5～0.8m设1处支撑装置，模板与混凝土接触面及模板顶面应刨光。

（3）模板制作允许偏差应符合表4.7.4-1的规定。

模板制作允许偏差　　表4.7.4-1

施工方式 检测项目	三辊轴 机组	轨道摊 铺机	小型机具
高度（mm）	±1	±1	±2
局部变形（mm）	±2	±2	±3
两垂直边夹角（°）	90±2	90±1	90±3
顶面平整度（mm）	±1	±1	±2
侧面平整度（mm）	±2	±2	±3
纵向直顺度（mm）	±1	±1	±3

2. 模板安装应符合的规定为：模板安装完毕，应进行检验，合格后方可使用。其安装质量应符合表4.7.4-2的规定。

表 4.7.4-2

模板安装允许偏差

检测项目	允许偏差			检验频率		检验方法
	三辊轴机组	轨道摊铺机	小型机具	范围	点数	
中线偏位 (mm)	≤10	≤5	≤15	100m	2	用经纬仪、钢尺量
宽度 (mm)	≤10	≤5	≤15	20m	1	用钢尺量
顶面高程 (mm)	±5	±5	±10	20m	1	用水准仪测量
横坡 (%)	±0.10	±0.10	±0.20	20m	1	用钢尺量
相邻板高差 (mm)	≤1	≤1	≤2	每缝	1	用水平尺、塞尺量
模板接缝宽度 (mm)	≤3	≤2	≤3	每缝	1	用钢尺量
侧面垂直度 (mm)	≤3	≤2	≤4	20m	1	用水平尺、卡尺量
纵向顺直度 (mm)	≤3	≤2	≤4	40m	1	用20m线和钢尺量
顶面平整度 (mm)	≤1.5	≤1	≤2	每两缝同	1	用3m直尺、塞尺量

3. 钢筋安装应符合下列规定：

（1）钢筋加工允许偏差应符合表 4.7.4-3 的规定。

钢筋加工允许偏差　　　表 4.7.4-3

项　目	焊接钢筋网及骨架允许偏差（mm）	绑扎钢筋网及骨架允许偏差（mm）	检验频率		检验方法
			范围	点数	
钢筋网的长度与宽度	±10	±10	每检验批	抽查10%	用钢尺量
钢筋网眼尺寸	±10	±20			用钢尺量
钢筋骨架宽度及高度	±5	±5			用钢尺量
钢筋骨架的长度	±10	±10			用钢尺量

（2）钢筋安装允许偏差应符合表 4.7.4-4 的规定。

4. 混凝土抗压强度达 8.0MPa 及以上方可拆模。当缺乏强度实测数据时，侧模允许最早拆模时间宜符合表 4.7.4-5 的规定。

钢筋安装允许偏差　　表4.7.4-4

项　目		允许偏差(mm)	检验频率		检验方法
			范围	点数	
受力钢筋	排距	±5	每检验批	抽查10%	用钢尺量
	间距	±10			
钢筋弯起点位置		20			用钢尺量
箍筋、横向钢筋间距	绑扎钢筋网及钢筋骨架	±20			用钢尺量
	焊接钢筋网及钢筋骨架	±10			用钢尺量
钢筋预埋位置	中心线位置	±5			用钢尺量
	水平高差	±3			
钢筋保护层	距表面	±3			用钢尺量
	距底面	±5			

混凝土侧模的允许最早拆模时间 (h)

表4.7.4-5

昼夜平均气温	−5℃	0℃	5℃	10℃	15℃	20℃	25℃	≥30℃
硅酸盐水泥、R型水泥	240	120	60	36	34	28	24	18
道路、普通硅酸盐水泥	360	168	72	48	36	30	24	18
矿渣硅酸盐水泥	—	—	120	60	50	45	36	24

注：允许最早拆侧模时间从混凝土面板经整成形后开始计算。

4.7.5 混凝土搅拌与运输

1. 现场自行设立搅拌站应符合的规定为：搅拌站宜设有计算机控制数据信息采集系统。搅拌设备配料计量偏差应符合表 4.7.5-1 的规定。

搅拌设备的计量允许偏差（%）　表 4.7.5-1

材料名称	水泥	掺合料	钢纤维	砂	粗集料	水	外加剂
城市快速路、主干路每盘	±1	±1	±2	±2	±2	±1	±1
城市快速路、主干路累计每车	±1	±1	±1	±2	±2	±1	±1
其他等级道路	±2	±2	±2	±3	±3	±2	±1

2. 混凝土搅拌应符合下列规定：

（1）混凝土的搅拌时间应按配合比要求与施工对其工作性要求经试拌、确定最佳搅拌时间。每盘最长总搅拌时间宜为 80～120s。

（2）搅拌钢纤维混凝土，除应满足上述要求外，尚应符合的要求为：当钢纤维体积率较高、搅拌物较干时，搅拌设备一次搅拌量不宜大于其额定搅拌量的 80%。

3. 不同摊铺工艺的混凝土搅拌物从搅拌机出料到运输、铺筑完毕的允许最长时间应符合表 4.7.5-2 的规定。

混凝土拌合物出料到运输、铺筑
完毕允许最长时间　表 4.7.5-2

施工气温 * （℃）	到运输完毕 允许最长时间（h）		到铺筑完毕 允许最长时间（h）	
	滑模、 轨道	三辊轴 小机具	滑模、 轨道	三辊轴、 小机具
5～9	2.0	1.5	2.5	2.0
10～19	1.5	1.0	2.0	1.5
20～29	1.0	0.75	1.5	1.25
30～35	0.75	0.50	1.25	1.0

注：表中 * 指施工时间的日间平均气温，使用缓凝剂延长凝
　　结时间后，本表数值可增加 0.25～0.5h。

4.7.6　混凝土铺筑

1. 三辊轴机组铺筑应符合下列规定：

（1）三辊轴机组铺筑混凝土面层时，辊轴直径应与摊铺层厚度匹配，且必须同时配备一台安装插入式振捣器组的排式振捣机，振捣器的直径宜为 50～100mm，间距不得大于其有效作用半径的 1.5 倍，且不得大于 50cm。

（2）当面层铺装厚度小于 15cm 时，可采用振捣梁。其振捣频率宜为 50～100Hz，振捣加速度宜为（4～5）g（g 为重力加速度）。

（3）铺筑作业应符合的要求为：三辊轴整平机分段整平的作业单元长度宜为 20～30m，振捣机振实与三辊轴整平工序之间的时间间隔不宜超过 15min。

2. 采用轨道摊铺机铺筑时，最小摊铺宽度不宜小于 3.75m，并应符合下列规定：

（1）应根据设计车道数按表 4.7.6-1 的技术参数选择摊铺机。

轨道摊铺机的基本技术参数　表 4.7.6-1

项　目	发动机功率（kW）	最大摊铺宽度（m）	摊铺厚度（mm）	摊铺速度（m/min）	整机质量（t）
三车道轨道摊铺机	33～45	11.75～18.3	250～600	1～3	13～38
双车道轨道摊铺机	15～33	7.5～9.0	250～600	1～3	7～13
单车道轨道摊铺机	8～22	3.5～4.5	250～450	1～4	≤7

（2）坍落度宜控制在 20～40mm。不同坍落度时的松铺系数（K）可参考表 4.7.6-2 确定，并按此计算出松铺高度。

松铺系数（K）与坍落度（S_L）的关系　表 4.7.6-2

坍落度 S_L（mm）	5	10	20	30	40	50	60
松铺系数 K	1.30	1.25	1.22	1.19	1.17	1.15	1.12

（3）当施工钢筋混凝土面层时，宜选用两台箱形轨道摊铺机分两层两次布料。下层混凝土的布料长度应根据钢筋网片长度和混凝土凝结时间确定，且不宜超过 20m。

（4）振实作业应符合下列要求：

1）轨道摊铺机应配备振捣器组，当面板厚度超过 150mm、坍落度小于 30mm 时，必须插入振捣。

2）轨道摊铺机应配备振动梁或振动板对混凝土表面进行振捣和修整。使用振动板振动提浆饰面时，提浆厚度宜控制在（4±1）mm。

3. 人工小型机具施工水泥混凝土路面层，应符合下列规定：

（1）混凝土松铺系数宜控制在 1.10～1.25。

（2）摊铺厚度达到混凝土板厚的 2/3 时，应拔出模内钢钎，并填实钎洞。

（3）混凝土面层分两次摊铺时，上层混凝土的摊铺应在下层混凝土初凝前完成，且下层厚度宜为总厚的 3/5。

（4）混凝土使用插入式振捣器振捣时，不得过振，且振动时间不宜少于 30s，移动间距不宜大于 50cm。使用平板振捣器振捣时应重叠 10～20cm，振捣器行进速度应均匀一致。

（5）真空脱水作业应符合的要求为：开机后应逐渐升高真空度，当达到要求的真空度，开始正常出水后，真空度应保持稳定，最大真空度不宜超过 0.085MPa，待达到规定脱水时间和脱水量时，应逐渐减小真空度。

（6）成活应符合的要求为：混凝土抹面不宜少于 4 次，先找平抹平，待混凝土表面无泌水时再抹面，并依据水泥品种与气温控制抹面间隔时间。

4. 混凝土面层应拉毛、压痕或刻痕，其平均纹理深度应为 1~2mm。

5. 横缝施工应符合下列规定：

（1）胀缝间距应符合设计规定，缝宽宜为 20mm。在与结构物衔接处、道路交叉和填挖土方变化处，应设胀缝。

（2）缩缝应垂直板面，宽度宜为 4~6mm。切缝深度：设传力杆时，不应小于面层厚的 1/3，且不得小于 70mm；不设传力杆时，不应小于面层厚的 1/4，且不应小于 60mm。

（3）机切缝时，宜在水泥混凝土强度达到设计强度 25%~30% 时进行。

6. 当施工现场的气温高于 30℃、搅拌物温度在 30~35℃、空气相对湿度小于 80% 时，搅拌物中宜掺缓凝剂、保塑剂或缓凝减水剂等。切缝应视混凝土强度的增长情况，比常温施工适度提前。铺筑现场宜设遮阳棚。

7. 当混凝土面层施工采取人工抹面、遇有 5 级及以上风时，应停止施工。

4.7.7 面层养护与填缝

1. 水泥混凝土面层成活后，应及时养护。可选用保湿法和塑料薄膜覆盖等方法养护。气温较高时，养护不宜少于 14d；低温时，养护期不宜少于 21d。

2. 混凝土板在达到设计强度的 40% 以后，方可允许行人通行。

4.7.8 检验标准

1. 水泥混凝土面层质量检验应符合下列规定：

（1）原材料质量应符合下列要求：

1）水泥品种、级别、质量、包装、贮存，应符合国家现行有关标准的规定。

检查数量：按同一生产厂家、同一等级、同一品种、同一批号且连续进场的水泥，袋装水泥不超过 200t 为一批，散装水泥不超过 500t 为一批，每批抽样 1 次。

水泥出厂超过三个月（快硬硅酸盐水泥超过一个月）时，应进行复验，复验合格后方可使用。

检验方法：检查产品合格证、出厂检验报告，进场复验。

2）钢纤维的规格质量应符合设计要求及规范的有关规定。

检查数量：按进场批次，每批抽检 1 次。

检验方法：现场取样、试验。

3）粗骨料、细骨料应符合规范的有关规定。

检查数量：同产地、同品种、同规格且连续进场的骨料，每 400m³ 为一批，不足 400m³ 按一批计，每批抽检 1 次。

检验方法：检查出厂合格证和抽检报告。

4）水应符合规范的规定。

检查数量：同水源检查 1 次。

检验方法：检查水质分析报告。

（2）混凝土面层质量应符合设计要求。

1）混凝土弯拉强度应符合设计规定。

检查数量：每 100m³ 的同配合比的混凝土，取样 1 次；不足 100m³ 时按 1 次计。每次取样应至少留置 1 组标准养护试件。同条件养护试件的留置组数应根据实际需要确定。

检验方法：检查试件强度试验报告。

2）混凝土面层厚度应符合设计规定，允许误差为±5mm。

检查数量：每 1000m² 抽测 1 点。

检验方法：查试验报告、复测。

3）抗滑构造深度应符合设计要求。

检查数量：每 1000m² 抽测 1 点。

检验方法：铺砂法。

4）水泥混凝土面层应板面平整、密实，边

角应整齐、无裂缝，并不应有石子外露和浮浆、脱皮、踏痕、积水等现象，蜂窝麻面面积不得大于总面积的 0.5%。

检查数量：全数检查。

检验方法：观察、检查技术处理方案。

5）混凝土路面允许偏差应符合表 4.7.8-1 的规定。

混凝土路面允许偏差　　表 4.7.8-1

项　目		允许偏差与规定值		检验频率		检验方法
		城市快速路、主干路	次干路、支路	范围	点数	
纵断高程（mm）		±15		20m	1	用水准仪测量
中线偏位（mm）		≤20		100m	1	用经纬仪测量
平整度	标准差 σ（mm）	≤1.2	≤2	100m	1	用测平仪检测
	最大间隙（mm）	≤3	≤5	20m	1	用 3m 直尺和塞尺连续量两尺，取较大值
宽度（mm）		0 −20		40m	1	用钢尺量
横坡（%）		±0.30%且不反坡		20m	1	用水准仪测量

项　目	允许偏差或规定值		检验频率		检验方法
	城市快速路、主干路	次干路、支路	范围	点数	
井框与路面高差（mm）	≤3		每座	1	十字法，用直尺和塞尺量取最大值
相邻板高差（mm）	≤3		20m	1	用钢板尺和塞尺量
纵缝直顺度（mm）	≤10		100m	1	用20m线和钢尺量
横缝直顺度（mm）	≤10		40m		
蜂窝麻面面积①（%）	≤2		20m	1	观察和用钢板尺量

注：①每20m查1块板的侧面。

4.8　铺砌式面层

4.8.1　料石面层

1. 开工前，应选用符合设计要求的料石。当设计无要求时，宜优先选择花岗岩等坚硬、耐磨、耐酸石材，石材应表面平整、粗糙，且应符合下列规定：

（1）料石的物理性能和外观质量应符合表
4.8.1-1 的规定。

石材物理性能和外观质量　表 4.8.1-1

项　　目		单位	允许值	备　　注
物理性能	饱和抗压强度	MPa	≥120	—
	饱和抗折强度	MPa	≥9	—
	体积密度	g/cm³	≥2.5	—
	磨耗率（狄法尔法）	%	<4	—
	吸水率	%	<1	—
	孔隙率	%	<3	—
外观质量	缺　棱	个	1	面积不超过 5mm×10mm，每块板材
	缺　角	个		面积不超过 2mm×2mm，每块板材
	色　斑	个		面积不超过 15mm×15mm，每块板材
	裂　纹	条	1	长度不超过两端顺延至板边总长度的 1/10（长度小于 20mm 不计）每块板
	坑　窝	—	不明显	粗面板材的正面出现坑窝

注：表面纹理垂直于板边沿，不得有斜纹、乱纹现象，边沿直顺、四角整齐，不得有凹凸不平现象。

（2）料石加工尺寸允许偏差应符合表4.8.1-2的规定。

料石加工尺寸允许偏差　　表4.8.1-2

项　目	允许偏差（mm）	
	粗面材	细面材
长、宽	0 −2	0 −1.5
厚（高）	+1 −3	±1
对角线	±2	±2
平面度	±1	±0.7

2. 砌筑砂浆中采用的水泥、砂、水应符合下列规定：

（1）宜用质地坚硬、干净的粗砂或中砂，含泥量应小于5%。

（2）搅拌用水应符合国家现行标准《混凝土用水标准》JGJ 63的规定。宜使用饮用水及不含油类等杂质的清洁中性水，pH值宜为6~8。

3. 铺砌控制基线的设置距离，直线段宜为5~10m，曲线段应视情况适度加密。

4.8.2 预制混凝土砌块面层

预制砌块表面应平整、粗糙，技术性能应符合下列规定：

（1）砌块的弯拉或抗压强度应符合设计规定。

当砌块边长与厚度比小于5时应以抗压强度控制。

（2）砌块的耐磨性试验磨坑长度不得大于35mm，吸水率应小于8%，其抗冻性应符合设计规定。

（3）砌块加工尺寸与外观质量允许偏差应符合表4.8.2的规定。

砌块加工尺寸与外观质量允许偏差　　表4.8.2

项　目		单位	允许偏差
长度、宽度		mm	±2.0
厚度			±3.0
厚度差①			≤3.0
平整度			≤2.0
垂直度			≤2.0
正面黏皮或缺损的最大投影尺寸			≤5
缺棱掉角的最大投影尺寸			≤10
裂纹	非贯穿裂纹最大投影尺寸		≤10
	贯穿裂纹		不允许
分层		—	不允许
色差、杂色			不明显

注：①同一砌块的厚度差。

4.8.3　检验标准

1. 料石面层质量检验应符合下列规定：

（1）砂浆平均抗压强度等级应符合设计规

定，任一组试件抗压强度最低值不得低于设计强度的 85%。

检查数量：同一配合比，每 1000m² 1 组（6 块），不足 1000m² 取 1 组。

检验方法：查试验报告。

（2）料石面层允许偏差应符合表 4.8.3-1 的规定。

料石面层允许偏差　　　表 4.8.3-1

项　目	允许偏差	检验频率		检查方法
		范围	点数	
纵断高程（mm）	±10	10m	1	用水准仪测量
中线偏位（mm）	≤20	100m	1	用经纬仪测量
平整度（mm）	≤3	20m	1	用 3m 直尺和塞尺连续量两尺，取较大值
宽度（mm）	不小于设计规定	40m	1	用钢尺量
横坡（%）	±0.3%且不反坡	20m	1	用水准仪测量
井框与路面高差(mm)	≤3	每座		十字法，用直尺和塞尺量，取最大值
相邻块高差(mm)	≤2	20m	1	用钢板尺量
纵横缝直顺度（mm）	≤5	20m	1	用 20m 线和钢尺量
缝宽（mm）	+3 −2	20m	1	用钢尺量

2. 预制混凝土砌块面层检验应符合下列规定：

（1）砌块的强度应符合设计要求。

检查数量：同一品种、规格，每 1000m² 抽样检查 1 次。

检查方法：查出厂检验报告、复验。

（2）砂浆平均抗压强度等级应符合设计规定，任一组试件抗压强度最低值不得低于设计强度的 85%。

检查数量：同一配合比，每 1000m² 1 组（6 块），不足 1000m² 取 1 组。

检验方法：查试验报告。

（3）预制混凝土砌块面层允许偏差应符合表 4.8.3-2 的规定。

预制混凝土砌块面层允许偏差　　表 4.8.3-2

项　　目	允许偏差	检验频率		检测方法
		范围	点数	
纵断高程（mm）	±15	20m	1	用水准仪测量
中线偏位（mm）	≤20	100m	1	用经纬仪测量
平整度（mm）	≤5	20m	1	用 3m 直尺和塞尺连续量两尺，取较大值

项　目	允许偏差	检验频率		检测方法
		范围	点数	
宽度(mm)	不小于设计规定	40m	1	用钢尺量
横坡(%)	±0.3%且不反坡	20m	1	用水准仪测量
井框与路面高差(mm)	≤4	每座	1	十字法，用直尺和塞尺量，取最大值
相邻块高差(mm)	≤3	20m	1	用钢板尺量
纵横缝直顺度(mm)	≤5	20m	1	用20m线和钢尺量
缝宽(mm)	+3 −2	20m	1	用钢尺量

4.9　广场与停车场面层检验标准

1. 料石面层质量检验应符合下列规定：

石材安装除应符合规范有关规定外，料石面层允许偏差应符合表 4.9-1 的要求。

项　目	允许偏差	检验频率		检 查 方 法
		范围	点数	
高程 （mm）	±6	施工 单元①	1	用水准仪测量
平整度 （mm）	≤4	10m× 10m	1	用 3m 直尺和塞尺量 最大值、
宽度 （mm）	不小于设 计规定	40m②	1	用钢尺或测距仪量测
坡度	±0.3% 且不反坡	20m	1	用水准仪测量
井框与面 层高差 （mm）	≤3	每座	1	十字法，用直尺和塞 尺量最大值
相邻块 高差 （mm）	≤2	10m× 10m	1	用钢板尺量
纵、横缝 直顺度 （mm）	≤5	40m× 40m	1	用 20m 线和钢尺量
缝宽 （mm）	+3 −2	40m× 40m		用钢尺量

注：①在每一单位工程中，以 40m×40m 定方格网，进行编
号，作为量测检查的基本单元，不足 40m×40m 的部
分以一个单元计。在基本单元中再以 10m×10m 或
20m×20m 作为子单元，每基本单元范围内只抽一个子
单元检查；检查方法为随机取样，即基本单元在室内
确定，子单元在现场确定，量取 3 点取最大值。
②适用于矩形广场与停车场。

2. 预制混凝土砌块面层质量检验应符合下列规定：

预制块安装除应符合规范的有关规定外，预制混凝土砌块面层允许偏差尚应符合表 4.9-2 的规定。

预制混凝土砌块面层允许偏差　表 4.9-2

项　目	允许偏差	检验频率		检验方法
		范　围	点数	
高程(mm)	±10	施工单元[①]	1	用水准仪测量
平整度(mm)	≤5	10m×10m	1	用 3m 直尺、塞尺量最大值
宽　度	不小于设计规定	40m[②]	1	用钢尺或测距仪量测
坡　度	±0.3%且不反坡	20m	1	用水准仪测量
井框与面层高差(mm)	≤4	每座	1	十字法，用直尺和塞尺量，取最大值
相邻块高差(mm)	≤2	10m×10m	1	用钢板尺量
纵、横缝直顺度(mm)	≤10	40m×40m	1	用20m线和钢尺量
缝宽(mm)	+3 −2	40m×40m		用钢尺量

注：①同表 4.9-1 注。
　　②适用于矩形广场与停车场。

408

3. 沥青混合料面层质量检验应符合规范的有关规定外，尚应符合下列规定：

（1）面层厚度应符合设计规定，允许偏差为 ±5mm。

检查数量：每 1000m² 抽测 1 点，不足 1000m² 取 1 点。

检验方法：钻孔用钢尺量。

（2）广场、停车场沥青混合料面层允许偏差应符合表 4.9-3 的有关规定。

广场、停车场沥青混合料面层允许偏差

表 4.9-3

项 目	允许偏差	检验频率		检验方法
		范 围	点数	
高程（mm）	±10	施工单元①	1	用水准仪测量
平整度（mm）	≤5	10m×10m	1	用 3m 直尺、塞尺量取较大值
宽度（mm）	不小于设计规定	40m②	1	用钢尺或测距仪量测
坡 度	±0.3% 且不反坡	20m	1	用水准仪测量
井框与面层高差（mm）	≤5	每座	1	十字法，用直尺和塞尺量最大值

注：①同表 4.9-1 注。
②适用于矩形广场与停车场。

4. 水泥混凝土面层质量检验应符合下列规定：

水泥混凝土面层允许偏差应符合表 4.9-4 的规定。

水泥混凝土面层允许偏差　　　表 4.9-4

| 项　目 | 允许偏差 | 检验频率 | | 检验方法 |
		范　围	点数	
高程(mm)	±10	施工单元①	1	用水准仪测量
平整度(mm)	≤5	10m×10m	1	用 3m 直尺和塞尺连续量两尺，取较大值
宽　度	不小于设计规定	40m②	1	用钢尺或测距仪量测
坡　度	±0.3%且不反坡	20m	1	用水准仪测量
井框与面层高差(mm)	≤5	每座	1	十字法，用直尺和塞尺量，取最大值
相邻板高差(mm)	≤3	10m×10m	1	用钢板尺和塞尺量
纵缝直顺度(mm)	≤10	40m×40m	1	用 20m 线和钢尺量
横缝直顺度(mm)	≤10	40m×40m	1	
蜂窝麻面面积③(%)	≤2	20m	1	观察和用钢板尺量

注：①同表 4.9-1 注。

②适用于矩形广场与停车场。

③每 20m 查 1 块板的侧面。

4.10 人行道铺筑

4.10.1 料石与预制砌块铺砌人行道面层

1. 料石应表面平整、粗糙，色泽、规格、尺寸应符合设计要求，其抗压强度不宜小于80MPa，且应符合表4.10.1-1的要求。

石材物理性能和外观质量 表 4.10.1-1

<table>
<tr><th colspan="2">项　目</th><th>单　位</th><th>允许值</th><th>注</th></tr>
<tr><td rowspan="6">物理性能</td><td>饱和抗压强度</td><td>MPa</td><td>≥80</td><td></td></tr>
<tr><td>饱和抗折强度</td><td>MPa</td><td>≥9</td><td></td></tr>
<tr><td>体积密度</td><td>g/cm³</td><td>≥2.5</td><td></td></tr>
<tr><td>磨耗率
（狄法尔法）</td><td>%</td><td><4</td><td></td></tr>
<tr><td>吸水率</td><td>%</td><td><1</td><td></td></tr>
<tr><td>孔隙率</td><td>%</td><td><3</td><td></td></tr>
<tr><td rowspan="5">外观质量</td><td>缺　棱</td><td>个</td><td rowspan="4">1</td><td>面积不超过 5mm×10mm，每块板材</td></tr>
<tr><td>缺　角</td><td>个</td><td>面积不超过 2mm×2mm，每块板材</td></tr>
<tr><td>色　斑</td><td>个</td><td>面积不超过 15mm×15mm，每块板材</td></tr>
<tr><td>裂　纹</td><td>条</td><td>长度不超过两端顺延至板边总长度的1/10（长度小于 20mm不计），每块板</td></tr>
<tr><td>坑　窝</td><td>—</td><td>不明显</td><td>粗面板材的正面出现坑窝</td></tr>
</table>

注：表面纹理垂直于板边沿，不得有斜纹、乱纹现象，边沿直顺、四角整齐，不得有凹、凸不平现象。

2. 水泥混凝土预制人行道砌块的抗压强度应符合设计规定，设计未规定时，不宜低于30MPa。砌块应表面平整、粗糙、纹路清晰、棱角整齐，不得有蜂窝、露石、脱皮等现象；彩色道砖应色彩均匀。预制人行道砌块加工尺寸与外观质量允许偏差应符合表 4.8.2 的规定。

4.10.2 沥青混合料铺筑人行道面层

1. 沥青混凝土铺装层厚不应小于 3cm，沥青石屑、沥青砂铺装层厚不应小于 2cm。

2. 压实度不应小于 95%。表面应平整，无明显轮迹。

4.10.3 检验标准

1. 料石铺砌人行道面层质量检验应符合下列规定：

（1）路床与基层压实度应大于或等于 90%。

检查数量：每 100m 查 2 点。

检验方法：环刀法、灌砂法、灌水法。

（2）砂浆强度应符合设计要求。

检查数量：同一配合比，每 1000m² 1 组（6块），不足 1000m² 取 1 组。

检验方法：查试验报告。

（3）料石铺砌允许偏差应符合表 4.10.3-1 的规定。

料石铺砌允许偏差　表 4.10.3-1

项　　目	允许偏差	检验频率		检验方法
		范围	点数	
平整度 （mm）	≤3	20m	1	用 3m 直尺和塞尺量 3 点
横坡	±0.3% 且不反坡	20m	1	用水准仪测量
井框与面层高差 （mm）	≤3	每座	1	十字法，用直尺和塞尺量最大值
相邻块高差 （mm）	≤2	20m	1	用钢尺量 3 点
纵缝直顺 （mm）	≤10	40m	1	用 20m 线和钢尺量
横缝直顺 （mm）	≤10	20m	1	沿路宽用线和钢尺量
缝宽 （mm）	+3 -2	20m	1	用钢尺量 3 点

2. 混凝土预制砌块铺砌人行道质量检验应符合下列规定：

（1）混凝土预制砌块（含盲道砌块）强度应符合设计规定。

检查数量：同一品种、规格、每检验批 1 组。

检验方法：查抗压强度试验报告。

（2）砂浆平均抗压强度等级应符合设计规定，任一组试件抗压强度最低值不应低于设计强

413

度的 85%。

检查数量：同一配合比，每 1000m²1 组（6 块），不足 1000m² 取 1 组。

检验方法：查试验报告。

（3）预制砌块铺砌允许偏差应符合表 4.10.3-2 的规定。

预制砌块铺砌允许偏差 表 4.10.3-2

项　　目	允许偏差	检验频率		检验方法
		范围	点数	
平整度（mm）	≤5	20m	1	用 3m 直尺和塞尺量
横坡(%)	±0.3%且不反坡	20m	1	用水准仪量测
井框与面层高差（mm）	≤4	每座	1	十字法，用直尺和塞尺量最大值
相邻块高差（mm）	≤3	20m	1	用钢尺量
纵缝直顺（mm）	≤10	40m	1	用 20m 线和钢尺量
横缝直顺（mm）	≤10	20m	1	沿路宽用线和钢尺量
缝宽（mm）	+3 −2	20m	1	用钢尺量

3. 沥青混合料铺筑人行道面层的质量检验应符合下列规定：

（1）沥青混合料品质应符合马歇尔试验配合比技术要求。

检查数量：每日、每品种检查1次。

检验方法：现场取样试验。

（2）沥青混合料压实度不应小于95%。

检查数量：每100m查2点。

检验方法：查试验记录（马歇尔击实试件密度，试验室标准密度）。

（3）沥青混合料铺筑人行道面层允许偏差应符合表4.10.3-3的规定。

沥青混合料铺筑人行道面层允许偏差 表 4.10.3-3

项　　目		允许偏差	检验频率		检验方法
			范围	点数	
平整度 （mm）	沥青混凝土	≤5	20m	1	用 3m 直尺和塞尺连续量两点，取较大值
	其　他	≤7			
横坡（%）		±0.3% 且不反坡	20m	1	用水准仪量测
井框与面层高差 （mm）		≤5	每座	1	十字法，用直尺和塞尺量最大值
厚度（mm）		±5	20m	1	用钢尺量

4.11 人行地道结构

4.11.1 一般规定

1. 遇地下水时，应先将地下水降至基底以下 50cm 方可施工，且降水应连续进行，直至工程完成到地下水位 50cm 以上且具有抗浮及防渗漏能力方可停止降水。

2. 人行地道两侧的回填土，应在主体结构防水层的保护层完成，且保护层砌筑砂浆强度达到 3MPa 后方可进行。地道两侧填土应对称进行，高差不宜超过 30cm。

4.11.2 现浇钢筋混凝土人行地道

1. 基础结构下应设混凝土垫层。垫层混凝土宜为 C15 级，厚度宜为 10～15cm。

2. 人行地道外防水层作业应符合下列规定：

（1）结构底部防水层应在垫层混凝土强度达到 5MPa 后铺设，且与地道结构粘贴牢固。

（2）防水材料纵横向搭接长度不应小于 10cm，应粘接密实、牢固。

3. 模板的制作、安装与拆除应符合国家现行标准《城市桥梁工程施工及验收规范》CJJ 2 的有关规定外，尚应符合下列规定：

（1）基础模板安装允许偏差应符合表

4.11.2-1 的规定。

基础模板安装允许偏差 表 4.11.2-1

项　目		允许偏差（mm）	检验频率		检验方法
			范围	点数	
相邻两板表面高差	刨光模板	≤2	20m	2	用塞尺量
	钢模板				
	不刨光模板	≤4			
表面平整度	刨光模板	≤3	20m	4	用 2m 直尺、塞尺量
	钢模板				
	不刨光模板	≤5			
断面尺寸	宽　度	±10	20m	2	用钢尺量
	高　度	±10			
	杯槽宽度①	+20 0			
轴线偏位	杯槽中心线①	≤10	20m	1	用经纬仪测量
杯槽底面高程（支撑面）①		+5 -10	20m	1	用水准仪测量
预埋件①	高　程	±5	每个	1	用水准仪测量，用钢尺量
	偏　位	≤15			

注：①发生此项时使用。

（2）侧墙与顶板模板安装允许偏差应符合表 4.11.2-2 的规定。

侧墙与顶板模板安装允许偏差　　表 4.11.2-2

项　　目		允许偏差	检验频率		检验方法
			范围(m)	点数	
相邻两板表面高差(mm)	刨光模板	2		4	用钢尺、塞尺量
	钢模板				
	不刨光模板	4			
表面平整度(mm)	刨光模板	3		4	用2m直尺和塞尺量
	钢模板				
	不刨光模板	5	20		
垂直度		≤0.1%H且≤6		2	用垂线或经纬仪测量
杯槽内尺寸①(mm)		+3 −5		3	用钢尺量，长、宽、高各1点
轴线偏位(mm)		10		2	用经纬仪测量，纵、横各1点
顶面高程(mm)		+2 −5		1	用水准仪测量

注：① 发生此项时使用。

4. 钢筋加工、成型与安装除应符合国家现行标准《城市桥梁工程施工及验收规范》CJJ 2 的有关规定外，尚应符合下列规定：

（1）钢筋加工允许偏差应符合表 4.11.2-3 的规定。

钢筋加工允许偏差　　表 4.11.2-3

项　　目	允许偏差(mm)	检验频率		检验方法
		范　围	点数	
受力钢筋成型长度	+5 −10	每根（每一类型抽查10%且不少于5根）	1	用钢尺量
箍筋尺寸	0 −3		2	用钢尺量，高、宽各1点

（2）钢筋成型与安装允许偏差应符合表 4.11.2-4 的规定。

钢筋成型与安装允许偏差 表 4.11.2-4

项 目	允许偏差 (mm)	检验频率		检验方法
		范围 (m)	点数	
配置两排以上受力筋时钢筋的排距	±5		2	用钢尺量
受力筋间距	±10	10	2	用钢尺量
箍筋间距	±20		2	5个箍筋间距量1尺
保护层厚度	±5		2	用尺量

5. 混凝土原材料、配合比与施工除应符合现行国家标准《混凝土结构工程施工质量验收规范》GB 50204 的有关规定外，尚应符合下列规定：

（1）拌制混凝土最大水灰比与水泥用量应符合表 4.11.2-5 的规定。

混凝土的最大水灰比及最小水泥用量

表 4. 11. 2-5

环境条件及工程部位	无筋混凝土		钢筋混凝土	
	最大水灰比	最小水泥用量（kg/m³）	最大水灰比	最小水泥用量（kg/m³）
在普通地区受自然条件影响的混凝土	0.65	250	0.60	275
在严寒地区受自然条件影响的混凝土	0.60	270	0.55	300

注：表中水泥用量适用于机械搅拌与机械振捣的水泥混凝土；
采用人工捣实时，需增加水泥 25kg/m³。

（2）集料中有活性骨料时，应采用无碱外加剂，混凝土中总含碱量应符合表 4.11.2-6 的规定。

混凝土总含碱量控制   表 4. 11. 2-6

项　　目	控　制　值	
骨料膨胀量（%）	0.02～0.06	＞0.06～0.12
总含碱量（kg/m³）	≤6.0	≤3.0

6. 浇筑混凝土自由落差不得大于 2m。侧墙混凝土宜分层对称浇筑，两侧墙混凝土高差不宜大于 30cm，宜 1 次浇筑完成。浇筑混凝土应分层进行，浇筑厚度应符合表 4.11.2-7 的规定。

混凝土浇筑层的厚度　　表 4.11.2-7

捣实水泥混凝土的方法		灌注层厚度（cm）
插入式振捣		振捣器作用部分长度的 1.25 倍
表面振动	在无筋或配筋稀疏时	25
	配筋较密时	20
人工捣实	在无筋或配筋稀疏时	20
	配筋较密时	15

7. 振捣混凝土应振捣密实，并符合下列规定：

（1）当插入式振捣器以直线式行列插入时，移动距离不得超过作用半径的 1.5 倍；以梅花式行列插入时，移动距离不得超过作用半径的 1.75 倍；振捣器不得触振钢筋。

（2）捣器宜与模板保持 5～10cm 净距。

（3）在下层混凝土尚未初凝前，应完成上层混凝土的振捣。振捣上层混凝土时，振捣器应插入下层 5～10cm。

（4）现场需留置施工缝时，宜留置在结构剪力较小且便于施工的部位。施工缝应在留槎混凝土具有一定强度后进行凿毛处理（人工凿毛时强度宜为 2.5MPa，风镐凿毛时强度宜为 10MPa）。

8. 混凝土运输与浇筑的全部时间不得超过表 4.11.2-8 的规定。

混凝土运输与浇筑的全部时间（min）

表 4.11.2-8

混凝土的 入模温度 （℃）	允许间断时间	
	使用普通硅酸 盐水泥	使用矿渣水泥、火山灰 水泥或粉煤灰水泥
20～30	≤90	≤120
10～19	≤120	≤150
5～9	≤150	≤180

注：当混凝土中掺有促凝剂或缓凝型外加剂时，其允许时间
　　应根据试验结果确定。

9. 结构混凝土达到设计规定强度，且保护防水层的砌体砂浆强度达到 3MPa 后，方可回填土。

4.11.3　预制安装钢筋混凝土结构人行地道

1. 预制构件运输应支撑或紧固稳定，不应损伤构件。构件混凝土强度不应低于设计规定，且不得低于设计强度的 70%。

2. 起吊点应符合设计规定，设计未规定时，应经计算确定。构件起吊时，绳索与构件水平面所成角度不宜小于 60°。

3. 构件安装应符合下列规定：

（1）基础杯口混凝土达到设计强度的 75%以后，方可进行安装。

（2）构件安装时，混凝土的强度应符合设计

规定，且不应低于设计强度的 75％；预应力混凝土构件和孔道灌浆的强度应符合设计规定，设计未规定时，不应低于砂浆设计强度 75％。

4. 杯口浇筑宜在墙体接缝填筑完毕后进行。杯口混凝土达到设计强度的 75％以上，且保护防水层砌体的砂浆强度达到 3MPa 后，方可回填土。

4.11.4 砌筑墙体、钢筋混凝土顶板结构人行地道

1. 砌筑材料应符合的要求为：宜采用 32.5～42.5 级硅酸盐水泥、普通硅酸盐水泥、矿渣水泥或火山灰水泥和质地坚硬、含泥量小于 5％的粗砂、中砂及饮用水拌制砂浆。

2. 墙体砌筑应符合下列规定；

（1）砌筑砂浆的强度应符合设计要求。稠度宜按表 4.11.4 控制，加入塑化剂时砌体强度降低不得大于 10％。

砌筑用砂浆稠度　表 4.11.4

稠度（cm）	砌块种类		
	块石	料石	砖、砌块
正常条件	5～7	7～10	7～10
干热季节或石料砌块吸水率大	10	—	—

（2）墙体每日连续砌筑高度不宜超过 1.2m。分段砌筑时，分段位置应设在基础变形缝部位。相邻砌筑段高差不宜超过 1.2m。

4.11.5　检验标准

1. 现浇钢筋混凝土人行地道结构质量检验应符合下列规定：

（1）地基承载力应符合设计要求。填方地基压实度不应小于 95%，挖方地段钎探合格。

检查数量：每个通道 3 点。

检验方法：查压实度检验报告或钎探报告。

（2）防水层材料应符合设计要求。

检查数量：同品种、同牌号材料每检验批 1 次。

检验方法：产品性能检验报告、取样试验。

（3）防水层应粘贴密实、牢固，无破损；搭接长度大于或等于 10cm。

检查数量：全数检查。

检验方法：查验收记录。

（4）钢筋品种、规格和加工、成型与安装应符合设计要求。

检查数量：钢筋按品种每批 1 次。安装全数检查。

检验方法：查钢筋试验单和验收记录。

（5）混凝土强度应符合设计规定。

检查数量：每班或每 100m³ 取 1 组（3 块），少于规定按 1 组计。

检验方法：查强度试验报告。

（6）钢筋混凝土结构允许偏差应符合表 4.11.5-1 的规定。

钢筋混凝土结构允许偏差　　　　表 4.11.5-1

项　　目	允许偏差	检验频率		检验方法
		范围（m）	点数	
地道底板顶面高程（mm）	±10		1	用水准仪测量
地道净宽（mm）	±20		2	用钢尺量，宽、厚各 1 点
墙高(mm)	±10		2	用钢尺量，每侧 1 点
中线偏位（mm）	≤10	20	2	用钢尺量，每侧 1 点
墙面垂直度（mm）	≤10		2	用垂线和钢尺量，每侧 1 点
墙面平整度（mm）	≤5		2	用 2m 直尺、塞尺量，每侧 1 点
顶板挠度	≤L/1000 净跨径 且<10mm		2	用钢尺量
现浇顶板底面平整度（mm）	≤5	10	2	用 2m 直尺、塞尺量

注：L 为人行地道净跨径。

2. 预制安装钢筋混凝土人行地道结构质量检验应符合下列规定：

(1) 杯口、板缝混凝土强度应符合设计要求。

检查数量：每工作班抽检 1 组（3 块）。

检验方法：查强度试验报告。

(2) 混凝土基础允许偏差应符合表4.11.5-2的规定。

混凝土基础允许偏差　　表 4.11.5-2

项目	允许偏差 (mm)	检验频率		检验方法
		范围	点数	
中线偏位	≤10		1	用经纬仪测量
顶面高程	±10		1	用水准仪测量
长度	±10		1	用钢尺量
宽度	±10		1	用钢尺量
厚度	±10	20m	1	用钢尺量
杯口轴线偏位①	≤10		1	用经纬仪测量
杯口底面高程①	±10		1	用水准仪测量
杯口底、顶宽度①	10～15		1	用钢尺量
预埋件①	≤10	每个	1	用钢尺量

注：①发生此项时使用。

（3）预制墙板、顶板允许偏差应符合表
4.11.5-3、4.11.5-4 的规定。

预制墙板允许偏差　　　表 4.11.5-3

项目	允许偏差（mm）	检验频率		检验方法
		范围	点数	
厚、高	±5	每构件（每类抽查板的10%且不少于5块）	1	用钢尺量，每抽查一块板（序号1、2、3、4）各1点
宽度	0 −10		1	
侧弯	≤L/1000		1	
板面对角线	≤10		1	
外露面平整度	≤5		2	用2m直尺、塞尺量，每侧1点
麻面	≤1%		1	用钢尺量麻面总面积

注：表中 L 为墙板长度(mm)。

预制顶板允许偏差　　　表 4.11.5-4

项　目	允许偏差（mm）	检验频率		检验方法
		范　围	点数	
厚度	±5	每构件（每类抽查总数20%）	1	用钢尺量
宽度	0 −10		1	用钢尺量
长度	±10		1	用钢尺量
对角线长度	≤10		2	用钢尺量
外露面平整度	≤5		1	用2m直尺、塞尺量
麻　面	≤1%		1	用尺量麻面总面积

（4）墙板、顶板安装允许偏差应符合表4.11.5-5的规定。

墙板、顶板安装允许偏差 表4.11.5-5

项目	允许偏差	检验频率		检验方法
		范围	点数	
中线偏位（mm）	≤10	每块	2	拉线用钢尺量
墙板内顶面、高程（mm）	±5		2	用水准仪测量
墙板垂直度	≤0.15%H 且≤5mm		4	用垂线和钢尺量
板间高差（mm）	≤5		4	用钢板尺和塞尺量
相邻板顶面错台（mm）	≤10	每座地道	20%板缝	用钢尺量
板端压墙长度（mm）	±10		6	查隐蔽验收记录，用钢尺量，每侧3点

注：表中 H 为墙板全高（mm）。

3. 砌筑墙体、钢筋混凝土顶板结构人行地道质量检验应符合下列规定：

（1）结构厚度不应小于设计值。

检查数量：每20m抽检2点。

检查方法：用钢尺量。

（2）砂浆平均抗压强度等级应符合设计规定，任一组试件抗压强度最低值不应低于设计强度的 85%。

检查数量：同一配合比砂浆，每 50m³ 砌体中，作 1 组（6 块），不足 50m³ 按 1 组计。

检验方法：查试验报告。

（3）现浇钢筋混凝土顶板表面应光滑、平整，无蜂窝、麻面、缺边掉角现象。

检查数量：应符合表 4.11.5-1 的规定。

检验方法：应符合表 4.11.5-1 的规定。

（4）墙体砌筑允许偏差应符合表 4.11.5-6 的规定。

墙体砌筑允许偏差　　表 4.11.5-6

项　目	允许偏差 (mm)	检验频率		检验方法
		范围 (m)	点数	
地道底部高程	±10	10	1	用水准仪测量
地道结构净高	±10	20	2	用钢尺量
地道净宽	±20	20	2	用钢尺量
中线偏位	≤10	20	2	用经纬仪定线、钢尺量
墙面垂直度	≤15	10	2	用垂线和钢尺量
墙面平整度	≤5	10	2	用 2m 直尺、塞尺量

项 目	允许偏差 (mm)	检验频率		检验方法
		范围 (m)	点数	
现浇顶板平整度	≤5	10	2	用2m直尺、塞尺量
预制顶板两板底面错台	≤10	10	2	用钢板尺、塞尺量
顶板压墙长度	±10	10	2	查隐蔽验收记录

4.12 挡土墙

4.12.1 加筋土挡土墙

1. 施工中应控制加筋土的填土层厚及压实度。每层虚铺厚度不宜大于25cm，压实度应符合设计规定，且不得小于95％。

2. 筋带位置、数量必须符合设计规定。填土中设有土工布时，土工布搭接宽度宜为30～40cm，并应按设计要求留出折回长度。

4.12.2 检验标准

1. 现浇钢筋混凝土挡土墙质量检验应符合下列规定：

主 控 项 目

（1）地基承载力应符合设计要求。

检查数量：每道挡土墙基槽抽检 3 点。

检验方法：查触（钎）探检测报告、隐蔽验收记录。

（2）现浇混凝土挡土墙允许偏差应符合表 4.12.2-1 的规定。

现浇混凝土挡土墙允许偏差　　表 4.12.2-1

项目		规定值或允许偏差	检验频率		检验方法
			范围	点数	
长度（mm）		±20	每座	1	用钢尺量
断面尺寸（mm）	厚	±5	20m	1	用钢尺量
	高	±5			
垂直度		≤0.15%H 且≤10mm		1	用经纬仪或垂线检测
外露面平整度		≤5		1	用 2m 直尺、塞尺量取最大值
顶面高程（mm）		±5		1	用水准仪测量

注：表中 H 为挡土墙板高度。

（3）路外回填土压实度应符合设计规定。

检查数量：路外回填土每压实层抽检 3 点。

检验方法：环刀法、灌砂法或灌水法。

（4）预制混凝土栏杆允许偏差应符合表

4.12.2-2 的规定。

预制混凝土护栏允许偏差　　表 4.12.2-2

项　目	允许偏差	检验频率		检验方法
		范围	点数	
断面尺寸（mm）	符合设计规定		1	观察、用钢尺量
柱高（mm）	0 +5	每件（每类型）抽查10%，且不少于5件	1	用钢尺量
侧向弯曲	≤L/750		1	沿构件全长拉线量最大矢高（L为构件长度）
麻面	≤1%		1	用钢尺量麻面总面积

（5）栏杆安装允许偏差应符合表 4.12.2-3 的规定。

栏杆安装允许偏差　　表 4.12.2-3

项　目		允许偏差（mm）	检验频率		检验方法
			范围	点数	
直顺度	扶手	≤4	每跨侧	1	用 10m 线和钢尺量
垂直度	栏杆柱	≤3	每柱（抽查10%）	2	用垂线和钢尺量，顺、横桥轴方向各1点

项　目		允许偏差（mm）	检验频率		检验方法
			范围	点数	
栏杆间距		±3	每柱（抽查10%）		用钢尺量
相邻栏杆扶手高差	有柱	≤4	每处（抽查10%）	1	用钢尺量
	无柱	≤2			
栏杆平面偏位		≤4	每30m	1	用经纬仪和钢尺量

注：现场浇注的栏杆、扶手和钢结构栏杆、扶手的允许偏差可参照本款办理。

2. 装配式钢筋混凝土挡土墙质量检验应符合下列规定：

（1）挡土墙板杯口混凝土强度应符合设计要求。

检查数量：每班1组（3块）。

检验方法：查试验报告。

（2）挡土墙板安装允许偏差应符合表4.12.2-4的规定。

挡土墙板安装允许偏差　　　　表 4.12.2-4

项　　目		允许偏差	检验频率		检验方法
			范围	点数	
墙面垂直度		≤0.15%H 且≤15mm		1	用垂线挂全高量测
直顺度(mm)		≤10	20m	1	用 20m 线和钢尺量
板间错台(mm)		≤5		1	用钢板尺和塞尺量
预埋件 (mm)	高程	±5	每个	1	用水准仪测量
	偏位	±15			用钢尺量

注:表中 H 为挡土墙高度。

3. 砌体挡土墙质量检验应符合下列规定:

(1) 砌块 (砖)、石料强度应符合设计要求。

检查数量:每品种、每检验批 1 组 (3 块)。

检验方法:查试验报告。

(2) 砌筑挡土墙允许偏差应符合表4.12.2-5
的规定。

表 4.12.2-5

砌筑挡土墙允许偏差

项　目		允许偏差、规定值			检验频率		检验方法
		料石	块石,片石	预制(砖)块	范围	点数	
断面尺寸(mm)		0 / +10	不小于设计规定			2	用钢尺量，上下各1点
基底高程(mm)	土方	±20	±20	±20		2	用水准仪测量
	石方	±100	±100	±100			
顶面高程(mm)		±10	±15	±10		2	
轴线偏位(mm)		≤10	≤15	≤10	20m	2	用经纬仪测量
墙面垂直度		≤0.5%H 且≤20mm	≤0.5%H 且≤30mm	≤0.5%H 且≤20mm		2	用垂线检测
平整度(mm)		≤5	≤30	≤5		2	用2m直尺和塞尺量
水平缝平直度(mm)		≤10	—	≤10		2	用20m线和钢尺量
墙面坡度		不陡于设计规定				1	用坡度检验板检验

注：表中 H 为构筑物全高。

435

4. 加筋挡土墙质量检验应符合下列规定：

（1）压实度应符合设计要求。

检查数量：每压实层、每 500m² 取 1 点，不足 500m² 取 1 点。

检验方法：环刀法、灌水法或灌砂法。

（2）加筋土挡土墙板安装允许偏差应符合表 4.12.2-6 的规定。

加筋土挡土墙板安装允许偏差　　表 4.12.2-6

项目	允许偏差	检验频率		检验方法
		范围	点数	
每层顶面高程（mm）	±10		4 组板	用水准仪测量
轴线偏位（mm）	≤10	20m	3	用经纬仪测量
墙面板垂直度或坡度	$0 \sim -0.5\% H$①		3	用垂线或坡度板量

注：1. 墙面板安装以同层相邻两板为一组。

2. 表中 H 为挡土墙板高度。

3. ①示垂直度，"+"指向外、"−"指向内。

（3）加筋土挡土墙总体允许偏差应符合表 4.12.2-7 的规定。

加筋土挡土墙总体允许偏差　表 4.12.2-7

项　目		允许偏差	检验频率		检验方法
			范围 （m）	点数	
墙顶 线位	路堤式 （mm）	-100 $+50$	20	3	用 20m 线 和钢尺量见 注①
	路肩式 （mm）	± 50			
墙顶 高程	路堤式 （mm）	± 50		3	用水准仪 测量
	路肩式 （mm）	± 30			
墙面倾斜度		$\leqslant +0.5\% H^{①}$ 且$\leqslant +50^{①}$ mm $\leqslant -1.0\% H^{①}$ 且$\geqslant -100^{①}$ mm		2	用垂线或坡 度板量
墙面板缝宽 （mm）		± 10		5	用钢尺量
墙面平整度 （mm）		$\leqslant 15$		3	用 2m 直 尺、塞尺量

注：1. ①示墙面倾斜度"＋"指向外、"－"指向内。

　　2. 表中 H 为挡墙板高度。

4.13　附属构筑物

4.13.1　路缘石

　　1. 石质路缘石应采用质地坚硬的石料加工，强度应符合设计要求，宜选用花岗石。

（1）剁斧加工石质路缘石允许偏差应符合表 4.13.1-1 的规定。

剁斧加工石质路缘石允许偏差

表 4.13.1-1

项 目		允许偏差
外形尺寸（mm）	长	±5
	宽	±2
	厚（高）	±2
外露面细石面平整度（mm）		3
对角线长度差（mm）		±5
剁斧纹路		应直顺、无死坑

（2）机具加工石质路缘石允许偏差应符合表 4.13.1-2 的规定。

机具加工石质路缘石允许偏差 表 4.13.1-2

项 目		允许偏差（mm）
外形尺寸	长	±4
	宽	±1
	厚（高）	±2
对角线长度差		±4
外露面平整度		2

2. 预制混凝土路缘石应符合下列规定：

（1）混凝土强度等级应符合设计要求。设计未规定时，不得小于 C30。路缘石弯拉与抗压强度应符合表 4.13.1-3 的规定。

路缘石弯拉与抗压强度 表 4.13.1-3

直线路缘石			直线路缘石（含圆形、L 形）		
弯拉强度（MPa）			抗压强度（MPa）		
强度等级 C_f	平均值	单块最小值	强度等级 C_c	平均值	单块最小值
$C_f3.0$	≥3.00	≥2.40	C_c 30	≥30.0	24.0
$C_f4.0$	≥4.00	≥3.20	C_c 35	≥35.0	28.0
$C_f5.0$	≥5.00	≥4.00	C_c 40	≥40.0	32.0

注：直线路缘石用弯拉强度控制，L 形或弧形路缘石用抗压强度控制。

（2）路缘石吸水率不得大于 8%。有抗冻要求的路缘石经 50 次冻融试验（D50）后，质量损失率应小于 3%，抗盐冻性路缘石经 ND25 次试验后，质量损失应小于 0.5kg/m²。

（3）预制混凝土路缘石加工尺寸允许偏差应符合表 4.13.1-4 的规定。

预制混凝土路缘石加工

尺寸允许偏差 表 4.13.1-4

项　　目	允许偏差（mm）
长度	+5 −3

项　目	允许偏差（mm）
宽度	+5 −3
高度	+5 −3
平整度	≤3
垂直度	≤3

（4）预制混凝土路缘石外观质量允许偏差应符合表 4.13.1-5 的规定。

预制混凝土路缘石外观质量允许偏差　　表 4.13.1-5

项　目	允许偏差
缺棱掉角影响顶面或正侧面的破坏最大投影尺寸（mm）	≤15
面层非贯穿裂纹最大投影尺寸（mm）	≤10
可视面粘皮（脱皮）及表面缺损最大面积（mm²）	≤30
贯穿裂纹	不允许
分层	不允许
色差、杂色	不明显

3. 安装路缘石的控制桩，直线段桩距宜为 10～15m；曲线段桩距宜为 5～10m；路口处桩距宜为 1～5m。

4. 路缘石背后宜浇筑水泥混凝土支撑，并还土夯实。还土夯实宽度不宜小于 50cm，高度不宜小于 15cm，压实度不得小于 90%。

5. 路缘石宜采用 M10 水泥砂浆灌缝。灌缝后，常温期养护不应少于 3d。

4.13.2 雨水支管与雨水口

1. 砌筑雨水口应符合的规定为：雨水管端面应露出井内壁，其露出长度不应大于 2cm。

2. 雨水支管与雨水口四周回填应密实。处于道路基层内的雨水支管应做 360°混凝土包封，且在包封混凝土达到设计强度 75%前不得放行交通。

4.13.3 倒虹管及涵洞

1. 遇地下水时，应将地下水降至槽底以下 50cm，直到倒虹管与涵洞具备抗浮能力且满足施工要求后，方可停止降水。

2. 倒虹管施工应符合的规定为：主体结构建成后，闭水试验应在倒虹管充水 24h 后进行，测定 30min 渗水量。渗水量不应大于计算值。

4.13.4 隔离墩

1. 隔离墩宜由有资质的生产厂供货。现场预制时宜采用钢模板，拼装严密、牢固，混凝土拆模时的强度不得低于设计强度的 75%。

2. 隔离墩吊装时，其强度应符合设计规定，设计无规定时不应低于设计强度的 75%。

4.13.5 隔离栅

立柱基础混凝土达到设计强度 75% 后，方可安装隔离栅板（网）片。隔离网、隔离栅板应与立柱连接牢固，框架、网面平整，无明显凹凸现象。

4.13.6 声屏障

砌体声屏障施工应符合的规定为：施工中的临时预留洞净宽度不应大于 1m。

4.13.7 防眩板

1. 防眩板与护栏配合设置时，混凝土护栏上预埋连接件的间距宜为 50cm。

2. 施工中不得损伤防眩板的金属镀层，出现损伤应在 24h 内进行修补。

4.13.8 检验标准

1. 路缘石安砌质量检验应符合下列规定：

（1）混凝土路缘石强度应符合设计要求。

检查数量：每种、每检验批 1 组（3 块）。

检验方法：查出厂检验报告并复验。

（2）立缘石、平缘石安砌允许偏差应符合表 4.13.8-1 的规定。

立缘石、平缘石安砌允许偏差

表 4.13.8-1

项目	允许偏差 (mm)	检验频率		检验方法
		范围 (m)	点数	
直顺度	≤10	100	1	用 20m 线和钢尺量①
相邻块高差	≤3	20	1	用钢板尺和塞尺量①
缝宽	±3	20	1	用钢尺量①
顶面高程	±10	20	1	用水准仪测量

注：1.①示随机抽样，量 3 点取最大值。

2. 曲线段缘石安装的圆顺度允许偏差应结合工程具体制定。

2. 雨水支管与雨水口质量检验应符合下列规定：

(1) 基础混凝土强度应符合设计要求。

检查数量：每 100m³1 组 (3 块，不足 100m³ 取 1 组)。

检验方法：查试验报告。

(2) 雨水支管与雨水口允许偏差应符合表 4.13.8-2 的规定。

雨水支管与雨水口允许偏差　　表 4.13.8-2

项目	允许偏差（mm）	检验频率		检验方法
		范围	点数	
井框与井壁吻合	≤10	每座	1	用钢尺量
井框与周边路面吻合	0 −10		1	用直尺靠量
雨水口与路边线间距	≤20		1	用钢尺量
井内尺寸	+20 0		1	用钢尺量，最大值

3. 排水沟或截水沟质量检验应符合下列规定：

（1）预制砌块强度应符合设计要求。

检查数量：每种、每检验批 1 组。

检验方法：查试验报告。

（2）预制盖板的钢筋品种、规格、数量，混凝土的强度应符合设计要求。

检查数量：同类构件，抽查 1/10，且不少于 3 件。

检验方法：用钢尺量、查出厂检验报告。

（3）砌筑砂浆饱满度不应小于 80%。

检查数量：每 100m 或每班抽查不少于

444

3 点。

　　检验方法：观察。

　　（4）砌筑排水沟或截水沟允许偏差应符合表
4.13.8-3 的规定。

砌筑排水沟或截水沟允许偏差　　表 4.13.8-3

项目	允许偏差 (mm)		检验频率		检验方法
			范围 (m)	点数	
轴线偏位	≤30		100	2	用经纬仪和钢尺量
沟断面尺寸	砌石	±20	40	1	用钢尺量
	砌块	±10			
沟底高程	砌石	±20	20	1	用水准仪测量
	砌块	±10			
墙面垂直度	砌石	≤30	40	2	用垂线、钢尺量
	砌块	≤15			
墙面平整度	砌石	≤30		2	用 2m 直尺、塞尺量
	砌块	≤10			
边线直顺度	砌石	≤20		2	用 20m 小线和钢尺量
	砌块	≤10			
盖板压墙长度	±20			2	用钢尺量

　　4. 倒虹管及涵洞质量检验应符合下列规定：

　　（1）混凝土强度应符合设计要求。

　　检查数量：每 100m³1 组（3 块）。

　　检验方法：查试验记录。

　　（2）回填土压实度应符合路基压实度要求。

　　检查数量：每压实层抽查 3 点。

检验方法：环刀法、灌砂法或灌水法。

（3）倒虹管允许偏差应符合表 4.13.8-4 的规定。

倒虹管允许偏差 表 4.13.8-4

项　　目	允许偏差（mm）	检验频率		检验方法
		范围	点数	
轴线偏位	≤30	每座	2	用经纬仪和钢尺量
内底高程	±15		2	用水准仪测量
倒虹管长度	不小于设计值		1	用钢尺量
相邻管错口	≤5	每井段	4	用钢板和塞尺量

（4）预制管材涵洞允许偏差应符合表 4.13.8-5 的规定。

预制管材涵洞允许偏差 表 4.13.8-5

项目	允许偏差（mm）		检验频率		检验方法
			范围	点数	
轴线位移	≤20		每道	2	用经纬仪和钢尺量
内底高程	$D \leqslant 1000$	±10		2	用水准仪测量
	$D > 1000$	±15			
涵管长度	不小于设计值			1	用钢尺量
相邻管错口	$D \leqslant 1000$	≤3	每节	1	用钢板尺和塞尺量
	$D > 1000$	≤5			

注：D 为管涵内径。

5. 护坡质量检验应符合下列规定：

一 般 项 目

(1) 预制砌块强度应符合设计要求。

检查数量：每种、每检验批1组（3块）。

检验方法：查出厂检验报告。

(2) 基础混凝土强度应符合设计要求。

检查数量：每100m³1组（3块）。

检验方法：查试验报告。

(3) 护坡允许偏差应符合表4.13.8-6的规定。

护坡允许偏差　　　表4.13.8-6

项　目		允许偏差（mm）			检验频率		检验方法
		浆砌块石	浆砌料石	混凝土砌块	范围	点数	
基底高程	土方	±20			20m	2	用水准仪测量
	石方	±100				2	
垫层厚度		±20			20m	2	用钢尺量
砌体厚度		不小于设计值			每沉降缝	2	用钢尺量顶、底各1处
坡度		不陡于设计值			每20m	1	用坡度尺量

| 项　目 | 允许偏差（mm） | | | 检验频率 | | 检验方法 |
	浆砌块石	浆砌料石	混凝土砌块	范围	点数	
平整度	≤30	≤15	≤10	每座	1	用2m直尺、塞尺量
顶面高程	±50	±30	±30	每座	2	用水准仪测量两端部
顶边线型	≤30	≤10	≤10	100m	1	用20m线和钢尺量

注：H 为墙高。

6. 隔离墩质量检验应符合下列规定：

（1）隔离墩混凝土强度应符合设计要求。

检查数量：每种、每批（2000块）1组。

检验方法：查出厂检验报告并复验。

（2）隔离墩安装允许偏差应符合表4.13.8-7的规定。

隔离墩安装允许偏差　　表 4. 13. 8-7

| 项目 | 允许偏差（mm） | 检验频率 | | 检验方法 |
		范围	点数	
直顺度	≤5	每20m	1	用20m线和钢尺量

续表

项目	允许偏差 (mm)	检验频率		检验方法
		范围	点数	
平面偏位	≤4	每20m	1	用经纬仪和钢尺量测
预埋件位置	≤5	每件	2	用经纬仪和钢尺量测（发生时）
断面尺寸	±5	每20m	1	用钢尺量
相邻高差	≤3	抽查20%	1	用钢板尺和钢尺量
缝宽	±3	每20m	1	用钢尺量

7. 隔离栅质量检验应符合下列规定：

（1）隔离栅材质、规格、防腐处理均应符合设计要求。

检查数量：每种、每批（2000件）1次。

检验方法：查出厂检验报告。

（2）隔离栅柱（金属、混凝土）材质应符合设计要求。

检查数量：每种、每批（2000根）1次。

检验方法：查出厂检验报告或试验报告。

（3）隔离栅允许偏差应符合表4.13.8-8的规定。

隔离栅允许偏差　　　表 4. 13. 8-8

| 项　　目 | 允许偏差 | 检验频率 | | 检验方法 |
		范围(m)	点数	
顺直度(mm)	≤20	20	1	用 20m 线和钢尺量
立柱垂直度(mm/m)	≤8	40	1	用垂线和直尺量
柱顶高度(mm)	±20		1	用钢尺量
立柱中距(mm)	±30		1	用钢尺量
立柱埋深(mm)	不小于设计规定		1	用钢尺量

8. 护栏质量检验应符合下列规定：

（1）护栏质量应符合设计要求。

检查数量：每种、每批 1 次。

检验方法：查出厂检验报告。

（2）护栏立柱质量应符合设计要求。

检查数量：每种、每批（2000 根）1 次。

检验方法：查检验报告。

（3）护栏柱基础混凝土强度应符合设计要求。

检查数量：每 100m³1 组（3 块）。

检验方法：查试验报告。

（4）护栏安装允许偏差应符合表 4.13.8-9 的规定。

护栏安装允许偏差 表 4.13.8-9

项目	允许偏差	检验频率		检验方法
		范围	点数	
顺直度 (mm/m)	≤5		1	用 20m 线和钢尺量
中线偏位 (mm)	≤20		1	用经纬仪和钢尺量
立柱间距 (mm)	±5	20m	1	用钢尺量
立柱垂直度 (mm)	≤5		1	用垂线、钢尺量
横栏高度 (mm)	±20		1	用钢尺量

9. 声屏障质量检验应符合下列规定：

（1）声屏障所用材料与性能应符合设计要求。

检查数量：每检验批 1 次。

检验方法：查检验报告和合格证。

（2）混凝土强度应符合设计要求。

检查数量：每 100m³ 1 组（3 块）。

检验方法：查试验报告。

（3）砌体声屏障允许偏差应符合表4.13.8-10

的规定。

砌体声屏障允许偏差　表 4.13.8-10

项目	允许偏差	检验频率		检验方法
		范围 (m)	点数	
中线偏位 (mm)	≤10		1	用经纬仪和钢尺量
垂直度	≤0.3%	20	1	用垂线和钢尺量
墙体断面尺寸 (mm)	符合设计规定		1	用钢尺量
顺直度 (mm)	≤10		2	用 10m 线与钢尺量，不少于 5 处
水平灰缝平直度 (mm)	≤7	100	2	用 10m 线与钢尺量，不少于 5 处
平整度 (mm)	≤8	20	2	用 2m 直尺和塞尺量

（4）金属声屏障安装允许偏差应符合表

4.13.8-11 的规定。

金属声屏障安装允许偏差　表 4.13.8-11

| 项目 | 允许偏差 | 检验频率 | | 检验方法 |
		范围	点数	
基线偏位 （mm）	≤10		1	用经纬仪 和钢尺量
金属立柱中距 （mm）	±10		1	用钢尺量
立柱垂直度 （mm）	≤0.3%H	20m	2	用垂线和 钢尺量， 顺、横向各 1 点
屏体厚度 （mm）	±2		1	用游标卡 尺量
屏体宽度、 高度（mm）	±10		1	用钢尺量
镀层厚度 （μm）	≥设计值	20m 且不少 于 5 处	1	用测厚仪 量

10. 防眩板质量检验应符合下列规定：

(1) 防眩板质量应符合设计要求。

检查数量：每种、每批查 1 次。

检验方法：查出厂检验报告。

(2) 防眩板安装允许偏差应符合表 4.13.8-12

的规定。

防眩板安装允许偏差　　　表 4. 13. 8-12

项　目	允许偏差 (mm)	检验频率		检验方法
		范围	点数	
防眩板直顺度	≤8	20m	1	用 10m 线和钢尺量
垂直度	≤5	20m 且不少于 5 处	2	用垂线和钢尺量，顺、横向各 1 点
板条间距	±10		1	用钢尺量
安装高度	±10			

4.14　冬期施工

1. 当施工现场环境日平均气温连续 5d 稳定低于 5℃，或最低环境气温低于 -3℃时，应视为进入冬期施工。

2. 路基填方应符合下列规定：

（1）填方土层宜用未冻、易透水、符合规定的土。气温低于 -5℃时，每层虚铺厚度应较常温施工规定厚度小 20%～25%。

（2）城市快速路、主干路的路基不应用含有冻土块的土料填筑。次干路以下道路填土材料中

454

冻土块最大尺寸不应大于 10cm，冻土块含量应小于 15%。

3. 石灰及石灰、粉煤灰稳定土（粒料、钢渣）类基层，宜在进入冬期前 30～45d 停止施工，不应在冬期施工。水泥稳定土（粒料）类基层，宜在进入冬期前 15～30d 停止施工。当上述材料养护期进入冬期时，应在基层施工时向基层材料中掺入防冻剂。

4. 级配砂石、级配砾石、级配碎石和级配碎砾石施工，应根据施工环境最低温度洒布防冻剂溶液，随洒布、随碾压。当抗冻剂为氯盐时，氯盐溶液浓度和冰点的关系应符合表 4.14 的规定。

不同浓度氯盐水溶液的冰点 　　表 4.14

溶液密度（g/cm³）15℃时	氯盐含量（g）		冰点（℃）
	在 100g 溶液内	在 100g 水内	
1.04	5.6	5.9	−3.5
1.06	8.3	9.0	−5.0
1.09	12.2	14.0	−8.5
1.10	13.6	15.7	−10.0
1.14	18.8	23.1	−15.0
1.17	22.4	29.0	−20.0

注：溶液浓度应用相对密度控制。

5. 沥青类面层施工应符合下列规定：

（1）城市快速路、主干路的沥青混合料面层严禁冬期施工。次干路及其以下道路在施工温度低于5℃时，应停止施工。

（2）当风力在6级及以上时，沥青混合料不应施工。

6. 水泥混凝土面层施工应符合下列规定：

（1）施工中应根据气温变化采取保温防冻措施。当连续5昼夜平均气温低于−5℃，或最低气温低于−15℃时，宜停止施工。

（2）水泥应选用水化总热量大的R型水泥或单位水泥用量较多的32.5级水泥，不宜掺粉煤灰。

（3）采用加热水或砂石料拌制混凝土，应依据混凝土出料温度要求，经热工计算，确定水与粗细集料加热温度。水温不得高于80℃；砂石温度不宜高于50℃。

（4）搅拌机出料温度不得低于10℃，摊铺混凝土温度不应低于5℃。

（5）养护期应加强保温，保湿覆盖，混凝土面层最低温度不应低于5℃。

（6）当面层混凝土弯拉强度未达到1MPa或抗压强度未达到5MPa时，必须采取防止混凝土受冻的措施，严禁混凝土受冻。

4.15 工程质量与竣工验收

1. 开工前，施工单位应会同建设单位、监理工程师确认构成建设项目的单位（子单位）工程、分部（子分部）工程、分项工程和检验批，作为施工质量检验、验收的基础，并应符合的规定为：

各分部（子分部）工程相应的分项工程、检验批应按表 4.15 的规定执行。规范未规定时，施工单位应在开工前会同建设单位、监理工程师共同研究确定。

城镇道路分部（子分部）工程与相应的分项工程、检验批　　　表 4.15

分部工程	子分部工程	分项工程	检验批
路基	—	土方路基	每条路或路段
		石方路基	每条路或路段
		路基处理	每条处理段
		路肩	每条路肩
基层	—	石灰土基层	每条路或路段
		石灰粉煤灰稳定砂砾（碎石）基层	每条路或路段
		石灰粉煤灰钢渣基层	每条路或路段

分部工程	子分部工程	分项工程	检验批
基层	—	水泥稳定土类基层	每条路或路段
		级配砂砾（砾石）基层	每条路或路段
		级配碎石（碎砾石）基层	每条路或路段
		沥青碎石基层	每条路或路段
		沥青贯入式基层	每条路或路段
面层	沥青混合料面层	透层	每条路或路段
		粘层	每条路或路段
		封层	每条路或路段
		热拌沥青混合料面层	每条路或路段
		冷拌沥青混合料面层	每条路或路段
	沥青贯入式与沥青表面处治面层	沥青贯入式面层	每条路或路段
		沥青表面处治面层	每条路或路段
	水泥混凝土面层	水泥混凝土面层（模板、钢筋、混凝土）	每条路或路段
	铺砌式面层	料石面层	每条路或路段
		预制混凝土砌块面层	每条路或路段

分部工程	子分部工程	分项工程	检验批
广场与停车场	—	料石面层	每个广场或划分的区段
		预制混凝土砌块面层	每个广场或划分的区段
		沥青混合料面层	每个广场或划分的区段
		水泥混凝土面层	每个广场或划分的区段
人行道	—	料石人行道铺砌面层（含盲道砖）	每条路或路段
		混凝土预制块铺砌人行道面层（含盲道砖）	每条路或路段
		沥青混合料铺筑面层	每条路或路段
人行地道结构	现浇钢筋混凝土人行地道结构	地基	每座通道
		防水	每座通道
		基础（模板、钢筋、混凝土）	每座通道
		墙与顶板（模板、钢筋、混凝土）	每座通道
	预制安装钢筋混凝土人行地道结构	墙与顶部构件预制	每座通道
		地基	每座通道
		防水	每座通道
		基础（模板、钢筋、混凝土）	每座通道
		墙板、顶板安装	

分部工程	子分部工程	分项工程	检验批
人行地道结构	砌筑墙体、钢筋混凝土顶板人行地道结构	顶部构件预制	每座通道
		地基	每座通道
		防水	每座通道
		基础（模板、钢筋、混凝土）	
		墙体砌筑	每座通道
		顶部构件、顶板安装	每座通道
		顶部现浇（模板、钢筋、混凝土）	每座通道
挡土墙	现浇钢筋混凝土挡土墙	地基	每道挡土墙地基
		基础	每道挡土墙基础
		墙（模板、钢筋、混凝土）	每道墙体
		滤层、泄水孔	每道墙体
		回填土	每道墙体
		帽石	每道墙体
		栏杆	每道墙体

分部工程	子分部工程	分项工程	检验批
挡土墙	装配式钢筋混凝土挡土墙	挡土墙板预制	每道墙体
		地基	每道挡土墙地基
		基础（模板、钢筋、混凝土）	每道基础
		墙板安装（含焊接）	每道墙体
		滤层、泄水孔	每道墙体
		回填土	每道墙体
		帽石	每道墙体
		栏杆	每道墙体
	砌筑挡土墙	地基	每道墙体
		基础（砌筑、混凝土）	每道墙体
		墙体砌筑	每道墙体
		滤层、泄水孔	每道墙体
		回填土	每道墙体
		帽石	每道墙体

分部工程	子分部工程	分项工程	检验批
挡土墙	加筋土挡土墙	地基	每道挡土墙地基
		基础（模板、钢筋、混凝土）	每道基础
		加筋挡土墙砌块与筋带安装	每道墙体
		滤层、泄水孔	每道墙体
		回填土	每道墙体
		帽石	每道墙体
		栏杆	每道墙体
附属构筑物	—	路缘石	每条路或路段
		雨水支管与雨水口	每条路或路段
		排（截）水沟	每条路或路段
		倒虹管及涵洞	每座结构
		护坡	每条路或路段
		隔离墩	每条路或路段
		隔离栅	每条路或路段
		护栏	每条路或路段
		声屏障（砌体、金属）	每处声屏障墙
		防眩板	每条路或路段

2. 检验批合格质量应符合的规定为：一般项目的质量应经抽样检验合格；当采用计数检验时，除有专门要求外，一般项目的合格点率应达到 80% 及以上，且不合格点的最大偏差值不得大于规定允许偏差值的 1.5 倍。

4.16 路面稀浆罩面

稀浆罩面是用稀浆混合料进行的路面处置方法，分稀浆封层和微表处两种。稀浆封层是采用机械设备将乳化沥青或改性乳化沥青、粗细集料、填料、水和添加剂等按照设计配合比拌合成稀浆混合料及时均匀地摊铺在原路面上经养护后形成的薄层；微表处是采用机械设备将改性乳化沥青、粗细集料、填料、水和添加剂等按照设计配合比拌合成稀浆混合料并摊铺到原路面上的薄层。

稀浆封层混合料按矿料级配的不同，可分为细封层、中封层和粗封层，分别以 ES-1、ES-2、ES-3 表示；微表处混合料按矿料级配的不同，可分为Ⅱ型和Ⅲ型，分别以 MS-2 和 MS-3 表示。稀浆封层及微表处类型、功能及适用范围应符合表 4.16 的规定。

稀浆封层及微表处类型、
功能及适用范围   表 4.16

稀浆混合料类型	混合料规格	功 能	适用范围
稀浆封层	ES-1	封水、防滑和改善路表外观	适用于支路、停车场的罩面
	ES-2		次干路以下的罩面，以及新建道路的下封层
	ES-3		次干路的罩面，以及新建道路的下封层
微表处	MS-2	封水、防滑、耐磨和改善路表外观	中等交通等级快速路和主干路的罩面
	MS-3	封水、防滑、耐磨、改善路表外观和填补车辙	快速路、主干路的罩面

4.16.1 施工

施工配合比应根据试验段的摊铺情况，在设计配合比的基础上做小范围调整确定。施工配合比的油石比不应超出设计油石比的 $-0.3\%\sim$ $+0.2\%$，矿料级配应采用设计级配，且不应超出表 4.16.1 规定的上下限和允许波动范围。

稀浆封层和微表处矿料级配   表 4.16.1

级配类型	通过下列筛孔 (mm) 的质量百分率 (%)							
	9.5	4.75	2.36	1.18	0.6	0.3	0.15	0.075
ES-1		100	90~100	65~90	40~65	25~42	15~30	10~20
MS-2, ES-2	100	90~100	65~90	45~70	30~50	18~30	10~21	5~15
MS-3, ES-3	100	70~90	45~70	28~50	19~34	12~25	7~18	5~15
允许波动范围	−5	±5	±5	±5	±5	±4	±3	±2

4.16.2 质量验收

1. 材料与设备检查

施工前材料的质量检查应采用批为单位检查，同一料源、同一次购入并运至生产现场的相同规格、品种的集料应为一批。检查频率和要求应符合表4.16.2-1的规定。矿料级配和砂当量指标不能满足设计要求的，必须重新进行混合料设计或者重新选择矿料。

微表处和稀浆封层施工前的材料
质量检查频率与要求 表4.16.2-1

材料	要求	检查频率
乳化沥青	符合设计要求	每批来料1次
矿料砂当量和级配		
矿料含水量	实测	每天一次

2. 质量验收

（1）施工过程中应对稀浆混合料进行抽样检测，稀浆罩面施工过程检验要求应符合表4.16.2-2的规定。

稀浆罩面施工过程检验要求 表4.16.2-2

项目	要求	检验频率	检验方法
稠度	适中	1次/100m	经验法
油石比	施工配合比的油石比±0.2%	1次/日	三控检验法

项目	要 求	检验频率	检验方法
矿料级配	满足施工配合比的矿料级配要求	1次/日	摊铺过程中从矿料输送带末端接出集料进行筛分
外观	表面平整、均匀，无离析，无划痕	全线连续	目测
摊铺厚度	−10%	5个断面/km	钢尺测量或其他有效手段，每个断面中间及两侧各1点，取平均值作为检测结果
浸水1h湿轮磨耗	≤540g/m² （微表处）≤800g/m² （稀浆封层）	1次/7个工作日	—

（2）工程完工后，应将施工全线以 1km 作为一个评价路段按以下规定进行质量检查和验收：

1）抗滑性能、渗水系数、厚度应满足表 4.16.2-3 的要求。

检查数量：符合表 4.16.2-3 的规定。

检验方法：符合表 4.16.2-3 的规定。

2）横向接缝、纵向接缝和边线质量应符合表 4.16.2-3 的规定。

稀浆罩面施工验收要求　表 4.16.2-3

项目		要求	检验频率
表观质量	外观	面平整、密实，均匀，无松散，无花白料，无轮迹，无划痕	全线连续
	横向接缝	对接，平顺 不平整<3mm	每条
	纵向接缝	宽度<80mm 不平整<6mm	全线连续
	边线	任一 30m 长度范围内的水平波动不得超过±50mm	全线连续
抗滑性能	摆值 F_b (BPN)	城市主干路、快速路≥45	5 个点/km
	横向力系数	城市主干路、快速路≥54	全线连续
	构造深度 TD	城市主干路、快速路≥0.60mm	5 个点/km
渗水系数		≤10mL/min	3 个点/km
厚度		−10%	2 个断面/km

注：当稀浆封层用于下封层时，抗滑性能可不作要求。

4.17 透水沥青路面

透水沥青路面是由透水沥青混合料修筑、路表水可进入路面横向排出，或渗入至路基内部的沥青路面总称。其空隙率为18%～25%。

4.17.1 透水面层施工

透水沥青混合料生产温度控制应符合表4.17.1的规定。烘干集料的残余含水量不得大于1%。

透水沥青混合料生产温度控制 表 4.17.1

混合料生产温度	规定值（℃）	允许偏差（℃）
沥青加热温度	165	±5
集料加热温度	195	±5
混合料出厂温度	180	±5

4.17.2 施工质量验收

1. 透水沥青混合料质量应符合下列规定：

道路用沥青的品种、标号应符合国家现行有关标准和规程的规定。

检查数量：按同一生产厂家、同一品种、同一标号、同一批号连续进场的沥青（石油沥青每100t为1批，改性沥青每50t为1批）每批次抽检 1 次。

检验方法：查出厂合格证，检验报告并进场复验。

2. 透水沥青混合料面层质量检验应符合下列规定：

（1）透水沥青混合料面层压实度，对城市快速路、主干路不应小于 96%；对次干路及以下道路不应小于 95%。

检查数量：每 1000m² 测 1 点。

检验方法：查试验记录（马歇尔击实试件密度，试验室标准密度）。

（2）透水沥青面层厚度应符合设计规定，允许偏差为 +10～−5mm。

检查数量：每 1000m² 测 1 点。

检验方法：钻孔或刨挖，用钢尺量。

（3）弯沉值，应满足设计规定。

检查数量：每车道、每 20m，测 1 点。

检验方法：弯沉仪检测。

（4）透水沥青面层渗透系数应达到设计要求。

检查数量：每 1000m² 抽测 1 点。

检验方法：查试验报告、复测。

（5）透水沥青混合料面层允许偏差应符合表4.17.2 的规定。

表 4.17.2

透水沥青混合料面层允许偏差

项　目	允许偏差	检验频率		检验方法
		范围	点　数	
纵断高程 (mm)	±15	20m	1	用水准仪测量
中线偏位 (mm)	≤20	100m	1	用经纬仪测量
平整度 (mm) 标准差σ值	≤1.5	100m	路宽 (m) <9 → 1 9~15 → 2 >15 → 3	用测平仪检测
平整度 (mm) 最大间隙	≤5	20m	路宽 (m) <9 → 1 9~15 → 2 >15 → 3	用3m直尺和塞尺连续量取两尺，取最大值
宽度 (mm)	不小于设计值	40m	1	用钢尺量

项 目	允许偏差	检验频率				检验方法
		范围	点数			
			路宽(m) <9	9~15	>15	
横坡	±0.3%且不反坡	20m	2	4	6	用水准仪测量
井框与路面高差(mm)	≤5	每座	1			十字法、用直尺、塞尺量取最大值
抗滑 摩擦系数	符合设计要求	200m	全线连续			摆式仪 / 横向力系数车
抗滑 构造深度	符合设计要求	200m	1			砂铺法 / 激光构造深度仪

注: 1. 测平仪为全线每车道连续检测每100m计算标准差σ;无测平仪时可采用3m直尺检测;表中检验频率点数为测线数。

2. 平整度、抗滑性能也可采用自动检测设备进行检测。

3. 底基层表面、下面层应按设计量洒透层油、粘层油。

4. 中面层、下面层仅进行中线偏位、平整度、宽度、横坡的检测。

5. 十字法检查井框与路面高差,每座检查井均应检查。构成井基线与基线垂直,以平行于道路中线,过检查井盖中心的直线做基线,另一条线与基线垂直,构成十字线,十字法检查用十字线。

4.18 热拌再生沥青混合料路面

4.18.1 对基层的要求

沥青面层施工前必须按表 4.18.1 的规定，对基层的质量进行检查，基层如有高低不平、松散、凹坑、局部龟裂和软弱等病害，应在铺筑面层前整修完毕。符合要求后方可修筑面层。

基层质量标准　　表 4.18.1

检查项目	允许偏差	检查单元	检查方法及频度要求
厚度	±10%且小于±20mm	1000m²	挖坑或测标高，路中及路边两侧各一处
宽度	—5cm 以内	1000m²	尺量，三处
压实度	根据设计要求	1000m²	灌砂法或环刀法，测两处
平整度	3m 直尺：≤10mm 平整度仪：≤4.5mm（标准偏差）	100m	平整度仪：路面宽度小于或等于 9m 测一条轨迹；路面宽度大于9m 测两条轨迹 3m 直尺：每100m 随机靠量，5 次

检查项目	允许偏差	检查单元	检查方法及 频度要求
中线高程	±20mm	100m	水准仪测五处
横坡度	±0.5%	100m	水准仪测五处
弯沉值	根据设计要求		
外观	平整、密实、无坑洞、不松散、无显著起伏、 无粗细材料集中现象		

4.18.2 质量标准和检查验收

路面竣工后应检查验收。验收内容和质量标准应符合表 4.18.2 的规定。

再生沥青路面施工质量标准 表 4.18.2

检查 项目	允许偏差		检查 单元	检查方法及频度要求			
厚度	±5mm		1000m²	挖坑或测标高，路中及路两 侧各一处			
宽度	≥设计宽度		1000m²	用尺量，三处			
压实 度	≥95%		1000m²	现场取样，在室内用蜡封法 测定，两处			
平整 度	平整度 仪(标 准偏差， mm) ≤2.5	3m直尺 (mm) ≤5	100m	平整度仪 1. ≤9m 测 一条轨迹 2. >9m 测 两条轨迹	3m 直尺随机靠量		
					路宽 (m)	<9 9～15 >15	5 次 10 次 15 次

检查项目	允许偏差	检查单元	检查方法及频度要求			
中线高程	±10mm	100m	用水准仪测五处			
横坡度	±0.5%	100m	用水准仪测五处	路宽(m)	<9 9~15 >9	两处两点 每处四点 每处六点
外观要求	1. 表面平整、密实，粗、细料无集中现象，不得有轮迹、松散、裂缝 2. 接缝紧密、平顺 3. 无凹陷、积水现象					

注：沥青混凝土标准密实度采用马歇尔法测定；沥青碎石的标准密实度可通过试铺确定。

本章参考文献

1. 《城镇道路工程施工与质量验收规范》CJJ 1—2008

2. 《路面稀浆罩面技术规程》CJJ/T 66—2011

3. 《透水沥青路面技术规程》CJJ/T 190—2012

4. 《热拌再生沥青混合料路面施工及验收规程》CJJ 43—1991

5 城市桥梁工程

5.1 模板、支架和拱架

5.1.1 模板、支架和拱架设计

1. 验算模板、支架和拱架的抗倾覆稳定时，各施工阶段的稳定系数均不得小于 1.3。

2. 验算模板、支架和拱架的刚度时，其变形值不得超过下列规定数值：

（1）结构表面外露的模板挠度为模板构件跨度的 1/400；

（2）结构表面隐蔽的模板挠度为模板构件跨度的 1/250；

（3）拱架和支架受载后挠曲的杆件，其弹性挠度为相应结构跨度的 1/400；

（4）钢模板的面板变形值为 1.5mm；

（5）钢模板的钢楞、柱箍变形值为 $L/500$ 及 $B/500$（L—计算跨度，B—柱宽度）。

3. 支架立柱在排架平面内应设水平横撑。碗扣支架立柱高度在 5m 以内时，水平撑不得少于两道；立柱高于5m时，水平撑间距不得大于2m，并应在两横撑之间加双向剪刀撑，在排架平面外应设斜撑，斜撑与水平交角宜为45°。

5.1.2 模板、支架和拱架的拆除

1. 模板、支架和拱架的拆除应符合下列规定：

（1）非承重侧模应在混凝土强度能保证结构棱角不损坏时方可拆除，混凝土强度宜为2.5MPa及以上。

（2）钢筋混凝土结构的承重模板、支架和拱架的拆除，应符合设计要求。当设计无规定时，应符合表5.1.2-1的规定。

现浇结构拆除底模时的混凝土强度

表5.1.2-1

结构类型	结构跨度（m）	按设计混凝土强度标准值的百分率（%）
板	≤2	50
	2~8	75
	>8	100
梁、拱	≤8	75
	>8	100
悬臂构件	≤2	75
	>2	100

注：构件混凝土强度必须通过同条件养护的试件强度确定。

2. 浆砌石、混凝土砌块拱桥的卸落应符合下列规定：

（1）浆砌石、混凝土砌块拱桥应在砂浆强度达到设计要求强度后卸落拱架，设计未规定时，砂浆强度应达到设计标准值的80％以上。

（2）跨径小于10m的拱桥宜在拱上结构全部完成后卸落拱架；中等跨径实腹式拱桥宜在护拱完成后卸落拱架；大跨径空腹式拱桥宜在腹拱横墙完成（未砌腹拱圈）后卸落拱架。

5.1.3 检验标准

1. 模板制作允许偏差应符合表 5.1.3-1 的规定。

模板制作允许偏差   表 5.1.3-1

项　目		允许偏差（mm）	检验频率		检验方法
			范围	点数	
木模板	模板的长度和宽度	±5	每个构筑物或每个构件	4	用钢尺量
	不刨光模板相邻两板表面高低差	3			用钢板尺和塞尺量
	刨光模板和相邻两板表面高低差	1			用 2m 直尺和塞尺量
	平板模板表面最大的局部不平（刨光模板）	3			
	平板模板表面最大的局部不平（不刨光模板）	5			
	榫槽嵌接紧密度	2		2	用钢尺量

项　目		允许偏差（mm）	检验频率		检验方法
			范围	点数	
钢模板	模板的长度和宽度	0 -1	每个构筑物或每个构件	4	用钢尺量
	肋高	±5		2	
	面板端偏斜	0.5		2	用水平尺量
	连接配件（螺栓、卡子等）的孔眼位置	孔中心与板面的间距	±0.3		4	用钢尺量
		板端孔中心与板端的间距	0 -0.5			
		沿板长宽方向的孔	±0.6			
	板面局部不平	1.0			用 2m 直尺和塞尺量
	板面和板侧挠度	±1.0		1	用水准仪和拉线量

2. 模板、支架和拱架安装允许偏差应符合表 5.1.3-2 的规定。

模板、支架和拱架安装
允许偏差

表 5.1.3-2

项　　目		允许偏差（mm）	检验频率		检验方法
			范围	点数	
相邻两板表面高低差	清水模板	2		4	用钢板尺和塞尺量
	混水模板	4			
	钢模板	2			
表面平整度	清水模板	3		4	用2m直尺和塞尺量
	混水模板	5			
	钢模板	3			
垂直度	墙、柱	$H/1000$，且不大于6	每个构筑物或每个构件	2	用经纬仪或垂线和钢尺量
	墩、台	$H/500$，且不大于20			
	塔柱	$H/3000$，且不大于30			
模内尺寸	基础	±10		3	用钢尺量，长、宽、高各1点
	墩、台	+5 −8			
	梁、板、墙、柱、桩、拱	+3 −6			

项　　目			允许偏差（mm）	检验频率		检验方法
				范围	点数	
轴线偏位	基础		15	每个构筑物或每个构件	2	用经纬仪测量，长纵横向各1点
	墩、台、墙		10			
	梁、柱、拱、塔柱		8			
	悬浇各梁段		8			
	横隔梁		5			
支承面高程			+2 −5	每支承面	1	用水准仪测量
悬浇各梁段底面高程			+10 0	每个梁段	1	用水准仪测量
预埋件	支座板、锚垫板、连接板等	位置	5	每个预埋件	1	用钢尺量
		平面高程	2			用水准仪量
	螺栓、锚筋等	位置	3			用钢尺量
		外露长度	±5			
预留孔洞	预应力筋孔道位置（梁端）		5	每个预留孔洞	1	用钢尺量
	其他	位置	8		1	用钢尺量
		孔径	+10 0		1	

项　目		允许偏差 （mm）	检验频率		检验方法
			范围	点数	
梁底模拱度		$+5$ -2		1	沿底模全长 拉线，用钢 尺量
对角 线差	板	7	每根 梁、 每个 构件、 每个 安装 段	1	用钢尺量
	墙板	5			
	桩	3			
侧向 弯曲	板、拱肋、 桁架	$L/1500$		1	沿侧模全长 拉线，用钢 尺量
	柱、桩	$L/1000$， 且不大 于 10			
	梁	$L/2000$， 且不大 于 10			
支架、 拱架	纵轴线的平 面偏位	$L/2000$， 且不大 于 30		3	用经纬仪测 量
拱架高程		$+20$ -10			用水准仪测 量

注：1. H 为构筑物高度（mm），L 为计算长度（mm）。

　　2. 支承面高程系指模板底模上表面支撑混凝土面的
　　　 高程。

5.2 钢筋

5.2.1 钢筋加工

1. 钢筋弯制前应先调直。钢筋宜优先选用机械方法调直。当采用冷拉法进行调直时，HPB300 钢筋冷拉率不得大于 2%；HRB335、HRB400 冷拉率不得大于 1%。

2. 受力钢筋弯制和末端弯钩应符合设计要求，设计未规定时，其尺寸应符合表 5.2.1-1 的规定。

受力钢筋弯制和末端弯钩形状　　表 5.2.1-1

弯曲部位	弯曲角度	形状图	钢筋牌号	弯曲直径 D	平直部分长度	备注
末端弯钩	180°		HPB300	≥2.5d	≥3d	d 为钢筋直径
	135°		HRB335	$\phi8\sim\phi25$ ≥4d	≥5d	
			HRB400	$\phi28\sim\phi40$ ≥5d		

弯曲部位	弯曲角度	形状图	钢筋牌号	弯曲直径 D	平直部分长度	备注
末端弯钩	90°		HRB335	$\phi 8 \sim \phi 25$ $\geqslant 4d$	$\geqslant 10d$	d 为钢筋直径
			HRB400	$\phi 28 \sim \phi 40$ $\geqslant 5d$		
中间弯制	90°以下		各类	$\geqslant 20d$		

注：采用环氧树脂涂层钢筋时，除应满足表内规定外，当钢筋直径 $d \leqslant 20mm$ 时，弯钩内直径 D 不得小于 $4d$；当 $d > 20mm$ 时，弯钩内直径 D 不得小于 $6d$；直线段长度不得小于 $5d$。

3. 箍筋末端弯钩的形式应符合设计要求，设计无规定时，可按表 5.2.1-2 所示形式加工。

箍筋末端弯钩　　　表 5.2.1-2

结构类别	弯曲角度	图　示
一般结构	90°/180°	

结构类别	弯曲角度	图 示
一般结构	90°/90°	
抗震结构	135°/135°	

箍筋弯钩的弯曲直径应大于被箍主钢筋的直径，且 HPB300 钢筋不得小于箍筋直径的 2.5 倍，HRB335 不得小于箍筋直径的 5 倍，有抗震要求的结构不得小于箍筋直径的 10 倍。

5.2.2 钢筋连接

1. 热轧钢筋接头应符合设计要求，当设计无规定时，应符合的规定为：当普通混凝土中钢筋直径等于或小于 22mm 时，在无焊接条件时，可采用绑扎连接，但受拉构件中的主钢筋不得采用绑扎连接。

2. 钢筋接头设置应符合下列规定：

（1）在任一焊接或绑扎接头长度区段内，同一根钢筋不得有两个接头，在该区段内的受力钢

筋，其接头的截面面积占总截面面积的面分率应
符合表 5.2.2-1 规定。

接头长度区段内受力钢筋
接头面积的最大百分率　　　　表 5.2.2-1

接头类型	接头面积最大百分率（%）	
	受拉区	受压区
主钢筋绑扎接头	25	50
主钢筋焊接接头	50	不限制

注：1. 焊接接头长度区段内是指 35d（d 为钢筋直径）长度
　　　范围内，但不得小于 500mm，绑扎接头长度区段是指
　　　1.3 倍搭接长度。
　　2. 装配式构件连接处的受力钢筋焊接接头可不受此
　　　限制。
　　3. 环氧树脂涂层钢筋绑扎长度，对受拉钢筋应至少为涂
　　　层钢筋锚固长度的 1.5 倍且不小于 375mm；对受压钢
　　　筋为无涂层钢筋锚固长度的 1.0 倍且不小于 250mm。

（2）接头末端至钢筋弯起点的距离不得小于
钢筋直径的 10 倍。

（3）钢筋接头部位横向净距不得小于钢筋直
径，且不得小于 25mm。

3. 钢筋闪光对焊应符合下列规定：

（1）闪光对焊接头的外观质量应符合下列
要求：

1）接头边弯折的角度不得大于 3°。

2）接头轴线的偏移不得大于 0.1d，且不得
大于 2mm。

（2）在同条件下经外观检查合格的焊接接头，以 300 个作为一批（不足 300 个，也应按一批计），从中切取 6 个试件，3 个做拉伸试验，3 个做冷弯试验。

（3）拉伸试验应符合下列要求：

1）当 3 个试件的抗拉强度均不小于该级别钢筋的规定值，至少有 2 个试件断于焊缝以外，且呈塑性断裂时，应判定该批接头拉伸试验合格。

2）当有 2 个试件抗拉强度小于规定值，或 3 个试件均在焊缝或热影响区发生脆性断裂①时，则一次判定该批接头为不合格；

注①：当接头试件虽在焊缝或热影响区呈脆性断裂，但其抗拉强度大于或等于钢筋规定的抗拉强度的 1.1 倍时，可按在焊缝或热影响区之外呈延性断裂同等对待。

3）当有 1 个试件抗拉强度小于规定值，或 2 个试件在焊缝或热影响区发生脆性断裂，应进行复验。复验时，应再切取 6 个试件，复验结果，当仍有 1 个试件的抗拉强度小于规定值，或 3 个试件在焊缝或热影响区呈脆性断裂，其抗拉强度小于钢筋规定值的 1.1 倍时，应判定该批接头为不合格。

（4）冷弯试验芯棒直径和弯曲角度应符合表 5.2.2-2 的规定。

钢筋牌号	芯棒直径	弯曲角（°）
HRB335	4d	90
HRB400	5d	90

注：1. d 为钢筋直径。

2. 直径大于 25mm 的钢筋接头，芯棒直径应增加 1d。

冷弯试验时应将接头内侧的金属毛刺和镦粗凸出部分消除至与钢筋的外表齐平。焊接点应位于弯曲中心，绕芯棒弯曲 90°。3 个试件经冷弯后，在弯曲背面（含焊缝和热影响区）未发生破裂①，应评定该批接头冷弯合格；当 3 个试件均发生破裂，则一次判定该批接头为不合格。当 1 个试件发生破裂，应再切取 6 个试件，复验结果，仍有 1 个试件发生破裂，应判定该批接头为不合格。

（5）焊接时的环境温度不宜低于 0℃，冬期闪光对焊宜在室内进行，且室内外存放的钢筋应提前运入车间，焊后的钢筋应等待完全冷却后才能运往室外。在困难条件下，对以承受静力荷载为主的钢筋，闪光对焊的环境温度可降低，但最低不得低于—10℃。

4. 热轧光圆钢筋和热轧带肋钢筋的接头采用搭接或帮条电弧焊时，应符合下列规定：

（1）当采用搭接焊时，两连接钢筋轴线一

致。双面焊缝的长度不得小于 $5d$，单面焊缝的长度不得小于 $10d$（d 为钢筋直径）。

（2）当采用帮条焊时，帮条直径、级别应与被焊钢筋一致，帮条长度：双面焊缝不得小于 $5d$，单面焊缝不得小于 $10d$（d 为主筋直径）。帮条与被除数焊钢筋的轴线应在同一平面上，两主筋端面的间隙应为 $2\sim4$mm。

（3）搭接焊和帮条焊接头的焊缝高度应等于或大于 $0.3d$，并不得小于 4mm；焊缝宽度应等于或大于 $0.7d$（d 为主筋直径），并不得小于 8mm。

（4）钢筋与钢板进行搭接焊时应采用双面焊接，搭接长度应大于钢筋直径的 4 倍（HPB300 钢筋）或 5 倍（HRB335、HRB400）。焊缝高度应等于或大于 $0.35d$，且不得小于 4mm；焊缝宽度应等于或大于 $0.5d$，并不得小于 6mm（d 为主筋直径）。

（5）在同条件下完成并经外观检查合格的焊接接头，以 300 个作为一批（不足 300 个，也应按一批计），从中切取 3 个试件，做拉伸试验，拉伸试验应符合规范规定。

5. 钢筋采用绑扎接头时，应符合下列规定：

（1）直径不大于 12mm 的受压 HPB300 钢筋的末端，以及轴心受压构件中任意直径的受力钢筋的末端，可不做弯钩，但搭接长度不得小于钢筋直径的 35 倍。

（2）钢筋搭接处，应在中心和两端至少 3 处用绑丝绑牢，钢筋不得滑移。

（3）受拉钢筋绑扎接头的搭接长度，应符合表 5.2.2-3 的规定；受压钢筋绑扎接头的搭接长度，应取受拉钢筋绑扎接头长度的 0.7 倍。

受拉钢筋绑扎接头的搭接长度 　　表 5.2.2-3

钢筋牌号	混凝土强度等级		
	C20	C25	>C25
HPB300	35d	30d	25d
HRB335	45d	40d	35d
HRB400	—	50d	45d

注：1. 当带肋钢筋直径 d>25mm 时，其受拉钢筋的搭接长度应按表中数值增加 5d 采用。

　　2. 当带肋钢筋直径 d<25mm 时，其受拉钢筋的搭接长度应按表中值减少 5d 采用。

　　3. 当混凝土在凝固过程中受力钢筋易受扰动时，其搭接长度应适当增加。

　　4. 在任何情况下，纵向受拉钢筋的搭接长度不得小于300mm；受压钢筋的搭接长度不得小于200mm。

　　5. 轻骨料混凝土的钢筋绑扎接头搭接长度应按普通混凝土搭接长度增加 5d。

　　6. 当混凝土强度等级低于 C20 时，HPB300、HRB335钢筋的搭接长度应按表中 C20 的数值相应增加 10d。

　　7. 对有抗震要求的受力钢筋的搭接长度，当抗震烈度为七度（及以上）时应增加 5d。

　　8. 两根直径不同的钢筋的搭接长度，以较细钢筋的直径计算。

6. 钢筋采用机械连接接头时，应符合下列规定：

（1）当混凝土结构中钢筋接头部位温度低于－10℃时，应进行专门的试验。

（2）在同条件下经外观检查合格的机械连接接头，应以每300个作为一批（不足300个，也应按一批计），从中抽取3个试件，做单向拉伸试验，并作出评定。如有1个试件抗拉强度不符合要求，应再取6个试件复验，如再有1个试件不合格，则该批接头应判为不合格。

5.2.3 钢筋骨架和钢筋网的组成与安装

1. 钢筋骨架制作和组装应符合的规定为：组装时应按设计图纸放大样，放样时应考虑骨架预拱度。简支梁钢筋骨架预拱度宜符合表5.2.3-1的规定。

简支梁钢筋骨架预拱度　　表 5.2.3-1

跨度 （m）	工作台上 预拱度 （cm）	骨架拼装 时预拱度 （cm）	构件预 拱度 （cm）
7.5	3	1	0
10～12.5	3～5	2～3	1
15	4～5	3	2
20	5～7	4～5	3

注：跨度大于20m时应按设计规定预留拱度。

2. 钢筋网片采用电阻点焊应符合的规定为：当焊接网片的受力钢筋为冷拔低碳钢丝，而另一方向的钢筋间距小于 100mm 时，除受力主筋与两端的两根横向钢筋的全部交叉点必须焊接外，中间部分的焊点距离可增大至 250mm。

3. 现场绑扎钢筋应符合下列规定：

(1) 矩形柱角部竖向钢筋的弯钩平面与模板的夹角应为 45°；多边形柱角部竖向钢筋弯钩平面应朝向断面中心；圆形柱所有竖向钢筋弯钩应朝向圆心。小型截面柱当采用插入式振捣器时，弯钩平面与模板面的夹角不得小于 15°。

(2) 绑扎接头搭接长度范围内的箍筋间距：当钢筋受拉时应小于 $5d$，且不得大于 100mm；当钢筋受压时应小于 $10d$，且不得大于 200mm。

4. 钢筋的混凝土保护层厚度，必须符合设计要求。设计无规定时，应符合下列规定：

(1) 普通钢筋和预应力直线形钢筋的最小混凝土保护层厚度不得小于钢筋公称直径，后张法构件预应力直线形钢筋不得小于其管道直径的 1/2，且应符合表 5.2.3-2 的规定。

(2) 当受拉区主筋的混凝土保护层厚度大于 50mm 时，应在保护层内设置直径不小于 6mm、间距不大于 100mm 的钢筋网。

(3) 钢筋机械连接件的最小保护层厚度不得

小于 20mm。

普通钢筋和预应力直线形
钢筋最小混凝土保护层

厚度（mm） 表 5.2.3-2

构件类别		环境条件		
		Ⅰ	Ⅱ	Ⅲ、Ⅳ
基础、桩基承台	基坑底面有垫层或侧面有模板（受力主筋）	40	50	60
	基坑底面无垫层或侧面无模板（受力主筋）	60	75	85
墩台身、挡土结构、涵洞、梁、板、拱圈、拱上建筑（受力主筋）		30	40	45
缘石、中央分隔带、护栏等行车道构件（受力主筋）		30	40	45
人行道构件、栏杆（受力主筋）		20	25	30
箍筋				
收缩、温度、分布、防裂等表层钢筋		15	20	25

注：1. 环境条件：Ⅰ—湿暖或寒冷地区的大气环境，与无侵蚀性的水或土接触的环境；Ⅱ—严寒地区的大气环境、使用除冰盐环境、滨海环境；Ⅲ—海水环境；Ⅳ—受侵蚀性物质影响的环境。

2. 对于环氧树脂涂层钢筋，可按环境类别Ⅰ取用。

5.2.4 检验标准

1. 材料应符合下列规定：

(1) 钢筋进场时，必须按批抽取试件做力学性能和工艺性能试验，其质量必须符合国家现行标准的规定。

检查数量：以同牌号、同炉号、同规格、同交货状态的钢筋，每 60t 为一批，不足 60t 也按一批计，每批抽检 1 次。

检验方法：检查试件检验报告

(2) 钢筋弯制和末端弯钩均应符合设计要求和规范的规定。

检查数量：每工作日同一类型钢筋抽查不少于 3 件。

检查方法：用钢尺量。

2. 钢筋加工允许偏差应符合表 5.2.4-1 的规定。

钢筋加工允许偏差　　　表 5.2.4-1

检查项目	允许偏差 (mm)	检查频率		检查方法
		范围	点数	
受力钢筋顺长度方向全长的净尺寸	±10	按每工作日同一类型钢筋、同一加工设备抽查 3 件	3	用钢尺量
弯起钢筋的弯折	±20			
箍筋内净尺寸	±5			

494

3. 钢筋网允许偏差应符合表 5.2.4-2 的规定。

钢筋网允许偏差　　　　表 5.2.4-2

检查项目	允许偏差 (mm)	检验频率		检验方法
		范围	点数	
网的长、宽	±10	每片钢筋网	3	用钢尺量两端和中间各 1 处
网眼尺寸	±10			用钢尺量任意 3 个网眼
网眼对角线差	15			用钢尺量任意 3 个网眼

4. 钢筋成形和安装允许偏差应符合表 5.2.4-3 的规定。

钢筋成形和安装允许偏差　　表 5.2.4-3

检查项目			允许偏差 (mm)	检验频率		检验方法
				范围	点数	
受力钢筋间距		两排以上排距	±5	每个构筑物或每个构件	3	用钢尺量，两端和中间各一个断面，每个断面连续量取钢筋间（排）距，取其平均值计 1 点
	同排	梁板、拱肋	±10			
		基础、墩台、柱	±10			
		灌注桩	±20			
箍筋、横向水平筋、螺旋筋间距			±10		5	连续量取 5 个间距，其平均值计 1 点

检查项目		允许偏差（mm）	检验频率		检验方法
			范围	点数	
钢筋骨架尺寸	长	±10	每个构筑物或每个构件	3	用钢尺量，两端和中间各1处
	宽、高或直径	±5		3	
弯起钢筋位置		±20		30%	用钢尺量
钢筋保护层厚度	墩台、基础	±10		10	沿模板周边检查，用钢尺量
	梁、柱、桩	±5			
	板、墙	±3			

5.3 混凝土

5.3.1 一般规定

1. 混凝土宜使用非碱活性骨料，当使用碱活性骨料时，混凝土的总碱含量不宜大于 3kg/m³；对大桥、特大桥总碱含量不宜大于 1.8kg/m³；对处于环境类别属于三类以上受严重侵蚀环境的桥梁，不得使用碱活性骨料。混凝土结构的环境类别应按表 5.3.1 确定。

混凝土结构的环境类别　　　表 5.3.1

环境类别		条　件
一		室内正常环境
二	a	室内潮湿环境；非严寒和寒冷地区的露天环境，与无侵蚀性的水或土壤直接接触的环境
	b	严寒和寒冷地区的露天环境，与无侵蚀性的水或土壤直接接触的环境
三		使用除冰盐的环境；严寒和寒冷地区冬季水位变动的环境；滨海室外环境
四		海水环境
五		受人为或自然的侵蚀性物质影响的环境

注：严寒和寒冷地区的划分应符合现行国家标准《民用建筑热工设计规范》GB 50176 的规定。

2. 混凝土的强度达到 2.5MPa 后，方可承受小型施工机械荷载，进行下道工序前，混凝土应达到相应的强度。

5.3.2　配制混凝土用的材料

1. 水泥应符合下列规定：

（1）水泥的强度等级应根据所配制的混凝土的强度等级选定。水泥与混凝土强度等级之比，C30 及以下的混凝土，宜为 1.1～1.2；C35 及以上混凝土宜为 0.9～1.5。

（2）当在使用中对水泥质量有怀疑或出厂时期逾 3 个月（快硬硅酸盐水泥逾 1 个月）时，应进行复验，并按复验结果使用。

2. 细骨料应符合下列规定：

（1）混凝土的细骨料，应采用质地坚硬、级配良好、颗粒洁净、粒径小于 5mm 的天然河砂、山砂，或采用硬质岩石加工的机制砂。

（2）混凝土用砂一般应以细度模数 2.5～3.5 的中、粗砂为宜。

3. 粗骨料应符合的规定为：粗骨料最大粒径应按混凝土结构情况及施工方法选取，最大粒径不得超过结构最小边尺寸的 1/4 和钢筋最小净距的 3/4；在两层或多层密布钢筋结构中，不得超过钢筋最小净距的 1/2，同时最大粒径不得超过 100mm。

5.3.3 混凝土配合比

1. 混凝土的最大水胶比和最小水泥用量应符合表 5.3.3-1 的规定。

混凝土的最大水胶比和最小水泥用量

表 5.3.3-1

混凝土结构所处环境	无筋混凝土		钢筋混凝土	
	最大水胶比	最小水泥用量（kg/m³）	最大水胶比	最小水泥用量（kg/m³）
温暖地区或寒冷地区，无侵蚀物质影响，与土直接接触	0.60	250	0.55	280

混凝土结构所处环境	无筋混凝土		钢筋混凝土	
	最大水胶比	最小水泥用量（kg/m³）	最大水胶比	最小水泥用量（kg/m³）
严寒地区或使用除冰盐的桥梁	0.55	280	0.50	300
受侵蚀性物质影响	0.45	300	0.40	325

注：1. 本表中的水胶比，系指水与水泥（包括矿物掺合料）用量的比值。

2. 本表中的最小水泥用量包括矿物掺合料。当掺用外加剂且能有效地改善混凝土的和易性时，水泥用量可减少 25kg/m³。

3. 严寒地区系指最冷月平均气温低于—10℃且日平均温度在低于 5℃的天数大于 145 天的地区。

2. 混凝土的最大水泥用量（包括矿物掺合料）不宜超过 500kg/m³；配制大体积混凝土时水泥用量不宜超过 350kg/m³。

3. 配制混凝土时，应根据结构情况和施工条件确定混凝土拌合物的坍落度，可按表 5.3.3-2 选用。

混凝土浇筑时的坍落度　　　　表 5.3.3-2

结构类别	坍落度（mm，振动器振动）
小型预制块及便于浇筑振捣的结构	0～20
桥梁基础、墩台等无筋或少筋的结构	10～30

结构类别	坍落度（mm,振动器振动）
普通配筋率的钢筋混凝土结构	30～50
配筋较密、断面较小的钢筋混凝土结构	50～70
配筋较密、断面高而窄的钢筋混凝土结构	70～90

4. 在混凝土中掺外加剂时，应符合现行国家标准《混凝土外加剂应用技术规范》GB 50119 的规定，并应符合下列规定：

（1）在钢筋混凝土中不得掺用氯化钙、氯化钠等氯盐。无筋混凝土的氯化钙或氯化钠掺量以干质量计，不得超过水泥用量的 3%。

（2）混凝土中氯化物的总含量应符合现行国家标准《混凝土质量控制标准》GB 50164 的规定。位于温暖或寒冷地区，无侵蚀性物质影响及与土直接接触的钢筋混凝土构件，混凝土中的氯离子含量不宜超过水泥用量的 0.30%；们于严寒的大气环境、使用除冰盐环境、滨海环境，氯离子含量不宜超过水泥用量的 0.15%；海水环境和受侵蚀性物质影响的环境，氯离子含量不宜超过水泥用量的 0.10%。

（3）掺入加气剂的混凝土的含气量宜为 3.5%～5.5%。

5. 当配制高强度混凝土时，配合比尚应符合下列规定：

（1）当无可靠的强度统计数据及标准差时，混凝土的施工配制强度（平均值），C50～C60不应低于强度等级的 1.15 倍；C70～C80 不应低于强度等级值的 1.12 倍。

（2）水胶比宜控制在 0.24～0.38 的范围内。

（3）纯水泥用量不宜超过 550kg/m³；水泥与掺合料的总量不宜超过 600kg/m³；粉煤灰掺量不宜超过胶结料总量的 30%；沸石粉不宜超过 10%；硅粉不宜超过 8%。

（4）砂率宜控制在 28%～34% 的范围内。

（5）高效减水剂的掺量宜为胶结料的 0.5%～1.8%。

5.3.4　混凝土拌制和运输

1. 使用机械拌制时，自全部材料装入搅拌机开始搅拌起，至开始卸料时止，延续搅拌的最短时间应符合表 5.3.4-1 的规定。

混凝土延续搅拌的最短时间　　表 5.3.4-1

搅拌机类型	搅拌机容量（L）	混凝土坍落度（mm）		
		<30	30～70	>70
		混凝土最短搅拌时间（或 min）		
强制式	≤400	1.5	1.0	1.0

搅拌机类型	搅拌机容量 (L)	混凝土坍落度 (mm)		
		<30	30~70	>70
		混凝土最短搅拌时间 (或 min)		
强制式	≤1500	2.5	1.5	1.5

注：1. 当掺用外加剂时，外加剂应调成适当浓度的溶液再掺入，搅拌时间宜延长。

2. 采用分次投料搅拌工艺时，搅拌时间应按工艺要求办理。

3. 当采用其他形式的搅拌设备时，搅拌的最短时间应按设备说明书的规定办理，或经试验确定。

2. 混凝土拌合物的坍落度，应在搅拌地点和浇筑地点分别随机取样检测，每一工作班或每一单元结构物不应少于两次。评定时应以浇筑地点的测值为准。如混凝土拌合物从搅拌机出料起至浇筑入模的时间不超过 15min 时，其坍落度可仅在搅拌地点取样检测。

3. 拌制高强度混凝土必须使用强制式搅拌机，减水剂宜采用后掺法。加入减水剂后，混凝土拌合物在搅拌机中继续搅拌的时间，当用粉剂时不得少于 60s；当用溶液时不得少于 30s。

4. 混凝土在运输过程中应采取防止发生离析、漏浆、严重泌水及坍落度损失等现象的措施。用混凝土搅拌运输车运输混凝土时，途中应以每分钟 2～4 转的慢速进行搅动。当运至现场的混凝土出现离析、严重泌水等现象，应进行第二次搅拌，经二次搅拌仍不符合要求，则不得使用。

5. 混凝土从加水搅拌至入模的延续时间不宜大于表 5.3.4-2 的规定。

混凝土从加水搅拌至入模的延续时间
表 5.3.4-2

搅拌机出料时的混凝土温度（℃）	无搅拌设施运输（min）	有搅拌设施运输（min）
20～30	30	60
10～19	45	75
5～9	60	90

注：掺用外加剂或采用快硬水泥时，运输允许持续时间应根据试验确定。

5.3.5 混凝土浇筑

1. 自高处向模板内倾卸混凝土时，其自由倾落高度不得超过 2m；当倾落高度超过 2m 时，应通过串筒、溜槽或振动溜管等设施下落；倾落高度超过 10m 时应设置减速装置。

2. 混凝土应按一定厚度、顺序和方向水平分层浇筑，上层混凝土应在下层混凝土初凝前浇筑、捣实，上、下层同时浇筑时，上层与下层前后浇筑距离应保持 1.5m 以上。混凝土分层浇筑厚度不宜超过表 5.3.5-1 的规定。

混凝土分层浇筑厚度　　表 5.3.5-1

捣实方法	配筋情况	浇筑层厚度 （mm）
用插入式振动器	—	300
用附着式振动器	—	300
用表面振动器	无筋或配筋稀疏时	250
	配筋较密时	150

注：表列规定可根据结构和振动器型号等情况适当调整。

3. 浇筑混凝土时，应采用振动器振捣。振捣时不得碰撞模板、钢筋和预埋部件。振捣持续时间宜为 20～30s，以混凝土不再沉落、不出现气泡、表面呈现浮浆为度。

4. 混凝土的浇筑应连续进行，如因故间断时，其间断时间应小于前层混凝土的初凝时间。混凝土运输、浇筑及间歇的全部时间不得超过表 5.3.5-2 的规定。

混凝土运输、浇筑及间歇的
全部允许时间（min）　　表 5.3.5-2

混凝土强度等级	气温不高于 25℃	气温高于 25℃
≤C30	210	180
＞C30	180	150

注：C50 以上混凝土和混凝土中掺有促凝剂或缓凝剂时，其允许间歇时间应根据试验结果确定。

5. 当浇筑混凝土过程中，间断时间超过以上规定时，应设置施工缝，并应符合下列规定：

（1）先浇混凝土表面的水泥砂浆和松弱层应及时凿除。凿除时的混凝土强度，水冲法应达到0.5MPa；人工凿毛应达到2.5MPa；机械凿毛应达到10MPa。

（2）经凿毛处理的混凝土面，应清除干净，在浇筑后续混凝土前，应铺10～20mm同配比的水泥砂浆。

（3）施工缝处理后，应待下层混凝土强度达到2.5MPa后，方可浇筑后续混凝土。

5.3.6 混凝土养护

1. 当气温低于5℃时，应采取保温措施，并不得对混凝土洒水养护。

2. 混凝土洒水养护的时间，采用硅酸盐水泥、普通硅酸盐水泥或矿渣硅酸盐水泥的混凝土，不得少于7d；掺用缓凝型外加剂或有抗渗要求以及高强度混凝土，不得少于14d。使用真空吸水的混凝土，可在保证强度条件下适当缩短养护时间。

5.3.7 泵送混凝土

1. 泵送混凝土的原材料和配合比应符合下列规定：

（1）水泥应采用保水性好、泌水性小的品

种，混凝土中的水泥用量（含掺合料）不宜小于 $30\text{kg}/\text{m}^3$。

（2）细骨料宜选用中砂，粒径小于 $300\mu\text{m}$ 颗粒所占的比例宜为 $15\%\sim20\%$，砂率宜为 $38\%\sim45\%$。

（3）粗骨料宜采用连续级配，其针片状颗粒含量不宜大于 10%，粗骨料的最大粒径与所用输送管的管径之比宜符合表 5.3.7 的规定。

粗骨料的最大粒径与输送管管径之比

表 5.3.7

石子品种	泵送高度（m）	粗骨料最大粒径与输送管径之比
碎石	＜50	≤1:3.0
	50~100	≤1:4.0
	＞100	≤1:5.0
卵石	＜50	≤1:2.5
	50~100	≤1:3.0
	＞100	≤1:4.0

（4）掺入粉煤灰后，砂率宜减小 $2\%\sim6\%$。粉煤灰掺入量，硅酸盐水泥不宜大于水泥重量的 30%、普通硅酸盐水泥不宜大于 20%、矿渣硅酸盐水泥不宜大于 15%。

（5）混凝土的配合比除应满足设计强度和耐久性要求外，尚应满足泵送要求。泵送混凝土入泵坍落度不宜小于 80mm；当泵送高度大于 100m 时，不宜小于 180mm。水灰比宜为 0.4 ～0.6。

2. 泵送混凝土施工应符合的规定为：泵送混凝土因故间歇时间超过 45min 时，应采用压力水或其他方法冲洗管内残留的混凝土。

5.3.8 抗冻混凝土

1. 抗冻混凝土宜选用连续级配的粗骨料，其含泥量不得大于 1%，泥块含量不得大于 0.5%；细骨料含泥量不得大于 3%，泥块含量不得大于 1%。

2. 抗冻混凝土的水胶比不得大于 0.5。

3. 位于水位变动区的抗冻混凝土，其抗冻等级不得低于表 5.3.8-1 的规定。

水位变动区混凝土抗冻等级 表 5.3.8-1

构筑物所在地区	海水环境		淡水环境	
	钢筋混凝土及预应力混凝土	无筋混凝土	钢筋混凝土及预应力混凝土	无筋混凝土
严重受冻地区（最冷月的月平均气温低于−8℃）	F350	F300	F250	F200

构筑物所在地区	海水环境		淡水环境	
	钢筋混凝土及预应力混凝土	无筋混凝土	钢筋混凝土及预应力混凝土	无筋混凝土
受冻地区(最冷月的月平均气温低于−4～−8℃之间)	F300	F250	F200	F150
微冻地区(最冷月的月平均气温 0～−4℃之间)	F250	F200	F150	F100

注：1. 试验过程中试件所接触的介质应与构筑物实际接触的介质相近。

2. 墩台身和防护堤等构筑物的混凝土应选用比同一地区高一级的抗冻等级。

3. 面层应选用水位变动区抗冻等级低 2～3 级的混凝土。

4. 抗冻混凝土必须掺入适量引气剂，其拌合物的含气量应符合表 5.3.8-2 的规定。

抗冻混凝土拌合物含气量

控制范围 表 5.3.8-2

骨料最大粒径（mm）	含气量（%）	骨料最大粒径（mm）	含气量（%）
10.0	5.0～8.0	40.0	3.0～6.0
20.0	4.0～7.0	63.0	3.0～5.0
31.5	3.5～6.5		

5. 处于冻融循环下的重要工程混凝土，宜进行骨料的坚固性试验，坚固性试验的失重率，细骨料应小于 8%；粗骨料应小于 5%。

6. 处于干湿交替、冻融循环下的混凝土，粗、细骨料中的水溶性氯化物折合氯离子含量均不得超过骨料质量的 0.02%。如使用环境的季节或日夜温差剧烈，应选用线胀系数较小的粗骨料，以提高混凝土的抗裂性。

5.3.9　抗渗混凝土

1. 抗渗混凝土的粗骨料应采用连续粒级，最大粒径不得大于 40mm，含泥量不得大于 1%；细骨料含泥量不得大于 3%。

2. 抗渗混凝土宜采用防水剂、膨胀剂、引气剂、减水剂或引气减水剂等外加剂。掺用引气剂时，含气量宜控制在 3%～5%。

3. 配制抗渗混凝土时，其抗渗压力应比设计要求提高 0.2MPa。

4. 抗渗混凝土中的水泥和矿物掺合料总量不宜小于 320kg/m³；砂率宜为 35%～45%；最大水胶比应符合表 5.3.9 的规定。

抗渗混凝土的最大水胶比　　　表 5.3.9

抗渗等级	≤C30	>C30
P6	0.6	0.55

抗渗等级	≤C30	>C30
P8~P12	0.55	0.50
P12 以上	0.50	0.45

注：1. 矿物掺合料取代量不宜大于 20%。

2. 表中水胶比为水与水泥（包括矿物掺合料）用量的比值。

5. 抗渗混凝土搅拌时间不得小于 2min。

6. 抗渗混凝土湿润养护时间不得小于 14d。

7. 抗渗混凝土拆模时，结构表面温度与环境气温之差不得大于 15℃。地下结构部分的抗渗混凝土，拆模后应及时回填。

5.3.10 大体积混凝土

1. 大体积混凝土应均匀分层、分段浇筑，并应符合下列规定：

（1）分层混凝土厚度宜为 1.5~2.0m。

（2）分段数目不宜过多，当横截面面积在 200m² 以内时不宜大于 2 段，在 300m² 以内时不宜大于 3 段。每段面积不得小于 50m²。

2. 大体积混凝土应在环境温度较低时浇筑，浇筑温度（振捣后 50~100mm 深处的温度）不宜高于 28℃。

3. 大体积混凝土应采取循环水冷却、蓄热保温等控制体内外温差的措施，并及时测定浇筑后混凝土表面和内部的温度。其温差应符合设计要求，当设计无规定时不宜大于 25℃。

4. 大体积混凝土湿润养护时间应符合表 5.3.10 规定。

大体积混凝土湿润养护时间　表 5.3.10

水泥品种	养护时间（d）
硅酸盐水泥、普通硅酸盐水泥	14
火山灰质硅酸盐水泥、矿渣硅酸盐水泥、低热微膨胀水泥、矿渣硅酸大坝水泥	21
在现场掺粉煤灰的水泥	

注：高温期施工湿润养护时间均不得少于 28d。

5.3.11　冬期混凝土施工

1. 当工地昼夜平均气温连续五天低于 5℃ 或最低气温低于 −3℃ 时，应确定混凝土进入冬期施工。

2. 冬期施工期间，当采用硅酸盐水泥或普通硅酸盐水泥配制混凝土，抗压强度未达到设计强度的 30% 时；或采用矿渣硅酸盐水泥配制混凝土抗压强度未达到设计强度的 40% 时 C15 及以下的混凝土抗压强度未达到 5MPa 时，混凝土不得受冻。浸水冻融条件下的混凝土开始受冻时，不得小于设计强度的 75%。

3. 冬期混凝土的配制和拌合应符合下列

规定：

（1）拌制混凝土应优先采用加热水的方法，水加热温度不宜高于 80℃。骨料加热温度不得高于 60℃。混凝土掺用片石时，片石可预热。

（2）混凝土搅拌时间宜较常温施工延长 50%。

（3）拌制设备宜设在气温不低于 10℃ 的厂房或暖棚内。拌制混凝土前，应采用热水冲洗搅拌机鼓筒。

4. 冬期混凝土的浇筑应符合下列规定：

（1）混凝土浇筑前，应清除模板及钢筋上的冰雪。当环境气温低于 -10℃ 时，应将直径大于或等于 25mm 的钢筋和金属预埋件加热至 0℃ 以上。

（2）当旧混凝土面和外露钢筋暴露在冷空气中时，应对距离新旧混凝土施工缝 1.5m 范围内的旧混凝土面和长度在 1m 范围内的外露钢筋，进行防寒保温。

（3）在非冻胀性地基或旧混凝土面上浇筑混凝土，加热养护时，地基或旧混凝土面的温度不得低于 2℃。

（4）当浇筑负温早强混凝土时，对于用冻结法开挖的地基或在冻结线以上且气温低于 -5℃ 的地基应做隔热层。

（5）混凝土拌合物入模温度不宜低于 10℃。

（6）混凝土分层浇筑的厚度不得小于 20cm。

5. 冬期混凝土施工应根据结构特点和环境状况，通过热工计算确定养护方法。当室外最低气温高于−15℃时，地下工程或表面系数（冷却面积和体积的比值）不大于 15m^{-1} 的工程应优先采用蓄热法养护。

6. 冬期混凝土拆模应符合下列规定：

（1）拆模时混凝土与环境温差不得大于 15℃。当温差在 10～15℃时，拆除模板后的混凝土表面应采取临时覆盖措施。

（2）采用外部热源加热养护的混凝土，当环境气温在 0℃以下时，应待混凝土冷却至 5℃以下后，方可拆除模板。

（3）冬期施工的混凝土，除应按规范规定制作标准试件外，尚应根据养护、拆模和承受荷载的需要，增加与结构同条件养护的试件不少于 2 组。

5.3.12 高温期混凝土施工

1. 当昼夜平均气温高于 30℃时，应确定混凝土进入高温期施工。

2. 高温期混凝土的运输与浇筑应符合的规定为：混凝土的浇筑温度应控制在 32℃以下，宜选在一天温度较低的时间内进行。

3. 高温期施工混凝土，除应按规范规定制作标准试件外，沿应增加与结构同条件养护的试件1组，检测其28天强度。

5.3.13　检验标准

1. 水泥进场除全数检验合格证和出厂检验报告外，应对其强度、细度、安定性和凝固时间抽样复验。

检验数量：同生产厂家、同批号、同品种、同强度等级、同出厂日期且连续进场的水泥，散装水泥每500t为一批。袋装水泥每200t为一批，当不足上述数量时，也按一批计，每批抽样不少于1次。

检验方法：检查试验报告。

2. 混凝土外加剂除全数检验合格证和出厂检验报告外，应对其减水率、凝结时间差、抗压强度比抽样检验。

检验数量：同生产厂家、同批号、同品种、同强度等级、同出厂日期且连续进场的外加剂，每50t为一批；不足50t时，也按一批计，每批至少抽检样1次。

检验方法：检查试验报告。

3. 混凝土配合比设计应符合规范规定。

检验数量：同强度等级、同性能混凝土的配合比设计应各检查1次。

检验方法：检查配合比设计选定单，试配试验报告和经审批后的配合比报告单。

4. 当使用具有潜在碱活性骨料时，混凝土中的总碱含量应符合规范的规定和设计要求。

检验数量：每一混凝土配合比进行 1 次总碱含量计算。

检验方法：检查核算单。

5. 混凝土强度等级应按现行国家标准《混凝土强度检验评定标准》GB 50107 的规定检验评定，其结果必须符合设计要求。用于检查混凝土强度的试件，应在混凝土浇筑地点随机抽取，取样与试件留置应符合下列规定：

（1）每拌制 100 盘且不超过 100m³ 的同配比的混凝土，取样不得少于 1 次。

（2）每工作班拌制的同一配比的混凝土不足 100 盘时，取样不得少于 1 次。

（3）每次取样应至少留置 1 组标准养护试件，同条件养护试件的留置组数应根据实际需要确定。

检验数量：全数检查。

检验方法：检查试验报告。

6. 抗冻混凝土应进行抗冻性能试验，抗渗混凝土应进行抗渗性能试验。试验方法应符合现行国家标准《普通混凝土长期性能和耐久性能试验方法》GB 50082 的规定。

检验数量：混凝土数量小于 250m³，应制作抗冻或抗渗试件 1 组（6 块）；250~500m³，应制作 2 组。

检验方法：检查试验报告。

7. 混凝土掺用的矿物掺合料除全数检验合格证和出厂检验报告外，应对其细度、含水量、抗压强度比等项目抽样检验。

检验数量：同品种、同等级且连续进场的矿物掺合料，每 200t 为一批；当不足 200t 时，也按一批计，每批至少抽样 1 次。

检验方法：检查试验报告。

8. 对细骨料，应抽样检验其颗粒级配、细度模数、含泥量及规定要求的检验项，并应符合《普通混凝土用砂、石质量及检验方法标准》JGJ 52 的规定。

检验数量：同产地、同品种、同规格且连续进场的细骨料，每 400m³ 或 600t 为一批。当不足 400m³ 或 600t，也按一批计，每批至少抽检 1 次。

检验方法：检查试验报告。

9. 对粗骨料、应抽样检验其颗粒级配、压碎值指标、针片状颗粒含量及规定要求的检验项，并应符合《普通混凝土用砂、石质量及检验方法标准》JGJ 52 的规定。

检验数量：同产地、同品种、同规格且连续进场的粗骨料，机械生产的每 400m³ 或 600t 为一批，不足 400m³ 或 600t 也按一批计；人工生产的每 200m³ 或 300t 为一批，不足 200m³ 或 300t 也按一批计，每批至少抽检 1 次。

检验方法：检查试验报告。

10. 当拌制混凝土用水采用非饮用水源时，应进行水质检测，并应符合国家现行标准《混凝土用水标准》JGJ 63 的规定。

检验数量：同水源检查不少于 1 次。

检验方法：检查水质分析报告。

11. 混凝土拌合物的坍落度应符合设计配合比要求。

检验数量：每工作班不少于 1 次。

检验方法：用坍落度仪检测。

12. 混凝土原材料每盘称量允许偏差应符合表 5.3.13 的规定。

混凝土原材料每盘称量允许偏差　　表 5.3.13

材料名称	允许偏差	
	工地	工厂或搅拌站
水泥和干燥状态的掺合料	±2%	±1%
粗、细骨料	±3%	±2%

材料名称	允许偏差	
	工地	工厂或搅拌站
水、外加剂	±2%	±1%

注：1. 各种衡器应定期检定，每次使用前应进行零点校核，
保证计量准确。
2. 当遇雨天或含水率有显著变化时，应增加含水率检测
次数，并及时调整水和骨料的用量。

检验数量：每工作班抽查不少 1 次。

检验方法：复称。

5.4 预应力混凝土

5.4.1 预应力材料及器材

1. 预应力筋进场时，应对其质量证明文件、包装、标志和规格进行检验，并应符合一列规定：

（1）钢丝检验批每批不得大于 60t；从每批钢丝中抽查 5%，且不少于 5 盘，进行形状、尺寸和表面检查，如检查不合格，则将该批钢丝全数检查；从检查合格的钢丝中抽取 5%，且不少于 3 盘，在每盘钢丝的两端取样进行抗拉强度、弯曲和伸长率试验，试验结果有一项不合格时，则不合格盘报废，并从同批未检验过的钢丝盘中

取双倍数量的试样进行该不合格项的复验，如仍有一项不合格，则该批钢丝为不合格。

（2）钢绞线检验批每批不得大于 60t；从每批钢绞线中任取 3 盘，并从每盘所选用的钢绞线端部正常部位截取一根试样，进行表面质量、直径偏差检查和力学性能试验，如每批少于 3 盘，应全数检验，试验结果如有一项不合格时，则不合格盘报废，并再从该批未检验过的钢绞线中取双倍数量的检验每批不得大于试样进行该不合格项的复验，如仍有一项不合格，则该批钢绞线为不合格。

（3）精轧螺纹钢筋不得大于 60t；对表面质量应该逐根检查；检查合格后，在每批中任选 2 根钢筋截取试件进行拉伸试验，试验结果如有一项不合格时，则取双倍数量试件进行拉伸试验，如仍有一项不合格，则该批钢筋为不合格。

2. 预应力筋锚具、夹具和连接器应符合国家现行标准《预应力筋用锚具、夹具和连接器》GB/T 14370 和《预应力筋用锚具、夹具和连接器应用技术规程》JGJ 85 的规定。进场时，应对其质量证明文件、型号、规格等进行检验，并应符合下列规定：

（1）锚具、夹具和连接器验收批的划分：在同种材料和同一生产工艺条件下，锚具和夹片应以不超过 1000 套为一个验收批，连接器应以不超过 500 套为一个验收批。

(2) 外观检查：应从每批中抽取 10％的锚具（夹片或连接器）且不少于 10 套，检查其外观和尺寸，如有一套表面有裂纹或超过产品标准及设计要求规定的允许偏差，则应另取双倍数量的锚具重做检查，如仍有一套不符合要求，则应全数检查，合格者方可投入使用。

(3) 硬度检查：应从每批中抽取 5％的锚具（夹片或连接器）且不少于 5 套，对其中有硬度要求的零件做硬度试验，对多孔夹片式锚具的夹片，每套至少抽取 5 片。每个零件测试 3 点，其硬度应在设计要求范围内，如有一个零件不合格，则应逐个检查，合格后方可使用。

(4) 静载锚固性能试验：大桥、特大桥等重要工程，质量证明文件不齐全、不正确或质量有疑点的锚具，经上述检查合格后，应从同批锚具中抽取 6 套锚具（夹片或连接器）组成 3 个预应力锚具组装件，进行静载锚固性能试验，如有一个试件不符合要求，则应另取双倍数量的锚具（夹片或连接器）重做试验；如仍有一个试件不符合要求，则该批锚具（夹片或连接器）为不合格品。一般中、小桥使用的锚具（夹片或连接器），其静载锚固性能可由锚具生产厂提供试验报告。

3. 预应力管道应具有足够的刚度、能传递粘结力，且应符合下列要求：

（1）胶管的承受压力不得小于 5kN，极限抗拉强度不得小于 7.5kN，且应具有较好的弹性恢复性能。

（2）钢管和高密度聚乙炔烯管的内壁应光滑，壁厚不得小于 2mm。

（3）金属螺旋管道宜采用镀锌材料制作，制作金属螺旋管的钢带厚度不宜小于 0.3mm。金属螺旋管性能应符合国家现行标准《预应力混凝土用金属螺旋管》JG/T 3013 的规定。

4. 预应力材料必须保持清洁，在存放和运输时应避免损伤、锈蚀、和腐蚀。预应力筋和金属管道在室外存放时，时间不宜超过 6 个月。预应力锚具、夹具和连接器应在仓库内配套保管。

5.4.2 预应力钢筋制作

1. 预应力筋下料应符合下列规定：

（1）预应力筋宜使用砂轮锯或切断机切断，不得采用电弧切割。钢绞线切断前，应在距切口 5cm 处用绑丝绑牢。

（2）钢丝束的两端均采用墩头锚具时，同一束中各根钢丝下料长度的相对差值，当钢丝束长度小于或等于 20m 时，不宜大于 1/3000；当钢丝束长度大于 20m 时，不宜大于 1/5000，且不得大于 5mm。长度不大于 6m 的先张预应力构件，当钢丝成束张拉时，同束钢丝下料长度的相对差值不得大于 2mm。

2. 预应力筋由多根钢丝或钢绞线组成时，在同束预应力筋内，应采用强度相等的预应力钢材。编束时，应逐根梳理顺直，不扭转，绑扎牢固，每隔 1m 一道，不得互相缠绞。编束后的钢丝和钢绞线应按编号分类存放。钢丝和钢绞线束移运进支点距离不得大于 3m，端部悬出长度不得大于 1.5m。

5.4.3 混凝土施工

1. 拌制混凝土应优先采用硅酸盐水泥、普通硅酸盐水泥，不宜使用矿渣硅酸盐水泥，不得使用火山灰质硅酸盐水泥及粉煤灰硅酸盐水泥。粗骨料应采用碎石，其粒径宜为 5~25mm。

2. 混凝土中的水泥用量不宜大于 550kg/m³。

3. 从各种材料引入混凝土中的氯离子最大含量不宜超过水泥用量的 0.06%。超过以上规定时，宜采用掺加阻锈剂、增加保护层厚度、提高混凝土密实度等防锈措施。

5.4.4 预应力施工

1. 张拉设备的校准期限不得超过半年，且不得超过 200 次张拉作业。张拉设备应配套校准，配套使用。

2. 预应力筋采用应力控制方法张拉时，应以伸长值进行校核。实际伸长值与理论伸长值的差值应符合设计要求；设计无规定时，实际伸长值与理论伸长值之差应控制在 6% 以内。

3. 预应力张拉时，应先调整到初应力 (σ_0)，该初应力宜为张拉控制应力 (σ_{con}) 的 10%～15%，伸长值应从初应力时开始量测。

4. 预应力筋的锚固应在张拉控制应力处于稳定状态下进行，锚固阶段张拉端预应力筋的内缩量，不得大于设计规定。当设计无规定时，应符合表 5.4.4-1 的规定。

锚固阶段张拉端预应力筋的

内缩量允许值（mm）　　　　表 5.4.4-1

锚具类别	内缩量允许值
支承式锚具(镦头锚、带有螺丝端杆的锚具等)	1
锥塞式锚具	5
夹片式锚具	5
每块后加的锚具垫板	1

注：内缩量值系指预应力筋锚固过程中，由于锚具零件之间和锚具与预应力筋之间的相对移动和局部塑性变形造成的回缩量。

5. 先张法预应力施工应符合下列规定：

（1）张拉台座应具有足够的强度和刚度，其抗倾覆安全系数不得小于 1.5，抗滑移安全系数不得小于 1.3。张拉横梁应有足够的刚度，受力后的最大挠度不得大于 2mm。锚板受力中心应与预应力筋合力中心一致。

（2）预应力筋张拉应符合下列要求：

1）张拉程序应符合设计要求，设计未规定时，其张拉程序应符合表 5.4.4-2 的规定。张拉钢筋时，为保证施工安全，应在超张拉放张至 $0.9\sigma_{con}$ 时安装模板、普通钢筋及预埋件。

先张法预应力筋张拉程序 表 5.4.4-2

预应力筋种类	张拉程序
钢筋	$0\rightarrow$初应力$\rightarrow1.05\sigma_{con}\rightarrow0.9\sigma_{con}\rightarrow\sigma_{con}$（锚固）
钢丝、钢绞线	$0\rightarrow$初应力$\rightarrow1.05\sigma_{con}$（持荷 2min）$\rightarrow0\rightarrow\sigma_{con}$（锚固）
	对于夹片式等具有自锚性能的锚具： 普通松弛力筋 $0\rightarrow$初应力$\rightarrow1.03\sigma_{con}$（锚固） 低松弛力筋 $0\rightarrow$初应力$\rightarrow\sigma_{con}$（持荷 2min 锚固）

注：σ_{con}张拉时的控制应力值，包括预应力损失值。

2）张拉过程中，预应力筋的断丝、断筋数量不得超过表 5.4.4-3 的规定。

先张法预应力筋断丝、
断筋控制值

表 5.4.4-3

预应力筋种类	项 目	控制值
钢丝、钢绞线	同一构件内断丝数不得超过钢丝总数的	1%
钢筋	断筋	不允许

（3）放张预应力筋时混凝土强度必须符合设计要求。设计未规定时，不得低于设计强度的75%。放张顺序应符合设计要求。设计未规定时，应分阶段、对称、交错地放张。放张前，应将限制位移的模板拆除。

6. 后张法预应力施工应符合下列规定：

（1）预应力筋安装应符合下列要求：

穿束后至孔道灌浆完成应控制在下列时间以内，否则应对预应力筋采取防锈措施：

1）空气湿度大于70%或盐分过大时　　7d

2）空气湿度40%～70%　　　　　　　15d

3）空气湿度小于40%　　　　　　　　20d

（2）预应力筋张拉应符合下列要求：

1）混凝土强度应符合设计要求；设计未规定时，不得低于设计强度的75%且应将限制位移的模板拆除后，方可进行张拉。

2）预应力筋张拉端的设置，应符合设计要求；当设计未规定时，应符合下列规定：

①曲线预应力筋或长度大于或等于 25m 的直线预应力筋，宜在两端张拉；长度小于 25m 的直线预应力筋，可在一端张拉。

②当同一截面中有多束一端张拉的预应力筋时，张拉端宜均匀交错的设置在结构的两端。

3）预应力筋张拉程序应符合表 5.4.4-4 的规定。

后张法预应力张拉程序　　表 5.4.4-4

预应力筋种类		张 拉 程 序
钢绞线束	对夹片式等有自锚性能的锚具	普通松弛力筋　$0 \rightarrow$ 初应力 $\rightarrow 1.03\sigma_{con}$（锚固） 低松弛力筋　$0 \rightarrow$ 初应力 $\rightarrow \sigma_{con}$（持荷 2min 锚固）
	其他锚具	$0 \rightarrow$ 初应力 $\rightarrow 1.05\sigma_{con}$（持荷 2min）$\rightarrow \sigma_{con}$（锚固）
钢丝束	对夹片式等有自锚性能的锚具	普通松弛力筋　$0 \rightarrow$ 初应力 $\rightarrow 1.03\sigma_{con}$（锚固） 低松弛力筋　$0 \rightarrow$ 初应力 $\rightarrow \sigma_{con}$（持荷 2min 锚固）
	其他锚具	$0 \rightarrow$ 初应力 $\rightarrow 1.05\sigma_{con}$（持荷 2min）$\rightarrow 0 \rightarrow \sigma_{con}$（锚固）
精轧螺纹钢筋	直线配筋时	$0 \rightarrow$ 初应力 $\rightarrow \sigma_{con}$（持荷 2min 锚固）
	曲线配筋时	$0 \rightarrow \sigma_{con}$（持荷 2min）$\rightarrow 0$（上述过程可反复几次）$\rightarrow$ 初应力 $\rightarrow \sigma_{con}$（持荷 2min 锚固）

注：1. σ_{con} 为张拉时的控制应力值，包括预应力损失值。

　　2. 梁的竖向预应力筋可一次张拉到控制应力，持荷 5min 锚固。

4) 张拉过程中预应力筋断丝、滑丝、断筋的数量不得超过表 5.4.4-5 的规定。

后张法预应力筋断丝、滑丝、
断筋控制值 表 5.4.4-5

预应力筋种类	项　　目	控制值
钢丝束、钢绞线束	每束钢丝断丝、滑丝	1 根
	每束钢绞线断丝、滑丝	1 丝
	每个断面断丝之和不超过该断面钢丝总数的	1%
钢筋	断筋	不允许

注：1. 钢绞线断丝带系指单根钢绞线内钢丝的断丝。

2. 超过表列控制数量时，原则上应更换；当不能更换时，在条件许可下，可采取补救措施，如提高其他钢丝束控制应力值，应满足设计上各阶段极限状态的要求。

（3）张拉控制应力达到稳定后方可锚固，预应力筋锚固后的外露长度不宜小于 30mm，锚具应采用封端混凝土保护，当需较长时间外露时，应采取防锈蚀措施。锚固完毕经检验合格后，方可切割端头多余的预应力筋，严禁使用电弧焊切割。

（4）预应力筋张拉后，应及时进行孔道压浆，对多跨连续有连接器的预应力筋孔道，应张拉完一段灌注一段。孔道压浆宜采用水泥浆，水泥浆的强度应符合设计要求；设计未规定时，不得低于 30MPa。

（5）压浆后应从检查孔抽查压浆的密实情况，如有不实，应及时处理。压浆作业，每一工作班应留取不少于 3 组砂浆试块，标准养护28d，以其抗压强度作为水泥浆质量的评定依据。

（6）压浆过程中及压浆后 48h 内，结构混凝土的温度不得低于 5℃，否则应采取保温措施。当白天气温高于 35℃时，压浆宜在夜间进行。

（7）埋设在结构内的锚具，压浆后应及时浇筑封锚混凝土，封锚混凝土的强度等级应符合设计要求，不宜低于结构混凝土强度等级的 80%，且不得低于 30MPa。

（8）孔道内的水泥浆强度达到设计规定后方可吊移预制构件；设计未规定时，不应低于砂浆设计强度的 75%。

5.4.5　检验标准

1. 预应力筋张拉和放张时，混凝土强度必须符合设计规定；设计无规定时，不得低于设计强度的 75%。

检查数量：全数检查。

检验方法：检查同条件养护试件试验报告。

2. 预应力筋张拉允许偏差应分别符合表

5.4.5-1～表 5.4.5-3 的规定。

钢丝、钢绞线先张法允许偏差　　表 5.4.5-1

项目		允许偏差（mm）	检验频率	检验方法
镦头钢丝同束长度相对差	束长>20m	L/5000，且不大于 5	每批抽查 2 束	用钢尺量
	束长 6～20m	L/3000，且不大于 4		
	束长<6m	2		
张拉应力值		符合设计要求	全数	查张拉记录
张拉伸长率		±6%		
断丝数		不超过总数的 1%		

注：L 为束长（mm）。

钢筋先张法允许偏差　　表 5.4.5-2

项目	允许偏差（mm）	检验频率	检验方法
接头在同一平面内的轴线偏位	2,且不大于 1/10 直径	抽查 30%	用钢尺量
中心偏位	4% 短边，且不大于 5		
张拉应力值	符合设计要求	全数	查张拉记录
张拉伸长率	±6%		

钢筋后张法允许偏差　　表 5.4.5-3

项目		允许偏差	检验频率	检验方法
管道坐标	梁长方向	30	抽查 30%，每根查 10 个点	用钢尺量
	梁高方向	10		
管道间距	同排	10	抽查 30%，每根查 5 个点	用钢尺量
	上下排	10		
张拉应力值		符合设计要求	全数	查张拉记录
张拉伸长率		±6%		
断丝滑丝数	钢束	每束一丝，且每断面不超过钢丝总数的 1%		
	钢筋	不允许		

3. 锚固阶段张拉端预应力筋的内缩量，应符合规范规定。

检查数量：每工作日抽查预应力筋总数的 3%，且不少于 3 束。

检验方法：用钢尺量、检查施工记录。

5.5　砌体

5.5.1　材料

1. 砌体所用水泥、砂、外加剂、水应符合规范有关规定。砂浆用砂宜采用中砂或粗砂，当缺少中、粗砂时也可采用细砂，但应增加水泥用量。砂的最大粒径，当用于砌筑片石时，不宜超过 5mm；当用于砌筑块石、粗料石时，不宜超过 2.5mm。砂的含泥量：砂浆强度等级不小于 M5 时，不得大于 5％；当砂浆强度等级小于 M5 时，不得大于 7％。

2. 石料的技术性能应符合的规定为：在潮湿和浸水地区主体工程的石料软化系数，不得小于 0.8。对最冷月份平均气温低于 -10℃ 的地区，除干旱地区的不受冰冻部位外，石料的抗冻性指标应符合冻融循环 25 次的要求。

5.5.2 砂浆

1. 砂浆的强度应符合设计要求。设计无规定时，主体工程用砂浆强度不得低于 M10，一般工程用砂浆强度不得低于 M5。设计有明确冻融循环次数要求的砂浆，经冻融试验的，质量损失率不得大于 5％，强度损失率不得大于 25％。

2. 砂浆强度等级应制作边长为 70.7mm 的立方体试件，以在标准养护条件下 28d 的抗压极限强度表示（6 块为 1 组）。砂浆强度等级可分为 M20、M15、M10、M7.5、M5。

3. 砂浆配合比宜经设计，并通过试配确定。水泥砂浆中的水泥用量不宜小于 200kg/m³；水泥混合砂浆中水泥与掺合料的总量应为 300～

350kg/m^3，在满足稠度和分层度的前提下，掺合料的用量宜尽量减少。

4. 砌筑砂浆应具有良好的和易性，保证砌体胶结牢固。砂浆稠度应以标准圆锥体沉入度表示，石砌体宜为 $5\sim7\text{cm}$。对吸水率较大的砌筑料石，天气干热多风时，可适当加大稠度值。

5. 砂浆应使用机械厂搅拌，搅拌时间不得少于 1.5min。砂浆应随拌随用，并应在拌合后 4h 内使用完毕。在运输和储存中发生离析、泌水时，使用前应重新拌合，已凝结的砂浆不得使用。

5.5.3 浆砌石

1. 采用分段砌筑时，相邻段的高差不宜超过 1.2m，工作缝位置宜在伸缩缝或沉降缝处。同一砌体当天连续砌筑高度不宜超过 1.2m。

2. 浆砌片石施工应符合下列规定：

（1）砌筑时宜以 $2\sim3$ 层片石组成一个砌筑层，每个砌筑层的水平缝应大致找平，竖缝应错开。灰缝宽度不宜大于 4cm。

（2）砌片石墙必须设置拉结石，拉结石应均匀分布，相互错开，每 0.7m^2 墙面至少应设置一块。

3. 浆砌块石施工尚应符合下列规定：

（1）用作镶面的块石，外露面四周应加以修凿，其修凿进深不得小于7cm。镶面丁石的长度不得短于顺石宽度的1.5倍。

（2）每层块石的高度应尽量一致，每砌筑0.7～1.0m应找平一次。

（3）砌筑镶面石时，上下层立缝错开的距离应大于8cm。

（4）砌筑填心石时，灰缝应错开。水平灰缝宽度不得大于3cm；垂直灰缝宽度不得大于4cm。较大缝隙中应填塞小块石。

4. 浆砌料石施工尚应符合下列规定：

（1）一层镶面石砌筑完毕，方可砌填心石，其高度应与镶面石平，当采用水泥混凝土填心，镶面石可先砌2～3层后再浇筑混凝土。

（2）每层镶面石均应采用一丁一顺砌法，宽度应均匀。相邻两层立缝错开距离不得小于10cm；在丁石的上层和下层不得有立缝；所有立缝均应垂直。

5.5.4 砌体勾缝及养护

1. 砌筑时应及时将砌体表面的灰缝砂浆向内剔除2cm，砌筑完成1～2日内应采用水泥砂浆勾缝。如设计规定不勾缝，则应随砌随将灰缝砂浆刮平。

2. 砌体勾缝形式、砂浆强度等级应符合设计要求。设计无规定时，块石宜采用凸缝或平缝；细料石及粗料石砌体应采用凹缝。勾缝砂浆强度等级不得低于 M10。

3. 砌石勾缝宽度应保持均匀，片石勾缝宽宜为 3～4cm；块石勾缝宽宜为 2～3cm；料石、混凝土预制块缝宽宜为 1～1.5cm。

4. 料石砌体勾缝应横平竖直、深浅一致，十字缝衔接平顺，不得有瞎缝、丢缝和粘结不牢等现象，勾缝深度应较墙面凹进 5mm。

5. 砌体在砌筑和勾缝砂浆初凝后，应立即覆盖洒水，湿润养护 7～14d，养护期间不得碰撞、振动或承重。

5.5.5 冬期施工

1. 当工地昼夜平均气温连续 5d 低于 5℃或最低气温低于—3℃时，应确定砌体进入冬期施工。

2. 砂浆强度未达到设计强度的 70% 时，不得使其受冻。

3. 砂浆宜采用普通硅酸盐水泥，水温不得超过 80℃；当使用 60℃ 以上的热水时，宜先将水和砂稍加搅拌后再加水泥，水泥不得加热。

4. 砂浆宜在暖棚内机械拌制，搅拌时间不得小于 2min，砂浆的稠度宜较常温适当增大，以 4～6cm 为宜。

5. 砂浆应随拌随用，每次拌合量宜在 0.5h 内用完。已冻结的砂浆不得使用。

6. 施工中应根据施工方法、环境气温，通过热工计算确定砂浆砌筑温度。石料、混凝土砌块表面与砂浆的温差不宜大于 20℃。

7. 在暖棚内砌筑时，应符合的规定为：砂浆的温度不得低于 15℃，砌块的温度应在 5℃以上，棚内地面处温度不得低于 5℃。

8. 采用抗冻砂浆砌筑时，应符合的规定为：抗冻砂浆的温度不得低于 5℃。

5.5.6　检验标准

1. 石材的技术性能和混凝土砌块的强度等级应符合设计要求。

同产地石材至少抽取一组试件进行抗压强度试验（每组试件不少于 6 个）；在潮湿和浸水地区使用的石材，应各增加一组抗冻性能指标和软化系数试验的试件。混凝土砌块抗压强度试验，应符合规范的规定。

检查数量：全数检查。

检验方法：检查试验报告。

2. 砌筑砂浆应符合下列规定：

（1）砂、水泥、水和外加剂的质量检验应符合规范的有关规定。

（2）砂浆的强度等级必须符合设计要求。

每个构筑物、同类型、同强度等级每 100m³ 砌体为一批，不足 100m³ 的按一批计，每批取样不得少于一次。砂浆强度试件应在砂浆搅拌机出料口随机抽取，同一盘砂浆制作 1 组试件。

检查数量：全数检查。

检验方法：检查试验报告。

3. 砂浆的饱满度应达到 80％以上。

检查数量：每一砌筑段、每步脚手架高度抽查不少于 5 处。

检验方法：观察。

4. 砌体砌缝宽度、位置应符合表 5.5.6 的规定。

砌体砌缝宽度、位置　　　　　　　表 5.5.6

项目		允许值（mm）	检验频率		检验方法
			范围	点数	
表面砌缝宽度	浆砌片石	≤40	每个构筑物、每个砌筑面或两条伸缩缝之间为一检验批	10	用钢尺量
	浆砌块石	≤30			
	浆砌料石	15～20			
三块石料相接处的空隙		≤70			
两层间竖向错缝		≥80			

5.6 基础

5.6.1 扩大基础

1. 基础位于旱地上且无地下水时，基坑顶面应设置防止地面水流入基坑的设施。基坑顶有动荷载时，坑顶边与动荷载间应留有不小于 1m 宽的护道。

2. 当基础位于河、湖、浅滩中采用围堰进行施工时，施工前应对围堰进行施工设计，围堰顶宜高出施工期间可能出现的最高水位（包括浪高）0.5～0.7m。

3. 当采用集水井排水时，集水井宜设在河流的上游方向。排水设备的能力宜大于总渗水量的 1.5～2.0 倍。

4. 井点降水，井管可根据土质分别用射水、冲击、旋转及水压钻机成孔。降水曲线应深入基底设计标高以下 0.5m。

5. 开挖基坑，槽边堆土时，堆土坡脚距基坑顶边线的距离不得小于 1m，堆土高度不得大于 1.5m。

5.6.2 沉入桩

1. 混凝土桩制作时，混凝土的坍落度宜为 4～6cm。

2. 预制桩的起吊强度应符合设计要求；当设计无规定时，预制桩达设计强度的 75% 方可起吊，起吊应平稳，不得损坏桩身混凝土。预制桩强度达到设计强度的 100% 方可运输，运输时桩身应平置。

3. 桩的运输、堆放应符合下列规定：

(1) 混凝土桩的支点应与吊点上下对准，堆放不宜超过 4 层。

(2) 钢桩的支点应布置合理，防止变形，堆放不得超过 3 层，应采取防止钢管桩滚动的措施。

4. 桩的连接接头强度不得低于桩截面的总强度。钢桩接桩处纵向弯曲矢高不得大于桩长的 0.2%。

5. 锤击沉桩应符合下列规定：

(1) 锤击沉桩的最后贯入度，柴油锤宜为 1~2mm/击，蒸汽锤宜为 2~3mm/击。

(2) 停锤时，贯入度已达到要求，而桩尖未达到设计标高时，应在满足冲刷线下最小嵌固深度后，继续锤击 3 阵（每阵 10 锤），贯入度不得大于设计规定的数值。

6. 射水沉桩，当桩尖接近设计高程时，应停止射水进行锤击或振动下沉，桩尖进入未冲动的土层中的深度应根据沉桩试验确定，一般不得小于 2m。

7. 采用预钻孔沉桩施工时，当钻孔直径大于桩径或对角线时，沉桩就位后，桩的周围应压注水泥浆；当钻孔直径小于桩径或对角线时，钻孔深度应为柱长的 1/3~1/2，沉桩应按规范规定停锤。

8. 桩的复打前"休息"天数应符合下列
要求：

（1）桩穿过砂类土，桩尖位于大块碎石类
土、紧密的砂类土或坚硬的黏性土，不得少于1
昼夜；

（2）在粗、中砂和不饱和的粉细砂里不得少
于3昼夜；

（3）在黏性土和饱和的粉细砂里不得少于6
昼夜。

5.6.3 灌注桩

1. 钻孔施工准备工作应符合下列规定：

（1）钻孔前应埋设护筒。护筒可用钢或混凝
土制作，应坚实、不漏水。当使用旋转钻时，护
筒内径应比钻头直径大20cm；使用冲击钻机时，
护筒内径应大40cm。

（2）护筒顶面宜高出施工水位或地下水位
2m，并宜高出施工地面0.3m。其高度尚应满足
孔内泥浆面高度的要求。

（3）护筒埋设应符合下列要求：

1）在岸滩上的埋设深度：黏性土、粉土不
得小于1m；砂性土不得小于2m；当表面土层
松软时，护筒应埋入密实土层中0.5m以下。

2）水中筑岛，护筒应埋入河床面以下1m

左右。

3）护筒埋设允许偏差：顶面中心偏位宜为5cm。护筒斜度宜为1‰。

2. 钻孔施工应符合的规定为：钻孔时，孔内水位宜高出护筒底脚 0.5m 以上或地下水位以上 1.5～2m。

3. 清孔应符合的规定为：清孔后的沉渣厚度应符合设计要求。设计未规定时，摩擦桩的沉渣厚度不应大于 300mm；端承桩的沉渣厚度不应大于 100mm。

4. 吊装钢筋笼应符合的规定为：应在骨架外侧设置控制保护层厚度的垫块，其间距竖向宜为 2m，径向圆周不得少于 4 处。钢筋笼入孔后，应牢固定位。

5. 灌注水下混凝土应符合下列规定：

（1）水下混凝土的原材料及配合比除应满足规范的要求外，尚应符合下列规定：

1）水泥的初凝时间，不宜小于 2.5h。

2）粗骨料优先选用卵石，如采用碎石，宜增加混凝土配合比的含砂率。粗骨料的最大粒径不得大于导管内径的 1/6～1/8 和钢筋最小净距的 1/4，同时不得大于 40mm。

3）混凝土配合比的含砂率宜采用 0.4～0.5，水胶比宜采用 0.5～0.6。经试验，可掺入部分粉煤灰（水泥与掺合料总量不宜小于350kg/m³，水泥用量不得小于300kg/m³）。

4）灌注时坍落度宜为180～220mm。

5）混凝土的配制强度应比设计强度提高10%～20%。

（2）浇筑水下混凝土的导管应符合下列规定：

1）导管内壁应光滑、圆顺，直径宜为20～30cm，节长宜为2m。

2）导管不得漏水，使用前应试拼、试压，试压的压力宜为孔底静水压力的1.5倍。

3）导管轴线偏差不宜超过孔深的0.5%，且不宜大于10cm。

（3）水下混凝土施工应符合下列要求：

1）在灌注水下混凝土前，宜向孔底射水（或射风）翻动沉淀物3～5min。

2）混凝土应连续灌注，中途停顿时间不宜大于30min。

3）在灌注过程中，导管的埋置深度宜控制在2～6m。

4）灌注的桩顶标高应比设计高出0.5～1m。

5）使用全护筒灌注水下混凝土时，护筒底端应埋于混凝土内不小于1.5m，随导管提升逐步上拔护筒。

5.6.4 沉井

1. 就地制作沉井应符合下列规定：

(1) 在旱地制作沉井应将原地面平整、夯实；在浅水中或可能被淹没的旱地、浅滩应筑岛制作沉井；在地下水位很低的地区制作沉井，可先开挖基坑至地下水位以上适当高度，一般为 1～1.5m，再制作沉井。

(2) 筑岛制作沉井时，应符合下列要求：

1) 筑岛标高应高于施工期间河水的最高水位 0.5～0.7m，当有冰流时应适当加高。

2) 筑岛的平面尺寸，应满足沉井制作及抽垫等施工要求。无围堰筑岛时应在沉井周围设置不少于 2m 的护道，临水面坡度宜为 1:1.75～1:3。有围堰筑岛时，沉井外缘距围堰的距离应满足规范公式规定，且不得小于 1.5m。

(3) 刃脚部位采用土内模时，宜用黏性土填筑，土模表面应铺 20～30mm 的水泥砂浆，砂浆层表面应涂隔离剂。

(4) 混凝土强度达到 25% 时可拆除侧模，混凝土强度达 75% 时方可拆除刃脚模板。

2. 沉井接高时，井顶露出水面不得小于 150cm，露出地面不得小于 50cm。

3. 水下封底施工应符合下列规定：

(1) 采用数根同时浇筑时，导管数量和位置宜符合表 5.6.4 的规定。

导管作用范围 表 5.6.4

导管内径 （mm）	导管作用半径 （m）	导管下口埋入深度 （m）
250	1.1 左右	
300	1.3～2.2	2.0 以上
300～500	2.2～4.0	

（2）导管底端埋入封底混凝土的深度不宜小于 0.8m。

（3）混凝土顶面的流动坡度宜控制在 1∶5 以下。

（4）在封底混凝土上抽水时，混凝土强度不得小于 10MPa，硬化时间不得小于 3d。

4. 浮式沉井施工，浮式沉井在悬浮状态下接高时，必须均匀、对称地加载，沉井顶面宜高出水面 1.5m 以上。

5.6.5 地下连续墙

1. 导墙的材料、平面位置、形式、埋置深度、墙体厚度、顶面高程应符合设计要求。当设计无要求时，应符合下列规定：

（1）导墙宜采用钢筋混凝土构筑，混凝土等级不宜低于 C20。

（2）导墙的平面轴线应与地下连续墙平行，

两导墙的内侧间距应比地下连续墙体厚度大 40～60mm。

（3）导墙底端埋入士体内深度宜大于 1m，基底土层应夯实。导墙顶端应高出地下水位，墙后填土应与墙顶齐平，导墙顶面应水平，内墙面应竖直。

（4）导墙支撑间距宜为 1～1.5m。

2. 清底应自底部抽吸并及时补浆，沉淀物淤积厚度不得大于 100mm。

3. 接头施工应符合设计要求，并应符合下列规定：

（1）安放锁口管时应紧贴槽端，垂直、缓慢下放，不得碰撞槽壁和强行入槽。锁口管应沉入槽底 300～500mm。

（2）锁口管灌注混凝土 2～3h 后进行第一次起拔，以后应每 30min 提升一次。每次提升 50～100mm，直至终凝后全部拔出。

5.6.6 承台

1. 在基坑无水情况下浇筑钢筋混凝土承台，如设计无要求，基底应浇筑 10cm 厚混凝土垫层。

2. 在基坑有渗水情况下浇筑钢筋混凝土承台，应有排水措施，基坑不得积水。如设计无要求，基底可铺 10cm 厚碎石，并浇筑 5～10cm 厚混凝土垫层。

5.6.7 检验标准

1. 扩大基础质量检验应符合下列规定：

（1）基坑开挖允许偏差应符合表 5.6.7-1 的规定。

基坑开挖允许偏差　　表 5.6.7-1

项目		允许偏差（mm）	检验频率		检验方法
			范围	点数	
基底高程	土方	0 −20	每座基坑	5	用水准仪测量四角和中心
	石方	+50 −200		5	
轴线偏位		50		4	用经纬仪测量，纵横各 2 点
基坑尺寸		不小于设计规定		4	用钢尺量每边各 1 点

（2）回填土方应符合下列要求：

1）当年筑路和管线上填土的压实度标准应符合表 5.6.7-2 的要求。

当年筑路和管线上填方的

压实度标准　　　表 5.6.7-2

项目	压实度	检验频率		检验方法
		范围	点数	
填土上当年筑路	符合国家现行标准《城镇道路工程施工与质量验收规范》CJJ 1 的有关规定	每个基坑	每层4点	用环刀法或灌砂法
管线填土	符合现行相关管线施工标准的规定	每条管线	每层1点	

2）除当年筑路和管线上回填土方以外，填方压实度不应小于 87%（轻型击实）。检查频率与检验方法同表 5.6.7-2 第 1 项。

（3）现浇混凝土基础的质量检验应符合规范规定，现浇混凝土基础允许偏差应符合表5.6.7-3 的要求。

现浇混凝土基础允许偏差　　表 5.6.7-3

项目		允许偏差（mm）	检验频率		检查方法
			范围	点数	
断面尺寸	长、宽	±20	每座基础	4	用钢尺量，长、宽各2点
顶面高程		±10		4	用水准仪测量
基础厚度		+10 0		4	用钢尺量，长、宽向各2点
轴线偏位		15		4	用经纬仪测量，纵、横各2点

（4）砌体基础的质量检验应符合规范规定，砌体基础允许偏差应符合表 5.6.7-4 的要求。

砌体基础允许偏差　　　　表 5.6.7-4

项目		允许偏差（mm）	检验频率		检查方法
			范围	点数	
顶面高程		±25		4	用水准仪测量
基础厚度	片石	+30 0	每座基础	4	用钢尺量，长、宽各 2 点
	料石、砌块	+15 0			
轴线偏位		15		4	用经纬仪测量，纵、横各 2 点

2. 沉入桩质量检验应符合下列规定：

（1）预制桩质量检验应符合规范规定，且应符合下列要求：

1）钢筋混凝土和预应力混凝土桩的预制允许偏差应符合表 5.6.7-5 的规定。

钢筋混凝土和预应力混凝土
桩的预制允许偏差　　　表 5.6.7-5

项目		允许偏差（mm）	检验频率		检查方法
			范围	点数	
实心桩	横截面边长	±5	每批抽查 10%	3	用钢尺量相邻两边
	长度	±50		2	用钢尺量
	桩尖对中轴线的倾斜	10		1	用钢尺量

项目		允许偏差（mm）	检验频率		检查方法
			范围	点数	
实心桩	桩轴线的弯曲矢高	≤0.1%桩长，且不大于 20	全数	1	沿构件全长拉线，用钢尺量
	桩顶平面对桩纵轴的倾斜	≤1%桩径（边长），且不大于 3	每批抽查 10%	1	用垂线和钢尺量
	接桩的接头平面与桩轴平面垂直度	0.5%	每批抽查 20%	4	用钢尺量
空心桩	内径	不小于设计	每批抽查 10%	2	用钢尺量
	壁厚	$\begin{matrix}0\\-3\end{matrix}$		2	用钢尺量
	桩轴线的弯曲矢高	0.2%	全数	1	沿管节全长拉线，用钢尺量

2）桩身表面无蜂窝、麻面和超过 0.15mm 的收缩裂缝。小于 0.15mm 的横向裂缝长度，方桩不得大于边长或短边长的 1/3，管桩或多边形桩不得大于直径或对角线的 1/3；小于 0.15mm 的纵向裂缝长度，方桩不得大于边长或短边长的 1.5 倍，管桩或多边形桩不得大于直径或对角线的 1.5 倍。

检查数量：余数检查。

检验方法：观察、用读数放大镜量测。

（2）钢管桩制作质量检验应符合下列要求：

钢管桩制作允许偏差应符合表 5.6.7-6 的规定。

钢管桩制作允许偏差　　　表 5.6.7-6

项目	允许偏差（mm）	检验频率		检查方法
		范围	点数	
外径	±5	每批抽查10%	1	用钢尺量
长度	+10 0			
桩轴线的弯曲矢高	≤1%桩长，且不大于 20	全数	1	沿桩身拉线，用钢尺量
端部平面度	2			用直尺和塞尺量
端部平面与桩身中心线的倾斜	≤1%桩径，且不大于 3	每批抽查20%	2	用垂线和钢尺量

（3）沉桩质量检验应符合下列要求：

1）沉桩允许偏差应符合表 5.6.7-7 的规定。

沉桩允许偏差　　　表 5.6.7-7

项目			允许偏差（mm）	检验频率		检查方法
				范围	点数	
桩位	群桩	中间桩	≤$d/2$，且不大于 250	每排桩	20%	用经纬仪测量
		外缘桩	$d/4$			

项目			允许偏差（mm）	检验频率		检查方法
				范围	点数	
桩位	排架桩	顺桥方向	40	每排桩	20%	用经纬仪测量
		垂直桥方向	50			
	桩尖高程		不高于设计高程	每根桩	全数	用水准仪测量
	斜桩倾斜度		$\pm 15\% \tan\theta$			用垂线和钢尺量尚未沉入部分
	直桩垂直度		1%			

注：1. d 为桩的直径或短边尺寸（mm）。

2. θ 为斜桩设计纵轴线与铅垂线间夹角（°）。

2）接桩焊缝外观质量应符合表 5.6.7-8 的规定。

接桩焊缝外观允许偏差　　表 5.6.7-8

项目		允许偏差（mm）	检验频率		检查方法
			范围	点数	
咬边深度（焊缝）		0.5	每条焊缝	1	用焊缝量规、钢尺量
加强层高度（焊缝）		$+3 \atop 0$			
加强层宽度（焊缝）					
钢管桩上下节错台	公称直径 ≥700mm	3			用钢板尺和塞尺量
	公称直径 <700mm	2			

3. 混凝土灌注桩质量检验应符合下列规定：

（1）混凝土抗压强度应符合设计要求。

检查数量：每根桩在浇筑地点制作混凝土试件不得少于2组。

检验方法：检查试验报告。

（2）钢筋笼制作和安装质量检验应符合规范规定，且钢筋笼底端高程偏差不得大于±50mm。

检查数量：全数检查。

检验方法：用水准仪测量。

（3）混凝土灌注桩允许偏差应符合表5.6.7-9的规定。

混凝土灌注桩允许偏差　　表5.6.7-9

项　　目		允许偏差（mm）	检验频率		检验方法
			范围	点数	
桩位	群桩	100		1	用全站仪检查
	排架桩	50		1	
沉渣厚度	摩擦桩	符合设计要求	每根桩	1	沉淀盒或标准测锤，查灌注前记录
	支承桩	不大于设计要求		1	
垂直度	钻孔桩	≤1%桩长，且≤500		1	用测壁仪或钻杆垂线和钢尺量
	挖孔桩	≤0.5%桩长，且≤200		1	用垂线和钢尺量

注：此表适用于钻孔和挖孔。

4. 沉井基础质量检验应符合下列规定：

（1）沉井制作质量检验应符合规范规定，且应符合下列要求：

1）混凝土沉井制作允许偏差应符合表5.6.7-10的规定。

混凝土沉井制作允许偏差　　　　表 5.6.7-10

项目		允许偏差（mm）	检验频率		检查方法
			范围	点数	
沉井尺寸	长、宽	±0.5%边长，大于24m时±120	每座	2	用钢尺量长、宽各1点
	半径	±0.5%半径，大于12m时±60		4	用钢尺量，每侧1点
对角线长度差		1%理论值且不大于80		2	用钢尺量，圆井量两个直径
井壁厚度	混凝土	+40 −30		4	用钢尺量，每侧1点
	钢壳和钢筋混凝土	±15			
平整度		8		4	用 2m 直尺、塞尺量，每侧多1点

2）混凝土沉井壁表面应无孔洞、露筋、蜂窝、麻面和宽度超过 0.15mm 的收缩裂缝。

检查数量：全数检查。

检验方法：观察。

（2）沉井下沉应符合下列要求：

1）就地浇筑沉井首节下沉应在井壁混凝土达到设计强度后进行，其上各节达到设计强度的 75％后方可下沉。

检查数量：全数检查。

检验方法：每节沉井下沉前检查同条件养护试件试验报告。

2）就地制作沉井下沉就位允许偏差应符合表 5.6.7-11 的规定。

就地制作沉井下沉就位
允许偏差　　　　表 5.6.7-11

项目	允许偏差（mm）	检验频率		检查方法
		范围	点数	
底面、顶面中心位置	$H/50$	每座	4	用经纬仪测量纵横向各 2 点
垂直度	$H/50$		4	用经纬仪测量
平面扭角	1°		2	经纬仪检验纵、横轴线交点

注：H 为沉井高度（mm）。

3）浮式沉井下沉就位允许偏差应符合表 5.6.7-12 的规定。

浮式沉井下沉就位允许偏差　　表 5.6.7-12

项目	允许偏差（mm）	检验频率		检查方法
		范围	点数	
底面、顶面中心位置	$H/50+250$		4	用经纬仪测量纵横向各 2 点
垂直度	$H/50$	每座	4	用经纬仪测量
平面扭角	$2°$		2	经纬仪检验纵、横轴线交点

注：H 为沉井高度（mm）。

（3）封底填充混凝土时，沉井在软土中沉至设计高程并清基后，待 8h 内累计下沉小于 10mm 时，方可封底。

检查数量：全数检查。

检验方法：水准仪测量。

5. 地下连续墙质量检验应符合下列规定：

地下连续墙允许偏差应符合表 5.6.7-13 的规定。

地下连续墙允许偏差　表 5.6.7-13

项目	允许偏差 （mm）	检验频率		检查方法
		范围	点数	
轴线偏位	30	每单元段或每槽段	2	用经纬仪测量
外形尺寸	+30 0		1	用钢尺量一个断面
垂直度	0.5%墙高		1	用超声波测槽仪检测
顶面高程	±10		2	用水准仪测量
沉渣厚度	符合设计要求		1	用重锤或沉积物测定仪（沉淀盒）

6. 现浇混凝土承台质量检验，应符合规范规定，且应符合下列规定：

（1）混凝土承台允许偏差应符合表 5.6.7-14 的规定。

混凝土承台允许偏差　表 5.6.7-14

项目		允许偏差 （mm）	检验频率		检验方法
			范围	点数	
断面尺寸	长、宽	±20	每座	4	用钢尺量，长、宽各2点
承台厚度		0 +10		4	用钢尺量
顶面高程		±10		4	用水准仪测量，测量四角
轴线偏位		15		4	用经纬仪测量，纵、横各2点
预埋件位置		10	每件	2	经纬仪放线，用钢尺量

（2）承台表面应无孔洞、露筋、缺棱掉角、蜂窝、麻面和宽度超过 0.15mm 的收缩裂缝。

检查数量：全数检查。

检验方法：观察、用读数放大镜观测。

5.7 墩台

5.7.1 现浇混凝土墩台、盖梁

1. 重力式混凝土墩台施工应符合下列规定：

（1）墩台混凝土宜水平分层浇筑，每次浇筑高度宜为 1.5～2m。

（2）墩台混凝土分块浇筑时，接缝应与墩台截面尺寸较小的一边平行，邻层分块接缝应错开，接缝宜做成企口形。分块数量，墩台水平截面积在 200m² 内不得超过 2 块；在 300m² 以内不得超过 3 块，每块面积不得小于 50m²。

2. 柱式墩台施工，采用预制混凝土管做柱身外模时，预制管安装应符合的要求为：基础面宜采用凹槽接头，凹槽深度不得小于 5cm。

5.7.2 预制钢筋混凝土柱和盖梁安装

预制柱安装应符合的规定为：安装后应及时浇筑杯口混凝土，待混凝土硬化后拆除硬楔，浇筑二次混凝土，待杯口混凝土达到设计强度 75% 后方可拆除斜撑。

5.7.3 台背填土

台背填土宜与路基土同时进行，宜采用机械碾压。台背 0.8～1m 范围内宜回填砂石、半刚性材料，并采用小型压实设备或人工夯实。

5.7.4 检验标准

1. 墩台砌体质量检验应符合规范规定，砌体墩台允许偏差应符合表 5.7.4-1 的规定。

砌筑墩台允许偏差　　　　表 5.7.4-1

项目		允许偏差（mm）		检验频率		检验方法
		浆砌块石	浆砌料石、砌块	范围	点数	
墩台尺寸	长	$+20$ -10	$+10$ 0	每个墩台身	3	用钢尺量 3 个断面
	厚	±10	$+10$ 0		3	用钢尺量 3 个断面
顶面高程		±15	±10		4	用水准仪测量
轴线偏位		15	10		4	用经纬仪测量，纵、横各 2 点
墙面垂直度		$\leqslant0.5\%$ H，且不大于 20	$\leqslant0.3\%$ H，且不大于 15		4	用经纬仪测量或垂线和钢尺量
墙面平整度		30	10		4	用 2m 直尺、塞尺量
水平缝平直		—	10		4	用 10m 小线、钢尺量
墙面坡度		符合设计要求	符合设计要求		4	用坡度板量

注：H 为墩台高度（mm）。

2. 现浇混凝土墩台质量检验应符合规范规定，且应符合下列规定：

（1）现浇混凝土墩台允许偏差应符合表5.7.4-2 的规定。

现浇混凝土墩台允许偏差　　表 5.7.4-2

项目		允许偏差（mm）	检验频率		检验方法
			范围	点数	
墩台身尺寸	长	+15 0	每个墩台或每个节段	2	用钢尺量
	厚	+10 −8		4	用钢尺量，每侧上下各1点
顶面高程		±10		4	用水准仪测量
轴线偏位		10		4	用经纬仪测量纵横各2点
墙面垂直度		≤0.25% H，且不大于25		2	用经纬仪测量或垂线和钢尺量
墙面平整度		8		4	用 2m 直尺、塞尺量
节段间错台		5		4	用钢尺和塞尺量
预埋件位置		5	每件	4	经纬仪放线，用钢尺量

注：H 为墩台高度（mm）。

（2）现浇混凝土柱允许偏差应符合表
5.7.4-3 的规定。

现浇混凝土柱允许偏差 　　表 5.7.4-3

项目		允许偏差（mm）	检验频率		检验方法
			范围	点数	
断面尺寸	长、宽（直径）	±5	每根柱	2	用钢尺量，长、宽各1点，圆柱量2点
顶面高程		±10		1	用水准仪测量
垂直度		≤0.2%H，且不大于15		2	用经纬仪测量或垂线和钢尺量
轴线偏位		8		2	用经纬仪测量
平整度		5		2	用2m直尺、塞尺量
节段间错台		3		4	用钢板尺和塞尺量

注：H 为柱高（mm）。

（3）现浇混凝土挡墙允许偏差应符合表
5.7.4-4 的规定。

现浇混凝土挡墙允许偏差　表 5.7.4-4

项目		允许偏差（mm）	检验频率		检验方法
			范围	点数	
墙身尺寸	长	±5	每10m墙长度	3	用钢尺量
	厚	±5		3	
顶面高程		±5		3	用水准仪测量
垂直度		$0.15\%H$，且不大于10		3	用经纬仪测量或垂线和钢尺量
轴线偏位		10		1	用经纬仪测量
直顺度		10		1	用 10m 小线、钢尺量
平整度		8		3	用 2m 直尺、塞尺量

注：H 为挡墙高度（mm）。

3. 预制安装混凝土柱质量检验应符合下列规定：

（1）预制混凝土柱制作允许偏差应符合表 5.7.4-5 的规定。

预制混凝土柱制作允许偏差　表 5.7.4-5

项目		允许偏差（mm）	检验频率		检验方法
			范围	点数	
断面尺寸	长、宽（直径）	±5	每个柱	4	用钢尺量，厚、宽各2点（圆断面量直径）
高度		±10		2	用钢尺量

项目	允许偏差（mm）	检验频率		检验方法
		范围	点数	
预应力筋孔道位置	10	每个孔道	1	用钢尺量
侧向弯曲	$H/750$	每个柱	1	沿构件全高拉线，用钢尺量
平整度	3		2	用2m直尺、塞尺量

注：H 为柱高（mm）。

（2）预制柱安装允许偏差应符合表5.7.4-6的规定。

预制柱安装允许偏差　　表 5.7.4-6

项目	允许偏差（mm）	检验频率		检验方法
		范围	点数	
平面位置	10	每个柱	2	用经纬仪测量，纵、横向各1点
埋入基础深度	不小于设计要求		1	用钢尺量
相邻间距	±10		1	用钢尺量
垂直度	≤0.5%H，且不大于20		2	用经纬仪测量或用垂线和钢尺量，纵、横向各1点
墩、柱顶高程	±10		1	用水准仪测量
节段间错台	3		4	用钢板尺和塞尺量

注：H 为柱高（mm）。

4. 现浇混凝土盖梁质量检验应符合规范规定，且应符合下列规定：

现浇混凝土盖梁允许偏差应符合表 5.7.4-7 的规定。

现浇混凝土盖梁允许偏差　　表 5.7.4-7

项目		允许偏差（mm）	检验频率		检验方法
			范围	点数	
盖梁尺寸	长	+20 −10	每个盖梁	2	用钢尺量，两侧各1点
	宽	+10 0		3	用钢尺量，两端及中间各1点
	高	±5		3	
盖梁轴线偏位		8		4	用经纬仪测量，纵横各2点
盖梁顶面高程		0 −5		3	用水准仪测量，两端及中间各1点
平整度		5		2	用2m直尺、塞尺量
支座垫石预留位置		10	每个	4	用钢尺量，纵横各2点
预埋件位置	高程	±2	每件	1	用水准仪测量
	轴线	5		1	经纬仪放线，用钢尺量

5. 人行天桥钢墩柱质量检验应符合下列规定：

（1）人行天桥钢墩柱制作允许偏差应符合表5.7.4-8 的规定。

人行天桥钢墩柱制作允许偏差　　表 5.7.4-8

项目	允许偏差（mm）	检验频率		检验方法
		范围	点数	
柱底面到柱顶支承面的距离	±5	每件	2	用钢尺量
柱身截面	±3			用钢尺量
柱身轴线与柱顶支承面垂直度	±5			用直角尺和钢尺量
柱顶支承面几何尺寸	±3			用钢尺量
柱身挠曲	≤H/1000，且≤10			沿全高拉线，用钢尺量
柱身接口错台	3			用钢板尺和塞尺量

注：H 为墩柱高度（mm）。

（2）人行天桥钢墩柱安装允许偏差应符合表5.7.4-9 的规定。

人行天桥钢墩柱安装允许偏差　　表 5.7.4-9

项目	允许偏差（mm）	检验频率		检验方法
		范围	点数	
钢柱轴线对行、列定位轴线的偏位	5	每件	2	用经纬仪测量
柱基标高	+10 −5			用水准仪测量

项目		允许偏差 (mm)	检查频率		检验方法
			范围	点数	
挠曲矢高		$\leqslant H/1000$，且$\leqslant 10$	每件	2	沿全长拉线，用钢尺量
钢柱轴线的垂直度	$H\leqslant 10m$	10			用经纬仪测量或垂线和钢尺量
	$H>10m$	$\leqslant H/100$，且$\leqslant 25$			

注：H 为墩柱高度（mm）。

6. 台背填土质量检验应符合国家现行标准《城镇道路工程施工与质量验收规范》CJJ 1 的有关规定，且应符合下列规定：

（1）台身、挡墙混凝土强度达到设计强度的75%以上时，方可回填土。

检查数量：全数检查。

检验方法：观察、检查同条件养护试件试验收报告。

（2）台背填土的长度，台身顶面处不应小于桥台高度加 2m，底面不应小于 2m；拱桥台背填土长度不应小于台高的 3～4 倍。

检查数量：全数检查。

检验方法：观察、用钢尺量、检查施工记录。

5.8 支座检验标准

1. 支座与梁底及垫石之间必须密贴，间隙不得大于 0.3mm。垫层材料和强度应符合设计要求。

检查数量：全数检查。

检验方法：观察或用塞尺检查，检查垫层材料产品合格证。

2. 支座安装允许偏差应符合表 5.8 的规定。

支座安装允许偏差　　　　表 5.8

项目	允许偏差（mm）	检验频率		检验方法
		范围	点数	
支座高程	±5	每个支座	1	用水准仪测量
支座偏位	3		2	用经纬仪、钢尺量

5.9 混凝土梁（板）

5.9.1 悬臂浇筑

1. 挂篮结构主要设计参数应符合下列规定：

（1）挂篮质量与梁段混凝土的质量比值宜控制在 0.3～0.5，特殊情况下不得超过 0.7。

（2）允许最大变形（包括吊带变形的总和）

为 20mm。

（3）施工、行走时的抗倾覆安全系数小得小于 2。

（4）自锚固系统的安全系数不得小于 2。

（5）斜拉水平限位系统和上水平限位安全系数不得小于 2。

2. 连续梁（T 构）合龙时，合龙段的长度宜为 2m。

5.9.2 精配式梁（板）施工

1. 构件预制应符合下列规定：

（1）预制台座应坚固、无沉陷，台座表面应光滑平整，在 2m 长度上平整度的允许偏差为 2mm。气温变化大时应设伸缩缝。

（2）采用平卧重叠法浇筑构件混凝土时，下层构件顶面应设隔离层，上层构件须待下层构件混凝土强度达到 5MPa 后方可浇筑。

2. 构件吊点的位置应符合设计要求，设计无要求时，应经计算确定。构件的吊环应竖直，吊绳与起吊构件的交角小于 60° 时应设置吊梁。

3. 构件吊运时混凝土的强度不得低于设计强度的 75%，后张预应力构件孔道压浆强度应符合设计要求或不低于设计强度的 75%。

4. 简支梁架设时，门式吊梁车架梁应符合下列要求：

（1）吊梁车吊重能力应大于 1/2 梁重，轮距应为主梁间距的 2 倍。

（2）导梁长度不得小于桥梁跨径的 2 倍另加 5～10m 引梁，导梁高度宜小于主梁高度。在墩顶设垫块，使导梁顶面与主梁顶面保持水平。

（3）吊梁车起吊或落梁时应保持前后吊点升降速度一致，吊梁车负荷时应慢速行驶，保持平稳，在导梁上行驶速度不宜大于 5m/min。

5. 简支梁架设时，跨墩龙门吊架梁应符合下列要求：

（1）门架应跨越桥墩及运梁便线（或预制梁堆场），应高出桥墩顶面 4m 以上。

（2）运梁便线应设在桥墩一侧，跨过桥墩及便线沿桥两侧铺设龙门吊轨道；轨道基础应坚实、平整。枕木中心距 50cm，铺设重轨，轨道应直顺，两侧轨道应等高。

5.9.3 悬臂拼装施工

悬臂拼装施工应符合下列规定：

（1）悬拼吊架走行及悬拼施工时的抗倾覆系数不得小于 1.5。

（2）吊装前应对吊装设备进行全面检查，并按设计荷载的 130% 进行试吊。

（3）墩顶梁段与悬拼第 1 段之间应设 10～15cm 宽的湿接缝，波纹管伸入两梁段长度不得小于 5cm，并进行密封。

（4）梁段接缝采用胶拼时应符合下列要求：

1）胶拼前应先预拼，检测并调整其高程、中线，确认符合设计要求。涂胶应均匀，厚度宜为 1～1.5mm。涂胶时，混凝土表面温度不宜低于 15℃。

2）环氧树脂胶浆应根据环境温度、固化时间和强度要求选定配方。固化时间应根据操作需要确定，不宜少于 10h，在 36h 内达到梁体设计强度。

3）梁段正式定位后，应按设计要求张拉定位束，设计无规定时，应张拉部分预应力束，预压胶拼接缝，使接缝处保持 0.2MPa 以上压应力，并及时清理接触面周围及孔道中挤出的胶浆。待环氧树脂胶浆固化、强度符合设计要求后，再张拉其余预应力束。

5.9.4 顶推施工

1. 主梁前端应设置导梁。导梁宜采用钢结构，其长度宜为 0.6～0.8 倍顶推跨径，其刚度（根部）宜取主梁刚度的 1/9～1/15。导梁与主梁连接可采用埋入法固结或铰接，连接必须牢固。导梁前端应设牛腿梁。

2. 顶推装置应符合下列规定：

（1）千斤顶、油泵、拉杆应依据总推力值选定。千斤顶的总顶力不得小于计算推力的 2 倍。

（2）滑道宜采用不锈钢或镀锌钢带包卷在铸钢底层上，铸钢采用螺栓固定在支座垫石上。滑道顺桥方向长度宜大于千斤顶行程加滑块长度；其宽度宜为滑块宽度的 1.2～1.5 倍。

3. 梁段预制应符合下列规定：

（1）预制梁段模板、托架、支架应经预压消除其永久变形。宜选用刚度较大的整体升降底模，升降及调整高程宜用螺旋（或齿轮）千斤顶装置。浇筑过程中的变形不得大于 2mm。

（2）梁段间端面接缝应凿毛、清洗、充分湿润，新浇梁段波纹管宜穿入已浇梁段 10cm 以上，与已浇梁段镀纹管对严。

4. 梁段顶推应符合下列规定：

（1）顶推前进时，应及时由后面插入补充滑块，插入滑块应排列紧凑，滑块间最大间隙不得超过 10～20cm。滑块的滑面（聚四氯乙烯板）上应涂硅酮脂。

（2）顶进过程中应随时检测桥梁轴线和高程，做好导向、纠偏等工作。梁段中线偏移大于 20mm 时，应采用千斤顶纠偏复位。滑块受力不均匀、变形过大或滑块插入困难时，应停止顶推，用竖向千斤顶将梁托起校正。竖向千斤顶顶升高度不得大于 10mm。

（3）竖曲线上顶推时各点顶推力应计入升降坡形成的梁段自重水平分力，如在降坡段顶进纵坡大于3‰时，宜采用摩擦系数较大的滑块。

5. 当桥梁顶推完毕，拆除滑动装置时，顶梁或落梁应均匀对称，升降高差各墩台间不得大于10mm，同一墩台两侧不得大于1mm。

5.9.5 检验标准

1. 支架上浇筑梁（板）质量检验应符合规范规定，且应符合下列规定：

整体浇筑钢筋混凝土梁、板允许偏差应符合表5.9.5-1的规定。

整体浇筑钢筋混凝土梁、板允许偏差　　表5.9.5-1

检查项目		规定值或允许偏差（mm）	检验频率		检验方法
			范围	点数	
轴线偏位		10	每跨	3	用经纬仪测量
梁板顶面高程		±10		3～5	用水准仪测量
断面尺寸（mm）	高	+5 −10		1～3个断面	用钢尺量
	宽	±30			
	顶、底、腹板厚	+10 0			

570

检查项目	规定值或允许偏差（mm）	检验频率		检验方法
		范围	点数	
长度	+5 −10		2	用钢尺量
横坡（%）	±0.15	每跨	1～3	用水准仪测量
平整度	8		顺桥向每侧面每10m测1点	用2m直尺、塞尺量

2. 预制安装梁（板）质量检验应符合规范规定，且应符合下列规定：

（1）安装时结构强度及预应力孔道砂浆强度必须符合设计要求，设计未要求时，必须达到设计强度的75%。

检查数量：全数检查。

检验方法：检查试验强度试验报告。

（2）预制梁、板允许偏差应符合表5.9.5-2的规定。

预制梁、板允许偏差　　表 5.9.5-2

项目		允许偏差（mm）		检验频率		检查方法
		梁	板	范围	点数	
断面尺寸	宽	0 −10	0 −10		5	用钢尺量，端部、L/4处和中间各1点
	高	±5	—		5	
	顶、底、腹板厚	±5	±5		5	
长度		0 −10	0 −10	每个构件	4	用钢尺量，两侧上、下各1点
侧向弯曲		L/1000 且不大于 10	L/1000 且不大于 10		2	沿构件全长拉线，用钢尺量，左右各1点
对角线长度差		15	15		1	用钢尺量
平整度		8			2	用2m直尺、塞尺量

注：L 为构件长度（mm）。

（3）梁、板安装允许偏差应符合表 5.9.5-3 的规定。

梁、板安装允许偏差　　表 5.9.5-3

项　目		允许偏差（mm）	检验频率		检查方法
			范围	点数	
平面位置	顺桥纵轴线方向	10	每个构件	1	用经纬仪测量
	垂直桥纵轴线方向	5		1	
焊接横隔梁相对位置		10	每处	1	用钢尺量
湿接横隔梁相对位置		20		1	
伸缩缝宽度		+10 −5			
支座板	每块位置	5	每个构件	2	用钢尺量，纵、横各 1 点
	每块边缘高差	1		2	用钢尺量，纵、横各 1 点
焊缝长度		不小于设计要求	每处	1	抽查焊缝的 10%
相邻两构件支点处顶面高差		10	每个构件	2	用钢尺量
块体拼装立缝宽度		+10 −5		1	
垂直度		1.2%	每孔 2 片梁	2	用垂线和钢尺量

（4）混凝土表面应无孔洞、露筋、蜂窝、麻面和宽度超过 0.15mm 的收缩裂缝。

检查数量：全数检查。

检验方法：观察、读数放大镜观测。

3. 悬臂浇筑预应力混凝土梁质量检验应符合规范规定，且应符合下列规定：

（1）悬臂浇筑预应力混凝土梁允许偏差应符合表 5.9.5-4 的规定。

悬臂浇筑预应力混凝土梁允许偏差　　表 5.9.5-4

项　目		允许偏差（mm）	检验频率		检查方法
			范围	点数	
轴线偏移	$L \leqslant 100\text{m}$	10	节段	2	用全站仪/经纬仪测量
	$L > 100\text{m}$	$L/10000$			
顶面高程	$L \leqslant 100\text{m}$	± 20	节段	2	用水准仪测量
	$L > 100\text{m}$	$\pm L/5000$			
	相邻节段高差	10		3～5	用钢尺量
断面尺寸	高	$+5$ -10	节段	1个断面	用钢尺量
	宽	± 30			
	顶、底、腹板厚	$+10$			

项　目		允许偏差（mm）	检查频率		检查方法
			范围	点数	
合龙后同跨对称点高程差	$L \leqslant 100$m	20	每跨	5～7	用水准仪测量
	$L > 100$m	$L/5000$			
横坡（%）		±0.15	节段	1～2	用水准仪测量
平整度		8	检查竖直、水平两个方向，每侧面每10m梁长	1	用2m直尺、塞尺量

注：L 为桥梁跨度（mm）。

（2）梁体线形平顺。相邻梁段接缝处无明显折弯和错台。梁体表面无孔洞、露筋、蜂窝、麻面和宽度超过 0.15m 的收缩裂缝。

检查数量：全数检查。

检验方法：观察、用读数放大镜观测。

4. 悬臂拼装预应力混凝土梁质量检验应符合下列规定：

（1）预制梁段允许偏差应符合表 5.9.5-5 的规定。

预制梁段允许偏差　　　表 5.9.5-5

项　目		允许偏差 (mm)	检验频率		检查方法
			范围	点数	
断面尺寸	宽	0 −10		5	用钢尺量，端部、1/4 处和中间各 1 点
	高	±5		5	
	顶底腹板厚	±5		5	
长度		±20		4	用钢尺量，两侧上、下各 1 点
横隔梁轴线		5		2	用经纬仪测量，两端各 1 点
侧向弯曲		≤$L/1000$，且不大于 10		2	沿梁段全长拉线，用钢尺量，左右各 1 点
平整度		8		2	用 2m 直尺、塞尺量

注：L 为梁段长度（mm）。

（2）悬臂拼装预应力混凝土梁允许偏差应符合表 5.9.5-6 的规定。

悬臂拼装预应力混凝土梁允许偏差　　　表 5.9.5-6

项　目		允许偏差 (mm)	检验频率		检查方法
			范围	点数	
轴线偏位	$L{\leqslant}100\text{m}$	10	节段	2	用全站仪/经纬仪测量
	$L{>}100\text{m}$	$L/10000$			

项　目		允许偏差（mm）	检验频率		检查方法
			范围	点数	
顶面高程	$L \leqslant 100$m	$+20$	节段	2	用水准仪测量
	$L > 100$m	$+L/5000$			
	相邻节段高差	10	节段	$3 \sim 5$	用钢尺量
合龙后同跨对称点高程差	$L \leqslant 100$m	20	每跨	$5 \sim 7$	用水准仪测量
	$L > 100$m	$L/5000$			

注：L 为桥梁跨度（mm）。

（3）梁体线形平顺，相邻梁段接缝处无明显折弯和错台，预制梁表面无孔洞，露筋、蜂窝、麻面和宽度超过 0.15mm 的收缩裂缝。

检查数量：全数检查。

检验方法：观察、用读数放大镜观测。

5. 顶推施工预应力混凝土梁质量检验应符合下列规定：

（1）顶推施工梁允许偏差应符合表 5.9.5-7 的规定。

（2）梁体线形平顺，相邻梁段接缝处无明显折弯和错台，顶制梁表面无孔洞、露筋、蜂窝、麻面和宽度超过 0.15mm 的收缩裂缝。

项　目		允许偏差（mm）	检验频率		检查方法
			范围	点数	
轴线偏位		10	每段	2	用经纬仪测量
落梁反力		不大于1.1设计反力		次	用千斤顶油压计算
支座顶面高程		±5	每段	全数	用水准仪测量
支座高差	相邻纵向支点	5或设计要求			
	同墩两侧支点	2或设计要求			

检查数量：全数检查。

检验方法：观察、用读数放大镜观测。

5.10　钢梁

5.10.1　现场安装

1. 钢梁安装应符合下列规定：

（1）在满布支架上安装钢梁时，冲钉和粗制螺栓总数不得少于孔眼总数的1/3，其中冲钉不得多于2/3。孔眼较少的部位，冲钉和粗制螺栓不得少于6个或将全部孔眼插入冲钉和粗制螺栓。

（2）用悬臂和半悬臂法安装钢梁时，连接处所需冲钉数量应按所承受荷载计算确定，且不得少于孔眼总数的 1/2，其余孔眼布置精制螺栓。冲钉和精制螺栓应均匀安放。

（3）安装用的冲钉直径宜小于设计孔径 0.3mm，冲钉圆柱部分的长度应大于板束厚度，安装用的精制螺栓直径宜小于设计孔径 0.4mm；安装用的粗制螺栓直径宜小于设计孔径 1.0mm。冲钉和螺栓宜选用 Q345 碳素结构钢制造。

2. 高强度螺栓连接应符合下列规定：

（1）使用前，高强度螺栓连接副应按出厂批号复验扭矩系数，其平均值和标准偏差应符合设计要求。设计无要求时，扭矩系数平均值应为 0.11～0.15，其标准偏差应小于或等于 0.01。

（2）当采用扭矩法施拧高强度螺栓时，初拧、复拧和终拧应在同一工作班内完成。初拧扭矩应由试验确定，可取终拧值的 50%。

（3）施拧高强度螺栓连接副采用的扭矩扳手，应定期进行标定，作业前应进行校正，其扭矩误差不得大于使用扭矩值的 ±5%。

3. 高强度螺栓终拧完毕必须当班检查。每栓群应抽查总数的 5%，且不得少于 2 套。抽查合格率不得小于 80%，否则应继续抽查，直至合格率达到 80% 以上。对螺栓拧紧度不足者应补拧，对超拧者应更换，重新施拧并检查。

4. 焊缝连接应符合下列规定：

（1）焊接环境温度，低合金钢不得低于 5℃，普通碳素结构钢不得低于 0℃。焊接环境湿度不宜高于 80%。

（2）焊接前应进行焊缝除锈，并应在除锈后 24h 内进行焊接。

（3）焊接前，对厚度 25mm 以上的低合金钢预热温度宜为 80～120℃，预热范围宜为焊缝两侧 50～80mm。

5. 焊接完毕，所有焊缝必须进行外观检查。外观检查合格后，应在 24h 后按规定进行无损检验，确认合格。

6. 焊缝外观质量应符合表 5.10.1-1 的规定。

焊缝外观质量标准　　　　表 5.10.1-1

项目	焊缝种类	质量标准（mm）
气孔	横向对接焊缝	不允许
	纵向对接焊缝、主要角焊缝	直径小于 1.0，每米不多于 2 个，间距不小于 20
	其他焊缝	直径小于 1.5，每米不多于 3 个，间距不小于 20

项目	焊缝种类	质量标准(mm)
咬边	受拉杆件横向对接焊缝及竖加劲肋角焊缝(腹板侧受拉区)	不允许
	受压杆件横向对接焊缝及竖加劲肋角焊缝(腹板侧受压区)	≤0.3
	纵向对接焊缝及主要角焊缝	≤0.5
	其他焊缝	≤1.0
焊脚余高	主要角焊缝	+2.0 0
	其他角焊缝	+2.0 −1.0
焊波	角焊缝	≤2.0(任意 25mm 范围内高低差)
余高	对接焊缝	≤3.0(焊缝宽 b≤12 时)
		≤4.0(12<b≤25 时)
		≤$4b/25$(b>25 时)
余高铲磨后表面	横向对接焊缝	不高于母材 0.5
		不低于母材 0.3
		粗糙度 R_a50

注：1. 手工角焊缝全长 10% 区段内焊脚余高允许误差为 $^{+3.0}_{-1.0}$。

2. 焊脚余高指角焊缝斜面相对于设计理论值的误差。

7. 采用超声波探伤检验时，其内部质量分级应符合表 5.10.1-2 的规定。焊缝超声波探伤范围和检验等级应符合表 5.10.1-3 的规定。

焊缝超声波探伤内部质量等级　　　表 5.10.1-2

项目	质量等级	适 用 范 围
对接焊缝	Ⅰ	主要杆件受拉横向对接焊缝
	Ⅱ	主要杆件受压横向对接焊缝、纵向对接焊缝
角焊缝	Ⅱ	主要角焊缝

焊缝超声波擦伤范围和检验等级

表 5.10.1-3

项目	探伤数量	探伤部位(mm)	板厚(mm)	检验等级
Ⅰ、Ⅱ级横向对接焊缝	全部焊缝	全长	10～45	B
			>46～56	B(双面双侧)
Ⅱ级纵向对接焊缝		两端各 1000	10～45	B
			>46～56	B(双面双侧)
Ⅱ级角焊缝		两端螺栓孔部位并延长 500，板梁主梁及纵、横梁跨中加探 1000	10～45	B
			>46～56	B(双面双侧)

8. 当采用射线探伤检验时，其数量不得少于焊缝总数的 10％，且不得少于 1 条焊缝。探伤范围应为焊缝两端各 250～300mm；当焊缝长度大于 1200mm 时，中部应加探 250～300mm；焊缝的射线探伤应符合现行国家标准《金属熔化焊焊接接头射线照相》GB/T 3323 的规定，射线照相质量等级应为 B 级；焊缝内部质量应为Ⅱ级。

9. 现场涂装应符合下列规定：

（1）防腐涂料应有良好的附着性、耐蚀性，其底漆应具有良好的封孔性能。钢梁表面处理的最低等级应为 Sa2.5。

（2）涂装前应先进行除锈处理。首层底漆于除锈后 4h 内开始，8h 内完成。涂装时的环境温度和相对湿度应符合涂料说明书的规定，当产品说明书无规定时，环境温度宜在 5～38℃，相对湿度不得大于 85％；当相对湿度大于 75％时，应在 4h 内涂完。

（3）涂装应在天气晴朗、4 级（不含）以下风力时进行，夏季应避免阳光直射。涂装时构件表面不应有结露，涂装后 4h 内应采取防护措施。

5.10.2 检验标准

1. 钢梁制作质量检验应符合下列规定：

（1）焊缝探伤检验应符合设计要求和规范的

有关规定。

检查数量：超声波：100%；射线：10%。

检验方法：检查超声波和射线探伤记录或报告。

(2) 涂装检验应符合下列要求：

1) 涂装遍数应符合设计要求，每一涂层的最小厚度不应小于设计要求厚度的 90%，涂装干膜总厚度不得小于设计要求厚度。

检查数量：按设计规定数量检查，设计无规定时，每 10m² 检测 5 处，每处的数值为 3 个相距 50mm 测点涂层干漆膜厚度的平均值。

检验方法：用干膜测厚仪检查。

2) 热喷铝涂层应进行附着力检查。

检查数量：按出厂批每批构件抽查 10%，且同类构件不少于 3 件，每个构件测 5 处。

检验方法：在 15mm×15mm 涂层上用刀刻划平行线，两线距离为涂层厚度的 10 倍，两条线内的涂层不得从钢材表面翘起。

(3) 焊缝外观质量应符合规范规定。

检查数量：同类部件抽查 10%，且不少于 3 件；被抽查的部件中，每一类型焊缝按条数抽查 5%，且不少于 1 条；每条检查 1 处，总抽查数应不少于 5 处。

检验方法：观察，用卡尺或焊缝量规

检查。

（4）钢梁制作允许偏差应分别符合表 5.10.2-1～表 5.10.2-3 的规定。

钢板梁制作允许偏差　表 5.10.2-1

名　称		允许偏差	检验频率		检验方位
			范围	点数	
梁高 h	主梁梁高 $h \leqslant 2m$	±2	每件	4	用钢尺测量两端腹板处高度，每端2点
	主梁梁高 $h > 2m$	±4			
	横梁	±1.5			
	纵梁	±1.0			
跨度		±8			测量两支座中心距
全长		±15		2	用全站仪或钢尺测量
纵梁长度		+0.5 −1.5			用钢尺量两端角铁背至背之间距离
横梁长度		±1.5			

名　称		允许偏差	检验频率		检验方位
			范围	点数	
纵、横梁旁弯		3	每件	1	梁立置时在腹板一侧主焊缝100mm处拉线测量
主梁拱度	不设拱度	+3 0			梁卧置时在下盖板外侧拉线测量
	设拱度	+10 −3			
两片主梁拱度差		4			用水准仪测量
主梁腹板平面度		≤h/350,且不大于8		1	用钢板尺和塞尺量（h 为梁高）
纵、横梁腹板平面度		≤h/500,且不大于5			
主梁、纵横梁盖板对腹板的垂直度	有孔部位	0.5		5	用直角尺和钢尺量
	其余部位	1.5			

钢桁梁节段制作允许偏差　　表 5.10.2-2

项　目	允许偏差（mm）	检验频率		检查方法
		范围	点数	
节段长度	±5	每节段	4～6	用钢尺量
节段高度	±2		4	
节段宽度	±3			
节间长度	±2	每节间	2	
对角线长度差	3			
桁片平面度	3	每节段	1	沿节段全长拉线，用钢尺量
挠度	±3			

钢箱形梁制作允许偏差　　表 5.10.2-3

项　目		允许偏差	检查频率		检验方法
			范围	点数	
梁高 h	h≤2m	±2	每件	2	用钢尺量两端腹板处高度
	h>2m	±4			
跨度 L		±(5+0.15L)			用钢尺量两支座中心距，L 按 m 计
全长		±15			用全站仪或钢尺量
腹板中心距		±3			
盖板宽度 b		±4			用钢尺量
横断面对角线长度差		4			用钢尺量

项　目	允许偏差 （mm）	检查频率		检验方法
		范围	点数	
旁弯	$3+0.1L$			沿全长拉线，用钢尺量，L 按 m 计
拱度	$+10$ -5			用水平仪或拉线用钢尺量
支点高度差	5	每件	2	用水平仪或拉线用钢尺量
腹板平面度	$\leqslant h'/250$， 且不大于 8			用钢板尺和塞尺量
扭曲	每米 $\leqslant 1$， 且每段 $\leqslant 10$			置于平台，四角中三角接触平台，用钢尺量另一角与平台间隙

注：1. 分段分块制造的箱形梁拼接处，梁高及腹板中心距允许偏差按施工文件要求办理。

2. 箱形梁其余各项检查方法可参照板梁检查方法。

3. h' 为盖板与加筋肋或加筋肋与加筋肋之间的距离。

（5）焊钉焊接后应进行弯曲试验检查，其焊缝和热影响区不得有肉眼可见的裂纹。

检查数量：每批同类构件抽查 10%，且不少于 3 件。被抽查构件中，每件检查焊钉数量的 1%，但不得少于 1 个。

检查方法：观察、焊钉弯曲 30°后用角尺量。

（6）焊钉根部应均匀，焊脚立面的局部未熔合或不足 360°的焊脚应进行修补。

检查数量：按总焊钉数量抽查 1%，且不得少于 10 个。

检查方法：观察。

2. 钢梁现场安装检验应符合下列规定：

（1）高强度螺栓连接质量检验应符合规范规定。其扭矩偏差不得超过±10%。

检查数量：抽查 5%，且不少于 2 个。

检查方法：用测力扳手。

（2）钢梁安装允许偏差应符合表 5.10.2-4 的规定。

钢梁安装允许偏差　　表 5.10.2-4

项　　　目		允许偏差（mm）	检查频率		检验方法
			范围	点数	
轴线偏位	钢梁中线	10	每件或每个安装段	2	用经纬仪测量
	两孔相邻横梁中线相对偏差	5			
梁底标高	墩台处梁底	±10		4	用水准仪测量
	两孔相邻横梁相对高差	5			

5.11 结合梁

5.11.1 混凝土结合梁

预制混凝土主梁与现浇混凝土龄期差不得大于 3 个月。

5.11.2 检验标准

现浇混凝土施工中涉及模板与支架，钢筋、混凝土、预应力混凝土质量检验除应符合规范有关规定外，结合梁现浇混凝土结构允许偏差尚应符合表 5.11.2 的规定。

结合梁现浇混凝土结构允许偏差   表 5.11.2

| 项目 | 允许偏差 | 检验频率 | | 检验方法 |
		范围	点数	
长度	±15	每段每跨	3	用钢尺量，两侧和轴线
厚度	+10 0		3	用钢尺量，两侧和中间
高程	±20		1	用水准仪测量，每跨测 3~5 处
横坡(%)	±0.15		1	用水准仪测量，每跨测 3~5 个断面

5.12 拱部与拱上结构

5.12.1 一般规定

1. 装配式拱桥构件在吊装时，混凝土的强度不得低于设计要求；设计无要求时，不得低于设计强度的 75%。

2. 拱圈（拱肋）放样时应按设计规定预加拱度，当设计无规定时，可根据跨度大小、恒载挠度、拱架刚度等因素计算预拱度，拱顶宜取计算跨度的 1/500～1/1000。放样时，水平长度偏差及拱轴线偏差，当跨度大于 20m 时，不得大于计算跨度的 1/5000；当跨度等于或小于 20m 时，不得大于 4mm。

3. 拱圈（拱肋）封拱合龙温度应符合设计要求，当设计无要求时，宜在当地年平均温度或 5～10℃时进行。

5.12.2 石料及混凝土预制块砌筑拱圈

1. 拱石和混凝土预制块强度等级以及砌体所用水泥砂浆的强度等级，应符合设计要求。当设计对砌筑砂浆强度无规定时，拱圈跨度小于或等于 30m，砌筑砂浆强度不得低于 M10；拱圈跨度大于 30m，砌筑砂浆强度不得低于 M15。

2. 拱石加工，应按砌缝与预留空缝的位置和宽度统一规划，并应符合下列规定：

（1）拱石两相邻排间的砌缝，必须错开10cm以上。同一排上下层拱石的砌缝可不错开。

（2）当拱圈曲率较小、灰缝上下宽度之差在30％以内时，可采用矩形石砌筑拱圈；拱圈曲率较大时应将石料与拱轴平行面加工成上大、下小的梯形。

（3）拱石的尺寸应符合下列要求：

1）宽度（拱轴方向），内弧边不得小于20cm；

2）高度（拱圈厚度方向）应为内弧宽度的1.5倍以上；

3）长度（拱圈宽度方向）应为内弧宽度的1.5倍以上。

3. 砌筑程序应符合下列规定：

（1）跨径小于10m的拱圈，当采用满布式拱架砌筑时，可从两端拱脚起顺序向拱预方向对称、均衡地砌筑，最后在拱顶合龙。当采用拱式拱架砌筑时，宜分段、对称先砌拱脚和拱顶段。

（2）跨径10～25m的拱圈，必须分多段砌筑，先对称地砌拱脚和拱顶段，再砌1/4跨径段，最后砌封顶段。

（3）跨径大于25m的拱圈，砌筑程序应符合设计要求。宜采用分段砌筑或分环分段相结合的方法砌筑。必要时可采用预压载，边砌边卸载的方法砌筑。分环砌筑时，应待下环封拱砂浆强度达到设计强度的 70% 以上后，再砌筑上环。

4. 空缝的设置和填塞应符合下列规定：

（1）空缝的宽度在拱圈外露面应与砌缝一致，空缝内腔可加宽至 30～40mm。

（2）空缝填塞应在砌筑砂浆强度达到设计强度的 70% 后进行，应采用 M20 以上半干硬水泥砂浆分层填塞。

5. 拱圈封拱合龙时圬工强度应符合设计要求，当设计无要求时，填缝的砂浆强度应达到设计强度的 50% 及以上；当封拱合龙前用千斤顶施压调整应力时，拱圈砂浆必须达到设计强度。

5.12.3 拱架上浇筑混凝土拱圈

1. 跨径小于 16m 的拱圈或拱肋混凝土，应按拱圈全宽从拱脚向拱顶对称、连续浇筑，并在混凝土初凝前完成。当预计不能在限定时间内完成时，则应在拱脚预留一个隔缝并最后浇筑隔缝混凝土。

2. 跨径大于或等于 16m 的拱圈或拱肋，宜分段浇筑。分段位置，拱式拱架宜设置在拱架受力反弯点、拱架节点、拱顶及拱脚处；满布式拱架宜设置在拱顶、1/4 跨径、拱脚及拱架节点等处。各段的接缝面应与拱轴线垂直，各分段点应

593

预留间隔槽，其宽度宜为 0.5～1m。当预计拱架变形较小时，可减少或不设间隔槽，应采取分段间隔浇筑。

3. 间隔槽混凝土，应待拱圈分段浇筑完成，其强度达到 75% 设计强度，且结合面按施工缝处理后，由拱脚向拱顶对称浇筑。拱顶及两拱脚间隔槽混凝土应在最后封拱时浇筑。

4. 拱圈（拱肋）封拱合龙时混凝土强度应符合设计要求，设计无规定时，各段混凝土强度应达到设计强度的 75%；当封拱合龙前用千斤顶施加压力的方法调整拱圈应力时，拱圈（包括已浇间隔槽）的混凝土强度应达到设计强度。

5.12.4 装配式混凝土拱

1. 少支架安装拱圈（拱肋）时，支架卸落应符合的要求为：当拱肋接头及横系梁混凝土达到设计强度的 75% 或满足设计规定后，方可卸落支架。

2. 无支架安装拱圈（拱肋）时，应符合下列规定：

（1）对中、小跨拱，当整根拱肋吊装或每根拱肋分两段吊装时，当横向稳定系数不小于 4，可采取单肋合龙，松索成拱。

（2）当跨径大于 80m 或单肋横向稳定系数小于 4 时，应采用双基肋分别合龙并固定双肋间横向连系，再同时松索成拱。

5.12.5　钢管混凝土拱

1. 钢管拱肋制作时，应符合下列规定：

（1）弯管宜采用加热顶压方式，加热温度不得超过 800℃。

（2）拱肋节段焊接强度不应低于母材强度。所有焊缝均应进行外观检查；对接焊缝应 100% 进行超声波探伤，其质量应符合设计要求和国家现行标准规定。

2. 钢管拱肋安装，采用斜拉扣索悬拼法施工时，扣索采用钢绞线或高强度钢丝束时，安全系数应大于 2。

5.12.6　转体施工

1. 有平衡重平转施工应符合下列规定：

（1）当采用外锚扣体系时，扣索宜采用精轧螺纹钢筋、带墩头锚的高强度钢丝、预应力钢绞线等高强材料，安全系数不得低于 2。扣点应设在拱顶点附近。扣索锚点高程不得低于扣点。

（2）张拉扣索时的桥体混凝土强度应达到设计要求，当设计无要求时，不应低于设计强度的 80%，扣索应分批、分级张拉。扣索张拉至设计荷载后应调整张拉力，使桥体合龙高程符合要求。

（3）转体合龙应符合下列要求：

1）应控制桥体高程和轴线，合龙接口相对偏差不得大于10mm。

2）合龙应选择当日最低温度进行。当合龙温度与设计要求偏差3℃或影响高程差±10mm时，应修正合龙高程。

3）合龙时，宜先采用钢楔临时固定，再施焊接头钢筋，浇筑接头混凝土，封固转盘。在混凝土达到设计强度的80%后，再分批、分级松扣，拆除扣、铺索。

（4）牵引转动时应控制速度，角速度宜为0.01～0.02rad/mim，桥体悬臂端线速度宜为1.5～2.0m/min。

2. 无平衡重平转施工时，应符合下列规定：

（1）尾索张拉宜在立柱顶部的锚梁（锚块）内进行，操作程序同于后张预应力施工。尾索张拉荷载达到设计要求后，应观测1～3d，如发现索间内力相差过大时，应再进行一次尾索张拉，以求均衡达到设计内力。

（2）扣索张拉前应在支撑以及拱轴线上（拱顶、3/8、1/4、1/8跨径处）设立平面位置和高程观测点，在张拉前和张拉过程中应随时观测。每索应分级张拉至设计张拉力。

（3）拱体旋转到距设计位置约5°时，应放慢转速，距设计位置相差 1°时，可停止外力牵引转动，借助惯性就位。

（4）当台座和拱顶合龙口混凝土达到设计强度的 80%后，方可对称、均衡地卸除扣索。

3. 竖转法施工时，转动速度宜控制在 0.005～0.01rad/min。

5.12.7 拱上结构施工

1. 在砌筑拱圈上砌筑拱上结构应符合下列规定：

（1）当拱上结构在拱架卸架前砌筑时，合龙砂浆达到设计强度的 30%即可进行。

（2）当先卸架后砌拱上结构时，应待合龙砂浆达到设计强度的 70%方可进行。

（3）当采用分环砌筑拱圈时，应待上环合龙砂浆达到设计强度的 70%方可砌筑拱上结构。

2. 在支架上浇筑的混凝土拱圈，其拱上结构施工应符合的规定为：拱上结构应在拱圈及间隔槽混凝土浇筑完成且混凝土强度达到设计强度以后进行施工。在拱顶施加预压力设计无规定时，可达到设计强度的 30%以上；如封拱前需在拱顶施加预压力，应达到设计强度的 75%以上。

3. 装配式拱桥的拱上结构施工，应待现浇接头和合龙缝混凝土强度达到设计强度的 75%以上，且卸落支架后进行。

5.12.8　检验标准

1. 砌筑拱圈质量检验应符合规范规定，且应符合下列规定：

砌筑拱圈允许偏差应符合表 5.12.8-1 的规定。

砌筑拱圈允许偏差　　表 5.12.8-1

检测项目	允许偏差（mm）		检验频率		检验方法
			范围	点数	
轴线与砌体外平面偏差	有镶面	$+20$ -10	每跨	5	用经纬仪测量，拱脚、拱顶、$L/4$ 处
	无镶面	$+30$ -10			
拱圈厚度	$+3\%$设计厚度 0				用钢尺量，拱脚、拱顶、$L/4$ 处
镶面石表面错台	粗料石、砌块	3		10	用钢板尺和塞尺量
	块石	5			
内弧线偏离设计弧线	$L\leqslant30m$	20		5	用水准仪测量，拱脚、拱顶、$L/4$ 处
	$L>30m$	$L/1500$			

注：L 为跨径。

2. 现浇混凝土拱圈质量检验应符合规范规定，且应符合下列规定：

（1）现浇混凝土拱圈允许偏差应符合表 5.12.8-2 的规定。

现浇混凝土拱圈允许偏差　表 5.12.8-2

项　目		允许偏差（mm）	检验频率		检验方法
			范围	点数	
轴线偏位	板拱	10	每跨每肋	5	用经纬仪测量，拱脚、拱顶、$L/4$ 处
	肋拱	5			
内弧线偏离设计弧线	跨径 $L \leqslant 30\text{m}$	20			用水准仪测量，拱脚、拱顶、$L/4$ 处
	跨径 $L > 30\text{m}$	$L/1500$			
断面尺寸	高度	±5			用钢尺量，拱脚、拱顶、$L/4$ 处
	顶、底、腹板厚	$+10$ 0			
拱肋间距		±5			用钢尺量
拱宽	板拱	±20			用钢尺量，拱脚、拱顶、$L/4$ 处
	肋拱	±10			

注：L 为跨径。

（2）拱圈外形轮廓应清晰、圆顺，表面平整，无孔洞、露筋、蜂窝、麻面和宽度大于 0.15mm 的收缩裂缝。

检查数量：全数检查。

检验方法：观察、用读数放大镜观测。

3. 劲性骨架混凝土拱圈质量检验应符合规范规定，且应符合下列规定：

（1）劲性骨架制作及安装允许偏差应符合表 5.12.8-3 和表 5.12.8-4 的规定。

劲性骨架制作允许偏差　　表 5.12.8-3

检查项目	允许偏差（mm）	检查频率		检验方法
		范围	点数	
杆件截面尺寸	不小于设计要求	每段	2	用钢尺量两端
骨架高、宽	±10		5	用钢尺量两端、中间、$L/4$ 处
内弧偏离设计弧线	10		3	用样板量两端、中间
每段的弧长	±10		2	用钢尺量两侧

劲性骨架安装允许偏差　　表 5.12.8-4

检查项目		允许偏差（mm）	检查频率		检验方法
			范围	点数	
轴线偏位		$L/6000$	每跨每肋	5	用经纬仪测量，每肋拱脚、拱顶、$L/4$ 处
高程		$±L/3000$		3＋各接头点	用水准仪测量、拱脚、拱顶及各接头点
对称点相对高差	允许	$L/3000$		各接头点	用水准仪测量
	极值	$L/1500$，且反向			

注：L 为跨径。

（2）劲性骨架混凝土拱圈允许偏差应符合表 5.12.8-5 的规定。

劲性骨架混凝土拱圈允许偏差　　表 5.12.8-5

检查项目		允许偏差 (mm)		检查频率		检验方法
				范围	点数	
轴线位置		$L \leqslant 60\text{m}$	10	每跨每肋	5	用经纬仪测量，拱脚、拱顶、$L/4$ 处
		$L = 200\text{m}$	50			
		$L > 200\text{m}$	$L/4000$			
高程		$\pm L/3000$				用水准仪测量，拱脚、拱顶、$L/4$ 处
对称点相对高差	允许	$L/3000$				
	极值	$L/1500$，且反向				
断面尺寸		± 10				用钢尺量，拱脚、拱顶、$L/4$ 处

注：1. L 为跨径。

　　2. L 在 60～200m 之间时，轴线偏位允许偏差内插。

4. 装配式混凝土拱部结构质量检验应符合规范规定，且应符合下列规定：

（1）拱段接头现浇混凝土强度必须达到设计要求或达到设计强度的 75% 后，方可进行拱上结构施工。

检查数量：全数检查（每接头至少留置 2 组试件）。

检验方法：检查同条件养护试件强度试验报告。

（2）预制拱圈质量检验允许偏差应符合表5.12.8-6 的规定。

预制拱圈质量检验允许偏差　　表 5.12.8-6

检查项目		规定值或允许偏差（mm）	检验频率		检验方法
			范围	点数	
混凝土抗压强度		符合设计要求			按现行国家标准《混凝土强度检验评定标准》GB 50107 的规定
每段拱箱内弧长		0，−10		1	用钢尺量
内弧偏离设计弧线		±5		1	用样板检查
断面尺寸	顶底腹板厚	+10，0	每肋每片	2	用钢尺量
	宽度及高度	+10，−5		2	
轴线偏位	肋拱	5		3	用经纬仪测量
	箱拱	10		3	
拱箱接头尺寸及倾角		±5		1	用钢尺量
预埋件位置	肋拱	5		1	用钢尺量
	箱拱	10		1	

（3）拱圈安装允许偏差应符合表 5.12.8-7 的规定。

拱圈安装允许偏差

表 5.12.8-7

检查项目		允许偏差 (mm)		检验频率		检验方法
				范围	点数	
轴线偏位		$L \leq 60m$	10	每跨每肋	5	用经纬仪测量，拱脚、拱顶、$L/4$ 处
		$L > 60m$	$L/6000$			
高程		$L \leq 60m$	± 20			用水准仪测量，拱脚、拱顶、$L/4$ 处
		$L > 60m$	$\pm L/3000$			
对称点相对高差	允许	$L \leq 60m$	20	每段、每个接头	1	用水准仪测量
		$L > 60m$	$L/3000$			
	极值	允许偏差的2倍，且反向				
各拱肋相对高差		$L \leq 60m$	20	各肋	5	用水准仪测量，拱脚、拱顶、$L/4$ 处
		$L > 60m$	$L/3000$			
拱肋间距		± 10				用钢尺量，拱脚、拱顶、$L/4$ 处

注：L 为跨径。

(4) 悬臂拼装的桁架拱允许偏差应符合表 5.12.8-8 的规定。

603

悬臂拼装的桁架拱允许偏差 表 5.12.8-8

检查项目		允许偏差（mm）		检查频率		检验方法
				范围	点数	
轴线偏位		$L \leqslant 60\text{m}$	10		5	用经纬仪测量，拱脚、拱顶、$L/4$ 处
		$L > 60\text{m}$	$L/6000$			
高程		$L \leqslant 60\text{m}$	± 20		5	用水准仪测量，拱脚、拱顶、$L/4$ 处
		$L > 60\text{m}$	$\pm L/3000$			
相邻拱片高差		15		每跨每肋每片		用水准仪测量，拱脚、拱顶、$L/4$ 处
对称点相对高差	允许	$L \leqslant 60\text{m}$	20		5	
		$L > 60\text{m}$	$L/3000$			
	极值	允许偏差的2倍，且反向				
拱片竖向垂直度		$\leqslant 1/300$ 高度，且不大于 20			2	用经纬仪测量或垂线和钢尺量

注：L 为跨径。

（5）腹拱安装允许偏差应符合表 5.12.8-9 的规定。

腹拱安装允许偏差 表 5.12.8-9

检查项目	允许偏差（mm）	检查频率		检验方法
		范围	点数	
轴线偏位	10	每跨每肋	2	用经纬仪测量拱脚
拱顶高程	± 20		2	用水准仪测量
相邻块件高差	5		3	用钢尺量

5. 钢管混凝土拱质量检验应符合规范规定，且应符合下列规定：

（1）防护涂料规格和层数，应符合设计要求。

检查数量：涂装遍数全数检查；涂层厚度每批构件抽查 10%，且同类构件不少于 3 件。

检验方法：观察、用干膜测厚仪检查。

（2）钢管拱肋制作与安装允许偏差应符合表 5.12.8-10 的规定。

钢管拱肋制作与安装允许偏差　　表 5.12.8-10

检查项目	允许偏差 (mm)	检查频率		检查方法
		范围	点数	
钢管直径	$\pm D/500$，且± 5	每跨每肋每段	3	用钢尺量
钢管中距	± 5		3	用钢尺量
内弧偏离设计弧线	8		3	用样板量
拱肋内弧长	0 -10		1	用钢尺分段量
节段端部平面度	3		1	拉线、用塞尺量
竖杆节间长度	± 2		1	用钢尺量
轴线偏位	$L/6000$		5	用经纬仪测量，端、中、$L/4$ 处

检查项目		允许偏差（mm）	检查频率		检查方法
			范围	点数	
高程		$\pm L/3000$	每跨每肋每段	5	用水准仪测量，端、中、$L/4$ 处
对称点相对高差	允许	$L/3000$		1	用水准仪测量各接头点
	极值	$L/1500$，且反向			
拱肋接缝错边		$\leqslant 0.2$ 壁厚，且不大于 2	每个	2	用钢板尺和塞尺量

注：1. D 为钢管直径（mm）。

2. L 为跨径。

（3）钢管混凝土拱肋允许偏差应符合表 5.12.8-11 的规定。

钢管混凝土拱肋允许偏差　　表 5.12.8-11

检查项目		允许偏差（mm）		检查频率		检查方法
				范围	点数	
轴线偏位		$L\leqslant 60\text{m}$	10	每跨每肋	5	用经纬仪测量，拱脚、拱顶、$L/4$ 处
		$L=200\text{m}$	50			
		$L>200\text{m}$	$L/4000$			
高程		$\pm L/3000$			5	用水准仪测量、拱脚、拱顶、$L/4$ 处
对称点相对高差	允许	$L/3000$			1	用水准仪测量各接头点
	极值	$L/1500$，且反向				

注：L 为跨径。

6. 中下承式拱吊杆和柔性系杆拱质量检验应符合规范规定，且应符合下列规定：

（1）吊杆、系杆防护必须符合设计要求和规范有关规定。

检查数量：涂装遍数全数检查；涂层厚度每批构件抽查 10%，且同类构件不少于 3 件。

检验方法：观察、检查施工记录；用干膜测厚仪检查。

（2）吊杆的制作与安装允许偏差应符合表 5.12.8-12 的规定。

吊杆的制作与安装允许偏差　　表 5.12.8-12

检查项目		允许偏差（mm）	检验频率		检查方法
			范围	数量	
吊杆长度		±l/1000，且±10	每吊杆每吊点	1	用钢尺量
吊杆拉力	允许	应符合设计要求		1	用测力仪（器）检查每吊杆
	极值	下承式拱吊杆拉力偏差20%			
吊点位置		10		1	用经纬仪测量
吊点高程	高程	±10		1	用水准仪测量
	两侧高差	20			

注：l 为吊杆长度。

（3）柔性系杆张拉应力和伸长率应符合表 5.12.8-13 的规定。

柔性系杆张拉应力和伸长率 **表 5.12.8-13**

检查项目	规定值	检验频率		检查方法
		范围	数量	
张拉应力（MPa）	符合设计要求	每根	1	查油压表读数
张拉伸长率（%）	符合设计规定		1	用钢尺量

7. 转体施工拱质量检验时，转体施工拱允许偏差应符合表 5.12.8-14 的规定。

转体施工拱允许偏差 **表 5.12.8-14**

检查项目	允许偏差（mm）	检验频率		检查方法
		范围	数量	
轴线偏位	$L/6000$	每跨每肋	5	用经纬仪测量，拱脚、拱顶、$L/4$ 处
拱顶高程	±20		2~4	用水准仪测量
同一横截面两侧或相邻上部构件高差	10		5	用水准仪测量

注：L 为跨径。

5.13 斜拉桥

5.13.1 拉索和锚具

1. 拉索和锚具制作时，对高强度钢丝拉索，在工厂制作时应按 1.2～1.4 倍设计索力对拉索进行预张拉检验，合格后方可出厂。

2. 拉索架设时，安装由外包 PE 护套单根钢绞线组成的半成品拉索时，应控制每一根钢绞线安装后的拉力差在±5％内，并应设置临时减振器。

3. 拉索张拉时，应按设计要求同步张拉。对称同步张拉的斜拉索，张拉中不同步的相对差值不得大于 10％。两侧不对称或设计索力不同的斜拉索，应按设计要求的索力分段同步张拉。

5.13.2 检验标准

1. 现浇混凝土索塔施工质量检验应符合下列规定：

（1）现浇混凝土索塔允许偏差应符合表 5.13.2-1 的规定。

现浇混凝土索塔允许偏差　　表 5.13.2-1

项　目	允许偏差（mm）	检验频率		检验方法
		范围	点数	
地面处轴线偏位	10	每对索距	2	用经纬仪测量，纵、横各 1 点
垂直度	≤H/3000，且不大于 30 或设计要求		2	用经纬仪、钢尺量测，纵、横各 1 点
断面尺寸	±20		2	用钢尺量，纵、横各 1 点
塔柱壁厚	±5		1	用钢尺量，每段每侧面 1 处

项　目	允许偏差 （mm）	检验频率		检验方法
		范围	点数	
拉索锚固 点高程	±10	每索	1	用水准仪测量
索管轴 线偏位	10，且两 端同向		1	用经纬仪测量
横梁断 面尺寸	±10	每根 横梁	5	用钢尺量，端 部、$L/2$ 和 $L/4$ 各1点
横梁顶 面高程	±10		4	用水准仪测量
横梁轴 线偏位	10		5	用经纬仪、钢 尺量测
横梁壁厚	±5		1	用钢尺量，每 侧面1处（检查3 ～5个断面，取 最大值）
预埋件位置	5		2	用钢尺量
分段浇筑时， 接缝错台	5	每侧面， 每接缝	1	用钢板尺和塞 尺量

注：1. H 为塔高。

　　2. L 为横梁长度。

（2）索塔表面应平整、直顺，无蜂窝、麻面和大于 0.15mm 的收缩裂缝。

检查数量：全数检查。

检验方法：观察、用读数放大镜观测。

2. 混凝土斜拉桥悬臂施工，墩顶梁段质量检验应符合下列规定：

（1）混凝土斜拉桥墩顶梁段允许偏差应符合表 5.13.2-2 的规定。

混凝土斜拉桥墩顶梁段允许偏差　表 5.13.2-2

项　目		允许偏差 （mm）	检验频率		检验方法
			范围	点数	
轴线偏位		跨径/ 10000	每段	2	用经纬仪或全站仪测量，纵桥向2点
顶面高程		±10		1	用水准仪测量
断面尺寸	高度	+5，−10		2	用钢尺量，2个断面
	顶宽	±30			
	底宽或肋间宽	±20			
	顶、底、腹板厚或肋宽	+10 0			
横坡（%）		±0.15		3	用水准仪测量，3个断面
平整度		8			用 2m 直尺、塞尺量，检查竖直、水平两个方向，每侧面每 10m 梁长测 1 处

项 目	允许偏差（mm）	检验频率		检验方法
		范围	点数	
预埋件位置	5	每件	2	经纬仪放线，用钢尺量

（2）梁段表面应无蜂窝、麻面和大于 0.15mm 的收缩裂缝。

检查数量：全数检查。

检验方法：观察、用读数放大镜观测。

3. 悬臂浇筑混凝土主梁质量检验应符合下列规定：

（1）悬臂浇筑混凝土主梁允许偏差应符合表 5.13.2-3 的规定。

悬臂浇筑混凝土主梁允许偏差　　表 5.13.2-3

项目	允许偏差（mm）		检验频率		检验方法
			范围	点数	
轴线偏位	$L \leqslant 200\mathrm{m}$	10	每段	2	用经纬仪测量
	$L > 200\mathrm{m}$	$L/20000$			
断面尺寸	宽度	$\begin{array}{c}+5\\-8\end{array}$		3	用钢尺量端部和 $L/2$ 处
	高度	$\begin{array}{c}+5\\-8\end{array}$		3	用钢尺量端部和 $L/2$ 处
	壁厚	$\begin{array}{c}+5\\0\end{array}$		8	用钢尺量前端

项目	允许偏差（mm）	检验频率		检验方法
		范围	点数	
长度	±10	每段	4	用钢尺量顶板和底板两侧
节段高差	5		3	用钢尺量底板两侧和中间
预应力筋轴线偏位	10	每个管道	1	用钢尺量
拉索索力	符合设计和施工控制要求	每索	1	用测力计
索管轴线偏位	10	每索	1	用经纬仪测量
横坡（%）	±0.15	每段	1	用水准仪测量
平整度	8	每段	1	用2m直尺、塞尺量，竖直、水平两个方向，每侧每10m梁长测1点
预埋件位置	5	每件	2	经纬仪放线，用钢尺量

注：L 为节段长度。

（2）梁体线形平顺、梁段接缝处无明显折弯和错台，表面无蜂窝、麻面和大于 0.15mm 的收缩裂缝。

检查数量：全数检查。

检验方法：观察、用读数放大镜观测。

4. 悬臂拼装混凝土主梁质量检验应符合下列规定：

悬臂拼装混凝土主梁允许偏差应符合表5.13.2-4的规定。

悬臂拼装混凝土主梁允许偏差　　　表 5.13.2-4

项　目	允许偏差（mm）	检验频率		检验方法
		范围	点数	
轴线偏位	10	每段	2	用经纬仪测量
节段高差	5		3	用钢尺量底板，两侧和中间
预应力筋轴线偏位	10	每个管道	1	用钢尺量
拉索索力	符合设计和施工控制要求	每索	1	用测力计
索管轴线偏位	10	每索	1	用经纬仪测量

5. 钢箱梁的拼装质量检验应符合规范有关规定，且应符合下列规定：

（1）钢箱梁段制作允许偏差应符合表5.13.2-5的规定。

钢箱梁段制作允许偏差　　表 5.13.2-5

项　目		允许偏差 （mm）	检验频率		检验方法
			范围	点数	
梁段长		±2		3	用钢尺量，中心线 及两侧
梁段桥面板 四角高差		4		4	用水准仪测量
风嘴直线度偏差		L/2000， 且≤6		2	拉线、用钢尺量 检查各风嘴边缘
端口尺寸	宽度	±4		2	用钢尺量两端
	中心高	±2		2	用钢尺量两端
	边高	±3		4	用钢尺量两端
	横断面对角 线长度差	≤4	每段 每索	2	用钢尺量两端
锚箱	锚点坐标	±4		6	用经纬仪、垂球 量测
	斜拉索轴 线角度 （°）	0.5		2	用经纬仪、垂球 量测
梁段匹配性	纵桥向中 心线偏差	1		2	用钢尺量
	顶、底、腹 板对接间隙	+3 −1		2	用钢尺量
	顶、底、腹 板对接错台	2		2	用钢板尺和塞 尺量

注：L 为梁段长度。

（2）钢箱梁悬臂拼装允许偏差应符合表
5.13.2-6 的规定。

钢箱梁悬臂拼装允许偏差　　　表 5.13.2-6

项　目		允许偏差（mm）		检验频率		检验方法
				范围	点数	
轴线偏位		$L \leqslant 200m$	10	每段	2	用经纬仪测量
		$L > 200m$	$L/20000$			
拉索索力		符合设计和施工控制要求		每索	1	用测力计
梁锚固点高程或梁顶高程	梁段	满足施工控制要求		每段	1	用水准仪测量每个锚固点或梁段两端中点
	合龙段	$L \leqslant 200m$	± 20			
		$L > 200m$	$\pm L/10000$			
梁顶水平度		20			4	用水准仪测量梁顶四角
相邻节段匹配高差		2			1	用钢尺量

注：L 为跨度。

（3）钢箱梁在支架上安装允许偏差应符合表
5.13.2-7 的规定。

钢箱梁在支架上安装允许偏差　　　表 5.13.2-7

项　目	允许偏差（mm）	检验范围	频率点数	检验方法
轴线偏位	10	每段	2	用经纬仪测量

项　　目	允许偏差 （mm）	检验 范围	频率 点数	检验方法
梁段的纵向位置	10		1	用经纬仪测量
梁顶高程	±10	每段	2	水准仪测量梁段两端中点
梁顶水平度	10		4	用水准仪测量梁顶四角
相邻节段匹配高差	2		1	用钢尺量

6. 结合梁的工字钢梁段悬臂拼装质量检验应符合规范有关规定，且应符合下列规定：

（1）工字钢梁段制作允许偏差应符合表5.13.2-8 的规定。

工字钢梁段制作允许偏差　　　表 5.13.2-8

项　目		允许偏差 （mm）	检验频率		检　验　方　法
			范围	点数	
梁高	主梁	±2	每段 每索	2	用钢尺量
	横梁	±1.5			
梁长	主梁	±3		3	用钢尺量，每节段两侧和中间
	横梁	±1.5		3	用钢尺量

项 目		允许偏差 (mm)	检验频率		检 验 方 法
			范围	点数	
梁宽	主梁	±1.5		2	用钢尺量
	横梁	±1.5			
梁腹板平面度	主梁	$h/350$，且不大于 8	每段每索	3	用 2m 直尺、塞尺量
	横梁	$h/500$，且不大于 5		3	
锚箱	锚点坐标	±4		6	用经纬仪、垂球量测
	斜拉索轴线角度（°）	0.5		2	用经纬仪、垂球量测
梁段顶、底、腹板对接错台		2		2	用钢板尺和塞尺量

注：h 为梁高。

(2) 工字梁悬臂拼装允许偏差应符合表 5.13.2-9 的规定。

工字梁悬臂拼装允许偏差　　表 5.13.2-9

项 目		允许偏差 （mm）	检验频率		检验方法
			范围	点数	
轴线偏位	$L \leqslant 200m$	10	每段每索	2	用经纬仪测量
	$L > 200m$	$L/20000$			
拉索索力		符合设计要求		1	用测力计

项　目		允许偏差（mm）	检验频率		检验方法
			范围	点数	
锚固点高程或梁顶高程	梁段	满足施工控制要求	每段每索	1	用水准仪测量每个锚固点或梁段两端中点
	两主梁高差	10			

注：L 为分段长度。

7. 结合梁的混凝土板质量检验应符合规范规定，且应符合下列规定：

（1）结合梁混凝土板允许偏差应符合表 5.13.2-10 的规定。

结合梁混凝土板允许偏差　　　　表 5. 13. 2-10

项　目		允许偏差（mm）	检验频率		检验方法
			范围	点数	
混凝土板断面尺寸	宽度	±15	每段每索	3	用钢尺量端部和 $L/2$ 处
	厚度	$+10$ 0		3	用钢尺量前端、两侧和中间
拉索索力		符合设计和施工控制要求		1	用测力计
高程	$L \leqslant 200\text{m}$	±20		1	用水准仪测量，每跨测 5～15 处，取最大值
	$L > 200\text{m}$	$\pm L/10000$			
横坡（％）		±0.15		1	用水准仪测量，每跨测 3～8 个断面，取最大值

注：L 为分段长度。

（2）混凝土表面应平整、边缘线形直顺，无蜂窝、麻面和大于 0.15mm 的收缩裂缝。

检查数量：全数检查。

检验方法：观察。

8. 斜拉索安装质量检验应符合下列规定：

平行钢丝斜拉索制作与防护允许偏差应符合表 5.13.2-11 的规定。

平行钢丝斜拉索制作与
防护允许偏差　　表 5.13.2-11

项　目		允许偏差（mm）	检验频率		检查方法
			范围	点数	
斜拉索长度	≤100m	±20	每根每件每孔	1	用钢尺量
	>100m	±1/5000 索长			
PE 防护厚度		+1.0 −0.5		1	用钢尺量或测厚仪检测
锚板孔眼直径 D		$d < D < 1.1d$			用量规检测
镦头尺寸		镦头直径 ≥1.4d，镦头高度≥d		10	用游标卡尺检测，每种规格检查 10 个
锚具附近密封处理		符合设计要求		1	观察

注：d 为钢丝直径。

5.14 悬索桥

5.14.1 施工猫道

1. 猫道承重索宜采用钢丝绳或钢绞线。承重索的安全系数不得小于 3.0。

2. 边跨和中跨的承重索应对称、连续架设。架设后应进行线形调整。各根索的跨中标高相对误差宜控制在 ±30mm 之内。

5.14.2 主缆架设与防护

1. 索股锚头入锚后应进行临时锚固。索股应设一定的抬高量，抬高量宜为 200～300mm，并做好编号标志。

2. 索股线形调整应符合下列规定：

(1) 垂度调整应在夜间温度稳定时进行。温度稳定的条件为：长度方向索股的温差不大于 2℃；横截面索股的温差不大于 1℃。

(2) 绝对垂度调整，应测定基准索股下缘的标高及跨长、塔顶标高及变位、主索鞍预偏量、散索鞍预偏量。主缆垂度和标高的调整量，应在气温与索股温度等值后经计算确定。基准索股标高必须连续 3d 在夜间温度稳定时进行测量，3 次测出结果误差在容许范围内时，应取 3 次的平均值作为该基准索股的标高。

（3）垂度调整允许误差，基准索股中跨跨中为±1/20000 跨径；边跨跨中为中跨跨中的 2 倍；上下游基准索股高差 10mm；一般索股（相对于基准索股）为－5mm、10mm。

3. 索力的调整应以设计提供的数据为依据，其调整量应根据调整装置中测力计的读数和锚头移动量双控确定。实际拉力与设计值之间的允许误差应为设计锚固力的 3%。

4. 紧缆工作应分两步进行，并应符合下列规定：

（1）预紧缆应在温度稳定的夜间进行。预紧缆时宜把主缆全长分为若干区段分别进行。索股上的绑扎带采用边紧缆边拆除的方法，不宜一次全部拆除。预紧缆完成处必须用不锈钢带捆紧，不锈钢带的距离可为 5~6m，预紧缆目标空隙率宜为 25%~28%。

（2）正式紧缆宜采用专用的紧缆机把主缆整成圆形。正式紧缆的方向宜向塔柱方向进行。当紧缆点空隙率达到设计要求时，在紧缆机附近设两道钢带，其间距可取 100mm，带扣应放在主缆的侧下方。紧缆点间的距离宜为 1m。

5.14.3 索鞍、索夹与吊索

索夹安装应符合的规定为：索夹安装位置纵向误差不得大于 10mm。当索夹在主缆上精确定位后，应立即紧固索夹螺栓。

5.14.4 检验标准

1. 锚锭锚固系统制作质量检验应符合规范有关规定，且应符合下列规定：

（1）预应力锚固系统制作允许偏差应符合表5.14.4-1的规定。

预应力锚固系统制作允许偏差　　　　　表5.14.4-1

| 项　　目 | | 允许偏差（mm） | 检验频率 | | 检验方法 |
			范围	点数	
连接器	拉杆孔至锚固孔中心距	±0.5	每件	1	游标卡尺
	主要孔径	+1.0 0		1	游标卡尺
	孔轴线与顶、底面垂直度（°）	0.3		2	量具
	底面平面度	0.08		1	量具
	拉杆孔顶、底面平行度	0.15		2	量具
拉杆同轴度		0.04		1	量具

（2）刚架锚固系统制作允许偏差应符合表5.14.4-2的规定。

刚架锚固系统制作允许偏差　　表 5. 14. 4-2

项　目	允许偏差（mm）	检验频率		检 验 方 法
		范围	点数	
刚架杆件长度	±2		1	用钢尺量
刚架杆件中心距	±2		1	用钢尺量
锚杆长度	±3	每件	1	用钢尺量
锚梁长度	±3		1	用钢尺量
连接	符合设计要求		30%	超声波或测力扳手

2. 锚锭锚固系统安装质量检验应符合规范有关规定且应符合下列规定：

（1）预应力锚固系统安装允许偏差应符合表5.14.4-3 的规定。

预应力锚固系统安装允许偏差　　表 5. 14. 4-3

项　目	允许偏差（mm）	检验频率		检验方法
		范围	点数	
前锚面孔道中心坐标偏差	±10		1	用全站仪测量
前锚面孔道角度（°）	±0.2	每件	1	用经纬仪或全站仪测量
拉杆轴线偏位	5		2	用经纬仪或全站仪测量
连接器轴线偏位	5		2	用经纬仪或全站仪测量

（2）刚架锚固系统安装允许偏差应符合表
5.14.4-4 的规定。

刚架锚固系统安装允许偏差　　　表 5.14.4-4

项　目		允许偏差（mm）	检验频率		检验方法
			范围	点数	
刚架中心线偏差		10		2	用经纬仪测量
刚架安装锚杆之平联高差		+5 −2		1	用水准仪测量
锚杆偏位	纵	10	每件	2	用经纬仪测量
	横	5			
锚固点高程		±5		1	用水准仪测量
后锚梁偏位		5		2	用经纬仪测量
后锚梁高程		±5		2	用水准仪测量

3. 锚锭混凝土施工质量检验应符合规范规
定，且应符合下列规定：

（1）锚锭结构允许偏差应符合表 5.14.4-5
的规定。

锚锭结构允许偏差　　　表 5.14.4-5

项　目		允许偏差（mm）	检验频率		检验方法
			范围	点数	
轴线偏位	基础	20	每座	4	用经纬仪或全站仪测量
	槽口	10			

项　目		允许偏差 （mm）	检验频率		检验方法
			范围	点数	
断面尺寸		±30		4	用钢尺量
基础底面 高程	土质	±50	每座	10	用水准仪测 量
	石质	+50 −200			
基础顶面高程		±20			
大面积平整度		5		1	用 2m 直尺、 塞尺量，每 20m² 测一处
预埋件位置		符合设计 规定	每件	2	经纬仪放线， 用钢尺量

（2）锚锭表面应无蜂窝、麻面和大于 0.15mm
的收缩裂缝。

检查数量：全数检查。

检验方法：观察。

4. 索鞍安装质量检验应符合下列规定：主
索鞍、散索鞍允许偏差应符合表 5.14.4-6 和表
5.14.4-7 的规定。

主索鞍允许偏差　　　　表 5.14.4-6

项　目	允许偏差 （mm）	检验频率		检验方法
		范围	点数	
主要平面的平 面度	0.08/1000， 且不大于 0.5/ 全平面	每件	1	用量具检测

项 目	允许偏差（mm）	检验频率		检验方法
		范围	点数	
鞍座下平面对中心索槽竖直平面的垂直度偏差	2/全长		1	在检测平台或机床上用量具检测
上、下承板平面的平行度	0.5/全平面		2	在平台上用量具检测上、下承板
对合竖直平面与鞍体下平面的垂直度偏差	<3/全长		1	用百分表检查每对合竖直平面
鞍座底面对中心索槽底的高度偏差	±2		1	在检测平台或机床上用量具检测
鞍槽轮廓的圆弧半径偏差	±2/1000	每件	1	用数控机床检查
各槽深度、宽度	+1/全长，及累计误差+2		2	用样板、游标卡尺、深度尺量测
各槽对中心索槽的对称度	±0.5		1	用数控机床检查
各槽曲线立面角度偏差(°)	0.2		10	
防护层厚度（μm）	不小于设计规定		10	用测厚仪，每检测面10点

散索鞍允许偏差　　表 5. 14. 4-7

项　目	允许偏差 (mm)	检验频率		检验方法
		范围	点数	
平面度	0.08/1000, 且不大于 0.5/全平面		1	用量具检测，检查摆轴平面、底板下平面、中心索槽竖直平面
支承板平行度	<0.5		1	用量具检测
摆轴中心线与索槽中心平面的垂直度偏差	<3		2	在检测平台或机床上用量具检测
摆轴接合面与索槽底面的高度偏差	±2		1	用钢尺量
鞍槽轮廓的圆弧半径偏差	±2/1000	每件	1	用数控机床检查
各槽深度、宽度	+1/全长，及累计误差+2		1	用样板、游标卡尺深度尺量测
各槽对中心索槽的对称度	±0.5		1	用数控机床检查
各槽曲线平面、立面角度偏差(°)	0.2		1	用数控机床检查
加工后鞍槽底部及侧壁厚度偏差	±10		3	用钢尺量
防护层厚度 (μm)	不小于设计规定		10	用测厚仪，每检测面10点

5. 主索鞍、散索鞍安装允许偏差应符合表 5.14.4-8 和表 5.14.4-9 的规定。

主索鞍安装允许偏差　　表 5.14.4-8

项　目		允许偏差 （mm）	检验频率		检验方法
			范围	点数	
最终偏差	顺桥向	符合设计规定	每件	2	用经纬仪或全站仪测量
	横桥向	10			
高　程		$+20 \atop 0$		1	用全站仪测量
四角高差		2		4	用水准仪测量

散索鞍安装允许偏差　　表 5.14.4-9

项　目	允许偏差 （mm）	检验频率		检验方法
		范围	点数	
底板轴线纵横向偏位	5	每件	2	用经纬仪或全站仪测量
底板中心高程	±5		1	用水准仪测量
底板扭转	2		1	用经纬仪或全站仪测量
安装基线扭转	1		1	用经纬仪或全站仪测量
散索鞍竖向倾斜角	符合设计规定		1	用经纬仪或全站仪测量

6. 主缆架设质量检验应符合的规定为：

(1)索股和锚头允许偏差应符合表 5.14.4-10 的规定。

索股和锚头允许偏差　　表 5.14.4-10

项　目	允许偏差 (mm)	检验频率		检查方法
		范围	点数	
索股基准丝长度	±基准丝长 /15000	每丝 每索	1	用钢尺量
成品索股长度	±索股长 /10000		1	用钢尺量
热铸锚合金灌铸率(%)	>92		1	量测计算
锚头顶压索股外移量(按规定顶压力,持荷 5min)	符合设计要求		1	用百分表量测
索股轴线与锚头端面垂直度(°)	±5		1	用仪器量测

注：外移量允许偏差应在扣除初始外移量之后进行量测。

　　(2) 主缆架设允许偏差应符合表 5.14.4-11 的规定。

主缆架设允许偏差　　表 5.14.4-11

项　目			允许偏差 (mm)	检验频率		检查方法
				范围	点数	
索股标高	基准	中跨跨中	±L/20000	每索	1	用全站仪测量跨中
		边跨跨中	±L/10000		1	用全站仪测量跨中
		上下游基准	±10		1	用全站仪测量跨中
	一般	相对于基准索股	+5 0		1	用全站仪测量跨中

项　　目	允许偏差（mm）	检验频率		检查方法
		范围	点数	
锚跨索股力与设计的偏差	符合设计规定		1	用测力计
主缆空隙率(%)	±2	每索	1	量直径和周长后计算，测索夹处和两索夹间
主缆直径不圆率	直径的5%，且不大于2		1	紧缆后横竖直径之差，与设计直径相比，测两索夹间

注：L为跨度。

7. 主缆防护质量检验应符合的规定为主缆防护允许偏差应符合表5.14.4-12的规定。

主缆防护允许偏差　　表5.14.4-12

项　　目	允许偏差	检验频率		检查方法
		范围	点数	
缠丝间距	1mm		1	用插板，每两索夹间随机量测1m长
缠丝张力	±0.3kN	每索	1	标定检测，每盘抽查1处
防护涂层厚度	符合设计要求		1	用测厚仪，每200m检测1点

8. 索夹和吊索安装质量检验应符合下列

规定：

(1)索夹允许偏差应符合表 5.14.4-13 的规定。

索夹允许偏差 表 5.14.4-13

项　目	允许偏差 (mm)	检验频率		检查方法
		范围	点数	
索夹内径偏差	±2	每件	1	用量具检测
耳板销孔位置偏差	±1		1	用量具检测
耳板销孔内径偏差	+1 0		1	用量具检测
螺杆孔直线度	$L/500$		1	用量具检测
壁厚	符合设计要求		1	用量具检测
索夹内壁喷锌厚度	不小于设计要求		1	用测厚仪检测

注：L 为螺杆孔长度。

(2)吊索和锚头允许偏差应符合表 5.14.4-14 的规定。

吊索和锚头允许偏差 表 5.14.4-14

项　目		允许偏差 (mm)	检验频率		检查方法
			范围	点数	
吊索调整后长度（销孔之间）	≤5m	±2	每件	1	用钢尺量
	>5m	$±L/500$			

项　目	允许偏差（mm）	检验频率		检查方法
		范围	点数	
销轴直径偏差	0 −0.15		1	用量具检测
叉形耳板销孔位置偏差	±5		1	用量具检测
热铸锚合金灌铸率(%)	＞92		1	量测计算
锚头顶压后吊索外移量(按规定顶压力,持荷 5min)	符合设计要求	每件	1	用量具检测
吊索轴线与锚头端面垂直度(°)	0.5		1	用量具检测
锚头喷涂厚度	符合设计要求		1	用测厚仪检测

注：1. L 为吊索长度。

　　2. 外移量允许偏差应在扣除初始外移量后进行量测。

（3）索夹和吊索安装允许偏差应符合表 5.14.4-15 的规定。

索夹和吊索安装允许偏差　　表 5.14.4-15

项　目		允许偏差（mm）	检验频率		检查方法
			范围	点数	
索夹偏位	纵向	10	每件	2	用全站仪和钢尺量
	横向	3			

项 目	允许偏差（mm）	检验频率		检查方法
		范围	点数	
上、下游吊点高差	20	每件	1	用水准仪测量
螺杆紧固力(kN)	符合设计要求		1	用压力表检测

9. 钢加劲梁段拼装质量检验应符合下列规定：

(1)悬索桥钢箱梁段制作允许偏差应符合表5.14.4-16 的规定。

悬索桥钢箱梁段制作允许偏差　　表 5.14.4-16

项 目		允许偏差（mm）	检验频率		检查方法
			范围	点数	
梁长		±2	每件每段	3	用钢尺量，中心线及两侧
梁段桥面板四角高差		4		4	用水准仪测量
风嘴直线度偏差		≤$L/2000$，且不大于6		2	拉线、用钢尺量风嘴边缘
端口尺寸	宽度	±4		2	用钢尺量两端
	中心高	±2		2	用钢尺量两端
	边高	±3		4	用钢尺量两侧、两端
	横断面对角线长度差	4		2	用钢尺量两端

项 目		允许偏差 （mm）	检验频率		检查方法
			范围	点数	
吊点位置	吊点中心距桥中心线距离偏差	±1		2	用钢尺量
	同一梁段两侧吊点相对高差	5		1	用水准仪测量
	相邻梁段吊点中心距偏差	2	每件每段	1	用钢尺量
	同一梁段两侧吊点中心连接线与桥轴线垂直度误差(′)	2		1	用经纬仪测量
梁段匹配性	纵桥向中心线偏差	1		2	用钢尺量
	顶、底、腹板对接间隙	+3 -1		2	用钢尺量
	顶、底、腹板对接错台	2		2	用钢板尺和塞尺量

注：L 为量测长度。

（2）钢加劲梁段拼装允许偏差应符合表 5.14.4-17 的规定。

钢加劲梁段拼装允许偏差　　　　表 5.14.4-17

项 目	允许偏差 （mm）	检验频率		检查方法
		范围	点数	
吊点偏位	20	每件每段	1	用全站仪测量

项　目	允许偏差 （mm）	检验频率		检查方法
		范围	点数	
同一梁段两侧对称 吊点处梁顶高差	20	每件 每段	1	用水准仪测量
相邻节段匹配高差	2		2	用钢尺量

5.15　顶进箱涵

5.15.1　工作坑和滑板

1. 工作坑边坡应视土质情况而定，两侧边坡宜为 1：0.75～1：1.5，靠铁路路基一侧的边坡宜缓于 1：1.5；工作坑距最外侧铁路中心线不得小于 3.2m。

2. 工作坑的平面尺寸应满足箱涵预制与顶进设备安装需要。前端顶板外缘至路基坡脚不宜小于 1m；后端顶板外缘与后背间净距不宜小于 1m；箱涵两侧距工作坑坡脚不宜小于 1.5m。

3. 土层中有水时，工作坑开挖前应采取降水措施，将地下水位降至基底 0.5m 以下，并疏干后方可开挖。工作坑开挖时不得扰动地基，不得超挖。工作坑底应密实、平整，并有足够的承载力。基底允许承载力不宜小于 0.15MPa。

4. 修筑工作坑滑板，应满足预制箱涵主体结构所需强度，并应符合下列规定：为减少箱涵顶进中扎头现象，宜将滑板顶面做成前高后低的仰坡，坡度宜为 3‰。

5.15.2 箱涵预制与顶进

1. 箱涵预制除应符合规范的有关规定外，尚应符合下列规定：

(1)箱涵侧墙的外表面前端 2m 范围内应向两侧各加宽 1.5～2cm，其余部位不得出现正误差。

(2)箱涵底板底面前端 2 ～4m 范围内宜设高 5～10cm 船头坡。

2. 顶进设备及其布置应符合下列规定：

(1)应根据计算的最大顶力确定顶进设备。千斤顶的顶力可按额定顶力的 60％～70％计算。

(2)液压系统的油管内径应按工作压力和计算流量选定，回油管路主油管的内径不得小于 10mm，分油管的内径不得小于 6mm。

3. 安装顶柱(铁)，应与顶力轴线一致，并与横梁垂直，应做到平、顺、直。当顶程长时，可在 4～8m 处加横梁一道。

5.15.3 检验标准

1. 滑板质量检验应符合下列规定：

滑板允许偏差应符合表 5.15.3-1 的规定。

滑板允许偏差 表 5.15.3-1

项　目	允许偏差 (mm)	检验频率		检 验 方 法
		范围	点数	
中线偏位	50		4	用经纬仪测量纵、横各 1 点
高程	+5 0	每座	5	用水准仪测量
平整度	5		5	用 2m 直尺、塞尺量

2. 预制箱涵质量检验应符合下列规定：

箱涵预制允许偏差应符合表 5.15.3-2 的规定。

箱涵预制允许偏差 表 5.15.3-2

项　目		允许偏差 (mm)	检验频率		检 验 方 法
			范围	点数	
断面尺寸	净空宽	±30	每座每节	6	用钢尺量，沿全长中间及两端的左、右各 1 点
	净空高	±50		6	用钢尺量，沿全长中间及两端的上、下各 1 点

| 项 目 | 允许偏差
（mm） | 检验频率 | | 检 验 方 法 |
		范围	点数	
厚度	±10		8	用钢尺量，每端 顶板、底板及两侧 壁各1点
长度	±50		4	用钢尺量，两侧 上、下各1点
侧向弯曲	L/1000		2	沿构件全长拉线、 用钢尺量，左、右 各1点
轴线偏位	10	每座 每节	2	用经纬仪测量
垂直度	≤0.15%H， 且不大于10		4	用经纬仪测量或 垂线和钢尺量，每 侧2点
两对角线 长度差	75		1	用钢尺量顶板
平整度	5		8	用2m直尺、塞 尺量（两侧内墙各4 点）
箱体外形	符合规范 规定		5	用钢尺量，两端 上、下各1点，距 前端2m处1点

3. 箱涵顶进质量检验应符合下列规定：

箱涵顶进允许偏差应符合表 5.15.3-3 的规定。

箱涵顶进允许偏差　　　**表 5.15.3-3**

项　目		允许偏差 （mm）	检验频率		检验方法
			范围	点数	
轴线 偏位	$L<15m$	100	每座 每节	2	用经纬仪测 量，两端各 1 点
	$15m≤L≤30m$	200			
	$L>30m$	300			
高程	$L<15m$	＋20 －100		2	用水准仪测 量，两端各 1 点
	$15m≤L≤30m$	＋20 －150			
	$L>30m$	＋20 －200		1	用钢尺量
相邻两端高差		50			

注：表中 L 为箱涵沿顶进轴线的长度(m)。

5.16　桥面系

5.16.1　排水设施

1. 汇水槽、泄水口顶面高程应低于桥面铺装层 10～15mm。

2. 泄水管下端至少应伸出构筑物底面 100～150mm。泄水管宜通过竖向管道直接引至地面或雨水管线，其竖向管道应采用抱箍、卡环、定位卡等预埋件固定在结构物上。

5.16.2 桥面防水层

1. 桥面采用热铺沥青混合料作磨耗层时，应使用可耐 140～160℃ 高温的高聚物改性沥青等防水卷材及防水涂料。

2. 防水层严禁在雨天、雪天和 5 级(含)以上大风天气施工，气温低于－5℃时不宜施工。

3. 涂膜防水层施工应符合的规定为：涂膜防水层的胎体材料，应顺流水方向搭接，搭接宽度长边不得小于 50mm，短边不得小于 70mm，上下层胎体搭接缝应错开 1/3 幅宽。

4. 卷材防水层施工应符合的规定为：卷材应顺桥方向铺贴，应自边缘最低处开始，顺流水方向搭接，长边搭接宽度宜为 70～80mm，短边搭接宽度宜为 100mm，上下层搭接缝错开距离不应小于 300mm。

5.16.3 桥面铺装层

1. 铺装层应在纵向 100cm、横向 40cm 范围内，逐渐降坡，与汇水槽、泄水口平顺相接。

2. 沥青混合料桥面铺装层施工，在钢桥面上铺筑沥青铺装层应符合的要求为：在桥面铺装宜在无雨、少雾季节、干燥状态下施工。施工气温不得低于 15℃。

3. 水泥混凝土桥面铺装层施工应符合的规

定为：铺装层的厚度、配筋、混凝土强度等应符合设计要求。结构厚度误差不得超过 −20mm。

4. 人行天桥塑胶混合料面层铺装应符合的规定为：施工时的环境温度和相对湿度应符合材料产品说明书的要求，风力超过 5 级（含）、雨天和雨后桥面未干燥时，严禁铺装施工。

5.16.4 桥梁伸缩装置

1. 填充式伸缩装置施工应符合的规定为：预留槽宜为 50cm 宽、5cm 深，安装前预留槽基面和侧面应进行清洗和烘干。

2. 橡胶伸缩装置安装应符合下列规定：

（1）安装橡胶伸缩装置应尽量避免预压工艺橡胶伸缩装置在 5℃ 以下气温不宜安装。

（2）伸缩装置安装合格后应及时浇筑两侧过渡段混凝土，并与桥面铺装接顺。每侧混凝土宽度不宜小于 0.5m。

5.16.5 地栿、缘石、挂板

尺寸超差和表面质量有缺陷的挂板不得使用。挂板安装时，直线段宜每 20m 设一个控制点，曲经段宜每 3～5m 设一个控制点，并应采用统一模板控制接缝宽度，确保外形流畅、美观。

5.16.6 防护设施

1. 防护设施采用混凝土预制构件安装时，

砂浆强度应符合设计要求，当设计无规定时，宜采用 M20 水泥砂浆。

2. 预制混凝土栏杆采用榫槽连接时，安装就位后应用硬塞块固定，灌浆固结。塞块拆除时，灌浆材料强度不得低于设计强度的 75%。采用金属栏杆时，焊接必须牢固，毛刺应打磨平整，并及时除锈防腐。

5.16.7 检验标准

1. 排水设施质量检验应符合下列规定：

（1）桥面泄水口应低于桥面铺装层 10～15mm。

检查数量：全数检查。

检验方法：观察。

（2）桥面泄水口位置允许偏差应符合表 5.16.7-1 的规定。

桥面泄水口位置允许偏差　　　　表 5.16.7-1

项　目	允许偏差 （mm）	检验频率		检验方法
		范围	点数	
高程	0 −10	每孔	1	用水准仪测量
间距	±100		1	用钢尺量

2. 桥面防水层质量检验应符合下列规定：

（1）混凝土桥面防水层粘结质量和施工允许

偏差应符合表 5.16.7-2 的规定。

混凝土桥面防水层粘结质量和

施工允许偏差　　表 5.16.7-2

项　目	允许偏差（mm）	检验频率		检验方法
		范围	点数	
卷材接槎搭接宽度	不小于规定	每 20 延米	1	用钢尺量
防水涂膜厚度	符合设计要求；设计未规定时±0.1	每 200m²	4	用测厚仪检测
粘结强度（MPa）	不小于设计要求，且≥0.3(常温)，≥0.2(气温≥35℃)	每 200m²	4	拉拔仪(拉拔速度：10mm/min)
抗剪强度（MPa）	不小于设计要求，且≥0.4(常温)，≥0.3(气温≥35℃)	1组	3个	剪切仪(剪切速度：10mm/min)
剥离强度（N/mm）	不小于设计要求，且≥0.3(常温)，≥0.2(气温≥35℃)	1组	3个	90°剥离仪(剪切速度：100mm/min)

（2）钢桥面防水粘结层质量应符合表 5.16.7-3 的规定。

钢桥面防水粘结层质量　　表 5.16.7-3

项　目	允许偏差（mm）	检验频率		检验方法
		范围	点数	
钢桥面清洁度	符合设计要求	全部		GB 8923 规定标准图片对照检查
粘结层厚度	符合设计要求	每洒布段	6	用测厚仪检测
粘结层与基层结合力（MPa）	不小于设计要求	每洒布段	6	用拉拔仪检测
防水层总厚度	不小于设计要求	每洒布段	6	用测厚仪检测

3. 桥面铺装层质量检验应符合下列规定：

(1)塑胶面层铺装的物理机械性能应符合表 5.16.7-4 的规定。

塑胶面层铺装的物理机械性能　　表 5.16.7-4

项　目	允许偏差	检验频率		检验方法
		范围	点数	
硬度（邵 A，度）	45～60			按 GB/T 14833 中 5.5"硬度的测定"
拉伸强度（MPa）	≥0.7			按 GB/T 14833 中 5.6"拉伸强度、扯断伸长率的测定"
扯断伸长率	≥90%			按 GB/T 14833 中 5.6"拉伸强度、扯断伸长率的测定"

项　目	允许偏差	检验频率		检验方法
		范围	点数	
回弹值	≥20%			按 GB/T 14833 中 5.7"回弹值的测定"
压缩复原率	≥95%			按 GB/T 14833 中 5.8"压缩复原率的测定"
阻燃性	1级			按 GB/T 14833 中 5.9"阻燃性的测定"

注：1. 本表参照《塑胶跑道》GB/T 14833—93 的规定制定。
　　2. "阻燃性的测定"由业主、设计商定。

（2）桥面铺装面层允许偏差应符合表 5.16.7-5～表 5.16.7-7 的规定。

水泥混凝土桥面铺装面层允许偏差　　表 5.16.7-5

项　目	允许偏差	检验频率		检验方法
		范围	点数	
厚度	±5mm	每 20 延米	3	用水准仪对比浇筑前后标高
横坡	±0.15%		1	用水准仪测量 1 个断面
平整度	符合城市道路面层标准	按城市道路工程检测规定执行		
抗滑构造深度	符合设计要求	每 200m	3	铺砂法

注：跨度小于 20m 时，检验频率按 20m 计算。

沥青混凝土桥面铺装面层允许偏差　表 5.16.7-6

项　目	允许偏差	检验频率		检验方法
		范围	点数	
厚度	±5mm	每 20 延米	3	用水准仪对比浇筑前后标高
横坡	±0.3%		1	用水准仪测量 1 个断面
平整度	符合道路面层标准	按城市道路工程检测规定执行		
抗滑构造深度	符合设计要求	每 200m	3	铺砂法

注：跨度小于 20m 时，检验频率按 20m 计算。

人行天桥塑胶桥面
铺装面层允许偏差　表 5.16.7-7

项目	允许偏差	检验频率		检验方法
		范围	点数	
厚度	不小于设计要求	每铺装段，每次拌合料量	1	取样法：按 GB/T 14833 附录 B
平整度	±3mm	每 20m²	1	用 3m 直尺、塞尺检查
坡度	符合设计要求	每铺装段	3	用水准仪测量主梁纵轴高程

（3）伸缩装置质量检验应符合的规定为：伸缩装置安装允许偏差应符合表 5.16.7-8 的规定。

伸缩装置安装允许偏差　　**表 5.16.7-8**

项目	允许偏差（mm）	检验频率		检验方法
		范围	点数	
顺桥平整度	符合道路标准		按道路检验标准检测	
相邻板差	2	每条缝	每车道1点	用钢板尺和塞尺量
缝宽	符合设计要求			用钢尺量，任意选点
与桥面高差	2			用钢板尺和塞尺量
长度	符合设计要求		2	用钢尺量

4. 地袱、缘石、挂板质量检验应符合的规定为：预制地袱、缘石、挂板允许偏差应符合表 5.16.7-9 的规定；安装允许偏差应符合表 5.16.7-10 的规定。

预制地袱、缘石、挂板允许偏差　　**表 5.16.7-9**

项　目		允许偏差（mm）	检验频率		检验方法
			范围	点数	
断面尺寸	宽	±3	每件（抽查10%，且不少于5件）	1	用钢尺量
	高			1	
长度		0 −10		1	用钢尺量
侧向弯曲		L/750		1	沿构件全长拉线用钢尺量（L 为构件长度）

地栿、缘石、挂板安装允许偏差　　表 5.16.7-10

项　目	允许偏差 (mm)	检验频率		检验方法
		范围	点数	
直顺度	5	每跨侧	1	用 10m 线和钢尺量
相邻板块高差	3	每接缝 (抽查 10%)	1	用钢板尺和塞尺量

注：两个伸缩缝之间的为一个验收批。

5. 防护设施质量检验应符合下列规定：

（1）预制混凝土栏杆允许偏差应符合表 5.16.7-11 的规定。栏杆安装允许偏差应符合表 5.16.7-12 的规定。

预制混凝土栏杆允许偏差　　表 5.16.7-11

项　目		允许偏差 (mm)	检验频率		检验方法
			范围	点数	
断面尺寸	宽	±4	每件（抽查 10%，且不少于 5 件）	1	用钢尺量
	高			1	
长度		0 −10		1	用钢尺量
侧向弯曲		$L/750$		1	沿构件全长拉线，用钢尺量（L 为构件长度）

栏杆安装允许偏差　表 5.16.7-12

项　目		允许偏差（mm）	检验频率		检验方法
			范围	点数	
直顺度	扶手	4	每跨侧	1	用10m线和钢尺量
垂直度	栏杆柱	3	每柱（抽查10%）	2	用垂线和钢尺量，顺、横桥轴方向各1点
栏杆间距		±3	每柱（抽查10%）	1	用钢尺量
相邻栏杆扶手高差	有柱	4	每柱（抽查10%）		
	无柱	2			
栏杆平面偏位		4	每30m	1	用经纬仪和钢尺量

注：现场浇筑的栏杆、扶手和钢结构栏杆、扶手的允许偏差可按本表执行。

（2）金属栏杆、防护网必须按设计要求作防护处理，不得漏涂、剥落。

检查数量：抽查 5%。

检验方法：观察、用涂层测厚检查。

（3）防撞护栏、防撞墩、隔离墩允许偏差应符合表 5.16.7-13 的规定。

650

防撞护栏、防撞墩、

隔离墩允许偏差 表 5.16.7-13

项目	允许偏差（mm）	检验频率		检验方法
		范围	点数	
直顺度	5	每 20m	1	用 20m 线和钢尺量
平面偏位	4	每 20m	1	经纬仪放线，用钢尺量
预埋件位置	5	每件	2	经纬仪放线，用钢尺量
断面尺寸	±5	每 20m	1	用钢尺量
相邻高差	3	抽查 20%	1	用钢板尺和钢尺量
顶面高程	±10	每 20m	1	用水准仪测量

（4）防护网安装允许偏差应符合表 5.16.7-14 的规定。

防护网安装允许偏差 表 5.16.7-14

项目	允许偏差（mm）	检验频率		检验方法
		范围	点数	
防护网直顺度	5	每 10m	1	用 10m 线和钢尺量
立柱垂直度	5	每柱（抽查 20%）	2	用垂线和钢尺量，顺、横桥轴方向各 1 点

项目	允许偏差（mm）	检验频率		检验方法
		范围	点数	
立柱中距	±10	每处（抽查20%）	1	用钢尺量
高度	±5			

6. 人行道质量检验时，人行道铺装允许偏差应符合表 5.16.7-15 的规定。

人行道铺装允许偏差　　表 5.16.7-15

项　目	允许偏差（mm）	检验频率		检验方法
		范围	点数	
人行道边缘平面偏位	5	每 20m一个断面	2	用 20m 线和钢尺量
纵向高程	+10 0		2	用水准仪测量
接缝两侧高差	2		2	
横坡	±0.3%		3	
平整度	5		3	用 3m 直尺、塞尺量

5.17　附属结构

5.17.1　桥头搭板

1. 现浇桥头搭板基底应平整、密实，在砂土上浇筑应铺 3～5cm 厚水泥砂浆垫层。

2. 预制桥头搭板安装时应在与地梁、桥台接触面铺 2～3cm 水泥砂浆，搭板应安装稳固、不翘曲。预制板纵向留灌浆槽，灌浆应饱满，砂浆达到设计强度后方可铺筑路面。

5.17.2 防冲刷结构（锥坡、护坡、护岸、海堤、导流坝）

1. 干砌护坡时，护坡土基应夯实达到设计要求的压实度。砌筑时应纵横挂线，按线砌筑。需铺设砂砾垫层时，砂粒料的粒径不宜大于5cm，含砂量不宜超过 40%。施工中应随填随砌，边口处应用较大石块，砌成整齐、坚固的封边。

2. 栽砌卵石护坡应选择长径扇形石料，长度宜为 25～35cm。卵石应垂直于斜坡面，长径立砌，石缝错开。基脚石应浆砌。

5.17.3 检验标准

1. 隔声与防眩装置质量检验应符合下列规定：

（1）隔声与防眩装置防护涂层厚度应符合设计要求，不得漏涂、剥落，表面不得有气泡、起皱、裂纹、毛刺和翘曲等缺陷。

检查数量：抽查 20%，且同类构件不少于 3件。

检验方法：观察、涂层测厚仪检查。

（2）声屏障安装允许偏差应符合表 5.17.3-1 的规定。

声屏障安装允许偏差　　表 5.17.3-1

项　目	允许偏差 (mm)	检验频率		检验方法
		范围	点数	
中线偏位	10	每柱（抽查 30%）	1	用经纬仪和钢尺量
顶面高程	±20	每柱（抽查 30%）	1	用水准仪测量
金属立柱中距	±10	每处（抽查 30%）		用钢尺量
金属立柱垂直度	3	每柱（抽查 30%）	2	用垂线和钢尺量，顺、横桥各 1 点
屏体厚度	±2	每处（抽查 15%）	1	用游标卡尺量
屏体宽度、高度	±10	每处（抽查 15%）	1	用钢尺量

（3）防眩板安装允许偏差应符合表 5.17.3-2 的规定。

防眩板安装允许偏差　　表 5.17.3-2

项　目	允许偏差 (mm)	检验频率		检验方法
		范围	点数	
防眩板直顺度	8	每跨侧	1	用 10m 线和钢尺量

项　目	允许偏差 （mm）	检验频率		检验方法
		范围	点数	
垂直度	5	每柱 （抽查 10%）	2	用垂线和钢 尺量，顺、横 桥各 1 点
立柱中距	±10	每处 （抽查 10%）	1	用钢尺量
高度				

2. 梯道质量检验应符合规范规定，且应符合下列规定：

（1）混凝土梯道抗磨、防滑设施应符合设计要求。抹面、贴面面层与底层应粘结牢固。

检查数量：检查梯道数量的 20%。

检验方法：观察、小锤敲击。

（2）混凝土梯道允许偏差应符合表 5.17.3-3 的规定。

混凝土梯道允许偏差　　　表 5.17.3-3

项　目	允许偏差 （mm）	检验频率		检验方法
		范围	点数	
踏步高度	±5	每跑台阶 抽查 10%	2	用钢尺量
踏步宽度	±5		2	用钢尺量
防滑条位置	5		2	用钢尺量
防滑条高度	±3		2	用钢尺量

项　目	允许偏差 （mm）	检验频率		检验方法
		范围	点数	
台阶平台尺寸	±5	每个	2	用钢尺量
坡道坡度	±2%	每跑	2	用坡度尺量

　　注：应保证平台不积水，雨水可由上向下自流出。

　　（3）钢梯道梁制作允许偏差应符合表5.17.3-4的规定。

钢梯道梁制作允许偏差　　表 5.17.3-4

项　目	允许偏差 （mm）	检验频率		检验方法
		范围	点数	
梁高	±2		2	用钢尺量
梁宽	±3		2	
梁长	±5		2	
梯道梁安装孔位置	±3		2	
对角线长度差	4	每件	2	
梯道梁踏步间距	±5		2	
梯道梁纵向挠曲	$\leqslant L/1000$， 且$\leqslant 10$		2	沿全长拉线，用钢尺量
踏步板不平直度	1/100		2	

注：L 为梁长。

　　（4）钢梯道安装允许偏差应符合表 5.17.3-5的规定。

钢梯道安装允许偏差 表 5.17.3-5

项 目	允许偏差（mm）	检验频率		检验方法
		范围	点数	
梯道平台高程	±15	每件	2	用水准仪测量
梯道平台水平度	15		2	
梯道侧向弯曲	10		2	沿全长拉线用钢尺量
梯道轴线对定位轴线的偏位	5		2	用经纬仪测量
梯道栏杆高度和立杆间距	±3	每道	2	用钢尺量
无障碍C形坡道和螺旋梯道高程	±15		2	用水准仪测量

注：梯道平台水平度应保证梯道平台不积水，雨水可同上向下流出梯道。

3. 桥头搭板质量检验应符合下列规定：桥头搭板允许偏差应符合表 5.17.3-6 的规定。

混凝土桥头搭板（预制或现浇）允许偏差 表 5.17.3-6

项 目	允许偏差（mm）	检验频率		检 验 方 法
		范围	点数	
宽度	±10	每块	2	用钢尺量
厚度	±5		2	
长度	±10		2	

项 目	允许偏差（mm）	检验频率		检 验 方 法
		范围	点数	
顶面高程	±2		3	用水准仪测量，每端3点
轴线位移	10	每块	2	用经纬仪测量
板顶纵坡	±0.3%		3	用水准仪测量，每端3点

4. 防冲刷结构质量检验应符合下列规定：

（1）锥坡、护坡、护岸允许偏差应符合表5.17.3-7的规定。

锥坡、护坡、护岸允许偏差　　表 5.17.3-7

项 目	允许偏差（mm）	检验频率		检验方法
		范围	点数	
顶面高程	±50		3	用水准仪测量
表面平整度	30	每个，50m	3	用2m直尺、钢尺量
坡度	不陡于设计		3	用钢尺量
厚度	不小于设计		3	用钢尺量

注：1. 不足50m部分，取1～2点。

2. 海堤结构允许偏差可按本表1、2、4项执行。

（2）导流结构允许偏差应符合表 5.17.3-8 的规定。

导流结构允许偏差　　表 5.17.3-8

项　目		允许偏差（mm）	检验频率		检验方法
			范围	点数	
平面位置		30		2	用经纬仪测量
长度		0 −100		1	用钢尺量
断面尺寸		不小于设计	每个	5	用钢尺量
高程	基底	不高于设计		5	用水准仪测量
	顶面	±30			

5. 照明系统质量检验应符合规范规定，且应符合下列规定：

（1）灯杆（柱）金属构件必须作防腐处理，涂层厚度应符合设计要求。

检查数量：抽查 10%，且同类构件不少于 3 件。

检查方法：观察、用干膜测厚仪检查。

（2）照明设施安装允许偏差应符合表 5.17.3-9 的规定。

照明设施安装允许偏差　　　表 5.17.3-9

项　目		允许偏差（mm）	检验频率		检　验　方　法
			范围	点数	
灯杆地面以上高度		±10	每杆（柱）	1	用钢尺量
灯杆（柱）竖直度		$H/500$			用经纬仪测量
平面位置	纵向	20			经纬仪放线、用钢尺量
	横向	10			

注：表中 H 为灯杆高度。

5.18　装饰与装修

饰面与涂装施工时的环境温度和湿度应符合下列规定：

（1）抹灰、镶贴板块饰面不宜低于 5℃；

（2）涂装不宜低于 8℃；

（3）胶粘剂饰面不宜低于 10℃；

（4）施工环境相对湿度不宜大于 80%。

5.18.1　饰面

1. 水泥砂浆抹面时，涂抹水泥砂浆每遍的厚度宜为 5～7mm。

2. 饰面砖镶贴应符合下列规定：

（1）基层表面应凿毛、刷界面剂、抹 1：3 水泥砂浆底层。

（2）镶贴前，应选砖预排、挂控制线；面砖应浸泡 2h 以上，表面晾干后待用。

5.18.2 检验标准

1. 水泥砂浆抹面质量检验应符合下列规定：

（1）普通抹面表面应光滑、洁净、色泽均匀、无抹纹，抹面分隔条的宽度和深度应均匀一致，无错缝、缺棱掉角。

检查数量：按每 500m² 为一个检验批，不足 500m² 的也为一个检验批，每个检验批每 100m² 至少检验一处，每处不小于 10m²。

检查方法：观察、用钢尺量。

（2）普通抹面允许偏差应符合表 5.18.2-1 的规定。

普通抹面允许偏差　　　表 5.18.2-1

项　目	允许偏差（mm）	检查频率		检验方法
		范围	点数	
平整度	4	每跨、侧	4	用 2m 直尺和塞尺量
阴阳角方正	4		3	用 200mm 直角尺量
墙面垂直度	5		2	用 2m 靠尺量

（3）装饰抹面应符合下列规定：

1）水刷石应石粒清晰，均匀分布，紧密平整，应无掉粒和接槎痕迹。

2）水磨石应表面平整、光滑，石子显露密实均匀，应无砂眼、磨纹和漏磨处。分格条位置应准确、直顺。

3）剁斧石应剁纹均匀、深浅一致、无漏剁处，不剁的边条宽窄应一致，棱角无损坏。

检查数量：按每 500m² 为一个检验批，不足 500m² 的也为一个检验批，每个检验批每 100m² 至少检验一处，每处不小于 10m²。

检查方法：观察、钢尺量。

（4）装饰抹面允许偏差应符合表 5.18.2-2 的规定。

装饰抹面允许偏差 表 5.18.2-2

项　目	允许偏差（mm）			检验频率		检 验 方 法
	水磨石	水刷石	剁斧石	范围	点数	
平整度	2	3	3	每跨、侧	4	用 2m 直尺和塞尺量
阴阳角方正	2	3	3		2	用 200mm 直角尺量
墙面垂直度	3	5	4		2	用 2m 靠尺量
分格条平直						拉 2m 线（不足 2m 拉通线），用钢尺量

2. 镶饰面板和贴饰面砖质量检验应符合下列规定：

（1）饰面板镶安必须牢固。镶安饰面板的预埋件（或后置预埋件）、连接件的数量、规格、位置连接方法和防腐处理应符合设计要求。后置预埋件的现场拉拔强度应符合设计要求。

检查数量：每 100m² 至少抽查一处，每处不小于 10m²。

检查方法：手扳、检查进场验收记录和现场拉拔强度检测报告、检查施工记录。

（2）饰面砖粘贴必须牢固。

检查数量：每 300m²（不足 300m² 按 300m² 计）同类墙体为 1 组，每组取 3 个试样。

检查方法：检查样件粘结强度检测报告和施工记录。

（3）饰面允许偏差应符合表 5.18.2-3 的规定。

饰面允许偏差　　表 5.18.2-3

项目	允许偏差（mm）						检验频率		检验方法
	天然石			人造石		饰面砖			
	镜面、光面	粗纹石、麻面条纹石	天然石	水磨石	水刷石		范围	点数	
平整度	1	3		2	4	2	每跨、侧，每饰面	4	用 2m 直尺和塞尺量

663

项目	允许偏差（mm）						检验频率		检验方法
	天然石			人造石					
	镜面、光面	粗纹石、麻面条纹石	天然石	水磨石	水刷石	饰面砖	范围	点数	
垂直度	2	3		2	4	2		2	用2m靠尺量
接缝平直	2	4	5	3	4	3		2	拉5m线，用钢尺量，横竖各1点
相邻板高差	0.3	3		0.5	3	1	每跨、侧，每饰面	2	用钢板尺和塞尺量
接缝宽度	0.5	1	2	0.5	2			2	用钢尺量
阳角方正	2	4		2		2		2	用200mm直角尺量

3. 涂饰质量检验应符合的规定为：

涂料涂刷遍数、涂层厚度均应符合设计要求。

检查数量：按每 500m² 为一个检验批，不足 500m² 的也为一个检验批，每个检验批每 100m² 至少检验一处。

检查方法：观察、用干膜测厚仪检查。

5.19 工程竣工验收

1. 开工前，施工单位应会同建设单位、监理单位将工程划分为单位、分部、分项工程和检验批，作为施工质量检查、验收的基础，并应符合下列规定：

各分部（子分部）工程相应的分项工程宜按表 5.19-1 的规定执行。本规范未规定时，施工单位应在开工前会同建设单位、监理单位共同研究确定。

城市桥梁分部（子分部）工程与相应的
分项工程、检验批对照表　　表 5.19-1

序号	分部工程	子分部工程	分 项 工 程	检验批
1	地基与基础	扩大基础	基坑开挖、地基、土方回填、现浇混凝土（模板与支架、钢筋、混凝土）、砌体	每个基坑
		沉入桩	预制桩（模板、钢筋、混凝土、预应力混凝土）、钢管桩、沉桩	每根桩
		灌注桩	机械成孔、人工挖孔、钢筋笼制作与安装、混凝土灌注	每根桩
		沉井	沉井制作（模板与支架、钢筋、混凝土、钢壳）、浮运、下沉就位、清基与填充	每节、座
		地下连续墙	成槽、钢筋骨架、水下混凝土	每个施工段
		承台	模板与支架、钢筋、混凝土	每个承台

序号	分部工程	子分部工程	分 项 工 程	检验批
2	墩台	砌体墩台	石砌体、砌块砌体	每个砌筑段、浇筑段、施工段或每个墩台、每个安装段（件）
		现浇混凝土墩台	模板与支架、钢筋、混凝土、预应力混凝土	
		预制混凝土柱	预制柱（模板、钢筋、混凝土、预应力混凝土）、安装	
		台背填土	填土	
3	盖梁		模板与支架、钢筋、混凝土、预应力混凝土	每个盖梁
4	支座		垫石混凝土、支座安装、挡块混凝土	每个支座
5	索塔		现浇混凝土索塔（模板与支架、钢筋、混凝土、预应力混凝土）、钢构件安装	每个浇筑段、每根钢构件
6	锚锭		锚固体系制作、锚固体系安装、锚碇混凝土（模板与支架、钢筋、混凝土）、锚索张拉与压浆	每个制作件、安装件、基础
7	桥跨承重结构	支架上浇筑混凝土梁（板）	模板与支架、钢筋、混凝土、预应力钢筋	每孔、联、施工段
		装配式钢筋混凝土梁(板)	预制梁（板）（模板与支架、钢筋、混凝土、预应力混凝土）、安装梁（板）	每片梁

序号	分部工程	子分部工程	分 项 工 程	检验批
7	桥跨承重结构	悬臂浇筑预应力混凝土梁	0号段（模板与支架、钢筋、混凝土、预应力混凝土）、悬浇段（挂篮、模板、钢筋、混凝土、预应力混凝土）	每个浇筑段
		悬臂拼装预应力混凝土梁	0号段（模板与支架、钢筋、混凝土、预应力混凝土）、梁段预制（模板与支架、钢筋、混凝土）、拼装梁段、施加预应力	每个拼装段
		顶推施工混凝土梁	台座系统、导梁、梁段预制（模板与支架、钢筋、混凝土、预应力混凝土）、顶推梁段、施加预应力	每节段
		钢梁	现场安装	每段、孔
		结合梁	钢梁安装、预应力钢筋混凝土梁预制（模板与支架、钢筋、混凝土、预应力混凝土）、预制梁安装、混凝土结构浇筑（模板与支架、钢筋、混凝土、预应力混凝土）	每段、孔
		拱部与拱上结构	砌筑拱圈、现浇混凝土拱圈、劲性骨架混凝土拱圈、装配式混凝土拱部结构、钢管混凝土拱（拱肋安装、混凝土压注）、吊杆、系杆拱、转体施工、拱上结构	每个砌筑段、安装段、浇筑段、施工段

序号	分部工程	子分部工程	分项工程	检验批
7	桥跨承重结构	斜拉桥的主梁与拉索	0号段混凝土浇筑、悬臂浇筑混凝土主梁、支架上浇筑混凝土主梁、悬臂拼装混凝土主梁、悬拼钢箱梁、支架上安装钢箱梁、结合梁、拉索安装	每个浇筑段、制作段、安装段、施工段
		悬索桥的加劲梁与缆索	索鞍安装、主缆架设、主缆防护、索夹和吊索安装、加劲梁段拼装	每个制作段、安装段、施工段
8	顶进箱涵		工作坑、滑板、箱涵预制（模板与支架、钢筋、混凝土）、箱涵顶进	每坑、每制作节、顶进节
9	桥面系		排水设施、防水层、桥面铺装层（沥青混合料铺装、混凝土铺装—模板、钢筋、混凝土）、伸缩装置、地栿和缘石与挂板、防护设施、人行道	每个施工段、每孔
10	附属结构		隔声与防眩装置、梯道（砌体；混凝土—模板与支架、钢筋、混凝土；钢结构）、桥头搭板（模板、钢筋、混凝土）、防冲刷结构、照明、挡土墙▲	每砌筑段、浇筑段、安装段、每座构筑物
11	装饰与装修		水泥砂浆抹面、饰面板、饰面砖和涂装	每跨、侧、饰面
12	引道▲			

注：表中，▲项应符合国家现行标准《城镇道路工程施工与质量验收规范》CJJ 1的有关规定。

2. 检验批合格质量应符合的规定为：一般项目的质量应经抽样检验合格；当采用计精心策划检验时，除有关专门要求外，一般项目的合格率达到 80% 及以上，且不合格点的最大偏差值不得大于规定允许偏差值的 1.5 倍。

3. 工程竣工验收内容应符合下列规定：

桥梁实体检测允许偏差应符合表 5.19-2 的规定。

桥梁实体检测允许偏差　　　表 5.19-2

项目		允许偏差（mm）	检验频率		检验方法
			范围	点数	
桥梁轴线位移		10	每座或每跨、每孔	3	用经纬仪或全站仪检测
桥宽	车行道	±10		3	用钢尺量每孔3处
	人行道				
长度		+200，−100		2	用测距仪
引道中线与桥梁中线偏差		±20		2	用经纬仪或全站仪检测
桥头高程衔接		±3		2	用水准仪测量

注：1. 项目 3 长度为桥梁总体检测长度；受桥梁形式、环境温度、伸缩缝位置等因素的影响，实际检测中通常检测两条伸缩缝之间的长度，或多条伸缩缝之间的累加长度。

2. 连续梁、结合梁两条伸缩缝之间长度允许偏差为 ±15mm。

5.20 测量

5.20.1 平面、水准控制测量及质量要求

1. 平面控制网可采用三角测量和 GPS 测量。桥梁平面控制测量等级应符合表 5.20.1-1 的规定。

桥梁平面控制测量等级 表 5.20.1-1

多跨桥梁总长（mm）	单跨桥长（mm）	控制测量等级
$L \geqslant 3000$	$L \geqslant 500$	二等
$2000 \leqslant L < 3000$	$300 \leqslant L < 500$	三等
$1000 \leqslant L < 2000$	$150 \leqslant L < 300$	四等
$500 \leqslant L < 1000$	$L < 150$	一级
$L < 500$		二级

2. 三角测量、水平角方向观测法和测距的技术要求以及测距精度应符合表 5.20.1-2～表 5.20.1-5 的规定。

三角测量技术要求 表 5.20.1-2

等级	平均长度（km）	测角中误差（″）	起始边边长相对误差	最弱边边长相对中误差	测回数			三角形最大闭合差（″）
					DJ$_1$	DJ$_2$	DJ$_6$	
二等	3.0	±1.0	$\leqslant 1/250000$	$\leqslant 1/120000$	12	—	—	±3.5

等级	平均长度(km)	测角中误差(″)	起始边边长相对误差	最弱边边长相对中误差	测回数 DJ₁	测回数 DJ₂	测回数 DJ₆	三角形最大闭合差(″)
三等	2.0	±1.8	≤1/150000	≤1/70000	6	9	—	±7.0
四等	1.0	±2.5	≤1/100000	≤1/40000	4	6	—	±9.0
一级	0.5	±5.0	≤1/40000	≤1/20000	—	3	4	±15.0
二级	0.3	±10.0	≤1/20000	≤1/10000	—	1	3	±30.0

水平角方向观测法技术要求　　表 5.20.1-3

等级	仪器型号	光学测微器两次重合读数之差(″)	半测回归零差(″)	一测回中2倍照准差较差(″)	同一方向值各测回较差(″)
四等及以上	DJ₁	1	6	9	6
	DJ₂	3	8	13	9
一级及以下	DJ₂	—	12	18	12
	DJ₆	—	18	—	24

注：当观测方向的垂直角超过±3°的范围时，该方向测回中的2倍照准较差，可按同一观察时段内相邻测回同方向进行比较。

测距技术要求　　　　　　表 5.20.1-4

平面控制网等级	测距仪精度等级	观测次数 往	观测次数 返	总测回数	一测回读数较差（mm）	单程各测回较差（mm）	往返较差
二、三等	Ⅰ			6	≤5	≤7	≤2(a+b·D)
	Ⅱ			8	≤8	≤15	
四等	Ⅰ	1		4～6	≤5	≤7	
	Ⅱ		1	4～8	≤10	≤15	
一级	Ⅱ			2	≤10	≤15	—
	Ⅲ			4	≤20	≤30	
二级	Ⅱ			1～2	≤10	≤15	—
	Ⅲ			2	≤20	≤30	

注：1. 测回是指照准目标 1 次，读数 2～4 次的过程。

　　2. 根据具体情况，测边可采取不同时间段观测代替往返观测。

　　3. 表中 a——标称精度中的固定误差（mm）；b——标称精度中的比例误差系数（mm/km）；D——测距长度（km）。

测距精度　　　　　　表 5.20.1-5

测距仪精度等级	每公里测距中误差 m_D（mm）	
Ⅰ级	$m_D \leq 5$	$m_D = \pm(a + b \cdot D)$
Ⅱ级	$5 < m_D \leq 10$	
Ⅲ级	$10 < m_D \leq 20$	

3. 桥位辅线测量的精度要求应符合表
5.20.1-6 的规定。

桥位轴线测量精度　　　　表 5.20.1-6

测 量 等 级	桥轴线相对中误差
二等	1/130000
三等	1/70000
四等	1/40000
一级	1/20000
二级	1/10000

注：对特殊的桥梁结构，应根据结构特点确定桥轴线控制测
量的等级与精度。

4. 高程控制测量应符合的规定为：水准测
等级级应根据桥梁的规模确定。长 3000m 以上
的桥梁宜为二等，长 1000~3000m 的桥梁宜为
三等，长 1000m 以下的桥梁宜为四等。水准测
量的主要技术要求应符合表 5.20.1-7 的规定。

水准测量的主要技术要求　　　表 5.20.1-7

等级	每公里高差中数中误差（mm）		水准仪的型号	水准尺	观测次数		往返较差、附合或环线闭合差（mm）
	偶然中误差 M_Δ	全中误差 M_w			与已知点的联测	附合或环线	
二等	±1	±2	DS₁	钢瓦	往返各一次	往返各一次	$±4\sqrt{L}$

673

等级	每公里高差中数中误差（mm）		水准仪的型号	水准尺	观测次数		往返较差、附合或环线闭合差（mm）
	偶然中误差 M_Δ	全中误差 M_w			与已知点的联测	附合或环线	
三等	±3	±6	DS$_1$	铟瓦	往返各一次	往一次	±12$\sqrt{L}$
			DS$_3$	双面		往返各一次	
四等	±5	±10	DS$_3$	双面	往返各一次	往一次	±20$\sqrt{L}$
五等	±8	±16	DS$_3$	单面	往返各一次	往一次	±30$\sqrt{L}$

注：L 为往返测段、附合或环线的水准中线长度（km）。

5.20.2　测量作业

桥涵放样测量应符合的规定为：大、中桥的水中墩、台和基础的位置，宜采用校验过的电磁波测距仪测量。桥墩中心线在桥轴线方向上的位置误差不得大于±15mm。

5.21　城市桥梁桥面防水工程

5.21.1　基本规定

1. 桥面防水工程应根据桥梁的类别、所处地理位置、自然环境、所在道路等级、防水层使

用年限划分为两个防水等级，并应符合表
5.21.1-1 的规定。

桥面防水等级　　表 5.21.1-1

项　　目	桥面防水等级	
	I	II
桥梁类别	1. 特大桥、大桥 2. 城市快速路、主干路上的桥梁、交通量较大的城市次干路上的桥梁 3. 位于严寒地区、化冰盐区、酸雨、盐雾等不良气候地区的桥梁	I 级以外的所有桥梁
防水层使用年限	大于或等于 15 年	大于或等于 10 年

注：特大桥、大桥的定义应执行现行城市桥梁行业标准的规
　　定。城市快速路、主干路和次干路的定义应执行现行城
　　市道路行业标准的规定。

　2. 防水卷材及防水涂料的材料性能应符合
现行行业标准《道桥用改性沥青防水卷材》JC/
T 974 及《道桥用防水涂料》JC/T 975 的要求。
防水卷材和防水涂料的适用范围应符合表
5.21.1-2 的要求。

防水卷材和防水涂料的适用范围   表 5.21.1-2

材料	防水卷材				防水涂料			
	SBS改性沥青	APP(Ⅰ)改性沥青	APP(Ⅱ)改性沥青	SBS自粘	聚合物改性沥青		聚氨酯PU	聚合物水泥JS
					PB(Ⅰ)	PB(Ⅱ)		
桥面铺装类型	摊铺式沥青混凝土	摊铺式沥青混凝土	浇筑式沥青混凝土	摊铺式较薄型沥青混凝土	摊铺式沥青混凝土或水泥混凝土			
环境条件	严寒～寒冷～温热	寒冷～温热	寒冷～温热	严寒～寒冷～温热	寒冷～温热	严寒～温热	严寒～温热	寒冷～温热
桥面防水等级	Ⅰ、Ⅱ	Ⅰ、Ⅱ	Ⅰ、Ⅱ	Ⅱ	Ⅰ、Ⅱ			Ⅱ
其他要求	防水卷材底面应涂刷基层处理剂 严寒和寒冷地区宜首选 SBS 改性沥青防水卷材				桥面铺装为摊铺式沥青混凝土时，防水层中间应设胎体增强材料		桥面铺装为摊铺式沥青混凝土时，应在防水层顶面和沥青混凝土铺装之间设置过渡层	桥面铺装为摊铺式沥青混凝土时，防水层中间应设胎体增强材料

注：表中严寒地区、寒冷地区和温热地区应按现行行业标准《公路桥涵设计通用规范》JTG D60 中《全国气温分区图》的定义。

5.21.2 桥面防水系统施工控制中的基层处理

防水基层处理剂应根据防水层类型进行选用，防水基层处理剂的选用要求应符合5.21.2的规定。

防水基层处理剂的选用要求 表5.21.2

防水基层混凝土龄期	防水层类型	基面层处理剂	涂刷处理剂前对防水基层的要求	铺设防水层前对处理剂的要求
大于或等于7d	卷材	水性底涂料或水性渗透型无机防水剂	含水率小于4%（质量比）	涂刷24h后且干燥
		一层无溶剂的双组分环氧树脂涂层，用量500g/m²	含水率小于4%（质量比）	涂刷24h后
小于7d、大于或等于4d		两层无溶剂的双组分环氧树脂涂层，每层用量500g/m²	—	
防水基层混凝土龄期	防水层类型	基面层处理剂	涂刷处理剂前对防水基层的要求	铺设防水层前对处理剂的要求
大于或等于7d	聚合物改性沥青防水涂料和聚合物水泥防水涂料	水性底涂料或水性渗透型无机防水剂	含水率小于10%（质量比）	涂刷24h后且干燥
		一层无溶剂的双组分环氧树脂涂层，用量500g/m²		涂刷24h后
小于7d、大于或等于4d		两层无溶剂的双组分环氧树脂涂层，每层用量500g/m²	—	

防水基层混凝土龄期	防水层类型	基面层处理剂	涂刷处理剂前对防水基层的要求	铺设防水层前对处理剂的要求
大于或等于 7d	聚氨酯防水涂料	一层无溶剂的双组分环氧树脂涂层，用量 500g/m²	含水率小于 4%（质量比）	涂刷 24h 后
小于 7d，大于或等于 4d		两层无溶剂的双组分环氧树脂涂层，每层用量 500g/m²	—	

5.21.3 桥面防水质量验收

1. 一般规定

检测单元应符合下列要求：

（1）选用同一型号规格防水材料、采用同一种方式施工的桥面防水层且小于或等于 10000m² 为一检验单元；

（2）对选用同一型号规格防水材料、采用同一种方式施工的桥面，当一次连续浇筑的桥面混凝土基层面积大于 10000m² 时，以 10000m² 为单位划分后剩余的部分单独作为一个检测单元；当一次连续浇筑的桥面混凝土基层面积小于 10000m² 时，以一次连续浇筑的桥面混凝土基层面积为一个检测单元；

（3）每一检测单元各项目检测数量应按表

5.21.3-1 的规定确定。

检测单元的检测数量　表 5.21.3-1

检测单元（m²）	防水等级	
	I	II
≤1000	5	3
1000～5000	5～10	3～7
5000～10000	10～15	7～10

2. 混凝土基层

（1）混凝土基层检测主控项目应符合表5.21.3-2 的规定。

混凝土基层检测主控项目　表 5.21.3-2

项次	检测项目	防水层类型	质量要求	检测方法
1	含水率（质量比）	防水卷材	<4%	含水率检测仪（精度 0.5%）：每一测点连续读取数据三次，取平均值
		聚合物改性沥青涂料、聚合物水泥涂料	<10%	
		聚氨酯类涂料	<4%	
2	粗糙度（mm）	防水卷材	1.5～2.0	按 CJJ 139—2010 附录 A 的检测方法
		防水涂料	0.5～1.0	
3	平整度（mm）	防水卷材、防水涂料	5.0	3m靠尺、游标卡尺：量测最大间隙。顺桥向、横桥向各量测一次，取大值

（2）混凝土基层检测一般项目应符合表 5.21.3-3 的规定。

混凝土基层检测一般项目 表 5.21.3-3

检测项目	质 量 要 求	检测方法
外观质量	1）表面应密实、平整。 2）蜂窝、麻面面积不得超过总面积的 0.5%，并应进行修补。 3）裂缝宽度不大于设计规范的有关规定。 4）表面应清洁、干燥，局部潮湿面积不得超过总面积的 0.1%，并应进行烘干处理	全桥目测

3. 防水层

（1）防水层施工现场检测主控项目应符合下列规定。

粘结强度：质量要求按表 5.21.3-4 和表 5.21.3-5 的规定取值。

基层处理剂粘结强度控制值 表 5.21.3-4

基层处理剂表面温度 （℃）	10	20	30	40	50
粘结强度 （MPa）	0.45	0.40	0.35	0.30	0.25

卷材、涂料粘结强度控制值　表5.21.3-5

防水层表面温度 （℃）	10	20	30	40	50
涂料粘结强度 （MPa）	0.40	0.35	0.30	0.25	0.20
卷材粘结强度 （MPa）	0.35	0.30	0.25	0.20	0.15

（2）防水层施工现场检测一般项目应符合下列规定：

1）防水层施工外观质量应符合表5.21.3-6的规定。

防水层施工外观质量　表5.21.3-6

检测项目		质　量　要　求	检测方法
外观质量	卷材防水	1）基层处理剂：涂刷均匀，漏刷面积不得超过总面积的0.1%，并应补刷。 2）防水层不得有空鼓、翘边、油迹、皱褶。 3）防水层和雨水口、伸缩缝、缘石衔接处应密封。 4）搭接缝部位应有宽为20mm左右溢出热熔的改性沥青痕迹，且相互搭接卷材压薄后的总厚度不得超过单片卷材初始厚度的1.5倍	全桥目测

检测项目		质 量 要 求	检测方法
外观质量	涂料防水	1）涂刷均匀，漏刷面积不得超过总面积的 0.1%。并应补刷。 2）不得有气泡、空鼓和翘边。 3）防水层和雨水口、伸缩缝、缘石衔接处应密封	全桥目测

2）防水层与沥青混凝土层粘结强度、抗剪强度检测为特大桥、桥梁坡度大于 3‰ 等对防水层有特殊要求的桥梁可选择进行的检测项目。防水层强度要求应按表 5.21.3-7 的规定取值。

防水层强度要求　　　表 5.21.3-7

防水层表面温度（℃）	10	20	30	40	50
涂料剪切强度（MPa）	1.00	0.50	0.30	0.20	0.15
卷材剪切强度（MPa）	1.00	0.50	0.30	0.15	0.10

4. 沥青混凝土层

在沥青混凝土摊铺前，应对到场的沥青混凝土温度进行检测，主控项目应符合表 5.21.3-8

的规定。

沥青混凝土温度检测主控项目　表 5.21.3-8

检测项目		质量要求	检测方法
摊铺温度	卷材防水	高于防水卷材的耐热度 10～20℃、低于 170℃	温度计，量测范围 0～200℃，精度 1℃
	涂料防水	低于防水涂料的耐热度 10～20℃	

5.22　市政架桥机使用

市政架桥机转跨前应做好下列准备工作：

（1）桥面纵移轨道铺设横向间距允许偏差为 ±10mm，横桥向允许偏差为 ±10mm，接头处允许高差为 ±1mm；

（2）第二次转跨纵移前，应确保前支腿稳定支承靴及墩顶抱箍与墩顶支承牢固、应控制前支腿站位时的倾斜角度，向前倾斜度不应大于 2%，向后倾斜度不应大于 3%。

本章参考文献

1.《城市桥梁工程施工与质量验收规范》CJJ 2—2008

2.《城市桥梁桥面防水工程技术规程》CJJ 139—2010

3.《市政架桥机安全使用技术规程》JGJ/T 266—2011

6 给水排水构筑物工程

6.1 取水与排放构筑物

6.1.1 地下水取水构筑物

大口井、渗渠施工所用的管节、滤料应符合下列规定：有裂缝、缺口、露筋的集水管不得使用，进水孔眼数量和总面积的允许偏差应为设计值的±5％。

6.1.2 地表水固定式取水构筑物

取水头部水上打桩应符合表 6.1.2 的规定。

取水头部水上打桩的尺寸要求 表 6.1.2

序号	项 目		允许偏差（mm）
1	上面有盖梁的轴线位置	垂直于盖梁中心线	150
2		平行于盖梁中心线	200
3	上面无纵横梁的桩轴线位置		1/2 桩径或边长
4	桩顶高程		＋100，－50

6.1.3 排放构筑物

砌筑水泥砂浆、细石混凝土以及混凝土结构

的试块验收合格标准应符合的规定为：细石混凝土，每100m³的砌体为一个验收批，应至少检验一次强度；每次应制作试块一组，每组三块。

6.1.4 进、出水管渠

水下顶管施工应符合现行国家标准《给水排水管道工程施工及验收规范》GB 50268 的相关规定，并符合下列规定：后背与千斤顶接触的平面应与管段轴线垂直，其垂直偏差不得超过5mm。

6.1.5 质量验收标准

1. 大口井应符合下列规定：

（1）预制井筒的制作尺寸允许偏差，应符合表 6.1.5-1 的规定。

预制井筒的允许偏差　　表 6.1.5-1

	检查项目		允许偏差（mm）	检查数量		检查方法
				范　围	点　数	
1	筒平面尺寸	长、宽（L）	±0.5%L，且≤100	每座	长、宽各3	用钢尺量测
2		曲线部分半径（R）	±0.5%R，且≤50	每对应30°圆心角	1	用钢尺量测
3		两对角线差	不超过对角线长的1%	每座	2	用钢尺量测
4	井壁厚度		±15	每座	6	用钢尺量测

（2）大口井施工的允许偏差应符合表 6.1.5-2 的规定。

大口井施工的允许偏差　　表 6.1.5-2

| | 检查项目 | 允许偏差 (mm) | 检查数量 | | 检查方法 |
			范围	点数	
1	井筒中心位置	30	每座	1	用经纬仪测量
2	井筒井底高程	±30	每座	1	用水准仪测量
3	井筒倾斜	符合设计要求，且≤50	每座	1	垂线、钢尺量，取最大值
4	表面平整度	≤10	10m	1	用钢尺量测
5	预埋件、预埋管的中心位置	≤5	每件	1	用水准仪测量
6	预留洞的中心位置	≤10	每洞	1	用水准仪测量
7	辐射管坡度	符合设计要求，且≥4‰	每根	1	用水准仪或水平尺测量

2. 渗渠应符合下列规定：集水管施工允许偏差应符合表 6.1.5-3 的规定。

渗渠集水管道施工的允许偏差　表6.1.5-3

	检查项目		允许偏差 （mm）	检查数量		检查方法
				范围	点数	
1	沟槽	高程	±20	20m	1	用水准仪测量
2		槽底中心线 每侧宽	不小于 设计宽度			用钢尺量测
3	基础	高程（弧形基础 底面、枕基顶面、 条形基础顶面）	±15			用水准仪测量
4		中心轴线	20			用经纬仪或挂 中线钢尺量测
5		相邻枕基的 中心距离	20			用钢尺量
6	管道	轴线位置	10			用经纬仪或挂 中线钢尺量测
7		内底高程	±20			用水准仪测量
8		对口间隙	±5	每处		用钢尺量测
9		相邻两管节错口	5			用钢尺量测

注：对口间隙不得大于相邻滤层中的滤料最小直径。

3. 管井应符合下列规定：

（1）井管安装稳固，并直立于井口中心、上端口水平；井管安装的偏斜度：小于或等于100m的井段，其顶角的偏斜不得超过1°；大于100m的井段，每百米顶角偏斜的递增速度不得超过1.5%。

检查方法：检查安装记录；用经纬仪、水准仪、垂线等测量。

（2）过滤管安装深度的允许偏差为±300mm。

检查方法：检查安装记录；用水准仪、钢尺测量。

4. 预制取水头部的制作应符合下列规定：

取水头部制作允许偏差应分别符合表6.1.5-4和表6.1.5-5的规定。

预制箱式和筒式钢筋混凝土

取水头部的允许偏差   表6.1.5-4

检查项目		允许偏差（mm）	检查数量		检查方法
			范围	点数	
1	长、宽（直径）、高度	±20	每构件	各4	用钢尺量各边
2	变形	方形的两对角线差值	对角线长0.5%		2	用钢尺量上下两端面
		圆形的椭圆度	$D_0/200$，且≤20		2	
3	厚　度	+10，−5		8	用钢尺量测
4	表面平整度	10		4	用2m直尺、塞尺量测
5	端面垂直度	8		4	
6	中心位置	预埋件、预埋管	5	每处	1	用钢尺量测
		预留洞	10	每洞	1	

注：D_0 为外径（mm）。

预制箱式和筒式钢结构取水头部

制作的允许偏差 表 6.1.5-5

检查项目		允许偏差 (mm)		检查数量		检查方法
		箱式	管式	范围	点数	
1	椭圆度	$D_0/200$，且≤20	$D_0/200$，且≤10	每构件	1	用钢尺量测
2	周长 $D_0≤1600$	±8	±8		1	用钢尺量测
	$D_0>1600$	±12	±12		1	用钢尺量测
3	长、宽（多边形边长）、直径、高度	1/200，且≤20	$D_0/200$		长、宽（多边形边长）、直径、高度各1	用钢尺量测
4	端面垂直度	4	5		1	用钢尺量测
5	中心位置 进水管	10	10	每处	1	用钢尺量测
	进水孔	20	20	每洞	1	用钢尺量测

注：D_0 为外径(mm)。

5. 预制取水头部的沉放应符合下列规定：

取水头部安装的允许偏差应符合表 6.1.5-6 的规定。

取水头部安装的允许偏差 表 6.1.5-6

检查项目		允许偏差	检查数量		检查方法
			范围	点数	
1	轴线位置	150mm	每座	2	用经纬仪测量
2	顶面高程	±100mm	每座	4	用水准仪测量
3	水平扭转	1°	每座	1	用经纬仪测量

检查项目		允许偏差	检查数量		检查方法
			范围	点数	
4	垂直度	$1.5‰H$，且$\leqslant30$mm	每座	1	用经纬仪、垂球测量

注：H 为底板至顶面的总高度（mm）。

6. 缆车、浮船式取水构筑物工程的混凝土及砌体结构应符合下列规定：

（1）缆车、浮船接管车斜坡道现浇混凝土及砌体结构施工的允许偏差应符合表 6.1.5-7 的规定。

缆车、浮船接管车斜坡道的现浇混凝土和砌体结构施工允许偏差　　表 6.1.5-7

检查项目		允许偏差（mm）	检查数量		检查方法
			范围	点数	
1	轴线位置	20		2	用经纬仪测量
2	长度	$\pm L/200$		2	用钢尺量测
3	宽度	±20		1	用钢尺量测
4	厚度	±10	每10m	2	用钢尺量测
5	高程 设计枯水位以上	±10		2	用水准仪测量
6	设计枯水位以下	±30		2	用水准仪测量

检查项目		允许偏差 （mm）	检查数量		检查方法
			范围	点数	
7	中心 位置	预埋件	5	每处	1	用钢尺量测
8		预留件	10		1	用钢尺量测
9	表面平整度		10	每10m	1	用2m直尺、 塞尺量测

注：L 为斜坡道总长度（mm）。

（2）缆车、浮船接管车斜坡道上现浇钢筋混凝土框架施工的允许偏差应符合表 6.1.5-8 的规定。

缆车、浮船接管车斜坡道上现浇钢筋

混凝土框架施工允许偏差　表 6.1.5-8

检查项目		允许偏差 （mm）	检查数量		检查方法
			范围	点数	
1	轴线位置	20	每座	2	用经纬仪测量
2	长、宽	±10	每座	各3	用钢尺量长、宽
3	高程	±10	每座	4	用水准仪测量
4	垂直度	$H/200$， 且≤15	每座	4	铅垂配合 钢尺量测
5	水平度	$L/200$， 且≤15	每座	4	用钢尺量测
6	表面平整度	10	每座	4	用2m直尺、 塞尺检查

检查项目		允许偏差（mm）	检查数量		检查方法
			范围	点数	
7	中心	预埋件	5	每件	1	用钢尺量测
8	位置	预留孔	10	每洞	1	用钢尺量测

注：1. H 为柱的高度（mm）。

2. L 为单梁或板的长度（mm）。

（3）缆车、浮船接管车斜坡道上预制钢筋混凝土框架施工的允许偏差应符合表 6.1.5-9 的规定。

缆车、浮船接管车斜坡道上预制钢筋

混凝土框架施工允许偏差　表 6.1.5-9

检查项目		允许偏差（mm）			检查数量		检查方法
		板	梁	柱	范围	点数	
1	长度	+10，−5	+10，−5	+5，−10	每件	1	用钢尺量测
2	宽度、高度或厚度	±5	±5	±5	每件	各1	用钢尺量宽度、高度或厚度
3	直顺度	$L/1000$，且≤20	$L/750$，且≤20	$L/750$，且≤20	每件	1	用钢尺量测

检查项目		允许偏差（mm）			检查数量		检查方法
		板	梁	柱	范围	点数	
4	表面平整度	5	5	5	每件	1	用2m直尺、塞尺量测
5	中心位置 预埋件	5	5	5	每件	1	用钢尺量测
	预留孔	10	10	10	每洞	1	用钢尺量测

注：L 为构件长度（mm）。

（4）缆车、浮船接管车斜坡道上预制框架安装的允许偏差应符合表 6.1.5-10 的规定。

缆车、浮船接管车斜坡道上
预制框架安装允许偏差 表 6.1.5-10

检查项目		允许偏差（mm）	检查数量		检查方法
			范围	点数	
1	轴线位置	20	每座	2	用经纬仪测量
2	长、宽、高	±10	每座	各2	用钢尺量长、宽、高
3	高程（柱基，柱顶）	±10	每柱	2	用水准仪测量

检查项目		允许偏差 （mm）	检查数量		检查方法
			范围	点数	
4	垂直度	$H/200$， 且≤10	每座	4	垂球配合 钢尺检查
5	水平度	$L/200$， 且≤10	每座	2	用钢尺 量测

注：1. H 为柱的高度（mm）。

2. L 为单梁或板的长度（mm）。

（5）缆车、浮船接管车斜坡道上钢筋混凝土轨枕、梁及轨道安装应符合表 6.1.5-11 的规定。

缆车、浮船接管车斜坡道上轨枕、
梁及轨道安装尺寸要求　表 6.1.5-11

检查项目		允许偏差 （mm）	检查数量		检查方法
			范围	点数	
1		轴线位置	10		2	用经纬仪 量测
2	钢筋混凝土轨枕、轨梁	高程	+2， −5	每10m	2	用水准仪 量测
3		中心线间距	±5		1	用钢尺 量测
4		接头高差	5	每处	1	用靠尺 量测
5		轨梁柱跨间 对角线差	15	每跨	2	用钢尺 量测

检查项目		允许偏差（mm）	检查数量		检查方法
			范围	点数	
6		轴线位置	5		2	用经纬仪量测
7		高程	±2		2	用水准仪量测
8	轨道	同一横截面上两轨高差	2	每根轨	2	用水准仪量测
9		两轨内距	±2		2	用钢尺量测
10		钢轨接头左、右、上三面错位	1		3	用靠尺、钢尺量

（6）摇臂管钢筋混凝土支墩施工的允许偏差应符合表 6.1.5-12 的规定。

摇臂管钢筋混凝土支墩施工允许偏差　　表 6.1.5-12

检查项目		允许偏差（mm）	检查数量		检查方法
			范围	点数	
1	轴线位置	20	每墩	1	用经纬仪测量
2	长、宽或直径	±20	每墩	1	用钢尺量测
3	曲线部分的半径	±10	每墩	1	用钢尺量测

	检查项目		允许偏差 （mm）	检查数量		检查方法
				范围	点数	
4	顶面高程		±10	每墩	1	用水准 仪测量
5	顶面平整度		10	每墩	1	用水准 仪测量
6	中心 位置	预埋件	5	每件	1	用钢尺 量测
7		预留孔	10	每洞	1	用钢尺 量测

7. 缆车、浮船式取水构筑物的接管车与浮船应符合下列规定：

（1）浮船各部尺寸允许偏差应符合表6.1.5-13的规定。

浮船各部尺寸允许偏差　表6.1.5-13

	检查项目		允许偏差（mm）			检查数量		检查 方法
			钢船	钢筋混 凝土船	木船	范围	点数	
1	长、宽		±15	±20	±20	每船	各2	用钢尺 量测
2	高度		±10	±15	±15	每船	2	用钢尺 量测
3	板梁、 横隔 梁	高度	±5	±5	±5	每件	1	用钢尺 量测
4		间距	±5	±10	±10	每件	1	用钢尺 量测

检查项目		允许偏差（mm）			检查数量		检查方法
		钢船	钢筋混凝土船	木船	范围	点数	
5	接头外边缘高差	$\delta/5$，且不大于2	3	2	每件	1	用钢尺量测
6	机组与设备位置	10	10	10	每件	1	用钢尺量测
7	摇臂管支座中心位置	10	10	10	每支座	1	用钢尺量测

注：δ 为板厚（mm）。

（2）缆车、浮船接管车的尺寸允许偏差应符合表 6.1.5-14 的规定。

缆车、浮船接管车尺寸允许偏差　　　　表 6.1.5-14

	检查项目	允许偏差	检查数量		检查方法
			范围	点数	
1	轮中心距	±1mm	每轮	1	用钢尺量测
2	两对角轮距差	2mm	每组	1	用钢尺量测
3	同侧滚轮直顺偏差	±1mm	每侧	1	用钢尺量测
4	外形尺寸	±5mm	每车	4	用钢尺量测
5	倾斜角	±30′	每车	1	用经纬仪量
6	机组与设备位置	10mm	每件	1	用钢尺量测
7	出水管中心位置	10mm	每管	1	用钢尺量测

注：倾斜角为轮轨接触平面与水平面的倾角。

8. 岸边排放构筑物的出水口应符合下列规定：

（1）变形缝位置应准确，安设顺直，上下贯通；变形缝的宽度允许偏差为 0~5mm；

检查方法：观察；用钢尺随机量测。

（2）施工允许偏差应符合表 6.1.5-15 的规定。

岸边排放构筑物的出水口的
施工允许偏差　　表 6.1.5-15

检查项目			允许偏差 (mm)	检查数量		检查方法
				范围	点数	
1	轴线位置	混凝土结构	±10	每段或每10m长	1点	用经纬仪测量
		砌石结构 料石	±10			
		砌石结构 块石、卵石	±15			
2	翼墙	顶面高程 混凝土结构	±10		2点	用水准仪测量
		顶面高程 砌石结构	±15			
		断面尺寸、厚度 混凝土结构	+10，−5			用钢尺量测
		断面尺寸、厚度 砌石结构 料石	±15			
		断面尺寸、厚度 砌石结构 块石	+30，−20			
		墙面垂直度 混凝土结构	1.5‰H			用垂线量测
		墙面垂直度 砌石结构	0.5‰H			

检查项目				允许偏差（mm）	检查数量		检查方法
					范围	点数	
3	护坡、护坦	坡面、坡底顶面高程	砌石结构	块石、卵石	±20	每段或每10m长	1点	用水准仪测量
				料石	±15			
			混凝土结构		±10			
		净空尺寸	砌石结构	块石、卵石	±20		2点	用钢尺量测
				料石	±10			
			混凝土结构		±10			
		护坡坡度			不大于设计要求			用水准仪测量
		结构厚度			不小于设计要求		2点	用钢尺量测
		坡面、坡底平整度	砌石结构	块石、卵石	20			用2m直尺、塞尺量测
				料石	15			
			混凝土结构		12			
4	预埋件中心位置				5	每处	1	用钢尺量测
5	预留孔洞中心位置				10	每处	1	用钢尺量测

注：H 系指墙全高（mm）。

9. 水中排放构筑物的出水口应符合下列规定：

施工允许偏差应符合表 6.1.5-16 的规定。

水中排放构筑物的出水口

的施工允许偏差　　　表 6.1.5-16

检查项目		允许偏差（mm）	检查数量		检查方法
			范围	点数	
1	出水口顶面高程	±20	每座	1点	用水准仪测量
2	出水口垂直度	0.5%H			用垂线、钢尺量测
3	出水口中心轴线	沿水平出水管纵向 30			用经纬仪、钢尺测量
		沿水平出水管横向 20			
4	相邻出水口间距	40			用测距仪测量

注：H 为垂直顶升管节的总长度（mm）。

6.2 水处理构筑物

6.2.1 现浇钢筋混凝土结构

1. 混凝土模板的拆除应符合下列规定：

整体现浇混凝土的模板支架拆除应符合下列规定：

底模板，应在与结构同条件养护的混凝土试块达到表 6.2.1-1 规定强度，方可拆除。

701

整体现浇混凝土底模板拆模时

所需的混凝土强度　　表 6.2.1-1

序号	构件类型	构件跨度 L（m）	达到设计的混凝土立方体抗压强度的百分率（%）
1	板	≤2	≥50
		2<L≤8	≥75
		>8	≥100
2	梁、拱、壳	≤8	≥75
		>8	≥100
3	悬臂构件	—	≥100

2. 设计无要求时，纵向受力钢筋绑扎搭接接头的最小搭接长度应按表 6.2.1-2 的规定执行。

钢筋绑扎接头的最小搭接长度　　表 6.2.1-2

序　号	钢筋级别	受拉区	受压区
1	HPB300	$35d_0$	$30d_0$
2	HRB335	$45d_0$	$40d_0$
3	HRB400	$55d_0$	$50d_0$
4	低碳冷拔钢丝	300mm	200mm

注：d_0 为钢筋直径，单位 mm。

702

3. 混凝土配合比及拌制应符合下列规定：

混凝土原材料每盘称量的偏差应符合表6.2.1-3的规定。

原材料每盘称量的允许偏差　　　表 6.2.1-3

序　号	材料名称	允许偏差（%）
1	水泥、掺合料	±2
2	粗、细骨料	±3
3	水、外加剂	±2

注：1. 各种衡器应定期校验，每次使用前应用进行零点校核，保持计量准确。

2. 雨期或含水率有显著变化时，应增加含水率检测次数，并及时调整水和骨料用量。

6.2.2　预应力混凝土结构

1. 圆形构筑物电热张拉钢筋施工应符合下列规定：

张拉作业应符合下列规定：伸长值控制允许偏差为±6%；

2. 有粘结、无粘结预应力筋的后张法张拉施工应符合下列规定：

（1）预应力筋张拉时，应采用张拉应力和伸长值双控法。其预应力筋实际伸长值与计算伸长值的允许偏差为±6%，张拉锚固后预应力值与规定的检验值的允许偏差为±5%；

（2）张拉端预应力筋的内缩量限值应符合表

6.2.2 的规定。

张拉端预应力筋的内缩量限值　　　　表 6.2.2

锚具类别		内缩量限值（mm）
支承式锚具（镦头锚具等）	螺帽缝隙	1
	每块后加垫板的缝隙	1
锥塞式锚具		5
夹片式锚具	有顶压	5
	无顶压	6~8

6.2.3　附属构筑物

1. 砌体结构管渠的施工应符合下列规定：

（1）反拱砌筑应符合的规定为：反拱表面应光滑、平顺，高程允许偏差应为±10mm。

（2）安装矩形管渠钢筋混凝土盖板应符合的规定为：盖板就位后，相邻板底错台不应大于10mm，板端压墙长度，允许偏差为±10mm。

2. 现浇钢筋混凝土结构管渠施工应符合下列规定：

浇筑管渠基础垫层时，基础面高程宜低于设计基础面，其允许偏差应为 0~−10mm。

6.2.4　质量验收标准

1. 模板应符合下列规定：

整体现浇混凝土模板安装允许偏差应符合表

6.2.4-1 的规定。

整体现浇混凝土水处理构筑

物模板安装允许偏差　　表 6. 2. 4-1

检查项目			允许偏差（mm）	检查数量		检查方法
				范围	点数	
1	相邻板差		2	每 20m	1	用靠尺量测
2	表面平整度		3	每 20m	1	用 2m 直尺配合塞尺检查
3	高程		±5	每 10m	1	用水准仪测量
4	垂直度	池壁、柱	$H \leqslant 5m$　5	每 10m（每柱）	1	用垂线或经纬仪测量
			$5m < H \leqslant 15m$　$0.1\%H$，且 $\leqslant 6$		2	
5	平面尺寸		$L \leqslant 20m$　±10	每池（每仓）	4	用钢尺量测
			$20m \leqslant L \leqslant 50m$　$\pm L/2000$		6	
			$L \geqslant 50m$　±25		8	
6	截面尺寸	池壁、顶板	±3	每池（每仓）	4	用钢尺量测
		梁、柱	±3	每梁柱	1	
		洞净空	±5	每洞	1	
		槽、沟净空	±5	每 10m	1	

检查项目		允许偏差（mm）	检查数量		检查方法
			范围	点数	
7	轴线位移	底板	10	每侧面	1	用经纬仪测量
		墙	5	每10m	1	
		梁、柱		每柱		
		预埋件、预埋管	3	每件	1	
8	中心位置	预留洞	5	每洞	1	用钢尺量测
9	止水带	中心位移	5	每5m	1	用钢尺量测
		垂直度		每5m	1	用垂线配合钢尺量测

注：1. L 为混凝土底板和池体的长、宽或直径，H 为池壁、柱的高度。

2. 止水带指设计为防止变形缝渗水或漏水而设置的阻水装置，不包括施工单位为防止混凝土施工缝漏水而加的止水板。

3. 仓指构筑物中由变形缝、施工缝分隔而成的一次浇筑成型的结构单元。

2. 钢筋应符合下列规定：

（1）钢筋加工的形状、尺寸应符合设计要求，其偏差应符合表 6.2.4-2 的规定。

钢筋加工的允许偏差　　表 6.2.4-2

	检查项目		允许偏差 (mm)	检查数量		检查方法
				范　围	点数	
1	受力钢筋成型长度		+5, -10	每批、每一类型抽查 1% 且不少于 3 根	1	用钢尺量测
2	弯起钢筋	弯起点位置	±20		1	用钢尺量测
		弯起点高度	0, -10		1	
3	箍筋尺寸		±5		2	用钢尺量测, 宽、高各量 1 点

（2）钢筋安装的允许偏差应符合表 6.2.4-3 的规定。

钢筋安装位置允许偏差　　表 6.2.4-3

	检查项目		允许偏差 (mm)	检查数量		检查方法
				范围	点数	
1	受力钢筋的间距		±10	每 5m	1	用钢尺量测
2	受力钢筋的排距		±5	每 5m	1	
3	钢筋弯起点位置		20	每 5m	1	
4	箍筋、横向钢筋间距	绑扎骨架	±20	每 5m	1	
		焊接骨架	±10	每 5m	1	
5	圆环钢筋同心度（直径小于 3m 管状结构）		±10	每 3m	1	

检查项目		允许偏差（mm）	检查数量		检查方法
			范围	点数	
6	焊接预埋件	中心线位置	3	每件	1	用钢尺量测
		水平高差	±3	每件	1	
7	受力钢筋的保护层	基础	0~+10	每5m	4	
		柱、梁	0~+5	每柱、梁	4	
		板、墙、拱	0~+3	每5m	1	

3. 装配式混凝土结构的构件安装应符合下列规定：

预制构件制作的允许偏差应符合表 6.2.4-4 的规定。

预制构件制作的允许偏差　　　　表 6.2.4-4

检查项目		允许偏差（mm）		检查数量		检查方法
		板	梁、柱	范围	点数	
1	长度	±5	—10		2	用钢尺量测
2	横截面尺寸	宽	—8	±5		2	
		高	±5	±5			
		肋宽	+4，—2				
		厚	+4，—2				
3	板对角线差	10		每构件	2	用钢尺量测
4	直顺度（或曲梁的曲度）	$L/1000$，且不大于20	$L/750$，且不大于20		2	用小线（弧形板）、钢尺量测
5	表面平整度	5			2	用2m直尺、塞尺量测

检查项目			允许偏差（mm）		检查数量		检查方法
			板	梁、柱	范围	点数	
6	预埋件	中心线位置	5	5	每处	1	用钢尺量测
		螺栓位置	5	5			
		螺栓明露长度	+10，−5	+10，−5		1	用钢尺量测
7	预留孔洞中心线位置		5	5			
8	受力钢筋的保护层		+5，−3	+10，−5	每构件	4	用钢尺量测

注：1. L 为构件长度（mm）。

　　2. 受力钢筋的保护层偏差，仅在必要时进行检查。

　　3. 横截面尺寸栏内的高，对板系指其肋高。

4. 钢筋混凝土池底板及杯口、杯槽的允许偏差应符合表 6.2.4-5 的规定。

装配式钢筋混凝土水处理构筑物底板及
杯口、杯槽的允许偏差　　表 6.2.4-5

	检查项目	允许偏差（mm）	检查数量		检查方法
			范围	点数	
1	圆池半径	±20	每座池	6	用钢尺量测
2	底板轴线位移	10	每座池	2	用经纬仪测量横纵各1点

709

检查项目			允许偏差（mm）	检查数量		检查方法
				范围	点数	
3	预留杯口、杯槽	轴线位置	8	每5m	1	用钢尺量测
		内底面高程	0，−5	每5m	1	用水准仪测量
		底宽、顶宽	+10，−5	每5m	1	用钢尺量测
4	中心位置偏移	预埋件、预埋管	5	每件	1	用钢尺量测
		预留洞	10	每洞	1	用钢尺量测

5. 预制混凝土构件安装允许偏差应符合表 6.2.4-6 的规定。

预制壁板（构件）安装允许偏差

表 6.2.4-6

检查项目	允许偏差（mm）	检查数量		检查方法
		范围	点数	
1	壁板、墙板、梁、柱中心轴线	5	每块板（每梁、柱）	1	用钢尺量测

	检查项目		允许偏差（mm）	检查数量		检查方法
				范围	点数	
2	壁板、墙板、柱高程		±5	每块板（每柱）	1	用水准仪测量测
3	壁板、墙板及柱垂直度	$H \leqslant 5m$	5	每块板（每梁、柱）	1	用垂球配合钢尺量测
		$H > 5m$	8	每块板（每梁、柱）	1	
4	挑梁高程		−5, 0	每梁	1	用水准仪量测
5	壁板、墙板与定位中线半径		±10	每块板	1	用钢尺量测
6	壁板、墙板、拱构件间隙		±10	每处	2	用钢尺量测

注：H 为壁板及柱的全高。

6. 圆形构筑物缠丝张拉预应力混凝土应符合下列规定：

（1）缠丝顺序应符合设计和施工方案要求；各圈预应力筋缠绕与设计位置的偏差不得大于 15mm；

检查方法：观察：检查张拉记录、应力测量记录；每圈预应力筋的位置用钢尺量，并不少于1点。

（2）预应力筋保护层允许偏差应符合表6.2.4-7规定。

预应力筋保护层允许偏差　　　　表6.2.4-7

检查项目		允许偏差（mm）	检查数量		检查方法
			范围	点数	
1	平整度	30	每50m²	1	用2m直尺配合塞尺量测
2	厚度	不小于设计值	每50m²	1	喷浆前埋厚度标记

7. 后张法预应力混凝土应符合下列规定：

预应力筋张拉后与设计位置的偏差不得大于5mm，且不得大于池壁截面短边边长的4%；

检查方法：每工作班检查3%且不少于3束预应力筋，用钢尺量。

8. 混凝土结构水处理构筑物应符合下列规定：

混凝土结构水处理构筑物允许偏差应符合表6.2.4-8的规定。

混凝土结构水处理构筑物允许偏差

表 6.2.4-8

检查项目		允许偏差（mm）	检查数量		检查方法
			范围	点数	
1	轴线位移	池壁、柱、梁	8	每池壁、柱、梁	2	用经纬仪测量纵横轴线各计1点
2	高程	池壁顶	±10	每10m	1	用水准仪测量
		底板顶		每25m²	1	
		顶板		每25m²	1	
		柱、梁		每柱、梁	1	
3	平面尺寸（池体的长、宽或直径）	$L \leqslant 20m$	±20	长、宽各2；直径各4		用钢尺量测
		$20m < L \leqslant 50m$	±L/1000			
		$L > 50m$	±50			
4	截面尺寸	池壁	+10，-5	每10m	1	用钢尺量测
		底板		每10m	1	
		柱、梁		每柱、梁	1	
		孔、洞、槽内净空	±10	每孔、洞、槽	1	用钢尺量测
5	表面平整度	一般平面	8	每25m²	1	用2m直尺配合塞尺检查
		轮轨面	5	每10m	1	用水准仪测量
6	墙面垂直度	$H \leqslant 5m$	8	每10m	1	用垂线检查
		$5m < H \leqslant 20m$	1.5H/1000	每10m	1	

713

检查项目		允许偏差（mm）	检查数量		检查方法
			范围	点数	
7 中心线位置偏移	预埋件、预埋管	5	每件	1	用钢尺量测
	预留洞	10	每洞	1	
	水槽	±5	每10m	2	用经纬仪测量纵横轴线各计1点
8	坡度	0.15%	每10m	1	水准仪测量

注：1. H 为池壁全高，L 为池体的长、宽或直径。

2. 检查轴线、中心线位置时，应沿纵、横两个方向测量，并取其中的较大值。

3. 水处理构筑物所安装的设备有严于本条规定的特殊要求时，应按特殊要求执行，但在水处理构筑物施工前，设计单位必须给予明确。

9. 砖石砌体结构水处理构筑物应符合下列规定：

（1）砌筑砂浆应灰缝均匀一致、横平竖直。灰缝宽度的允许偏差为±2mm；

检查方法：观察；每20m用钢尺量10皮砖、石砌体进行折算。

（2）砖砌体水处理构筑物施工允许偏差应符合表6.2.4-9的规定；

砖砌体水处理构筑物施工允许偏差

表 6.2.4-9

	检查项目		允许偏差（mm）	检查数量		检查方法
				范围	点数	
1	轴线位置（池壁、隔墙、柱）		10	各池壁、隔墙、柱	1	用经纬仪测量
2	高程（池壁、隔墙、柱的顶面）		±15	每5m	1	用水准仪测量
3	平面尺寸（池体长、宽或直径）	$L \leqslant 20m$	±20	每池	4	用钢尺量测
		$20 < L \leqslant 50m$	$\pm L/1000$	每池	4	用钢尺量测
4	垂直度（池壁、隔墙、柱）	$H \leqslant 5m$	8	每5m	1	经纬仪测量或吊线配合钢尺量测
		$H > 5m$	$1.5H/1000$	每5m	1	
5	表面平整度	清水	5	每5m	1	用2m直尺配合塞尺量测
		混水	8	每5m	1	
6	中心位置	预埋件、预埋管	5	每件	1	用钢尺量测
		预埋洞	10	每洞	1	用钢尺量测

注：1. L 为池体长、宽或直径。

　　2. H 为池壁、隔墙或柱的高度。

（3）石砌体水处理构筑物施工允许偏差应符合表 6.2.4-10 的规定。

石砌体水处理构筑物施工允许偏差

表 6. 2. 4-10

	检查项目		允许偏差（mm）	检查数量		检查方法
				范围	点数	
1	轴线位置（池壁）		10	各池壁	1	用经纬仪测量
2	高程（池壁顶面）		±15	每5m	1	用水准仪测量
3	平面尺寸（池体长、宽或直径）	$L{\leqslant}20m$	±20	每5m	1	用钢尺量测
		$20<L{\leqslant}50m$	±L/1000	每5m	1	
4	砌体厚度		+10，−5	每5m	1	用钢尺量测
5	垂直度（池壁）	$H{\leqslant}5m$	10	每5m	1	经纬仪或吊线、钢尺量测
		$H>5m$	2H/1000	每5m	1	
6	表面平整度	清水	10	每5m	1	用2m直尺配合塞尺量测
		混水	15	每5m	1	
7	中心位置	预埋件、预埋管	5	每件	1	用钢尺量测
		预埋洞	10	每洞	1	用钢尺量测

注：1. L 为池体长、宽或直径。
2. H 为池壁高度。

10. 构筑物变形缝应符合下列规定：

构筑物变形缝施工允许偏差应符合表 6. 2. 4-11 的规定。

构筑物变形缝施工的允许偏差　　表 6. 2. 4-11

	检查项目	允许偏差（mm）	检查数量		检查方法
			范围	点数	
1	结构端面平整度	8	每处	1	用2m直尺配合塞尺量测

检查项目		允许偏差（mm）	检查数量		检查方法
			范围	点数	
2	结构端面垂直度	$2H/1000$，且不大于 8	每处	1	用垂线量测
3	变形缝宽度	±3	每处每 2m	1	用钢尺量测
4	止水带长度	不小于设计要求	每根	1	用钢尺量测
5	止水带位置	结构端面	±5	每处每 2m	1	用钢尺量测
		止水带中心	±5			
6	相邻错缝	±5	每处	4	用钢尺量测

注：H 为结构全高（mm）。

11. 塘体结构应符合下列规定：

基槽开挖允许偏差应符合表 6.2.4-12 的规定。

塘体结构基槽开挖允许偏差 表 6.2.4-12

检查项目		允许偏差（mm）	检查数量		检查方法
			范围	点数	
1	轴线位移	20	每 10m	1	用经纬仪测量
2	基底高程	±20	每 10m	1	用水准仪测量

检查项目		允许偏差（mm）	检查数量		检查方法
			范围	点数	
3	平面尺寸	±20	每10m	1	用钢尺量测
4	边坡	设计边坡的0～3%范围	每10m	1	用坡度尺测量

12. 现浇钢筋混凝土、装配式钢筋混凝土管渠应符合下列规定：

混凝土结构管渠允许偏差应符合表 6.2.4-13 的规定。

混凝土结构管渠允许偏差　表 6.2.4-13

检查项目		允许偏差（mm）	检查数量		检查方法
			范围	点数	
1	轴线位置	15	每5m	1	用经纬仪测量
2	渠底高程	±10	每5m	1	用水准仪测量
3	管、拱圈断面尺寸	不小于设计要求	每5m	1	用钢尺量测
4	盖板断面尺寸	不小于设计要求	每5m	1	用钢尺量测
5	墙高	±10	每5m	1	用钢尺量测
6	渠底中线每侧宽度	±10	每5m	2	用钢尺量测
7	墙面垂直度	10	每5m	2	经纬仪或吊线、钢尺检查

检查项目		允许偏差（mm）	检查数量		检查方法
			范围	点数	
8	墙面平整度	10	每5m	2	用2m靠尺检查
9	墙厚	+10,0	每5m	2	用钢尺量测

注：渠底高程在竣工后的贯通测量允许偏差可按±20mm
执行。

13. 砖石砌体结构管渠的允许偏差应符合表
6.2.4-14的规定。

砌体管渠施工质量允许偏差　表 6.2.4-14

检查项目			允许偏差（mm）				检查数量		检查方法
			砖	料石	块石	混凝土砌块	范围	点数	
1	轴线位置		15	15	20	15	每5m	1	用经纬仪测量
2	渠底	高程	±10	±20		±10	每5m	1	用水准仪测量
		中心线每侧宽	±10	±10	±20	±10	每5m	2	用钢尺量测
3	墙高		±20	±20		±20	每5m	2	用钢尺量测
4	墙厚		不小于设计要求				每5m	2	用钢尺量测
5	墙面垂直度		15	15		15	每5m	2	经纬仪或吊线、钢尺量测
6	墙面平整度		10	20	30	10	每5m	2	用2m靠尺量测
7	拱圈断面尺寸		不小于设计要求				每5m	2	用钢尺量测

14. 水处理工艺辅助构筑物的质量验收应符合下列规定：

工艺辅助构筑物施工允许偏差应符合表6.2.4-15的规定。

工艺辅助构筑物施工的允许偏差　　表 6.2.4-15

	检查项目		允许偏差（mm）	检查数量		检查方法
				范围	点数	
1	轴线位置	工艺井	15	每座	1	用经纬仪测量
		板、堰、槽、孔、眼（混凝土结构）	5	每3m		
2	高程	工艺井井底	±10	每座	1	用水准仪测量
	板、堰顶、槽底、孔眼中心	混凝土结构	±5	每3m		
		型板安装	±2			
3	净尺寸	工艺井	不小于设计要求	每座	1	用钢尺量测
		混凝土结构	±5	每3m	1	
	槽、孔、眼	型板安装	±3			
4	墙面垂直度	工艺井	10	每座	2	经纬仪或吊线、钢尺量测
	堰、槽、孔、眼	混凝土结构	1.5H/1000	每3m		
		型板安装	1.0H/1000			
5	墙面平整度	工艺井	10	每座	2	用2m靠尺量测；堰顶、槽底用水平仪测量
	板、堰、槽、孔、眼	混凝土结构	5	每3m		
		型板安装	2			
6	墙厚	工艺井	+10, 0	每座	2	用钢尺量测
	板、堰、槽、孔、眼的结构		+5, 0	每3m		
7	孔眼间距		±5	每处	1	用钢尺量测

注：H 为全高（mm）。

15. 水处理的细部结构工程中，梯道、平台、栏杆、盖板、走道板、设备行走的钢轨轨道等细部结构应符合下列规定：

（1）梯道、平台、栏杆、盖板（走道板）安装的允许偏差应符合表 6.2.4-16 的规定。

梯道、平台、栏杆、盖板

（走道板）安装的允许偏差 表 6.2.4-16

检查项目			允许偏差（mm）	检查数量		检查方法
				范围	点数	
1	楼梯	长、宽	±5	每座	各2	用钢尺量测
		踏步间距	±3	每处	1	用钢尺量测，取最大值
2	平台	长、宽	±5	每处每5m	各1	用钢尺量测
		局部凸凹度	3	每处	1	用1m直尺量测
3	栏杆	直顺度	5	每10m	1	20m 小线量测，取最大值
		垂直度	3	每10m	1	用垂线、钢尺量测
4	盖板（走道板）	混凝土盖板	直顺度	10	每5m	1	用20m 小线量测，取最大值
			相邻高差	8	每5m	1	用直尺量测，取最大值
		非混凝土盖板	直顺度	5	每5m	1	用20m 小线量测，取最大值
			相邻高差	2	每5m	1	用直尺量测，取最大值

（2）构筑物上行走的清污设备轨道铺设的允许偏差应符合表 6.2.4-17 的规定。

轨道铺设的允许偏差 表 6.2.4-17

	检查项目	允许偏差（mm）	检查数量		检查方法
			范围	点数	
1	轴线位置	5	每 10m	1	用经纬仪测量
2	轨顶高程	±2	每 10m	1	用水准仪测量
3	两轨间距或圆形轨道的半径	±2	每 10m	1	用钢尺量测
4	轨道接头间隙	±0.5	每处	1	用塞尺测量
5	轨道接头左、右、上三面错位	1	每处	1	用靠尺量测

注：1. 轴线位置：对平行两直线轨道，应为两平行轨道之间的中线；对圆形轨道，为其圆心位置。

2. 平行两直线轨道接头的位置应错开，其错开距离不应等于行走设备前后轮的轮距。

6.3 泵房质量验收标准

6.3.1 混凝土及砌体结构泵房

现浇钢筋混凝土及砖石砌筑泵房允许偏差应符合表 6.3.1 的相关规定。

现浇钢筋混凝土及砖石砌筑泵房允许偏差　表 6.3.1

检查项目		允许偏差（mm）				检查数量		检查方法
		混凝土	砖砌体	石砌体		范围	点数	
				毛料石	粗、细料石			
1	轴线位置	底板、墙基	15	10	20	15	每部位	横、纵向各1点	用钢尺、经纬仪测量
		墙、柱、梁	8	10	15	10			
2	高程	垫层、底板、墙、柱、梁	±10	±15			每部位	不少于1点	用水准仪测量
		吊装的支承面	−5	—	—	—			
3	截面尺寸	墙、柱、梁、顶板	+10, −5		+20, −10	+10, −5	每部位	横、纵向各1点	用钢尺量测
		洞、槽、沟净空	±10	±20					
4	中心位置	预埋件、预埋管	5				每处	横、纵向各1点	用钢尺、水准仪测量
		预留洞	10						
5	平面尺寸（长宽或直径）	L≤20m	±20				每部位	横、纵向各1点	用钢尺量测
		20m<L≤50m	±L/1000						
		50m<L≤250m	±50						
6	垂直度	H≤5m	8	10			每部位	1点	用垂球、钢尺量测
		5m<H≤20m	1.5H/1000	2H/1000					
		H>20m	30	—					
		垫层、底板、顶板	10	—					
7	表面平整度	墙、柱、梁	8	清水5混水8	20	清水10混水15		1点	用2m直尺、塞尺量测

注：L 为泵房的长、宽或直径；H 为墙、柱等的高度。

6.3.2 泵房设备的混凝土基础及闸槽

1. 基础、闸槽以及预埋件、预留孔的位置、尺寸应符合设计要求；水泵和电机分装在两个层间时，各层间板的高程允许偏差应为±10mm；上下层间板安装机电和水泵的预留洞中心位置应在同一垂直线上，其相对偏差应为5mm；

检查方法：观察；检查施工记录、测量记录；用水准仪、经纬仪量测允许偏差。

2. 允许偏差应符合表6.3.2的相关规定。

设备基础及闸槽的允许偏差　表6.3.2

	检查项目		允许偏差 （mm）	检查数量		检查方法
				范围	点　数	
1	轴线 位置	水泵与电动机	8	每座	横、纵向 各测1点	用经纬 仪测量
		闸槽	5			
2	高程	设备基础	−20	每座	1点	用水准 仪测量
		闸槽底槛	±10			
3	闸槽	垂直度	$H/1000$， 且不大于20	每座	两槽各 1点	用垂线、 钢尺量测
		两闸槽间净距	±5	每座	2点	用钢尺 量测
		闸槽扭曲 （自身及两槽相对）	2	每座	2点	用垂线、 钢尺量测
4	预埋 地脚 螺栓	顶端高程	+20	每处	1点	用水准 仪测量
		中心距	±2	每处	根部、顶部 各1点	用钢尺 量测

检查项目		允许偏差 （mm）	检查数量		检查方法
			范围	点　数	
5	预埋活动地脚螺栓锚板	中心位置	5	每处	横、纵向各1点	用经纬仪测量
		高程	+20	每处	1点	用水准仪测量
		水平度（带槽的锚板）	5	每处	1点	用水平尺量测
		水平度（带螺纹的锚板）	2			
6	基础外形	平面尺寸	±10	每座	横、纵向各1点	用钢尺量测
		水平度	$L/200$，且不大于10	每处	1点	用水平尺量测
		垂直度	$H/200$，且不大于10	每处	1点	用垂线钢尺量测
7	地脚螺栓预留孔	中心位置	8	每处	横、纵向各1点	用经纬仪测量
		深度	+20	每处	1点	用探尺量测
		孔壁垂直度	10	每处	1点	用垂线钢尺量测
8	闸槽底槛	水平度	3	每处	1点	用水平尺量测
		平整度	2	每处	1点	挂线量测

注：1. L 为基础的长或宽（mm）；H 为基础、闸槽的高度（mm）。

2. 轴线位置允许偏差，对管井是指与管井实际中心的偏差。

6.3.3 沉井制作

沉井制作尺寸的允许偏差应符合表 6.3.3 的规定。

沉井制作尺寸的允许偏差　　表 6.3.3

检查项目		允许偏差 （mm）	检查数量		检验方法
			范围	点数	
1	长　度	±0.5%L， 且≤100		每边 1 点	用钢尺 量测
2	宽　度	±0.5%B， 且≤50		1	用钢尺 量测
3	平 面 尺 寸　高　度	±30		方形每边 1 点 圆形 4 点	用钢尺 量测
4	直径 （圆形）	±0.5%D_0， 且≤100	每座	2	用钢尺 量测（相 互垂直）
5	两对角 线差	对角线长 1%， 且≤100		2	用钢 尺量测
6	井壁厚度	±15		每 10m 延长 1 点	用钢尺 量测
7	井壁、隔墙 垂直度	≤1%H		方形每边 1 点	用经纬 仪测量， 垂线、 直尺量测
				圆形 4 点	
8	预埋件中心线 位置	±10	每件	1 点	用钢 尺量测
9	预留孔（洞） 位移	±10	每处	1 点	用钢 尺量测

注：L 为沉井长度（mm）；B 为沉井宽度（mm）；H 为沉井
　　高度（mm）；D_0 为沉井外径（mm）。

6.3.4 沉井下沉及封底

（1）沉井下沉阶段的允许偏差应符合表

6.3.4-1 的规定。

沉井下沉阶段的允许偏差　　表 6.3.4-1

检查项目		允许偏差（mm）	检查数量		检查方法
			范围	点数	
1	沉井四角高差	不大于下沉总深度的1.5%～2.0%，且不大于500	每座	取方井四角或圆井相互垂直处	用水准仪测量（下沉阶段：不少于 2 次/8h；终沉阶段：1 次/h）
2	顶面中心位移	不大于下沉总深度的1.5%，且不大于300		1点	用经纬仪测量（下沉阶段不少于 1 次/8h；终沉阶段2次/8h）

注：下沉速度较快时应适当增加测量频率。

（2）沉井的终沉允许偏差应符合表 6.3.4-2 的相关规定。

沉井终沉的允许偏差　　表 6.3.4-2

检查项目		允许偏差（mm）	检查数量		检查方法
			范围	点数	
1	下沉到位后，刃脚平面中心位置	不大于下沉总深度的1%；下沉总深度小于 10m 时应不大于100	每座	取方井四角或圆井相互垂直处各1点	用经纬仪测量
2	下沉到位后，沉井四角（圆形为相互垂直二直径与周围的交点）中任何两角的刃脚底面高差	不大于该两角间水平距离的1%，且不大于300；两角间水平距离小于 10m 时应不大于100			用水准仪测量
3	刃脚平均高程	不大于100；地层为软土层时可根据使用条件和施工条件确定		取方井四角或圆井相互垂直处，共4点，取平均值	用水准仪测量

注：下沉总高度，系指下沉前与下沉后刃脚高程之差。

6.4 调蓄构筑物

以下适用于水塔、水柜、调蓄池（清水池、调节水池、调蓄水池）等给水排水调蓄构筑物的施工与验收。

6.4.1 水塔

1. 水塔的基础施工应遵守下列规定：

"M"形、球形等组合壳体基础应符合下列规定：

混凝土浇筑厚度的允许偏差应为＋5、−3mm，混凝土表面应抹压密实。

2. 钢丝网水泥倒锥壳水柜的制作应符合下列规定：

（1）模板安装的允许偏差应符合表 6.4.1-1和表 6.4.1-2 的规定。

钢丝网水泥倒锥壳水柜整体 表 6.4.1-1
现浇模板安装允许偏差

项　　　目	允许偏差（mm）
轴线位置（对塔身轴线）	5
高度	±5
平面尺寸	±5
表面平整度（用弧长 2m 的弧形尺检查）	3

钢丝网水泥倒锥壳水柜预制 表 6.4.1-2
构件模板安装允许偏差

项　目	允许偏差（mm）
长度	±3
宽度	±2
厚度	±1
预留孔中心位置	2
表面平整度（用2m直尺检查）	3

（2）压光成活后及时进行养护，并应符合下列规定：

蒸汽养护：温度与时间应符合表 6.4.1-3 的规定。

蒸汽养护温度与时间 表 6.4.1-3

序　号	项　目		温度与时间
1	静置期	室温 10℃ 以下	＞12h
		室温 10～25℃	＞8h
		室温 25℃ 以上	＞6h
2	升温速度		10～15℃/h
3	恒温		65～70℃，6～8h
4	降温速度		10～15℃/h
5	降温后浸水或覆盖洒水养护		不少于 10d

6.4.2 质量验收标准

1. 钢筋混凝土圆筒、框架结构水塔塔身应符合下列规定：

钢筋混凝土圆筒或框架塔身施工的允许偏差应符合表 6.4.2-1 的规定。

钢筋混凝土圆筒或框架塔身　表 6.4.2-1
施工允许偏差

	检查项目	允许偏差（mm）		检查数量		检查方法
		圆筒塔身	框架塔身	范围	点数	
1	中心垂直度	$1.5H/1000$，且不大于 30	$1.5H/1000$，且不大于 30	每座	1	钢尺配合垂球量测
2	壁厚	-3，$+10$	-3，$+10$	每 3m 高度	4	用钢尺量测
3	框架塔身柱间距和对角线	—	$L/500$	每柱	1	用钢尺量测
4	圆筒塔身直径或框架节点距塔身中心距离	±20	±5	圆筒塔身 4；框架塔身每节点 1		用钢尺量测
5	内外表面平整度	10	10	每 3m 高度	2	用弧长为 2m 的弧形尺量测
6	框架塔身每节柱顶水平高差	—	5	每柱	1	用钢尺量测

检查项目		允许偏差（mm）		检查数量		检查方法
		圆筒塔身	框架塔身	范围	点数	
7	预埋管、预埋件中心位置	5	5	每件	1	用钢尺测量
8	预留孔洞中心位置	10	10	每洞	1	用钢尺测

注：H 为圆筒塔身高度（mm）；L 为柱间距或对角线长（mm）。

2. 钢架、钢圆筒结构水塔塔身应符合下列规定：

钢架及钢圆筒塔身施工的允许偏差应符合表 6.4.2-2 的规定。

钢架及钢圆筒塔身施工允许偏差 表 6.4.2-2

检查项目		允许偏差（mm）		检查数量		检查方法
		钢架塔身	钢圆筒塔身	范围	点数	
1	中心垂直度	$1.5H/1000$，且不大于 30	$1.5H/1000$，且不大于 30	每座	1	垂球配合钢尺量测
2	柱间距和对角线差	$L/1000$	—	两柱	1	用钢尺量测
3	钢架节点距塔身中心距离	5	—	每节点	1	用钢尺量测
4	塔身直径 $D_0 \leqslant 2m$	—	$+D_0/200$	每座	4	用钢尺量测
	塔身直径 $D_0 > 2m$	—	$+10$	每座	4	用钢尺量测

检查项目		允许偏差（mm）		检查数量		检查方法
		钢架塔身	钢圆筒塔身	范围	点数	
5	内外表面平整度	—	10	每3m高度	2	用弧长为2m的弧形尺量测
6	焊接附件及预留孔洞中心位置	5	5	每件（每洞）	1	用钢尺量测

注：H 为钢架或圆筒塔身高度（mm）；

    L 为柱间距或对角线长（mm）；

    D_0 为圆筒塔外径。

3. 预制砌块和砖、石砌体结构水塔塔身应符合下列规定：

（1）预制砌块和砖的砌筑砂浆灰缝应均匀一致、横平竖直，灰缝宽度的允许偏差为 ±2mm；

检查方法：观察；用钢尺随机抽测 10 皮砖、石砌体进行折算。

（2）预制砌块和砖、石砌体塔身施工的允许偏差应符合表 6.4.2-3 的规定。

预制砌块和砖、石砌体塔身　表 6.4.2-3
施工允许偏差

检查项目		允许偏差（mm）		检查数量		检查方法
		预制砌块、砖砌塔身	石砌塔身	范围	点数	
1	中心垂直度	$1.5H/1000$	$2H/1000$	每座	1	垂球配合钢尺量测

检查项目		允许偏差（mm）		检查数量		检查方法
		预制砌块、砖砌塔身	石砌塔身	范围	点数	
2	壁厚	不小于设计要求	$+20$ -10	每3m高度	4	用钢尺量测
3	塔身直径 $D_0 \leqslant 5m$	$\pm D_0/100$	$\pm D_0/100$	每座	4	用钢尺量测
	$D_0 > 5m$	± 50	± 50	每座	4	用钢尺量测
4	内外表面平整度	20	25	每3m高度	2	用弧长为2m的弧形尺检查
5	预埋管、预埋件中心位置	5	5	每件	1	用钢尺量测
6	预留洞中心位置	10	10	每洞	1	用钢尺量测

注：H 为塔身高度（mm）；

D_0 为塔身截面外径（mm）。

4. 钢丝网水泥、钢筋混凝土倒锥壳水柜和圆筒水柜制作应符合下列规定：

水柜制作的允许偏差应符合表 6.4.2-4 的规定。

水柜制作的允许偏差 表 6.4.2-4

检查项目		允许偏差（mm）	检查数量		检查方法
			范围	点数	
1	轴线位置（对塔身轴线）	10	每座	2	钢尺配合、垂球量测
2	结构厚度	$+10$，-3	每座	4	用钢尺量测

	检查项目	允许偏差（mm）	检查数量		检查方法
			范围	点数	
3	净高度	±10	每座	2	用钢尺量测
4	平面净尺寸	±20	每座	4	用钢尺量测
5	表面平整度	5	每座	2	用弧长为2m的弧形尺检查
6	预埋管、预埋件中心位置	5	每处	1	用钢尺量测
7	预留孔洞中心位置	10	每洞	1	用钢尺量测

5. 钢丝网水泥、钢筋混凝土倒锥壳水柜和圆筒水柜吊装应符合下列规定：

水柜的吊装施工允许偏差应符合表 6.4.2-5 的规定。

水柜吊装施工允许偏差 表 6.4.2-5

	检查项目	允许偏差（mm）	检查数量		检查方法
			范围	点数	
1	轴线位置（对塔身轴线）	10	每座	1	垂球、钢尺量测
2	底部高程	±10	每座	1	用水准仪测量
3	装配式水柜净尺寸	±20	每座	4	用钢尺量测
4	装配式水柜表面平整度	10	每2m高度	2	用弧长为2m的弧形尺检查
5	预埋管、预埋件中心位置	5	每件	1	用钢尺量测

	检查项目	允许偏差 (mm)	检查数量		检查方法
			范围	点数	
6	预留孔洞 中心位置	10	每洞	1	用钢尺 量测

6.5 给水排水构筑物单位工程、分部工程、分项工程划分

给水排水构筑物单位工程、　　　表 6.5
分部工程、分项工程划分表

分项 工程　　单位(子单位) 工程 分部 (子分部)工程		构筑物工程或按独立合同承建的水处理构筑物、管渠、调蓄构筑物、取水构筑物、排放构筑物	
		分项工程	验收批
地基与 基础工程	土石方	围堰、基坑支护结构(各类围护)、基坑开挖(无支护基坑开挖、有支护基坑开挖)、基坑回填	1. 按不同单体构筑物分别设置分项工程(不设验收批时); 2. 单体构筑物分项工程视需要可设验收批;
	地基基础	地基处理、混凝土基础、桩基础	
主体结构 工程	现浇混凝土结构	底板(钢筋、模板、混凝土)、墙体及内部结构(钢筋、模板、混凝土)、顶板(钢筋、模板、混凝土)、预应力混凝土(后张法预应力混凝土)、变形缝、表面层(防腐层、防水层、保温层等的基面处理、涂衬)、各类单体构筑物	

分项 工程	单位(子单位) 工程	构筑物工程或按独立合同承建的水处理构筑物、管渠、调蓄构筑物、取水构筑物、排放构筑物	
分部 (子分部)工程		分项工程	验收批
主体结构 工程	装配式 混凝土 结构	预制构件现场制作(钢筋、模板、混凝土)、预制构件安装、圆形构筑物缠丝张拉预应力混凝土、变形缝、表面层(防腐层、防水层、保温层等的基面处理、涂衬)、各类单体构筑物	1. 按不同单体构筑物分别设置分项工程(不设验收批时);
	砌体结构	砌体(砖、石、预制砌体)、变形缝、表面层(防腐层、防水层、保温层等的基面处理、涂衬)、护坡与护坦、各类单体构筑物	2. 单体构筑物分项工程视需要可设验收批;
	钢结构	钢结构现场制作、钢结构预拼装、钢结构安装(焊接、栓接等)、防腐层(基面处理、涂衬)、各类单体构筑物	
附属构筑 物工程	细部结构	现浇混凝土结构(钢筋、模板、混凝土)、钢制构件(现场制作、安装、防腐层)、细部结构	3. 其他分项工程可按变形缝位置、施工作业面、标高等分为若干个验收批
	工艺辅助 构筑物	混凝土结构(钢筋、模板、混凝土)、砌体结构、钢结构(现场制作、安装、防腐层)、工艺辅助构筑物	
	管渠	同主体结构工程的"现浇混凝土结构、装配式混凝土结构、砌体结构"	

分项 工程　　单位(子单位) 工程		构筑物工程或按独立合同承建的水 处理构筑物、管渠、调蓄构筑物、取 水构筑物、排放构筑物	
分部 (子分部)工程		分项工程	验收批
进、出 水管渠	混凝土结构	同附属构筑物工程的"管渠"	
	预制管 铺设	同现行国家标准《给水排水管道工 程施工与验收规范》GB 50268	

注：1. 单体构筑物工程包括：取水构筑物（取水头部、进水涵渠、进水间、取水泵房等单体构筑物），排放构筑物（排放口、出水涵渠、出水井、排放泵房等单体构筑物），水处理构筑物（泵房、调节配水池、蓄水池、清水池、沉砂池、工艺沉淀池、曝气池、澄清池、滤池、浓缩池、消化池、稳定塘、涵渠等单体构筑物），管渠，调蓄构筑物（增压泵房、提升泵房、调蓄池、水塔、水柜等单体构筑物）。

2. 细部结构指主体构筑物的走道平台、梯道、设备基础、导流墙（槽）、支架、盖板等的现浇混凝土或钢结构；对于混凝土结构，与主体结构工程同时连续浇筑施工时，其钢筋、模板、混凝土等分项工程验收，可与主体结构工程合并。

3. 各类工艺辅助筑物指各类工艺井、管廊桥架、闸槽、水槽（廊）、堰口、穿孔、孔口、斜板、导流墙（板）等；对于混凝土和砌体结构，与主体结构工程同时连续浇筑、砌筑施工时，其钢筋、模板、混凝土、砌体等分项工程验收，可与主体结构工程合并。

4. 长输管渠的分项工程应按管段长度划分成若干个验收批分项工程，验收批、分项工程质量验收记录表式同现行国家标准《给水排水管道工程施工与验收规范》GB 50268—2008 表 B.0.1 和表 B.0.2。

5. 管理用房、配电房、脱水机房、鼓风机房、泵房等的地面建筑工程同现行国家标准《建筑工程施工质量验收统一标准》GB 50300 规定。

本章参考文献

《给水排水构筑物工程施工及验收规范》GB 50141—2008

7 城镇供热管网工程

7.1 工程测量

7.1.1 定线测量

1. 直线段上中线桩位的间距不宜大于 50m。

2. 管线中线定位宜采用 GPS 接收设备、全站仪、电磁波测距仪、钢尺等器具进行测量。当采用钢尺在坡地上测量时，应进行倾斜修正。量距的相对误差不应大于 1/1000。

7.1.2 竣工测量

竣工测量的允许误差应符合下列规定：

1. 测点相对于邻近控制点的平面位置测量的允许误差应控制在 ±50mm 的范围内；

2. 测点相对于邻近控制点的高程测量的允许误差应控制在 ±30mm 的范围内；

3. 竣工图上管线与邻近的地上建筑物、相邻的其他管线、规划道路或现状道路中心线的间距的允许误差应控制在 ±0.5mm 的范围内。

7.1.3 测量允许误差

直接丈量测距的允许误差应符合表 7.1.3 的

规定。

直接丈量测距的允许误差　　表 7.1.3

固定测量桩间距离 L (m)	作业尺数	丈量总次数	同尺各次或同段各尺的较差 (mm)	允许误差 (mm)
$L<200$	2	4	$\leqslant 2$	$\pm L/5000$
$200 \leqslant L \leqslant 500$	$1\sim2$	2	$\leqslant 2$	$\pm L/10000$
$L>500$	$1\sim2$	2	$\leqslant 3$	$\pm L/20000$

7.2　土建工程

7.2.1　明挖

1. 当采用机械开挖时，应预留不少于 150mm 厚的原状土，人工清底至设计标高，不得超挖。

2. 沟槽开挖与地基处理后，槽底高程的允许偏差为：

（1）开挖土方应为 $\pm 20mm$；

（2）开挖石方应为 $-200\sim+20mm$。

7.2.2　暗挖

隧道的施工应符合下列规定：

1. 隧道开挖应控制循环进尺、留设核心土。核心土面积不得小于断面的 $1/2$，核心土应设 $1:0.3\sim1:0.5$ 的安全边坡。

2. 隧道相对开挖中，当两个工作面相距15～20m 时应一端停挖，另一端继续开挖，并应做好测量工作，及时纠偏。中线贯通平面位置允许偏差应为 ±30mm，高程允许偏差应为±20mm。

7.2.3 顶管

1. 当采用人工顶管顶进时，应将地下水位降至管底 0.5m 以下，并应采取防止其他水源进入顶管管道的措施。

2. 顶管施工的允许偏差及检验方法应符合表 7.2.3 的规定。

顶管施工的允许偏差及检验方法 表 7.2.3

项目	管径 （mm）	允许偏差 （mm）	检验频率		检验仪器
			范围	点数	
中线 位移	$D<1500$	±30	每节管	1	经纬仪
	$D\geqslant1500$	±50	每节管	1	
管内底 高程	$D<1500$	$-20\sim+10$	每节管	1	水准仪
	$D\geqslant1500$	$-30\sim+20$	每节管	1	水准仪
相邻管 间错口	$D<1500$	±10	每个 接口	1	尺量
	$D\geqslant1500$	±20			
对顶时管道错口		±20	≤20m	1	尺量

3. 当采用人工顶进施工时，顶进过程中应测量中心和高程偏差。钢管进入土层 5m 以内，

741

每顶进 0.3m，测量不得少于 1 次；进入土层 5m以后，每顶进 1m 应测量 1 次；当纠偏时应增加测量次数。

7.2.4 土建结构

1. 管沟及检查室砌体结构施工应符合现行国家标准《砌体结构工程施工质量验收规范》GB 50203 的相关规定。砌体结构质量应符合下列规定：

（1）砌体砂浆抗压强度应为主控项目，砌体砂浆抗压强度及检验应符合下列规定：

1）每个构筑物或每 50m³ 砌体中制作一组试块（6 块），当砂浆配合比变更时，应分别制作一组试块；

2）同强度等级砂浆的各组试块的平均强度不得小于设计规定，任意一组试块的强度最低值不得小于设计规定的 85%。

（2）砂浆饱满度应为主控项目，砌体砂浆饱满度及检验应符合下列规定：

1）每 20m（不足 20m 按 20m 计）选两点，每点掀 3 块砌块，用百格网检查砌块底面砂浆的接触面取其平均值；

2）砂浆饱满度应大于或等于 90%。

（3）砌体安装的允许偏差及检验方法应符合表 7.2.4-1 的规定。

砌体安装的允许偏差及检验方法　　表 7.2.4-1

项目		允许偏差（mm）	检验频率		检验方法
			范围（m）	点数	
轴线位移		0~10	20	2	经纬仪和量尺
墙高		±10	20	2	水准仪和量尺
墙体垂直度	墙高≤3m	0~5	20	2	经纬仪、吊线量尺
	墙高>3m	0~10			
墙面平整度		0~8	20	2	2m靠尺和楔形塞尺

　　2. 钢筋安装的允许偏差及检验方法应符合表 7.2.4-2 的规定。

钢筋安装的允许偏差及检验方法　　表 7.2.4-2

项目		允许偏差（mm）	检验频率		量具
			范围	点数	
主筋及分布筋间距	梁、柱、板	±10	每件	1	钢尺
	基础	±20	20m	1	钢尺
多层筋间距		±5	每件	1	钢尺
保护层厚度	基础	±10	20m	2 每10m 计1点	钢尺
	梁、柱	±5	每件	1	钢尺
	板、墙	±3	每件	1	钢尺

项目	允许偏差 （mm）		检验频率		量具
			范围	点数	
预埋件	中心线 位置	0～5	每件	1	钢尺
	水平高差	0～3	每件	1	钢尺和塞尺

3. 现浇结构模板安装的允许偏差及检验方法应符合表 7.2.4-3 的规定。

现浇结构模板安装的允许
偏差及检验方法 表 7.2.4-3

项目		允许偏差 （mm）	检验频率		量具
			范围 （m）	点数	
相邻两板表面高低差		0～2	20	2 每 10m 计 1 点	钢尺
表面平整度		0～5	20	2 每 10m 计 1 点	2m 靠尺和 塞尺
截面内 部尺寸	基础	−20～＋10	20	4	钢尺
	柱、墙、梁	−5～＋4	20	4	钢尺
轴线位置		0～5	20	1	钢尺
墙面垂直度		0～8.	20	1	经纬仪或 吊线、钢尺

4. 预制构件模板安装的允许偏差及检验方法应符合表 7.2.4-4 的规定。

预制构件模板安装的允许

偏差及检验方法　　　表 7.2.4-4

项目	允许偏差 (mm)	检验频率		量具
		范围	点数	
相邻两板表面高低差	0～1	每件	1	钢尺
表面平整度	0～3	每件	1	2m 靠尺和塞尺
长度	−5～0	每件	1	钢尺
盖板对角线差	0～7	每件	1	钢尺
断面尺寸	−10～0	每件	1	调平尺
侧向弯曲	L/1500 且≤15	每件构件全长最大弯曲处	1	量尺

注：表中 L 为构件长度（mm）。

5. 混凝土垫层、基础施工应符合下列规定：

（1）混凝土抗压强度应为主控项目，并应符合设计的规定。检验频率应按 100m³ 检验 1 组，检验方法应按现行国家标准《混凝土强度检验评定标准》GB/T 50107 的规定执行。

（2）混凝土垫层、基础允许偏差及检验方法应符合表 7.2.4-5 的规定。

混凝土垫层、基础允许

偏差及检验方法　　表 7.2.4-5

项目		允许偏差（mm）	检验频率		量具
			范围	点数	
垫层	中心线每侧宽度	不小于设计规定	20m	2 每侧计1点	挂中心线、量尺
	高程△	−15～0	20m	2	挂高程线、量尺或水平仪
基础	中心线每侧宽度	±10	20m	2 每侧计1点	挂中心线、量尺
	高程	±10	20m	2	挂高程线、量尺或水平仪
	蜂窝面积	<1%	50m 之间两侧面蜂窝总面积	1	量尺

注：表中带"△"为主控项目，其余为一般项目。

6. 混凝土构筑物应符合下列规定：

（1）混凝土抗压强度应为主控项目，平均值不得小于设计规定。检验频率应按每台班检验 1 组，检验方法应按现行国家标准《混凝土强度检验评定标准》GB/T 50107 的规定执行。

（2）混凝土抗渗应为主控项目，不得小于设计规定。检验频率应按每个构筑物 1 组（6 块），检验方法按现行国家标准《混凝土强度检验评定标准》GB/T 50107 的规定执行。

（3）混凝土构筑物的允许偏差及检验方法应符合表 7.2.4-6 的规定。

混凝土构筑物允许偏差及检验方法　表 7.2.4-6

项　目		允许偏差（mm）	检验频率		量具
			范围	点数	
轴线位置		0～10	每个构筑物	2 纵横向各计 1 点	经纬仪
各部位高程		±20		2	水准仪
构筑物长度或直径		±20		2	量尺
构筑物厚度（mm）	＜200	±5		4	量尺
	200～600	±10		4	量尺
	＞600	±15		4	量尺
墙面垂直度		0～15	每面	4	垂线、量尺
麻面		每侧不得大于该侧面积的 1%	每面麻面总面积	1	量尺
预埋件、预留孔位置		0～10	每件（孔）	1	量尺

7. 梁、板、支架等预制构件应符合下列规定：

（1）混凝土抗压强度应为主控项目，平均值不得小于设计规定。检验频率应按每台班检验 1 组，检验方法应按现行国家标准《混凝土强度检验评定标准》GB/T 50107 的规定执行。

（2）梁、板、支架等预制构件的允许偏差及检验方法应符合表 7.2.4-7 的规定。

预制构件（梁、板、支架）的
允许偏差及检验方法　　表 7.2.4-7

项　目		允许偏差（mm）	检验频率		量具
			范围	点数	
长度		±10	每件	1	钢尺
宽度、高（厚）度		±5	每件	1	钢尺
侧面弯曲		$L/1000$ 且≤20	每件构件全长最大弯曲处	1	拉线和钢尺
板两对角线差		0~10	每 10 件	1	钢尺
预埋件	中心线位置	0~5	每件	1	钢尺
	有滑板的混凝土表面平整	0~3			
	滑板面露出混凝土表面	−2~0			
预留孔中心线位置		0~5	每件	1	钢尺

注：表中 L 为构件长度（mm）。

8. 梁、板、支架等构件安装的允许偏差及

748

检验方法应符合表 7.2.4-8 的规定。

构件安装的允许偏差及检验方法　　表 7.2.4-8

项　目	允许偏差 (mm)	检验频率		量具
		范围	点数	
平面位置	符合设计要求	每件	—	量尺
轴线位移	0～10	每 10 件	1	量尺
相邻两盖板支点处顶面高差	0～10	每 10 件	1	量尺
支架顶面高程△	−5～0	每件	1	水准仪
支架垂直度	0.5%H，且不大于 10	每件	—	垂线、量尺

注：1. H 为构件长度（mm）。
　　2. 带"△"为主控项目，其余为一般项目。

9. 检查室允许偏差及检验方法应符合表 7.2.4-9 的规定。

检查室允许偏差及检验方法　　表 7.2.4-9

项　目		允许偏差 (mm)	检验频率		量具
			范围	点数	
检查室尺寸	长、宽	±20	每座	2	量尺
	高	0～20	每座	2	量尺
井盖顶高程	道路路面	±5	每座	1	水准仪
	非道路路面	0～20	每座	1	水准仪

10. 采用水泥砂浆五层做法的防水抹面，防水层的允许偏差及检验方法应符合表 7.2.4-10 的规定。

防水层的允许偏差及检验方法　　表 7.2.4-10

项目	允许偏差（mm）	检验频率		检验方法
		范围	点数	
表面平整度	0～5	20m	2	2m 靠尺和楔形塞尺
厚度	±5	20m	2	钢针插入和量尺

11. 柔性防水施工应符合现行国家标准《地下工程防水技术规范》GB 50108 的相关要求，并应符合下列规定：

（1）卷材铺贴搭接宽度，长边不得小于 100mm，短边不得小于 150mm。检验应按 20m 检验 1 点。

（2）变形缝防水缝应符合设计规定，检验应按变形缝防水缝检验，验 1 点。

12. 管道滑动支架应按设计间距安装。支架顶钢板面的高程应按管道坡度逐个测量，高程允许偏差应为 0～10mm。

7.2.5 回填

1. 回填土中不得含有碎砖、石块、大于 100mm 的冻土块及其他杂物。

2. 直埋保温管道沟槽回填时，管顶应铺设警示带，警示带距离管顶不得小于 300mm，且不得敷设在道路基础中。

3. 回填土厚度应根据夯实或压实机具的性能及压实度确定，并应分层夯实，虚铺厚度可按表 7.3.5 的规定执行。

回填土虚铺厚度　　　　表 7.2.5

夯实或压实机具	虚铺厚度（mm）
振动压路机	≤400
压路机	≤300
动力夯实机	≤250
木夯	<200

4. 管顶或结构顶以上 500mm 范围内应采用人工夯实，不得采用动力夯实机或压路机压实。

7.3　管道安装

7.3.1　管道支架、吊架

1. 管道支架、吊架制作时，组合式弹簧支架的弹簧两端支撑面应与弹簧轴线垂直，其允许偏差不得大于自由高度的 2%。

2. 管道支架、吊架安装的允许偏差及检验方法应符合表 7.3.1 的规定。

管道支架、吊架安装的
允许偏差及检验方法   表 7.3.1

项　目		允许偏差（mm）	量具
支架、吊架中心点平面位置		0～25	钢尺
支架标高△		−10～0	水准仪
两个固定支架间的其他支架中心线	距固定支架每 10m 处	0～5	钢尺
	中心处	0～25	钢尺

注：表中带"△"的项目为主控项目，其余为一般项目。

7.3.2　管沟及地上管道

1. 管道安装时，地上敷设管道的管组长度应按空中就位和焊接的需要确定，宜大于或等于 2 倍支架间距。

2. 管口对接时，对接管口应在距接口两端各 200mm 处检查管道平直度，允许偏差应为 0～1mm，在所对接管道的全长范围内，允许偏差应为 0～10mm。

3. 管道穿越建（构）筑物的墙板处应安装套管，并应符合下列规定：

（1）当穿墙时，套管的两侧与墙面的距离应大于 20mm；当穿楼板时，套管高出楼板面的距离应大于 50mm；

（2）套管中心的允许偏差应为 0～10mm。

4. 当管道开孔焊接分支管道时，管内不得有残留物，且分支管伸进主管内壁长度不得大于 2mm。

5. 管道安装的允许偏差及检验方法应符合表 7.3.2-1 的规定。

管道安装允许偏差及检验方法　表 7.3.2-1

项　　目		允许偏差（mm）	检验频率		量具
			范围	点数	
高程△		±10	50m	—	水准仪
中心线位移		每 10m ≤5	50m	—	挂边线、量尺
		全长 ≤30			
立管垂直度		每米 ≤2	每根		垂线、量尺
		全高 ≤10			
对口间隙△（mm）	管道壁厚 4～9 间隙 1.5～2.0	±1.0	每 10 个口	1	焊口检测器
	管道壁厚 ≥10 间隙 2.0～3.0	−2.0 +1.0			

注：表中"△"为主控项目，其余为一般项目。

6. 管件安装对口间隙允许偏差及检验方法应符合表 7.3.2-2 的规定。

管件安装对口间隙允许偏差及检验方法 表 7.3.2-2

项　目		允许偏差（mm）	检验频率		量具
			范围	点数	
对口间隙△（mm）	管道壁厚 4～9 间隙 1.5～2.0	±1.0	每个口	2	焊口检测器
	管道壁厚≥10 间隙 2.0～3.0	−1.5 +1.0			

注：表中为主控项目。

7.3.3　预制直埋管道

1. 预制直埋管道及管件当堆放时不得大于 3 层，且高度不得大于 2m。

2. 预制直埋管道及管件外护管的划痕深度应符合下列规定，不合格应进行修补：

（1）高密度聚乙烯外护管划痕深度不应大于外护管壁厚的 10%，且不应大于 1mm；

（2）钢制外护管防腐层的划痕深度不应大于防腐层厚度的 20%。

3. 预制直埋热水管安装时，现场切割配管的长度不宜小于 2m。

4. 气密性检验应在接头外护管冷却到 40℃ 以下后进行。气密性检验的压力应为 0.02MPa，保压 2min。

7.3.4 法兰和阀门

1. 法兰安装应符合下列规定：

（1）两个法兰端面应保持平行，偏差不应大于法兰外径的 1.5%，且不得大于 2mm。不得采用加偏垫、多层垫或采用强力拧紧法兰一侧螺栓的方法消除法兰接口端面的偏差。

（2）法兰与法兰、法兰与管道应保持同轴，螺栓孔中心偏差不得大于过孔径的 5%，垂直偏差应为 0～2mm。

（3）法兰距支架或墙面的净距不应小于 200mm。

2. 泄水阀和放气阀与管道连接的插入式支管台应采用厚壁管，厚壁管厚度不得小于母管厚度的 60%，且不得大于 8mm。插入式支管台的连接（图 7.3.4）应符合表 7.3.4 的规定。

插入式支管台的尺寸　　　表 7.3.4

公称直径 （DN）	插入式支管台的尺寸 δ （mm）
25	2
50	4

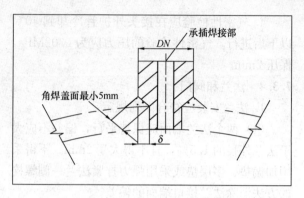

图 7.3.4　插入式支管台示意图

7.3.5　焊接及检验

1. 焊缝位置应符合下列规定：

（1）当有缝管道对口及容器、钢板卷管相邻筒节组对时，纵向焊缝之间相互错开的距离不应小于100mm；

（2）容器、钢板卷管同一筒节上两相邻纵缝之间的距离不应小于300mm；

（3）管道两相邻环形焊缝中心之间的距离应大于钢管外径，且不得小于150mm；

（4）在有缝钢管上焊接分支管时，分支管外壁与其他焊缝中心的距离应大于分支管外径，且不得小于70mm。

2. 管口加工的允许偏差应符合表 7.3.5-1的规定。

项　　目			允许偏差 （mm）
弯头	周长	$DN \leqslant 1000$	± 4
		$DN > 1000$	± 6
	切口端面倾斜偏差		$\leqslant$ 外径的 1%，且 $\leqslant 3$
异径管	椭圆度		$\leqslant$ 外径的 1%，且 $\leqslant 5$
三通	支管垂直度		$\leqslant$ 高度的 1%，且 $\leqslant 3$
钢管	切口端面垂直度		$\leqslant$ 外径的 1%，且 $\leqslant 3$

3. 焊接坡口应按设计规定进行加工。当设计无规定时，坡口形式和尺寸应符合现行国家标准《现场设备、工业管道焊接工程施工规范》GB 50236 和表 7.3.5-2 的规定。

坡口形式和尺寸　　表 7.3.5-2

序号	厚度 T （mm）	坡口 名称	坡口形式	坡口 尺寸 间隙 c （mm）	备注
1	$\leqslant 14$	平焊法兰与管子接头		—	$E = T$ E 表示焊口宽度

序号	厚度 T (mm)	坡口名称	坡口形式	坡口尺寸 间隙 c (mm)	备注
2	≤14	承插焊法兰与管子接头		1.5	—
3	≤14	承插焊管件与管子接头		1.5	—

4. 当外径和壁厚相同的钢管或管件对口时，对口错边量允许偏差应符合表 7.3.5-3 的规定。

钢管对口错边量允许偏差 表 7.3.5-3

管道壁厚 （mm）	2.5～5.0	6～10	12～14	≥15
错边允许偏差 （mm）	0.5	1.0	1.5	2.0

5. 当使用钢板制造可双面焊接的容器时，对口错边量应符合下列规定：

（1）纵向焊缝的错边量不得大于壁厚的 10%，且不得大于 3mm；

（2）环焊缝应符合下列规定：

1）当壁厚小于或等于 6mm 时，错边量不得大于壁厚的 25%；

2）当壁厚大于 6mm 且小于或等于 10mm 时，错边量不得大于壁厚的 20%；

3）当壁厚大于 10mm 时，错边量不得大于壁厚的 10% 加 1mm，且不得大于 4mm。

6. 焊件组对的定位焊应均匀分布，点焊长度及点焊数应符合表 7.3.5-4 的规定。

点焊长度和点焊数　　表 7.3.5-4

公称管径（mm）	点焊长度（mm）	点焊数
50～150	5～10	2～3
200～300	10～20	4
350～500	15～30	5
600～700	40～60	6
800～1000	50～70	7
＞1000	80～100	点间距宜为 300mm

7. 焊缝应进行 100％外观质量检验，并应符合下列规定：

（1）加强高度不得大于被焊件壁厚的 30％，且小于或等于 5mm，焊缝宽度应焊出坡口边缘 1.5～2mm；

（2）咬边深度应小于 0.5mm，且每道焊缝的咬边长度不得大于该焊缝总长的 10％；

（3）表面凹陷深度不得大于 0.5mm，且每道焊缝表面凹陷长度不得大于该焊缝总长的 10％。

8. 焊缝应进行无损检测。当采用超声波探伤时，应采用射线探伤复检，复检数量应为超声波探伤数量的 20％。

9. 无损探伤检测数量应按表 7.3.5-5 的规定执行，且每个焊工不应少于一个焊缝。

无损探伤检测数量

表7.3.5-5

序号	热介质名称	温度 T(℃)	压力 P(MPa)	地上敷设 DN<500mm 固定焊口	转动焊口	DN≥500mm 固定焊口	转动焊口	通行及半通行管沟敷设（含套管敷设） DN<500mm 固定焊口	转动焊口	DN≥500mm 固定焊口	转动焊口	不通行管沟敷设（含套管敷设） DN<500mm 固定焊口	转动焊口	DN≥500mm 固定焊口	转动焊口	直埋敷设 主要道路	一般道路	其他
1	过热蒸汽	200<T≤350	1.6<P≤2.5	30	20	36	18	40	22	46	18	50	30	60	40	—	—	—
2	过热或饱和蒸汽	200<T≤350	1.0<P≤1.6	30	20	36	18	40	22	46	18	50	30	60	40	100	100	100
3	过热或饱和蒸汽	T≤200	P≤1.0	30	20	36	18	40	22	46	18	50	30	60	40	100	100	100
4	高温热水	150<T≤200	1.6<P≤2.5	30	20	36	18	40	22	46	18	50	30	60	40	100	100	100
5	高温热水	120<T≤150	1.0<P≤1.6	20	12	30	16	26	20	30	16	40	28	50	40	100	100	100
6	热水	T≤120	P≤1.6	18	12	22	16	20		20		20		20		60	40	30
7	热水	T≤100	P≤1.0	12		16		16								60	40	30
8	凝结水	T≤100	P≤0.6	10												60	40	30

761

7.4　热力站和中继泵站

7.4.1　站内管道

1. 管道穿越基础、墙壁和楼板，应配合土建施工预埋套管或预留孔洞，并应符合下列规定：

（1）当穿墙时，套管两侧应伸出墙面 20～25mm；当穿楼板时，套管应高出楼板面 50mm；

（2）预埋套管中心的允许偏差不应大于 0～10mm，预留孔洞中心的允许偏差不应大于 0～25mm。

（3）当设计无要求时，套管直径应比保温管道外径大 50mm。

2. 当设计对站内管道水平安装的支架、吊架间距无要求时，其间距不得大于表 7.4.1-1 的规定。

站内管道支架、吊架的间距　表 7.4.1-1

管道公称直径(mm)	25	32	40	50	70	80	100	125	150	200	250
间距(m)	2.0	2.5	3.0	3.0	4.0	4.0	4.5	5.0	6.0	7.0	8.0
管道公称直径(mm)	300	350	400	450	500	600	700	800	900	1000	1200
间距(m)	8.5	9.0	9.5	10.0	12.0	13.0	15.0	15.0	16.0	16.0	18.0

3. 管道支架、吊架安装时，滑动支架的滑动面应灵活，滑板与滑槽两侧间应留有 3～5mm 的空隙，偏移量应符合设计要求。

4. 站内管道及管路附件的安装应符合下列规定：

(1) 管道安装的允许偏差及检验方法应符合表 7.4.1-2 的规定；

站内钢管安装的允许偏差及检验方法

表 7.4.1-2

项　目		允许偏差		检验方法
		钢制管	塑料管和复合管	
水平安装	DN≤100mm	每米≤1.0mm	每米≤1.5mm	用水平尺、直尺、拉线和尺量检查
		全长≤13mm	全长≤25mm	
	DN>100mm	每米≤1.5mm	每米≤1.5mm	用水平尺、直尺、拉线和尺量检查
		全长≤25mm	全长≤25mm	
垂直安装		每米≤2.0mm	每米≤2.0mm	吊线和尺量检查
		全高≤10mm	全高≤25mm	

(2) 当管道并排安装时应相互平行，在同一平面上的允许偏差为±3mm。

7.4.2 站内设备

1. 设备的混凝土基础位置、几何尺寸应符合现行国家标准《混凝土结构工程施工质量验收规范》GB 50204 的相关规定，设备基础尺寸和

位置的允许偏差及检验方法应符合表 7.4.2-1 的
规定。

设备基础尺寸和位置的允许偏差及检验方法

表 7.4.2-1

项　　目		允许偏差 （mm）	检验方法
坐标位置（纵、横轴线）		0～20	钢尺检查
不同平面的标高		—20～0	水准仪、拉线、钢尺检查
平面外形尺寸		±20	钢尺检查
凸台上平面外形尺寸		—20～0	钢尺检查
凹穴尺寸		0～20	钢尺检查
水平度	每米	0～5	水平仪（水平尺）和楔形塞尺检查
	全长	0～10	水平仪（水平尺）和楔形塞尺检查
垂直度	每米	0～5	经纬仪或吊线和钢尺检查
	全长	0～10	经纬仪或吊线和钢尺检查
预留地脚螺栓	顶部标高	0～20	水准仪或拉线、钢尺检查
	中心距	±2	钢尺检查

项　目		允许偏差 （mm）	检验方法
预留地脚 螺栓孔	中心线位置	0～10	钢尺检查
	深度	0～20	钢尺检查
	孔垂直度	0～10	吊线、钢尺检查

2. 地脚螺栓埋设应符合下列规定：

（1）地脚螺栓底部锚固环钩的外缘与预留孔壁和孔底的距离不得小于 15mm；

（2）拧紧螺母后，螺栓外露长度应为 2～5 倍螺距；

（3）灌筑的混凝土应达到设计强度的 75% 以上后，方可拧紧地脚螺栓。

3. 安装胀锚螺栓时，胀锚螺栓的中心线应按设计图纸放线。胀锚螺栓的中心至基础或构件边缘的距离不得小于 7 倍胀锚螺栓的直径；胀锚螺栓的底端至基础底面的距离不得小于 3 倍胀锚螺栓的直径，且不得小于 30mm；相邻两根胀锚螺栓的中心距离不得小于 10 倍胀锚螺栓的直径。

4. 设备支架安装应平直牢固，位置应正确。支架安装的允许偏差应符合表 7.4.2-2 的规定。

设备支架安装允许偏差 表 7.4.2-2

项目		允许偏差（mm）	检验方法
支架立柱	位置	5	钢尺检查
	垂直度	$\leqslant H/1000$	钢尺检查
支架横梁	上表面标高	± 5	钢尺检查
	水平弯曲	$\leqslant L/1000$	钢尺检查

注：H 为支架高度；L 为横梁长度。

5. 设备调平后，垫铁端面应露出设备底面边缘 10～30mm。

6. 设备采用减振垫铁调平时，基础和地坪应符合设备技术要求。设备占地范围内基础的高差不得超出减振垫铁调整量的 30%～50%，放置减振垫铁的部位应平整。

7. 水泵安装应符合下列规定：

（1）水泵安装应在泵的进出口法兰面或其他水平面上进行找平，纵向安装水平允许偏差为 0～0.1‰，横向安装水平允许偏差为 0～0.2‰。

（2）当同型号水泵并列安装时，水泵轴线标高的允许偏差为 ±5mm。

8. 喷射泵安装的水平度和垂直度应符合设计和设备技术文件的要求。当泵前、泵后直管段长度设计无要求时，泵前直管段长度不得小于公称管径的 5 倍，泵后直管段长度不得小于公称管径的 10 倍。

9. 换热设备安装的坡度、坡向应符合设计或产品说明书的规定，安装的允许偏差及检验方法应符合表 7.4.2-3 的规定。

换热设备安装的允许偏差及检验方法

表 7.4.2-3

项目	允许偏差（mm）	检验方法
标高	±10	拉线和钢尺测量
水平度	5L/1000	经纬仪或吊线、水平仪（水平尺）、钢尺测量
垂直度	5H/1000	经纬仪或吊线、水平仪（水平尺）、钢尺测量
中心线位置	±20	拉线和钢尺测量

注：L—设备长度；H—设备高度。

10. 换热机组应按产品说明书的要求安装，安装的允许偏差及检验方法应符合表 7.4.2-4 的规定。

换热机组安装允许偏差及检验方法

表 7.4.2-4

项　目	允许偏差（mm）	检验方法
底座外形尺寸	±5‰L	拉线和钢尺测量
设备定位中心距	±2‰L	拉线和钢尺测量
管道的水平度或垂直度	±10	经纬仪或吊线、水平仪（水平尺）、钢尺测量

注：L 为机组长度。

7.4.3　通用组装件

1. 水位计应有指示最高、最低水位的明显标志。玻璃管水位计的最低水位可见边缘应比最低安全水位低 25mm，最高可见边缘应比最高安全水位高 25mm。

2. 压力表宜安装缓冲管，缓冲管的内径不应小于 10mm。

7.4.4　噪声与振动控制

1. 隔振系统应水平安装，允许偏差应为 0～3‰。

2. 弹簧吊架、弹性托架安装时，弹簧吊架压缩量应在 10～20mm 之间，弹性托架压缩量应在 2～3mm 之间。

3. 吸声吊顶、吸声墙体安装应符合下列规定：

（1）吸声吊顶、吸声墙体的材料穿孔率不应小于 25%，孔径宜为 0.4mm，厚度宜为 0.8mm；

（2）玻璃棉密度不应小于 32kg/m³。

7.5　防腐和保温

7.5.1　防腐

1. 当采用涂料和玻璃纤维做加强防腐层时，应符合下列规定：

（1）玻璃纤维的厚度、密度、层数应符合设计要求，缠绕重叠部分宽度应大于布宽的 1/2，压边量应为 10～15mm。

（2）防腐层的厚度不得低于设计厚度。钢管两端应留 200～250mm 空白段。

2. 钢材除锈、涂料质量检验应符合表 7.5.1 的规定。

钢材除锈、涂料质量检验　　表 7.5.1

项目	检查频率		检验方法
	范围（m）	点数	
除锈△	50	5	外观检查每 10m 计点
涂料	50	5	外观检查每 10m 计点

注：表中"△"为主控项目，其余为一般项目。

7.5.2　保温

1. 硬质保温施工应按设计要求预留伸缩缝，设计无要求时伸缩缝的宽度：管道宜为 20mm，设备宜为 25mm。

2. 现场保温层施工质量检验应符合下列规定：

（1）保温层密度应现场取试样检查。对棉毡类保温层，密度允许偏差为 0～10%，保温板、壳类密度允许偏差为 0～5%；聚氨酯类保温的密度不得小于设计要求。

（2）保温层施工允许偏差及检验方法应符合表7.5.2的规定。

保温层施工允许偏差及检验方法　表7.5.2

项　目		允许偏差	检验频率	检验方法
厚度△	硬制保温材料	0～5%	每隔20m测一点	用钢针刺入保温层测厚
	柔性保温材料	0～8%		
伸缩缝宽度		±5mm	抽查10%	用尺检查

注：表中"△"为主控项目，其余为一般项目。

7.5.3　保护层

1. 复合材料保护层施工应符合下列规定：

（1）玻璃纤维布应以螺纹状紧缠在保温层外，前后均搭接不应小于50mm。布带两端及每隔300mm应采用镀锌钢丝或钢带捆扎。

（2）玻璃钢保护壳连接处应采用铆钉固定，沿轴向搭接宽度应为50～60mm，环向搭接宽度应为40～50mm。

（3）用于软质保温材料保护层的铝塑复合板正面应朝外，不得损伤其表面。轴向接缝应用保温钉固定，且间距应为60～80mm。环向搭接宽度应为30～40mm，纵向搭接宽度不得小于10mm。

2. 石棉水泥保护层施工时，保护层厚度不应小于 15mm。

3. 金属保护层施工时，搭接处应采用铆钉固定，其间距不应大于 200mm。

4. 保护层质量检验应符合下列规定：

（1）缠绕式保护层应裹紧，搭接部分应为 100～150mm。

（2）保护层的不圆度不得大于 10mm。

（3）保护层表面不平度允许偏差及检验方法应符合表 7.5.3 的规定。

保护层表面不平度允许偏差及检验方法

表 7.5.3

项目	允许偏差（mm）	检验频率	检验方法
涂抹保护层	0～10	每隔 20m 取一点	用靠尺和 1m 钢尺
缠绕式保护层	0～10	每隔 20m 取一点	用靠尺和 1m 钢尺
金属保护层	0～5	每隔 20m 取一点	用塞尺和 2m 钢尺
复合材料保护层	0～5	每隔 20m 取一点	用靠尺和 1m 钢尺

7.6 压力试验、清洗、试运行

7.6.1 压力试验

压力试验方法和合格判定应符合表 7.6.1 的规定。

压力试验方法和合格判定　　　表 7.6.1

项　目	试验方法和合格判定		检验范围
强度试验△	升压到试验压力，稳压 10min 无渗漏、无压降后降至设计压力，稳压 30min 无渗漏、无压降为合格		每个试验段
严密性试验△	升压至试验压力，当压力趋于稳定后，检查管道、焊缝、管路附件及设备等无渗漏，固定支架无明显的变形等		全段
	一级管网及站内	稳压在 1h，前后压降不大于 0.05MPa，为合格	
	二级管网	稳压在 30min，前后压降不大于 0.05MPa，为合格	

注：表中"△"为主控项目，其余为一般项目。

7.6.2　试运行

　　热力站试运行前水泵试运转合格，且水泵振动应符合设备技术文件的规定。设备文件未规定时，可采用手提式振动仪测量泵的径向振幅（双向），其值不应大于表 7.6.2 的规定。

泵的径向振幅（双向）　　　表 7.6.2

转速（r/min）	600～750	750～1000	1000～1500	1500～3000
振幅（mm）	0.12	0.10	0.08	0.06

本章参考文献

《城镇供热管网工程施工及验收规范》CJJ 28—2014

8 市政长城杯评审标准

8.1 道路工程质量评审标准

8.1.1 水泥混凝土（钢筋混凝土）路面

水泥混凝土（钢筋混凝土）
路面允许偏差　　表 8.1.1-1

序号	项目	长城杯标准 （mm）	检查方法
1	抗压强度 （MPa）	符合评定标准	依据 GB 50107—2010 规定查评定资料
2	抗折强度 （MPa）	试块强度平均值 符合设计要求	依据 GB 50107—2010 规定查评定资料
3	厚度	每块板-5～ +10mm	用混凝土 厚度仪检测

水泥混凝土（钢筋混凝土）路面

一般项目允许偏差　　　表 8.1.1-2

序号	项目	长城杯标准（mm）	检查方法
1	抗滑构造深度	0.7	砂铺法
2	平整度	≤1	用 3m 直尺与塞尺连续量取，两尺取最大值
3	相邻板高差	≤3	用钢尺量
4	宽度	0～+20	用钢尺量
5	中线高程	±5	用水准仪测量或检查记录
6	中线线位	10	用经纬仪测量或检查记录
7	横断高程	±10 且横坡差不大于±0.3%	用水准仪测量或检查记录
8	纵缝直顺度	≤3	拉 20m 小线量最大值
9	横缝直顺度	≤8	沿路宽拉线量取最大值
10	胀缩缝	±3	用钢尺量
11	井框与路面高差	≤2	十字法用塞尺量最大值

注：采用切缝法施工的板缝不量测相邻板高差。

8.1.2 沥青混凝土路面

沥青混凝土路面主控项目允许偏差 表 8.1.2

序号	项目	长城杯标准（mm）	检查方法
1	宽度	不小于设计值	测距仪或用钢尺量
2	中线高程	±8	用水准仪测量或检查记录
3	中线线位	15	用经纬仪测量或检查记录
4	横断高程	±10 且横坡差不大于 0.3%	用水准仪测量或检查记录
5	井框与路面高差	≤3	十字法用塞尺量最大值
6	路面结构厚度	−5～+10	用自动检测设备进行检测
7	平整度	σ≤1.2（快速路、主干路）	用平整度仪检测
8	弯沉值	不大于设计允许弯沉值	用路面弯沉仪、颠簸累积仪检测
9	压实度	≥96%（快速路、主干路）	用自动检测设备进行检测

注：钻芯取样可能对新建路面有损伤，因此宜用自动检测设备（激光构造深度仪或路面雷达测试系统等）。

8.1.3 道路附属物工程

路缘石、平石允许偏差 表 8.1.3-1

序号	项目	长城杯标准（mm）	检查方法
1	直顺度	≤8	拉 20m 小线取最大值
2	相邻板高差	≤2	用塞尺量最大值
3	缝宽	±2	用钢尺量最大值
4	顶面高程	±8	用水准仪测量
5	外露尺寸	±8	用钢尺量最大值

路面砖人行道允许偏差 表 8.1.3-2

序号	项目		长城杯标准（mm）	检查方法
1	平直流		≤3	用 3m 直尺和塞尺连续量取两尺最大值
2	宽度		不小于设计值	用钢尺量
3	相邻块高差		≤2	用塞尺量最大值
4	横坡		±0.5%	用水准仪测量
5	纵缝直流度		≤7	拉 20m 小线量最大值
6	横缝直顺度		≤8	沿路宽拉小线量取最大值
7	缝宽	大方砖	≤2	用钢尺量取最大值
		小方砖	1≤	用钢尺量取最大值
8	井框与路面高差		≤2	十字法用塞尺量取最大值

注：独立人行道增加检验高程指标，允许偏差长城杯为 ±8mm。

雨水口、支管一般项目允许偏差　　　表 8.1.3-3

序号	项目	长城杯标准（mm）	检查方法
1	井框与井壁吻合	≤8	用钢尺量最大值
2	井口高	−3～−5	井框与路面比，用钢尺量误差
3	雨水口与路边线平行位置	≤15	用钢尺量最大误差
4	井内尺寸	0～+20	用钢尺量最大误差

注：因支管已埋地下，检查支管的隐蔽验收记录。

隔离墩及防撞墩安装允许偏差　　　表 8.1.3-4

序号	项目	长城杯标准（mm）	检查方法
1	直顺度	≤3	用 20m 小线量最大值
2	相邻高差	≤2	用钢尺量
3	顶面高程	±8	用水准仪测量
4	缝宽	±2	用钢尺量最大值

现浇、预制混凝土挡土墙
一般项目允许偏差
表 8.1.3-5

序号	项目		长城杯标准（mm）	检查方法
1	现浇	长度	±15	用钢尺量
2	断面尺寸	厚	±3	用钢尺量
		高	±3	用钢尺量
3	垂直度		≤0.15%H①，且≤10	用经纬仪或垂线检查
4	外露平整度		≤5mm②	用2m直尺塞尺取最大值
5	顶面高程		±3	用水准仪测量
6	预制板间错台		≤3	用钢尺量最大值

注：①表中 H 为构筑物高度（mm）。

②表中允许偏差为现浇挡土墙、预制挡墙板外露平整度≤3mm。

路肩一般项目允许偏差
表 8.1.3-6

序号	项目	长城杯标准（mm）	检查方法
1	宽度	不小于设计规定	用钢尺量
2	横坡	±0.8%	用水准仪测量

混凝土边沟、边坡一般项目允许偏差   表 8.1.3-7

序号	项目	长城杯标准（mm）		检查方法
		边沟	边坡	
1	沟底高程	−8~0	—	用水准仪测量
2	顶面高程	—	±8	用水准仪测量
3	砌筑平整度	≤8	≤8	3m 直尺和塞尺连续量取两尺取最大值
4	粘面尺寸	不小于设计规定	—	用钢尺量
5	坡度	不陡于设计规定		用坡度尺量

8.2　桥梁工程质量评审标准

8.2.1　砌筑墩身、台身偏差应符合表 8.2.1规定。

砌筑墩身、台身允许偏差   表 8.2.1

序号	项目		长城杯标准（mm）		检查方法
			浆砌块石	浆砌料石、砌块	
1	几何尺寸	长	+20，−10	+15，−8	用钢尺量
		高	+20，−10	+15，−8	用钢尺量
		厚	±10	±8	用钢尺量

续表

序号	项目	长城杯标准（mm）		检查方法
		浆砌块石	浆砌料石、砌块	
2	顶面高程	±10	±8	用水准仪测量
3	轴线位移	≤10	≤8	用经纬仪测量
4	墙面垂直度	0.5%H 且≤20	0.5%H 且≤12	垂线、钢板尺量
5	墙面平整度	≤15	≤8	用2m直尺量
6	水平缝平直	—	≤10	拉10m小线量
7	墙面坡度	符合设计要求	符合设计要求	用坡度板检验

注：表中 H 为构筑物高度（mm）。

8.2.2 现浇混凝土桥台允许偏差应符合表8.2.2规定。

现浇混凝土桥台允许偏差　表8.2.2

序号	项目		长城杯标准（mm）	检查方法
1	台身尺寸	长	0, +12	用钢尺量
		高	0, +8	
2	顶面高程		±8	用水准仪测量
3	轴线位称		≤8	用经纬仪测量

781

序号	项目	长城杯标准 （mm）	检查方法
4	墙面垂直度	$0.25\%H$ 且$\leqslant18$	用经纬仪或垂线测量
5	墙面平整度	$\leqslant3$	用 2m 直尺量最大值
6	错台	5	用靠尺和直尺量
7	麻面	$\leqslant1\%$	用钢尺量麻面总面积

注：表中 H 为构筑物高度（mm）。

8.2.3 墩柱允许偏差应符合表 8.2.3 规定。

墩柱允许偏差　　　　表 8.2.3

序号	项目	长城杯标准 （mm）	检查方法
1	长、宽（直径）	±5	用钢尺量
2	柱高	±8	用钢尺量柱全高
3	顶面高程	±8	用水准仪测量
4	垂直度	$0.2\%H$，且$\leqslant12$	用垂线或经纬仪测量
5	轴线位移	$\leqslant8$	用经纬仪测量
6	平整度	$\leqslant3$	用 2m 直尺量最大值
7	节段间错台	3	用钢板尺量

注：表中 H 为构筑物高度（mm）。

8.2.4 现浇钢筋混凝土梁、板允许偏差应符合表 8.2.4 规定。

现浇钢筋混凝土梁、板允许偏差　　　　表 8.2.4

序号	项目	长城杯标准 （mm）	检查方法
1	梁底高程	±10	用水准仪测量
2	长度	+0，－8	用钢尺量
3	桥下净空	符合设计要求	用钢尺或塔尺量
4	轴线偏差	≤8	用经纬仪测量

8.2.5 预制钢筋混凝土梁、板安装质量应符合表 8.2.5 规定。

预制钢筋混凝土梁、板安装允许偏差　　　表 8.2.5

序号	项　　目		长城杯标准 （mm）		检查方法
			梁	板	
1	平面位置	顺桥纵轴线方面	≤8		用经纬仪测量
		垂直桥纵轴线方向	≤5		
2	桥下净空		符合设计要求		用钢尺或塔尺量
3	相邻两构件支点处高差		10		用钢尺量
4	支座与梁板位置		5		

8.2.6 顶推施工梁偏差应符合表 8.2.6 规定。

顶推施工梁允许偏差　　表8.2.6

序号	项目		长城杯标准（mm）	检查方法
1	轴线偏位		8	用经纬仪测量
2	支座顶面高程		±4	
3	支座高程	相邻纵向支点	5 或设计要求	用水准仪测量
		同墩两侧支点	2 或设计要求	

8.2.7 顶进桥涵施工质量应符合表8.2.7规定。

顶进桥涵允许偏差　　表8.2.7

序号	项目		长城杯标准（mm）	检查方法
1	断面尺寸	净空宽	±20	用钢尺量
		净空高	±40	
2	轴线位移	$L<15m$	≤80	用经纬仪测量
		$15m≤L≤30m$	≤160	
		$L>30m$	≤240	
3	高程	$L<15m$	+16，−80	用水准仪测量
		$15m≤L≤30m$	+16，−120	
		$L>30m$	+16，−160	
4	两端高差		≤24	用钢尺量

注：表中 L 为地道桥的长度。

784

8.2.8 钢梁安装基本尺寸允许偏差应符合表
8.2.8 规定。

钢梁安装基本尺寸允许偏差　　表 8.2.8

序号	项　目		长城杯标准（mm）	检查方法
1	轴线偏位	钢梁中线	8	用经纬仪测量
		两孔相邻横梁中线相对偏差	4	
2	梁底标高	墩台及跨中处梁底	±8	用水准仪测量
		两孔相邻横梁相对高差	4	
3	桥下净空		符合设计要求	用钢尺或塔尺量
4	涂膜厚度		不小于设计要求	用测厚仪量

注：梁板与支座必须密贴，不得有虚空现象。

8.2.9 钢柱、钢梯道和梯道平台安装质量应符
合表 8.2.9 规定。

钢柱安装的基本尺寸允许偏差　　表 8.2.9

序号	项　目	长城杯标准（mm）	检查方法
1	钢柱轴线对行、列定位轴线的偏移	≤4	用经纬仪测量

序号	项 目		长城杯标准（mm）	检查方法
2	柱顶标高		+8，－4	用水准仪测量
3	钢柱轴线的垂直度	$H^①$≤10m	≤8	用经纬仪或用垂线量
		H>10m	≤H/1000，但不大于20	
4	梯道平台高度		±10	用水准仪测量
5	梯道平台水平度		不得大于10^②	用水准仪测量
6	梯道侧向弯曲		不得大于8	拉线量
7	梯道轴线对定位轴线的偏移		≤4	用经纬仪测量
8	梯道栏杆高度和立杆间距		±10	用钢尺量
9	无障碍C形坡道和螺旋梯道高程		±10	用水准仪测量

注：①表中 H 为构筑物高度（mm）。

②应保证梯道平台不积水，雨水可由上向下流出梯道。

8.2.10 拱桥拱圈、腹拱和钢管拱安装偏差应符合表 8.2.10-1、表 8.2.10-2、表 8.2.10-3 规定。

拱圈安装允许偏差　　表 8.2.10-1

序号	项目	长城杯标准 (mm)		检查方法
1	轴线偏位	$L \leqslant 60m$	10	用经纬仪测量 拱脚、拱顶、$L/4$ 处
		$L > 60m$	$L/6000$	
2	高程	$L \leqslant 60m$	± 20	用水准仪测量 拱脚、拱顶、$L/4$ 处
		$L > 60m$	$\pm L/3000$	
3	对称点相对高差	$L \leqslant 60m$	20	用水准仪测量
		$L > 60m$	$L/3000$	
4	各拱肋相对高差	$L \leqslant 60m$	20	用水准仪测量 拱脚、拱顶、$L/4$ 处
		$L > 60m$	$L/3000$	
5	拱肋间距	± 10		用钢尺量 拱脚、拱顶、$L/4$ 处

注：表中 L 为拱桥跨径。

腹拱安装允许偏差　　表 8.2.10-2

序号	项　目	长城杯标准 (mm)	检查方法
1	轴线偏位	10	用经纬仪测量拱脚
2	拱顶高程	± 20	用水准仪测量
3	相邻块件高差	5	用钢尺量

钢管拱安装允许偏差　表 8.2.10-3

序号	项目	长城杯标准（mm）	检查方法
1	钢管直径	$\pm D/500$，且± 5	用钢尺量
2	钢管中距	± 5	用钢尺量
3	轴线偏位	$L/6000$	用经纬仪测量端、中、$L/4$处
4	拱顶、接头点高程	按设计规定	用水准仪测量
5	拱脚	± 20	
6	拱肋接缝错边	$\leqslant 0.2$壁厚，且$\leqslant 2$	用钢板尺和塞尺量
7	混凝土填充度	$>98\%$	用手锤检查或超声波检查

注：表中 D 为钢管直径（mm）；L 为拱桥跨径。

8.2.11 吊杆的制作与安装偏差应符合表 8.2.11 的规定。

吊杆的制作与安装允许偏差　表 8.2.11

序号	项目		长城杯标准（mm）	检查方法
1	吊杆长度		$\pm L/1000$，且± 10	用钢尺量
2	吊杆拉力		符合设计要求	用测力仪（器）检查各吊杆
3	吊点位置		10	用经纬仪测量
4	吊点高程	高程	± 10	用水准仪测量
		两侧高差	20	
5	吊杆锚固处防护		符合设计要求	观察

注：L 为吊杆长度。

8.2.12 斜拉桥钢筋混凝土索塔施工质量应符合
表 8.2.12 规定。

钢筋混凝土索塔施工质量标准　　表 8.2.12

序号	项目	长城杯标准（mm）	检查方法
1	地面处轴线偏位	8	用经纬仪测量
2	垂直度	塔高的 1/3000，符合设计要求	用经纬仪测量
3	断面尺寸	±15	用钢尺量
4	壁厚	±4	用钢尺量
5	拉索锚固点高程	±8	用水准仪测量
6	索管轴线偏位	8，且两端同向	用经纬仪测量
7	横梁断面尺寸	±8	用钢尺量
8	横梁顶面高程	±8	用水准仪测量
9	横梁轴线偏位	8	用经纬仪测量
10	壁厚	4	用钢尺量
11	预埋件位置	4	用经纬仪测量

注：L 为横梁长度。斜拉桥各表评定标准参照最新相关标准
制定。

8.2.13 斜拉索制作与防护应符合表 8.2.13
规定。

斜拉索制作与防护的允许偏差　　表 8.2.13

序号	项目		长城杯标准（mm）	检查方法
1	斜拉索长度	≤100m	±15	用钢尺量每根
		>100m	±1/5000 索长	
2	PE 防护厚度		+1.0，－0.5	用钢尺量每件
3	锚板孔眼直径 D		d<D<1.1d	用量规，每孔检查
4	镦头尺寸		镦头直径≥1.4d，镦头高度≥d	用游标卡尺，每种规格检查 10 个
3	冷铸填料强度	允许	不小于设计要求	试验机，每锚 3 个边长 30mm 试件
		极值	不小于设计规定 10%	
6	锚具附近密封处理		符合设计要求	观察，全部检查

注：d 为钢丝直径。

8.2.14 混凝土斜拉桥主墩上梁段结构应符合表 8.2.14 规定。

混凝土斜拉桥主墩上梁段的允许偏差　表 8.2.14

序号	项目		长城杯标准（mm）	检查方法
1	轴线偏位		跨径/10000	用全站仪检测纵桥向
2	顶面高程		±8	用钢尺量每件
3	断面尺寸	高度	+5，−8	用钢尺量，检查 2 个断面
		顶宽	±20	
		底宽或肋间宽	±15	
4	横坡（%）		±0.12	用水准仪，检查 1～3 处

8.2.15 斜拉桥主梁施工应符合表 8.2.15-1、表 8.2.15-2 的规定。

悬臂浇筑混凝土梁施工质量标准　表 8.2.15-1

序号	项目		长城杯标准（mm）	检查方法
1	轴线偏位	$L \leqslant 200m$	8	用经纬仪测量纵向
		$L > 200m$	$L/20000$	用经纬仪测量纵向
2	宽度		+4，−6	用钢尺量沿全长（L）端部和 $L/2$
3	长度		±8	用钢尺量顶板两侧

序号	项 目	长城杯标准 (mm)	检查方法
4	节段高差	4	用钢尺量底板宽度、两侧和中间
5	拉索索力	符合设计要求	用测力计量
6	索管轴线偏位	8	用经纬仪测量
7	横坡（%）	±0.12	用水准仪测量
8	平整度	6	用 2m 直尺量竖直、水平两个方向

注：L 为节段长度。

悬臂拼装混凝土梁施工质量标准　　表 8.2.15-2

序号	项 目	长城杯标准 (mm)	检查方法
1	轴线偏位	8	用经纬仪测量
2	节段高差	4	用钢尺量底板，宽度两侧和中间
3	预应力筋轴线偏位	8	用钢尺量
4	拉索索力	符合设计和施工控制要求	用测力计量
5	索管轴线偏位	8	用经纬仪测量

8.2.16 钢斜拉桥钢箱梁拼装架设应符合表 8.2.16 规定。

钢箱梁拼装架设允许偏差 表 8.2.16

序号	项目	长城杯标准 (mm)		检查方法
1	轴线偏位	$L \leqslant 200m$	8	用经纬仪测量
		$L > 200m$	$L/20000$	
2	拉索索力	符合设计和施工控制要求		用测力计量
3	梁锚固点高程或梁顶高程	$L \leqslant 200m$	± 15	用水准仪测量每个锚固点或梁段两端中点
		$L > 200m$	$\pm L/10000$	
4	梁顶水平度	15		用水准仪测量梁顶四角
5	相邻节段匹配高差	1.5		用钢尺量每段

注：L 为跨径。

8.2.17 结合梁斜拉桥的工字梁悬臂拼装应符合表 8.2.17 规定。

结合梁斜拉桥工字梁悬臂拼装允许偏差　表 8.2.17

序号	项　目		长城杯标准（mm）	检查方法
1	轴线偏位	$L \leqslant 200m$	8	用经纬仪测量
		$L > 200m$	$L/20000$	
2	拉索索力		符合设计要求	用测力计检查每索
3	锚固点高程或梁顶高程	梁段	满足施工控制要求	用水准仪测量每个锚固点或梁段两端中点
		两主梁高差	8	

注：L 为分段长度。

8.2.18 结合梁斜拉桥的混凝土板施工质量应符合表 8.2.18 规定。

结合梁斜拉桥的混凝土板允许偏差　表 8.2.18

序号	项　目		长城杯标准（mm）	检查方法
1	混凝土板宽度		±12	用钢尺量，沿全长（L）端部和 $L/2$
2	高程	$L \leqslant 200m$	±15	用水准仪，每跨量测 5～15 处
		$L > 200m$	$\pm L/10000$	
3	横坡（%）		±0.12	用水准仪，每跨量测 3～8 个断面

注：L 为分段长度。

8.2.19 人行天桥桥面塑胶铺装面层允许偏差应符合表 8.2.19 规定。

人行天桥桥面塑胶铺装面层允许偏差 　 表 8.2.19

序号	项　目	长城杯标准 (mm)	检查方法
1	厚度	不小于设计要求	取样法: 按 GB/T 14833 附录 B
2	平整度	±3	用 3m 直尺检查
3	坡度	符合设计要求	用坡度尺量
4	拉伸强度（MPa）	≥0.7	按 GB/T 14833 标准 5.6 测定
5	扯断伸长率	≥90%	

注: 人行天桥桥面、梯道、梯道平台表面不得积水, 雨水可由上向下自流排出。

8.2.20 伸缩缝安装允许偏差应符合表 8.2.20 的规定。

伸缩装置的安装允许偏差 　 表 8.2.20

序号	项　目	长城杯标准 (mm)	检查方法
1	顺桥平整度	符合道路标准	按道路检验标准检测
2	相邻板差	≤1.5	用钢尺量取最大值
3	缝宽	符合设计要求	用钢尺量缝宽, 任意选点
4	与桥面高差	≤1.5	用平尺和钢板尺量
5	长度	符合设计要求	用钢尺量

8.2.21 地袱、缘石、挂板允许偏差应符合表
8.2.21 规定。

地袱、缘石、挂板允许偏差　表 8.2.21

序号	项目		长城杯标准（mm）	检查方法
1	断面尺寸	宽	±2.5	用钢尺量
		高		
2	长度		0，－8	用钢尺量
3	侧向弯曲		≤L/750	沿构件全长拉线量取最大矢高
4	直顺度		≤4	用10m小线量取最大值
5	相邻板块高差		≤3	用钢尺量

注：L为构件长度。

8.2.22 防撞护栏、隔离墩允许偏差应符合表
8.2.22 的规定。

防撞护栏、隔离墩允许偏差　表 8.2.22

序号	项目	长城杯标准（mm）	检查方法
1	直顺度	≤4	用20m线和钢尺检查
2	平面偏位	3	用经纬仪、钢尺拉线检查
3	断面尺寸	±4	用钢尺量
5	相邻高差	≤2.5	用钢尺量
6	顶面高程	±8	用水准仪检测

8.2.23 栏杆、扶手安装允许偏差应符合表 8.2.23 规定。

栏杆、扶手允许偏差　　　表 8.2.23

序号	项　目		长城杯标准（mm）	检查方法
1	断面尺寸		±3	用钢尺量
2	长度		0, -8	用钢尺量
3	直顺度	扶手	≤3	用 10m 小线量取最大值
4	垂直度	栏杆柱	2.5	用垂线检验顺、横桥轴方向
5	栏杆间距		±2.5	用钢尺量
6	相邻栏杆扶手高差	有柱	3	
		无柱	2	
7	栏杆平面偏位		3	用钢尺拉线检查

8.2.24 桥梁整体检测应符合表 8.2.24 规定。

桥梁总体检测允许偏差　　　表 8.2.24

序号	项　目		长城杯标准（mm）	检查方法
1	桥梁轴线位移		8	用经纬仪或全站仪检测
2	桥宽	车行道	±8	用钢尺量每孔 3 处
		人行道		

序号	项　目	长城杯标准（mm）	检查方法
3	长度	＋150，－80	用测距仪量
4	引道中线与桥梁中线偏差	±15	用经纬仪或全站仪检测
5	桥头高程衔接	±3	用水准仪测量
6	桥下净空	符合设计要求	用钢尺、塔尺量或用水准仪测量

注：1. 序号 3 长度为桥梁总体检测长度。受桥梁形式、环境温度、伸缩缝位置等因素的影响，实际检测中通常检测两条伸缩缝之间的长度，或多余伸缩缝之间的累加长度。

2. 连续梁、结合梁两条伸缩缝之间长度允许偏差为±15mm。

8.3 厂（场）站工程质量评审标准

8.3.1 外装修装饰工程施工质量允许偏差应符合表 8.3.1 的规定。

外装修装饰工程施工质量允许偏差　　表 8.3.1

序号	项　目		长城杯标准（mm）	检查方法
1	大角垂直度		H/100 且不大于 20	用经纬仪、吊线、钢尺量
2	墙面	平整度（层）	≤3	2m 托线板，用钢板尺量
		垂直度（层）	≤3	2m 靠尺，用塞尺量
3	阴阳角	垂直度（层）	≤3	
		方正（层）	≤3	用方尺、塞尺量
4	分格条（槽）平直度		≤3	拉线，用钢板尺量
5	门窗口位移（上下层竖向）		≤5	拉线，用钢板尺量
6	阳台位移（上下层竖向）		≤5	拉线，用钢板尺量
7	台阶、楼梯、踏步宽、高尺寸		±3	用钢尺量
8	墙裙、勒脚上口平直度		≤3	用钢尺量
9	饰面砖粘结强度		≥0.40MPa	面砖拉拔检测报告

注：表中 H 为构筑物高度（mm）。

8.3.2 内装修装饰工程施工质量允许偏差应符合表8.3.2的规定。

内装修装饰工程施工质量允许偏差　　　表8.3.2

序号	项　目		长城杯标准（mm）	检查方法
1	室内净高、宽尺寸		±5	用钢尺量
2	普通装修墙面、顶面平直度（高级）		≤3（2）	2m靠尺，用塞尺量
3	墙面、阴阳角垂直度		≤3	2m托线板，用钢板尺量
4	阴阳角方正		≤2	用方尺、塞尺量
5	分格线（缝）平直度		≤2	拉线，用钢尺量
6	饰面板（砖）装贴	表面平整度	≤2	2m靠尺，用塞尺量
		接缝平直度	≤1	拉线，用钢尺量
		接缝平整度	≤0.5	用钢板尺、塞尺量
		接缝宽度（纵、横缝）	≤0.5	用钢尺量
		上、下接口平直	≤1	拉线，用钢尺量
		阴阳角方正	≤2	用方尺量

序号	项目		长城杯标准（mm）	检查方法
7	地面	现浇水泥、水磨石地面平整度	≤2	2m靠尺、塞尺量
		木、塑地面平整度	≤1	—
		板块铺设地面平整度	≤2	—
		板块缝格平直度	≤1	拉线5m，用钢尺量
		接缝高低差	≤0.5	用钢直尺、塞尺量
8	台阶、楼梯踏步宽、高尺寸		≤3	用钢尺量
9	栏杆、扶手、护栏	垂直度、高度	≤2	吊线，用钢尺量
		栏杆间距	≤3	用钢尺量
		扶手直线度	≤2	拉线，用钢尺量
10	护墙、踢脚板上口平直度		≤1	拉线5m，用钢尺量

8.3.3 电气、自动控制系统安装工程施工质量允许偏差应符合表 8.3.3 的规定。

电气、自动控制系统安装工程
施工质量允许偏差   表 8.3.3

序号	项目		长城杯标准 （mm）	检查方法
1	明配管	支架间距	≤25	用钢尺量
		垂直度、平直度 （每 2m）	≤2.5	吊线，用钢尺量
2	线槽垂直度、平直度		长度的 2/1000， 全长 20	吊线，用钢尺量
3	自控系统 配电柜箱 （盘）	垂直度 （每 m）	1.2/1000	吊线，用钢尺量
		成排盘面 平整度	≤4	挂线，用钢尺、 塞尺量
		盘间接缝	≤2	
4	开关 插座	并列高度差	≤0.5	用钢尺量
		同一场所 高度差	≤5	用钢尺量
		板面垂直度	≤0.5	吊线，用钢尺量
5	成排灯具中心线偏移		≤5	拉线，用钢尺量
6	烟感探头、喷淋头 中心线偏移		≤5	拉线，用钢尺量
7	电梯平层 准确度	v≤0.63m/s	±12	用钢尺量
		0.63m/s$<v$ ≤1.0m/s	±24	用钢尺量
		其他调速电梯	±12	用钢尺量

8.4 管（隧）道工程质量评审标准

8.4.1 管（隧）道工程施工质量允许偏差应符合表 8.4.1 规定。

管（隧）道工程施工质量允许偏差　　表 8.4.1

序号	项　目			长城杯标准（mm）	检查方法
1	外观尺寸	现浇混凝土	梁、板、柱 长、宽、高	±7	用钢尺量
			墩台、墙 宽、高	+10，−7	用钢尺量
			长	±15	用钢尺量
			隧洞 内径	±25	用钢尺量
			坡底高程	±10	用水准仪测量
		浆砌石墙 厚度		+20，−10	用钢尺量
2	顺直度	现浇混凝土		10	用钢尺量
		预制混凝土板护坡，护底		10	用钢尺量
		联锁板安装		13	用钢尺量
		人行步道		7	用钢尺量
		预制帽石		7	用钢尺量
		浆砌石墙水平缝		8	用钢尺量
		隧洞中心线		10	用钢尺量

序号	项　目		长城杯标准（mm）	检查方法
3	平整度	现浇混凝土		8	用2m靠尺、塞尺量
		干、浆砌石护坡,护底	干砌石	40	用2m靠尺、塞尺量
			浆砌石	25	用2m靠尺、塞尺量
		预制板护坡,护底	护坡	7	用2m靠尺、塞尺量
			护底	10	用2m靠尺、塞尺量
		联锁板安装		10	用2m靠尺、塞尺量
		砌砖(挡土墙)		7	用2m靠尺、塞尺量
		浆砌石墙(墩)		25	用2m靠尺、塞尺量
		人行步道		7	用2m靠尺、塞尺量
		隧洞		10	用2m靠尺、塞尺量

序号	项　目			长城杯标准（mm）	检查方法
4	垂直度	现浇混凝土		$0.6\%H$，且<15	用垂球、钢尺量
		砌砖（挡土墙）		$0.5\%H$，且<1.5	用垂球、钢尺量
		浆砌石墙（墩）	块石	25	用垂球、钢尺量
			料石	20	用垂球、钢尺量
5	台阶	宽度		±10	用钢尺量
		高度		±10	用钢尺量
		顺直度		10	用钢尺量
6	栏杆	混凝土或石栏杆	截面尺寸	±5	用钢尺量
			顺直度	6	用钢尺量
			垂直度	5	用垂球、钢尺量
		金属栏杆	顺直度	4	用钢尺量
			垂直度	4	用垂球、钢尺量
7	启闭机梁、柱、排架	截面尺寸		±5	用钢尺量
		垂直度		$0.4\%H$，且<20	用垂球、钢尺量

注：表中 H 为构筑物高度（mm）。

8.4.2 井室（检查井、闸井、阀井）工程施工质量允许偏差应符合表8.4.2规定。

井室工程施工质量允许偏差　表 8.4.2

序号	项　目		长城杯标准（mm）	检查方法
1	井室尺寸	长、度	±10	用钢尺量
2		直径		
3	井口高程	绿地、非路面	±10	用水准仪测量
4		路面	≤3	用水准仪测量
5	井底高程	D≤1000	±5	用水准仪测量
6		D>1000	±10	
7	爬梯或踏步安装	水平及垂直间距、外露长度	±10	用钢尺量偏差较大值

注：表中 D 为管道直径（mm）。

8.5　轨道交通工程质量评审标准

8.5.1 混凝土工程施工质量允许偏差应符合表8.5.1的规定。

混凝土工程施工质量允许偏差 表 8.5.1

序号	项 目		长城杯标准（mm）	检查方法
1	轴线位置	基础	10	用钢尺量
		独立基础	10	
		墙、柱、梁	10	
2	垂直度	墩台	5	用经纬仪、吊线、钢尺量
		柱	8	
		墙	5	
3	标高	层高	±5	用经纬仪测量
		全高	±30	
3	截面尺寸	基础墙、宽、高	±5	用钢尺量
		柱、墙、梁宽、高	±3	
5	表面平整度		3	用2m靠尺、塞尺量
6	角、线顺直度		3	拉线、用钢尺量
7	保护层厚度	基础	±5	用钢筋位置及保护层厚度测量仪检测
		柱、梁、墙、板	+5、−3	
8	楼梯踏步板宽度、高度		±3	用钢尺量
9	预留孔、洞中心线位置		10	用钢尺量
10	预埋螺栓	中心线位置	3	用钢尺量
		螺栓外露长度	+5、−0	

8.5.2 钢结构安装工程施工质量允许偏差应符合表 8.5.2 的规定。

钢结构安装允许偏差　　　　表 8.5.2

序号	项　目		长城杯标准 （mm）	检查方法
1	定位轴线	基础上柱高	1	用经纬仪， 钢尺量
		杯口位置	5	
		地脚螺栓 （锚栓）移位	1	
		底层柱对 定位轴线	2	
2	标高	支承面、 地脚锚栓	2	用水准仪测量
		坐浆垫板 顶面	0，−3	
		杯口底面	0，−3	
		基础上柱底	±2	
3	垂直度	杯口、单节柱	8	用经纬仪， 挂线、 钢尺量
		单层结构跨中	10	
		多层整体结构	20	

序号	项　目		长城杯标准 （mm）	检查方法
4	网架结构 安装	支承面顶板 位置	10	用水准仪， 钢尺量
		支座锚栓 中心偏移	±5	
		支座中心偏移	≤20	
		纵、横向长度	±20	
		相邻支座高差 （周边）	≤10	
5	压金属 安装	檐口与屋脊 平行度	10	用钢尺量
		檐口相邻板 端错位	5	
		墙板包角板 垂直度	≤20	
		墙板相邻板 下端错位	5	
6	现场焊缝组 对间隙	无垫板间隙	0，+3	用钢板尺量
		有垫板间隙	0，+3	

8.5.3 砌体工程质量允许偏差，应符合表8.5.3的规定。

砌体工程允许偏差 表8.5.3

序号	项 目			长城杯标准（mm）	检查方法
1	轴线位置			10	用经纬仪、钢尺量
2	标高	基础顶面		±10	用水准仪或拉线钢尺量
		楼面		±15	
3	垂直度	每层		5	用经纬仪、吊线、钢尺量
		全高	≤10m	8	
			>10m	15	
4	表面平整度	清水墙、柱		5	用2m靠尺，塞尺量
		混水墙、柱		5	
5	门窗洞口	高、宽度		±5	用钢尺量
		上下口偏移		10	
6	灰缝	清水墙水平缝		5	拉线、用钢板尺量

8.5.4 外装饰装修工程质量允许偏差，应符合表8.5.4的规定。

外装饰装修工程质量允许偏差　　表 8.5.4

序号	项　目		长城杯标准（mm）	检查方法
1	大角垂直度	单层、多层	$H/100$ 且不大于 10	用经纬仪、吊线、钢板尺量
2	墙面	平整度（层）	3	用 2m 靠尺、塞尺量
		垂直度（层）	3	
3	阴阳角	垂直度（层）	3	用 2m 托线板、钢板尺量
		方正（层）	3	用方尺、塞尺
4	分格条（槽）平直度		3	拉线、用钢板尺量
5	门窗口位移（上下层竖向）		5	拉线、用钢板尺量
6	台阶、楼梯踏步宽、高尺寸		±3	用钢尺量
7	墙裙、勒脚上口平直度		3	用钢尺量
8	饰面砖粘结强度		≥0.40MPa	面砖拉拔检测报告

注：表中 H 为构筑物高度（mm）。

8.5.5 内装饰装修工程质量允许偏差，应符合表 8.5.5 的规定。

内装修装饰工程质量允许偏差　　　表 8.5.5

序号	项　目		长城杯标准（mm）	检查方法
1	净高、宽尺寸		±5	用 2m 靠尺、塞尺量
2	普通装修墙面、顶面平整度（高级）		3（2）	用 2m 托线板、钢板尺量
3	墙面、阴阳角垂直度		3	用方尺、塞尺量
4	阴阳角方正		2	拉线、用钢板尺量
5	分格线（缝）平直度		2	用 2m 靠尺、塞尺量
6	饰面板（砖）装贴	表面平整度	2	用 2m 靠尺、塞尺量
		接缝平直度	1	拉线、用钢板尺量
		接缝平整度	0.5	用钢板尺、塞尺量
		接缝宽度（纵横缝）	0.5	用钢板尺量
		上、下接口平直	1	拉线、用钢板尺量
		阴阳角方正	2	用方尺、塞尺量

序号	项 目		长城杯标准（mm）	检查方法
7	阴阳角	现浇水泥、水磨石地面平整度	2	用2m靠尺、塞尺量
		木、塑地面平整度	1	
		板块铺设地面平整度	2	
		板块缝格平直度	1	拉线5m、用钢板尺量
		接缝高低差	0.5	用钢直尺、塞尺量
8	台阶、楼梯踏步宽、高尺寸		3	用钢尺量
9	栏杆扶手护栏	垂直度、高度	2	吊线、用钢尺量
		栏杆间距	3	用钢尺量
		扶手直线度	2	拉线、用钢尺量
10	护墙、踢脚板上口平直度		1	拉线5m、用钢板尺量

8.5.6 电气安装工程施工质量允许偏差应符合表8.5.6的规定。

电气安装工程施工质量允许偏差　表8.5.6

序号	项　目		长城杯标准（mm）	检查方法
1	明配管	支架间距	25	用钢尺量
		垂直度、平直度（每2m）	2.5	吊线、用钢尺量
2	线槽垂直度、平直度		长度的2/1000全长20	吊线、用钢尺量
3	配电柜	垂直度（每m）	1.2/1000	吊线、用钢尺量
	箱盘	成排盘面平整度	4	拉线、用钢尺、塞尺量
		盘间接缝	2	
4	开关插座	并列高度差	0.5	用钢板尺量
		同一场所高度差	5	用钢尺量
		板面垂直度	0.5	吊线、用钢板尺量
5	成排灯具中心线偏移		5	拉线、用钢尺量
6	烟感探头、喷淋头中心线偏移		5	拉线、用钢尺量
7	电梯平层准确度	$v \leqslant 0.63\text{m/s}$	±12	用钢尺量
		$0.63\text{m/s} < v \leqslant 1.0\text{m/s}$	±24	用钢尺量
		其他调速电梯	±12	用钢尺量

8.5.7 设备安装工程质量允许偏差，应符合表8.5.7的规定。

设备安装工程质量允许偏差 表 8.5.7

序号	项　目		长城杯标准（mm）	检查方法
1	水平管道安装弯曲度（每 m）	钢管	1	用钢板尺量
		铸铁管	1.5	
2	立管安装垂直度（每 m）		2	吊线、用钢板尺量
3	平行距墙面		≤10	用钢尺量
4	套管出地面高度差		±5	用钢尺量
5	套管穿墙及中心偏差		±2	用钢尺量
6	弯管褶皱不平度		4	用外卡钳、钢尺量
7	管道甩口坐标高差		±5	拉线、吊线、用钢尺量
8	成排器具水平度		2	拉线、用钢尺量
9	器具及附属设备	坐标	−10	拉线、吊线、用钢尺量
		标高	±4	
10	保温层表面平整度	卷材	5	用靠尺、塞尺量
		涂装	8	

8.5.8 通风与空调安装工程施工质量允许偏差应符合表 8.5.8 的规定。

通风与空调安装工程施工质量允许偏差 表 8.5.8

序号	项目		长城杯标准（mm）	检查方法
1	风管安装	水平度（每 2m）	2/1000	拉线、用钢尺量
		垂直度（每 2m）	1.5/1000	吊线、用钢尺量
		总偏差	15	拉线、用钢尺量
2	风口安装	水平度	2/1000	拉线、用钢尺量
		垂直度	1.5/1000	用钢尺量
3	风机安装	中心线、平面、位移	8	用钢尺量
		标高	±8	用钢尺量
4	保温层表面平整度		5	用靠尺、塞尺量

本章参考文献

《市政基础设施长城杯工程质量评审标准》DB11/T 514—2008

9 燃气输配工程

本章适用于城镇燃气设计压力不大于4.0MPa的新建、改建和扩建输配工程的施工及验收。

9.1 土方工程

9.1.1 开槽

1. 管道沟槽应按设计规定的平面位置和标高开挖。当采用人工开挖且无地下水时,槽底预留值宜为 0.05~0.10m;当采用机械开挖或有地下水时,槽底预留值应不小于 0.15m;管道安装前应人工清底至设计标高。

2. 管沟沟底宽度和工作坑尺寸,应根据现场实际情况和管道敷设方法确定,也可按下列要求确定:

单管沟底组装按表 9.1.1-1 确定。

3. 在无地下水的天然湿度土壤中开挖沟槽时,如沟深不超过表 9.1.1-2 的规定,沟壁可不设边坡。

沟底宽度尺寸 表 9.1.1-1

管道公称 管径 (mm)	50 ~ 80	100 ~ 200	250 ~ 350	400 ~ 450	500 ~ 600	700 ~ 800	900 ~ 1000	1100 ~ 1200	1300 ~ 1400
沟底宽度 (m)	0.6	0.7	0.8	1.0	1.3	1.6	1.8	2.0	2.2

不设边坡沟槽深度 表 9.1.1-2

土壤名称	沟槽深度 (m)	土壤名称	沟槽深度 (m)
填实的砂土 或砾石土	≤1.00	黏土	≤1.50
亚砂土或亚黏土	≤1.25	坚土	≤2.00

4. 当土壤具有天然湿度、构造均匀、无地下水、水文地质条件良好且挖深小于 5m，不加支撑时，沟槽的最大边坡率可按表 9.1.1-3 确定。

深度在 5m 以内的沟槽最大边坡率
（不加支撑） 表 9.1.1-3

土壤名称	边坡率 (1:n)		
	人工开挖并将 土抛于沟边上	机械开挖	
		在沟底挖土	在沟边上挖土
砂土	1:1.00	1:0.75	1:1.00

土壤名称	边坡率（1：n）		
	人工开挖并将土抛于沟边上	机 械 开 挖	
		在沟底挖土	在沟边上挖土
亚砂土	1：0.67	1：0.50	1：0.75
亚黏土	1：0.50	1：0.33	1：0.75
黏 土	1：0.33	1：0.25	1：0.67
含砾土卵石土	1：0.67	1：0.50	1：0.75
泥炭岩白垩土	1：0.33	1：0.25	1：0.67
干黄土	1：0.25	1：0.10	1：0.33

注：1. 如人工挖土抛于沟槽上即时运走，可采用机械在沟底挖土的坡度值。

2. 临时堆土高度不宜超过 1.5m，靠墙堆土时，其高度不得超过墙高的1/3。

5. 局部超挖部分应回填压实。当沟底无地下水时，超挖在 0.15m 以内，可用原土回填；超挖在 0.15m 以上，可用石灰土处理。当沟底有地下水或含水量较大时，应用级配砂石或天然砂回填至设计标高。超挖部分回填后应压实，其密实度应接近原地地基天然土的密实度。

6. 在湿陷性黄土地区，不宜在雨期施工，或在施工时切实排除沟内积水，开挖时应在槽底预留 0.03～0.06m 厚的土层进行压实处理。

7. 沟底遇有废弃构筑物、硬石、木头、垃圾等杂物时必须清除，然后铺一层厚度不小于0.15m的砂土或素土，并整平压实至设计标高。

9.1.2　回填与路面恢复

1. 不得用冻土、垃圾、木材及软性物质回填。管道两侧及管顶以上 0.5m 内的回填土，不得含有碎石、砖块等杂物，且不得用灰土回填。距管顶 0.5m 以上的回填土中的石块不得多于 10%，直径不得大于 0.1m 且均匀分布。

2. 沟槽的支撑应在管道两侧及管顶以上 0.5m 回填完毕并压实后，在保证安全的情况下进行拆除，并以细砂填实缝隙。

3. 回填土应分层压实，每层虚铺厚度 0.2～0.3m，管道两侧及管顶以上 0.5m 内的回填土必须采用人工压实，管顶 0.5m 以上的回填土可采用小型机械压实，每层虚铺厚度宜为 0.25～0.4m。

4. 回填土压实后，应分层检查密实度，并做好回填记录。沟槽各部位的密实度应符合下列要求（图 9.1.2）：

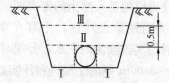

图 9.1.2　回填土断面图

（1）对（Ⅰ）、（Ⅱ）区部位，密实度不应小于 90%；

（2）对（Ⅲ）区部位，密实度应符合相应地面对密实度的要求。

9.1.3 警示带敷设

1. 埋设燃气管道的沿线应连续敷设警示带。警示带敷设前应对敷设面压实，并平整地敷设在管道的正上方，距管顶的距离宜为 0.3～0.5m，但不得敷设于路基和路面里。

2. 警示带平面布置可按表 9.1.3 规定执行。

警示带平面布置 表 9.1.3

管道公称管径（DN）	≤400	>400
警示带条数	1	2
警示带间距（mm）	—	150

3. 警示带宜采用黄色聚乙烯等不易分解的材料，并印有明显、牢固的警示语，字体不宜小于 100mm×100mm。

9.1.4 管道路面标志设置

1. 当燃气管道设计压力大于或等于 0.8MPa 时，管道沿线宜设置路面标志。

对混凝土和沥青路面，宜使用铸铁标志；对人行道和土路，宜使用混凝土方砖标志；对绿化带、荒地和耕地，宜使用钢筋混凝土桩标志。

2. 路面标志应设置在燃气管道的正上方，并能正确、明显地指示管道的走向和地下设施。设置位置应为管道转弯处、三通、四通处、管道末端等，直线管段路面标志的设置间隔不宜大于 200m。

9.2 管道、设备的装卸、运输和存放

管道、设备应平放在地面上，并应采用软质材料支撑，离地面的距离不应小于 30mm，支撑物必须牢固，直管道等长物件应作连续支撑。

9.3 钢质管道及管件的防腐

管道及管件防腐前应逐根进行外观检查和测量，并应符合下列规定：

（1）钢管弯曲度应小于钢管长度的 0.2%，椭圆度应小于或等于钢管外径的 0.2%。

（2）管道表面局部凹凸应小于 2mm。

9.4 室外埋地钢管敷设

9.4.1 管道焊接

1. 氩弧焊时，焊口组对间隙宜为 2～4mm。

其他坡口尺寸应符合现行国家标准《现场设备、工业管道焊接工程施工规范》GB 50236 的规定。

2. 不应在管道焊缝上开孔。管道开孔边缘与管道焊缝的间距不应小于 100mm。当无法避开时，应对以开孔中心为圆心，1.5 倍开孔直径为半径的圆中所包容的全部焊缝进行 100％射线照相检测。

3. 设计文件规定焊缝系数为 1 的焊缝或设计要求进行 100％内部质量检验的焊缝，其外观质量不得低于现行国家标准《现场设备、工业管道焊接工程施工规范》GB 50236 要求的Ⅱ级质量要求；对内部质量进行抽检的焊缝，其外观质量不得低于现行国家标准《现场设备、工业管道焊接工程施工规范》GB 50236 要求的Ⅲ级质量要求。

4. 焊缝内部质量应符合下列要求：

（1）设计文件规定焊缝系数为 1 的焊缝或设计要求进行 100％内部质量检验的焊缝，焊缝内部质量射线照相检验不得低于现行国家标准《钢管环缝熔化焊对接接头射线透照工艺和质量分级》GB/T 12605 中的Ⅱ级质量要求；超声波检验不得低于现行国家标准《钢焊缝手工超声波探伤方法和探伤结果分级》GB 11345 中的Ⅰ级质量要求。当采用 100％射线照相或超声波检测方法时，还应按设计的要求进行超声波或射线照相复查。

（2）对内部质量进行抽检的焊缝，焊缝内部质量射线照相检验不得低于现行国家标准《钢管环缝熔化焊对接接头射线透照工艺和质量分级》GB/T 12605 中的Ⅲ级质量要求；超声波检验不得低于现行国家标准《钢焊缝手工超声波探伤方法和探伤结果分级》GB 11345 中的Ⅱ级质量要求。

5. 焊缝内部质量的抽样检验应符合下列要求：

（1）管道内部质量的无损探伤数量，应按设计规定执行。当设计无规定时，抽查数量不应少于焊缝总数的 15%，且每个焊工不应少于一个焊缝。抽查时，应侧重抽查固定焊口。

（2）对穿越或跨越铁路、公路、河流、桥梁、有轨电车及敷设在套管内的管道环向焊缝，必须进行 100% 的射线照相检验。

（3）当抽样检验的焊缝全部合格时，则此次抽样所代表的该批焊缝应为全部合格；当抽样检验出现不合格焊缝时，对不合格焊缝返修后，应按下列规定扩大检验：

1）每出现一道不合格焊缝，应再抽查两道该焊工所焊的同一批焊缝，按原探伤方法进行检验。

824

2) 如第二次抽检仍出现不合格焊缝，则应对该焊工所焊全部同批的焊缝按原探伤方法进行检验。对出现的不合格焊缝必须进行返修，并应对返修的焊缝按原探伤方法进行检验。

3) 同一焊缝的返修的次数不应超过 2 次。

9.4.2 法兰连接

1. 设计压力大于或等于 1.6MPa 的管道使用的高强度螺栓、螺母应按以下规定进行检查：

（1）螺栓、螺母应每批各取 2 个进行硬度检查；若有不合格，需加倍检查；如仍有不合格则应逐个检查，不合格者不得使用。

（2）硬度不合格的螺栓应取该批中硬度值最高、最低的螺栓各 1 只，校验其机械性能；若不合格，再取其硬度最接近的螺栓加倍校验；如仍不合格，则该批螺栓不得使用。

2. 法兰与管道组对应符合的要求为：法兰端面应与管道中心线相垂直，其偏差值可用角尺和钢尺检查，当管道公称直径小于或等于 300mm 时，允许偏差值为 1mm；当管道公称直径大于 300mm 时，允许偏差值为 2mm。

3. 法兰应在自由状态下安装连接，并应符合下列要求：

（1）法兰连接时应保持平行，其偏差不得大于法兰外径的 1.5‰，且不得大于 2mm，不得采用紧螺栓的方法消除偏斜。

（2）法兰连接应保持同一轴线，其螺孔中心偏差一般不宜超过孔径的 5%，并应保证螺栓自由穿入。

（3）螺栓与螺孔的直径应配套，并使用同一规格螺栓，安装方向一致，紧固螺栓应对称、均匀，紧固适度，紧固后螺栓外露长度不应大于 1 倍螺距，且不得低于螺母。

（4）螺栓紧固后应与法兰紧贴，不得有楔缝。需要加垫片时，每个螺栓所加垫片每侧不应超过 1 个。

4. 法兰与支架边缘或墙面距离不宜小于 200mm。

9.4.3 钢管敷设

1. 燃气管道应按照设计图纸的要求控制管道的平面位置、高程、坡度，与其他管道或设施的间距应符合现行国家标准《城镇燃气设计规范》GB 50028 的相关规定。

管道在保证与设计坡度一致且满足设计安全距离和埋深要求的前提下，管道高程和中心线允许偏差应控制在当地规划部门允许的范围内。

2. 管道吊装时，吊装点间距不应大于 8m。吊装管道的最大长度不宜大于 36m。

3. 管道环焊缝间距不应小于管道的公称直

径，且不得小于150mm。

4. 当管道的纵断、水平位置折角大于 22.5°时，必须采用弯头。

5. 管道下沟前必须对防腐层进行100％的外观检查和电火花检漏；回填前应进行100％电火花检漏，回填后必须对防腐层完整性进行全线检查，不合格必须返工处理直至合格。

9.5 球墨铸铁管敷设

9.5.1 管道连接

1. 将管道的插口端插入到承口内，并紧密、均匀地将密封胶圈按进填密槽内，橡胶圈安装就位后不得扭曲。在连接过程中，承插接口环形间隙应均匀，其值及允许偏差应符合表 9.5.1-1 的规定。

承插口环形间隙及允许偏差　　　　表 9.5.1-1

管道公称直径（mm）	环形间隙（mm）	允许偏差（mm）
80～200	10	+3 −2
250～450	11	+4 −2
500～900	12	
1000～1200	13	

2. 应使用扭力扳手来检查螺栓和螺母的紧固力矩。螺栓和螺母的紧固扭矩应符合表9.5.1-2的规定。

螺栓和螺母的紧固扭矩　　表 9.5.1-2

管道公称直径（mm）	螺栓规格	扭矩（kgf·m）
80	M16	6
100~600	M20	10

9.5.2　铸铁管敷设

1. 管道最大允许借转角度及距离不应大于表9.5.2-1的规定。

管道最大允许借转角度及距离　　表 9.5.2-1

管道公称管径（mm）	80~100	150~200	250~300	350~600
平面借转角度（°）	3	2.5	2	1.5
竖直借转角度（°）	1.5	1.25	1	0.75
平面借转距离（mm）	310	260	210	160
竖向借转距离（mm）	150	130	100	80

注：上表适用于6m长规格的球墨铸铁管，采用其他规格的球墨铸铁管时，可按产品说明书的要求执行。

2. 采用2根相同角度的弯管相接时，借转距离应符合表9.5.2-2的规定。

弯管借转距离					表 9.5.2-2
管道公称直径（mm）	借高（mm）				
	90°	45°	22°30'	11°15'	1根乙字管
80	592	405	195	124	200
100	592	405	195	124	200
150	742	465	226	124	250
200	943	524	258	162	250
250	995	525	259	162	300
300	1297	585	311	162	300
400	1400	704	343	202	400
500	1604	822	418	242	400
600	1855	941	478	242	—
700	2057	1060	539	243	—

9.6 聚乙烯和钢骨架聚乙烯复合管敷设

9.6.1 一般规定

1. 管道连接前，应核对欲连接的管材、管件规格、压力等级；不宜有磕、碰、划伤，伤痕深度不应超过管材壁厚的 10%。

2. 管道连接应在环境温度-5～45℃范围内进行。当环境温度低于-5℃或在风力大于5级天气条件下施工时，应采取防风、保温措施等，并调整连接工艺。管道连接过程中，应避免强烈阳光直射而影响焊接温度。

3. 管材、管件从生产到使用之间的存放时间，黄色管道不宜超过1年，黑色管道不宜超过2年。超过上述期限时必须重新抽样检验，合格后方可使用。

9.6.2 聚乙烯管道敷设

1. 直径在90mm以上的聚乙烯燃气管材、管件连接可采用热熔对接连接或电熔连接。直径小于90mm的管材及管件宜使用电熔连接。聚乙烯燃气管道和其他材质的管道、阀门、管路附件等连接应采用法兰或钢塑过渡接头连接。

2. 热熔连接的焊接接头连接完成后，应进行100%外观检验及10%翻边切除检验，并应符合国家现行标准《聚乙烯燃气管道工程技术规程》CJJ 63的要求。

3. 聚乙烯燃气管道利用柔性自然弯曲改变走向时，其弯曲半径不应小于25倍的管材外径。

9.6.3 钢骨架聚乙烯复合管道敷设

1. 电熔连接后应进行外观检查，溢出电熔管件边缘的溢料量（轴向尺寸）不得超过表

9.6.3-1 的规定值。

电熔连接熔焊溢边量（轴向尺寸）

表 9.6.3-1

管道公称直径（mm）	50～300	350～500
溢出电熔管件边缘量（mm）	10	15

2. 套管内径应大于穿越管段上直径最大部位的外径加 50mm；混凝土套管内径应大于穿越管段上直径最大部位的外径加 100mm。套管内严禁法兰接口，并尽量减少电熔接口数量。

3. 合管上安装口径大于 100mm 的阀门、凝水缸等管路附件时，应设置支撑。

4. 管可随地形弯曲敷设，其允许弯曲半径应符合表 9.6.3-2 的规定。

复合管道允许弯曲半径（mm） 表 9.6.3-2

管道公称直径 DN（mm）	允许弯曲半径
50～150	$\geqslant 80DN$
200～300	$\geqslant 100DN$
350～500	$\geqslant 110DN$

9.7 管道附件与设备安装

9.7.1 一般规定

8.1.3 试验使用的压力表必须经校验合格，且在有效期内，量程宜为被测压力的 1.5～2.0 倍，阀门试验用压力表的精度等级不得低于 1.5 级。

8.1.8 凝水缸盖和阀门井盖面与路面的高度差应控制在 0～＋5mm 范围内。

9.7.2 阀门的安装

阀门安装时，与阀门连接的法兰应保持平行，其偏差不应大于法兰外径的 1.5‰，且不得大于 2mm。严禁强力组装，安装过程中应保证受力均匀，阀门下部应根据设计要求设置承重支撑。

9.7.3 补偿器的安装

填料式补偿器的安装应符合的要求为：应按设计规定的安装长度及温度变化，留有剩余的收缩量，允许偏差应满足产品的安装说明书的要求。

9.7.4 绝缘法兰的安装

安装前，应对绝缘法兰进行绝缘试验检查，其绝缘电阻不应小于 1MΩ；当相对湿度大于 60% 时，其绝缘电阻不应小于 500kΩ。

9.8 管道穿（跨）越

9.8.1 顶管施工

燃气管道的安装应符合的要求为：采用钢管

时，燃气钢管的焊缝应进行 100％的射线照相检验。

9.8.2 水下敷设

1. 施工前应做好的工作为：工程开工时，应在敷设管道位置的两侧水体各 50m 距离处设置警戒标志。

2. 测量放线应符合的要求为：水面管道轴线上以每隔 50m 左右抛设一个浮标标示位置。

3. 沟槽开挖应符合下列要求：

（1）沟槽宽度及边坡坡度应按设计规定执行；当设计无规定时，由施工单位根据水底泥土流动性和挖沟方法在施工组织设计中确定，但最小沟底宽度应大于管道外径 1m。

（2）水下沟槽挖好后，应做沟底标高测量。宜按 3m 间距测量，当标高符合设计要求后即可下管。若挖深不够应补挖；若超挖应采用砂或小块卵石补到设计标高。

4. 管道组装应符合的要求为：在岸上将管道组装成管段，管段长度宜控制在 50～80m。

9.8.3 定向钻施工

燃气管道安装应符合下列要求：

（1）燃气管道的焊缝应进行 100％的射线照相检查。

（2）燃气钢管敷设的曲率半径应满足管道强

度要求，且不得小于钢管外径的 1500 倍。

9.9　室外架空燃气管道的施工

9.9.1　管道支、吊架的安装

导向支架或滑动支架的滑动面应洁净平整，不得有歪斜和卡涩现象。其安装位置应从支承面中心向位移反方偏移，偏移量应为设计计算位移值的 1/2 或按设计规定。

9.9.2　管道安装

焊缝距支、吊架净距不应小于 50mm。

9.10　燃气场站

场站内的燃气管道安装完毕后必须进行吹扫和压力试验，并应符合的规定为：地上管道进行严密性试验时，试验压力应为设计压力，且不得小于 0.3MPa；试验时压力应缓慢上升到规定值，采用发泡剂进行检查，无渗漏为合格。

9.10.1　调压设施

调压站内管道安装应符合的要求为：焊缝、法兰与螺纹等接口，均不得嵌入墙壁或基础中。管道穿墙或穿基础时，应设置在套管内。焊缝与套管一端的距离不应小于 100mm。

9.10.2　液化石油气气化站、混气站

1. 管道及设备的焊接质量应符合下列要求：

（1）所有焊缝应进行外观检查；管道对接焊缝内部质量应采用射线照相探伤，抽检个数为对接焊缝总数的 25％，并应符合国家现行标准《压力容器无损检测》JB 4730 中的 Ⅱ 级质量要求；

（2）管道与设备、阀门、仪表等连接的角焊缝应进行磁粉或液体渗透检验，抽检个数应为角焊缝总数的 50％，并应符合国家现行标准《压力容器无损检测》JB 4730 中的 Ⅱ 级质量要求。

2. 试验及验收应符合的要求为：贮罐的水压试验压力应为设计压力的 1.25 倍，安全阀、液位计不应参与试压。试验时压力缓慢上升，达到规定压力后保持 0.5h，无泄漏、无可见变形、无异常声响为合格。

9.11　试验与验收

9.11.1　一般规定

1. 试验时应设巡视人员，无关人员不得进入。在试验的连续升压过程中和强度试验的稳压结束前，所有人员不得靠近试验区。人员离试验管道的安全间距可按表 9.11.1 确定。

安全间距   表 9.11.1

管道设计压力（MPa）	安全间距（m）
＞0.4	6
0.4～1.6	10
2.5～4.0	20

2. 在对聚乙烯管道或钢骨架聚乙烯复合管道吹扫及试验时，进气口应采取油水分离及冷却等措施，确保管道进气口气体干燥，且其温度不得高于 40℃；排气口应采取防静电措施。

9.11.2 管道吹扫

1. 管道吹扫应按下列要求选择气体吹扫或清管球清扫：

(1) 球墨铸铁管道、聚乙烯管道、钢骨架聚乙烯符合管道和公称直径小于 100mm 或长度小于 100m 的钢质管道，可采用气体吹扫。

(2) 公称直径大于或等于 100mm 的钢质管道，宜采用清管球进行清扫。

2. 管道吹扫应符合的要求为：吹扫压力不得大于管道的设计压力，且不应大于 0.3MPa。

3. 气体吹扫应符合下列要求：

(1) 吹扫气体流速不宜小于 20m/s。

(2) 吹扫口与地面的夹角应在 30°～ 45°之

间，吹扫口管段与被吹扫管段必须采取平缓过渡对焊，吹扫口直径应符合表 9.11.2 的规定。

吹扫口直径（mm） 表 9.11.2

末端管道公称直径 DN	DN<150	150≤DN ≤300	DN≥350
吹扫口公称直径	与管道同径	150	250

（3）每次吹扫管道的长度不宜超过 500m；当管道长度超过 500m 时，宜分段吹扫。

（4）当管道长度在 200m 以上，且无其他管段或储气容器可利用时，应在适当部位安装吹扫阀，采取分段储气，轮换吹扫；当管道长度不足 200m，可采用管段自身储气放散的方式吹扫，打压点与放散点应分别设在管道的两端。

（5）当目测排气无烟尘时，应在排气口设置白布或涂白漆木靶板检验，5min 内靶上无铁锈、尘土等其他杂物为合格。

9.11.3 强度试验

1. 强度试验前应具备的条件为：埋地管道回填土宜回填至管上方 0.5m 以上，并留出焊接口。

2. 管道应分段进行压力试验，试验管道分段最大长度宜按表 9.11.3-1 执行。

管道试压分段最大长度　表 9.11.3-1

设计压力 PN（MPa）	试验管段最大长度（m）
$PN \leqslant 0.4$	1000
$0.4 < PN \leqslant 1.6$	5000
$1.6 < PN \leqslant 4.0$	10000

3. 管道试验用压力计及温度记录仪表均不应少于两块，并应分别安装在试验管道的两端。

4. 试验用压力计的量程应为试验压力的 1.5～2 倍，其精度不应低于 1.5 级。

5. 强度试验压力和介质应符合表 9.11.3-2 的规定。

强度试验压力和介质　表 9.11.3-2

管道类型	设计压力 PN（MPa）	试验介质	试验压力（MPa）
钢管	$PN > 0.8$	清洁水	1.5PN
	$PN \leqslant 0.8$		1.5PN 且 $\geqslant 0.4$
球墨铸铁管	PN	压缩空气	1.5PN 且 $\geqslant 0.4$
钢骨架聚乙烯复合管	PN		1.5PN 且 $\geqslant 0.4$
聚乙烯管	PN（SDR11）		1.5PN 且 $\geqslant 0.4$
	PN（SDR17.6）		1.5PN 且 $\geqslant 0.2$

6. 水压试验时，试验管段任何位置的管道环向应力不得大于管材标准屈服强度的 90%。

架空管道采用水压试验前，应核算管道及其支撑结构的强度，必要时应临时加固。试压宜在环境温度5℃以上进行，否则应采取防冻措施。

7. 进行强度试验时，压力应逐步缓升，首先升至试验压力的50%，应进行初检，如无泄露、异常，继续升压至试验压力，然后宜稳压1h后，观察压力计不应小于30min，无压力降为合格。

9.11.4 严密性试验

1. 试验用的压力计应在校验有效期内，其量程应为试验压力的1.5～2倍，其精度等级、最小分格值及表盘直径应满足表9.11.4的要求。

试压用压力表选择要求 **表9.11.4**

量程 (MPa)	精度等级	最小表盘直径 (mm)	最小分格值 (MPa)
0～0.1	0.4	150	0.0005
0～1.0	0.4	150	0.005
0～1.6	0.4	150	0.01
0～2.5	0.25	200	0.01
0～4.0	0.25	200	0.01
0～6.0	0.1；0.16	250	0.01
0～10	0.1；0.16	250	0.02

2. 严密性试验介质宜采用空气，试验压力应满足下列要求：

(1) 设计压力小于 5kPa 时，试验压力应为 20kPa。

(2) 设计压力大于或等于 5kPa 时，试验压力应为设计压力的 1.15 倍，且不得小于 0.1MPa。

3. 试验时的升压速度不宜过快。对设计压力大于 0.8MPa 的管道试压，压力缓慢上升至 30％和 60％试验压力时，应分别停止升压，稳压 30min，并检查系统有无异常情况，如无异常情况继续升压。管内压力升至严密性试验压力后，待温度、压力稳定后开始记录。

4. 严密性试验稳压的持续时间应为 24h，每小时记录不应少于 1 次，当修正压力降小于 133Pa 为合格。

本章参考文献

《城镇燃气输配工程施工及验收规范》CJJ 33—2005

10 城市污水处理厂工程

10.1 验收基本规定

1. 污水处理厂工程的单位、分部、分项工程应按表10.1划分。

2. 工程验收申报制度按下列规定：

（1）申报工程主要部位验收，施工单位应预先24小时向监理和建设单位书面提出；

（2）申报单位工程验收，施工单位应预先10个工作日向监理和建设单位书面提出；

（3）申报设备安装工程验收，施工单位应预先10个工作日向监理和建设单位书面提出；

（4）申报污水处理厂工程交工验收，施工单位应预先一个月向监理和建设单位书面提出。

表 10.1

污水处理厂工程的单位、分部、分项工程划分表

单位工程 分部＼分项	构筑物工程	安装工程	厂区配套工程
（单位工程）	泵房、沉砂池、初沉淀池、曝气池、二次沉淀池、消化池、建筑物消化池、脱水机房（综合楼）、鼓风机房等	格栅间、进水泵房、二次沉淀池、曝气沉砂池、沉砂池机房、消化池、脱硫塔、沼气柜、钢炉间、加氯间、氧化沟、生物反应池、计量槽等	厂区道路、绿化、给水、排水、室内外照明等
地基和基础工程	土石方、搅拌桩地基、打（压）桩、灌注桩、基槽、混凝土垫层等	设备安装工程（分部）：起重机械、格栅除污机、水泵、鼓风机、搅拌设备、吸刮泥机、沼气柜、脱硫装置等	路槽软基处理、照明设施基础处理、混凝土基座等
主体工程	钢筋、模板、混凝土、构件安装、预制构件安装、预应力钢筋混凝土、砌砖、砌石、砌筑、钢结构制作、安装等	管线工程（分部）：各种工艺管线；电力管线、沼气管、空气管、污泥管、放空气管、热力管、给排水管线等	道路各结构层、面层、照明装置、接线和设施等

单位工程		安装工程	厂区配套工程
分项 分部	构筑物工程		
	泵房、沉砂池、初沉淀池、曝气池、二次沉淀池、消化池、建筑物（综合楼、脱水机房、鼓风机房等）	格栅间、进水泵房、曝气沉砂池、沉砂池、二次沉淀池、污泥泵房、鼓风机房、消化池、浓缩池、污泥控制室、脱水机房、脱硫塔、沼气柜、锅炉房、加氯间、生物反应池、氧化沟、计量槽等	厂区道路、排水、绿化、室内外照明等
附属工程	土建和设备安装连接部位及预留孔、预埋件等	电器装置工程（分部）	
		电力变压器、成套柜及二次回路接线、电机、配电盘、低压电器、起重机械电器装置、母线装置、电缆线路、架空配电线路、配线工程、电器照明装置、接地装置等	道路人行道、侧缘石、花砖、照收水井支管、开关整制、接绿化种植地、绿化种植等

843

单位工程 分项／分部	构筑物工程	安装工程	厂区配套工程
	泵房、沉砂池、初沉淀池、曝气池、二次沉淀池、消化池、建筑物（综合楼、脱水机房等）	格栅间、进水泵房、曝气沉砂池、沉砂池、二次沉淀池、鼓风泵房、污泥泵房、浓缩池、脱水机房、污泥控制室、消化池、沼气柜、锅炉房、加氯间、脱硫塔、沼气沟、计量槽间、氧化沟、生物反应池等	厂区道路、绿化、给水、室内外照明等
附属工程	土建和设备安装连接部位及预留孔、预埋件等	自动化仪表（分部）检测系统安装调试、调节系统安装调试、供电、供气、液表系统调试、仪表防爆和接地系统、仪表盘（箱、操作台）、仪表防护等	道路人行道、侧缘石、花砖、收水井支管、照明开关控制、接地、绿化种植等
功能性检查	气密性试验、满水试验等	管道压力试验、闭水试验、车、运行、联动试车等	道路弯沉检测等

10.2 施工测量

10.2.1 一般规定

工程测量检查数量应符合下列规定：

(1) 厂区基线及主轴线，应在基线上检查至少三条轴线及其轴线距离；

(2) 厂区基线及主轴线角度，测量至少四个测角，其闭合差应达到相关规范要求；

(3) 厂区水准高程控制点，应至少观测两组，每组三点的闭合差应达到相关规范要求。

10.2.2 厂区总平面控制

1. 厂区总平面测量的检验项目：主轴线的测量设置点不少于 3 个。

2. 总平面的测量控制必须进行测角、量距、平差调整。坐标基线和轴线的丈量回数、测距仪测回数、方向角观测回数，应符合表 10.2.2 的规定。

丈量、测距、方向角测回数　　　　　　表 10.2.2

等级	丈量回数		测距仪测回数		方向角观测回数	
	轴线	基线	轴线	基线	J_1	J_2
Ⅱ	3	4	4	6	12	
Ⅲ	2	3	3	5	9	12
Ⅳ	1	2	2	4		4

检验方法：检查测量记录。

10.2.3　单位工程平面控制

1. 平面位置及方向桩应对主要的大型建筑物控制的边线上加设直线点，点间距不宜大于 10m。

检验方法：（1）检查放线大样图和放线记录；

（2）用直角坐标法量测距离。

2. 平面控制中心点交汇误差应不大于 ±5mm。

检验方法：检查测量放线图及放线复测记录。

10.2.4　高程测量控制

1. 设计提供的水准点复测应符合 ± 12 $(L_i)^{0.5}$mm[L_i——为两点封闭直线，km]的闭合要求，厂内设置的水准点复测应符合 ± 20 $(L)^{0.5}$mm（L——为环线长度，km）的闭合要求。

检验方法：检查测量复核记录。

2. 厂区高程控制点的测设，点位间距宜为 50～100m。桩应牢固、稳妥，设置在不易被碰撞处且标记明显。

检验方法：观察检查，检查高程控制点布设图。

3. 高程测量应用四等水准测定，并应符合表 10.2.4 的规定。

高程测量等级划分　　表 10.2.4

等级	水准视线长度	测站前后视距离之差不大于（m）	视线距地面高度不小于（m）	望远镜放大率不大于（倍）	水平管分划值不大于
Ⅱ	50	1	0.5	40	12″/2mm
Ⅲ	65	2	0.3	24～30	15″/2mm
Ⅳ	80	4	0.3	20	25″/2mm

检验方法：检查测量记录。

4. 高程控制点应进行三次闭合和平差调整。在施工过程中，每 1～2 个月或遇特殊原因应复测。

检验方法：（1）检查高程控制点测设记录；

（2）实测检查两组，每组三个点的高程闭合。

5. 单位工程的高程测设应符合下列规定：

（1）高程点复测时应选用另一个高程控制点或相邻构筑物的水准点进行复测，其误差应为 ±5mm；

（2）设定高程点一般在构筑物的四角。大型构筑物及管道工程的高程设定点间距不得大于 10m。

检验方法：检查测设记录。

6. 地面以上建筑物和构筑物应根据设计要求设置沉降观测点，自建成起每 1～2 个月观测一次，至竣工验收。

检验方法：实地观察，检查一年的观测记录。

10.3 桩基础工程

1. 沉入桩沉入时，桩身不得有劈裂和断桩现象。桩顶高程和贯入度应符合设计要求，桩尖高程允许偏差为±100mm。

检验方法：检查施工记录，试验检测。

2. 灌注桩基础的钻机等设备安装应牢固、稳定、钻杆垂直。成孔后，应对孔深、孔径等项目检测。孔深、孔径必须符合设计要求，孔深允许偏差为 0，+500mm。

检验方法：检查施工记录，尺量检查。

10.4 污水处理构筑物

本节适用于污水处理系统的沉砂池、初沉淀池、二次沉淀池、曝气池、配水井、调节池、生物反应池、氧化沟、计量槽、闸井等工程。污水处理构筑物的混凝土，除应具有良好的抗压性能外，还应具有抗渗性能、抗腐蚀性能，寒冷地区还应考虑抗冻性能。对混凝土的碱活性骨料反应，应加以控制，最大碱含量每立方米混凝土为 3kg。

10.4.1 钢筋混凝土预制拼装水池

1. 底板高程和坡度应符合设计要求，其高程允许偏差应为 $\pm 5mm$，坡度允许偏差应为 $\pm 0.15\%$，底板平整度允许偏差应为 5mm。

检验方法：仪器检测，尺量检查。

2. 预制的池壁板应保证几何尺寸准确。池壁板安装的间隙允许偏差应为 $\pm 10mm$。

检验方法：尺量检查，观察检查。

3. 钢筋混凝土池底板允许偏差应符合表10.4.1-1 的规定。

钢筋混凝土池底板允许偏差和检验方法

表 10.4.1-1

项次	检验项目		允许偏差（mm）	检验方法
1	圆池半径		± 20	用钢尺量
2	底板轴线位移		10	用经纬仪测量1点
3	中心支墩与杯口圆周的圆心位移		8	用钢尺量
4	预埋管、预留孔中心		10	用钢尺量
5	预埋件	中心位置	5	用钢尺量
		顶面高程	± 5	用水准仪测量

4. 现浇混凝土杯口允许偏差应符合表 10.4.1-2 的规定。

现浇混凝土杯口允许偏差和检验方法　表 10.4.1-2

项次	检验项目	允许偏差	检验方法
1	杯口内高程	0, -5	用水准仪测量
2	中心位移	8	用经纬仪测量

5. 预制混凝土构件安装允许偏差应符合表 10.4.1-3 的规定。

预制构件安装允许偏差和检验方法　表 10.4.1-3

项次	检验项目		允许偏差（mm）	检验方法
1	壁板、梁、柱中心轴线		5	用钢尺量
2	壁板、柱高程		±5	用水准仪测量
3	壁板及柱垂直度	$H \leqslant 5m$	5	用垂线和尺测量
		$H > 5m$	8	
4	挑梁高程		-5, 0	用水准仪测量
5	壁板与定位中线半径		±7	用钢尺量

注：H 为壁板及柱的全高。

6. 预制的混凝土构件允许偏差应符合表 10.4.1-4 的规定。

预制的混凝土构件允许偏差和检验方法

表 10.4.1-4

项次	检验项目			允许偏差（mm）	检验方法
1	平整度			5	用 2m 直尺量测
2	断面尺寸	壁板（梁、柱）	长度	0，−8（0，−10）	用钢尺量测
			宽度	+4，−2（±5）	
			厚度	+4，−2（直顺度：$L/750$ 且≤20）	
			矢高	±2	
3	预埋件		中心	5	
			螺栓位置	2	
			螺栓外露长度	+10，−5	
4	预留孔中心			10	

注：表中 L 为预制梁、柱的长度；括号内为梁、柱的允许偏差。

7. 水池的悬臂梁轴线位移应不大于 8mm，支承面高程允许偏差应为 +2mm，−5mm。

检验方法：检查施工记录，仪器测量。

8. 集水槽安装应与水池同心，允许偏差应为 5mm。

检验方法：尺量检查。

9. 堰板安装应平整、垂直、牢固，安装位置及高程应准确。堰板齿口下底高程应处在同一水平线上，接缝应严密。保证全周长上的水平度允许偏差应不大于±1mm。

检验方法：检查施工记录，观察检查，仪器测量。

10.4.2 现浇钢筋混凝土水池

1. 现浇混凝土水池允许偏差应符合表10.4.2的规定。

现浇混凝土水池允许偏差和检验方法   表10.4.2

项次	检验项目		允许偏差	检验方法
1	轴线位移	池壁、柱、梁	8	用经纬仪测量纵横轴线各计1点
2	高程	池壁	±10	水准仪测量
		柱、梁、顶板	±10	
3	平面尺寸（池体的长、宽或直径）	边长或直径	±20	用尺量长宽各计1点
4	截面尺寸	池壁、柱、梁、顶板	+10，−5	用尺量测
		孔洞、槽、内净空	±10	用尺量测

项次	检验项目		允许偏差	检验方法
5	表面平整度	一般平面	8	用2m直尺检查
		轮轨面	5	水准仪测量
6	墙面垂直度	$H \leqslant 5m$	8	用垂线检查每侧面
		$5m < H \leqslant 20m$	$1.5H/1000$	
7	中心线位置偏移	预埋件、预埋支管	5	用尺量测
		预留洞	10	
		沉砂槽	± 5	用经纬仪测量纵横轴线各计1点
8	坡度		0.15%	水准仪测量

注：H 为池壁全高。

2. 水池混凝土保护层厚度应符合设计要求，允许偏差应为 0，$+3mm$。

检验方法：检查施工记录。

10.4.3 土建与设备安装连接部位

设备安装的预埋件或预留孔的位置、数量、规格应准确无误，预埋件标高允许偏差应为 $\pm 3mm$,中心位置允许偏差应不大于 5mm。

检验方法：检查施工记录。

10.5 污泥处理构筑物

本节适用于污泥处理系统的浓缩池、消化池、贮泥池等构筑物工程。

10.5.1 现浇钢筋混凝土构筑物

1. 消化池池壁预应力钢筋张拉时发生的滑脱、断丝数量不应超过结构同一截面预应力钢筋总量的1%。

检验方法：检查施工记录，观察检查。

2. 现浇混凝土消化池施工允许偏差应符合表10.5.1的规定。

现浇混凝土消化池允许偏差和检验方法

表10.5.1

序号	项 目		允许偏差 （mm）	检验方法
1	垫层、底板、池顶高程		±10	水准仪测量
2	池体直径	$D≤20m$	±15	激光水平扫描仪、吊垂线和钢尺测量
		$20m<D$ $≤30m$	$D/1000$ 且 $≤±30$	
3	同心度		$H/1000$ 且≤30	同上

序号	项 目		允许偏差 （mm）	检验方法
4	池壁截面尺寸		±5	钢尺测量
5	表面平整度		10	2m直尺或2m 弧形样板尺
6	中心 位置	预埋件 （管）	5	水准仪测量
		预留孔	10	

注：1. D 为池直径，H 为池高度。

2. 卵形池表面平整度使用 2m 弧形样板尺量测。

10.5.2 消化池与设备安装连接部位

1. 保温层厚度的允许偏差应符合表 10.5.2 的规定。

保温层厚度允许偏差和检验方法　　　表 10.5.2

项次	项 目		允许偏差	检验方法
1	保温层 厚度	板状制品	±5%b 且≤4	钢针刺入
		化学材料	+8%b	

注：b 为设计保温层厚度。

2. 消化池内壁防腐材料的涂料基面应干净、干燥，湿度应控制在 85% 以下。涂层不应出现脱皮、漏刷、流坠、皱皮、厚度不均、表面不光滑等现象。

检验方法：观察检查。

10.6　管线工程

本节适用于污水处理厂的污水、污泥、空气、投药、放空、沼气、热力等工艺管线及厂区给水排水等管道工程。

10.6.1　给水排水管及工艺管线工程

1. 检查井的允许偏差应符合表 10.6.1-1 的规定。

检查井的允许偏差和检验方法　　表 10.6.1-1

项次	名称	项　目		允许偏差 （mm）	检验方法
1s	检查井	标高	井盖	±5	水准仪测量
			留槽	±10	
		断面尺寸	圆形井 （直径）	±20	用尺量测量
			矩形井 （内边长与宽）		用尺量测量

2. 焊接及粘接的管道允许偏差应符合表 10.6.1-2 的规定。

焊接及粘接的管道允许偏差和检验方法

表 10.6.1-2

项次	名称	项 目		允许偏差（mm）	检验方法
1	碳素钢管道	焊口平直度	管壁厚 10mm 以内	管壁厚 1/4	用样板尺和尺检查
			管壁厚 10mm 以上	3	
		焊缝加强层	高度	+1	用焊接工具尺检查
			宽度	+3，−1	
		咬肉	深度	0.5	用焊接工具尺和尺检查
			连续长度	25	
			总长度（两侧）	小于焊缝长度的 10%	
2	不锈钢管道	焊口平直度	管壁厚 10mm 以内	管壁厚 1/5	用样板尺和尺检查
			10～20mm	2	
			20mm 以上	3	
		焊缝加强层	高度	+1	用焊接工具尺检查
			宽度	+1	
		咬肉	深度	0.5	用焊接工具尺和尺检查
			连续长度	25	
			总长度（两侧）	小于焊缝长度的 10%	

项次	名称	项 目			允许偏差 （mm）	检验方法
3	工程塑料管道	焊口平直度	管壁厚	10mm 以内	管壁厚1/4	用样板尺和尺检查
				10mm 以上	3	

3. 管道中线位置、高程的允许偏差应符合表 10.6.1-3 的规定。

管道中线位置、高程允许偏差和检验方法

表 10.6.1-3

项次	名称	项 目			允许偏差 （mm）	检验方法
1	混凝土管道	位置	室外	给排水	30	用测量仪器和尺量检查
			室内	给排水	15	
		高程	室外	给水	±20	
			室外	给水	±10	
			室内	给排水		
2	铸铁及球墨铸铁管道	位置	室外	给排水	30	
			室内	给排水	15	
		高程	室外给水	DN400mm 以下	±30	
				DN400mm 以上	±30	
			室外排水		±10	
			室外给排水		±30	

项次	名称	项 目			允许偏差 （mm）	检验方法
3	碳素钢管道	位置	室外	架空及地沟	20	用测量仪器和尺量检查
				埋地	30	
			室内	架空及地沟	10	
				埋地	15	
		高程	室外	架空及地沟	±10	
				埋地	±15	
			室内	架空及地沟	±5	
				埋地	±10	
4	不锈钢管道	位置	室外	架空及地沟	20	
				埋地	10	
		高程	室内	架空及地沟	±10	
				埋地	±5	
5	工程塑料管道	位置	室外	架空及地沟	20	
				埋地	30	
			室内	架空及地沟	10	
				埋地	15	
		高程	室外	架空及地沟	±10	
				埋地	±15	
			室内	架空及地沟	±5	
				埋地	±10	

注：DN 为管道公称直径。

4. 水平管道纵横方向弯曲、主管垂直度的允许偏差应符合表 10.6.1-4 的规定。

水平管道纵横方向弯曲、主管垂直
允许偏差和检验方法　表 10.6.1-4

项次	名称	项目			允许偏差 (mm)	检验方法
1	铸铁及球墨铸铁管道	水平管道纵横、方向弯曲	室外	给排水每 10m	15	用水平尺、直尺、拉线和尺检查
			室内		10	
		立管垂直度	每米		3	用吊线和尺检查
			5m 以上		不大于 10	
2	碳素钢管道	水平管道纵横、方向弯曲	室内外架空、地沟	DN100mm 以内	5	用水平尺、直尺、拉线和尺检查
				DN100mm 以上	10	
		横向弯曲全长 25m			25	
		立管垂直度	每米		1.5	用吊线和尺检查
			高度超过 5m		不大于 8	
		成排管段和阀门	在同一直线上		3	用拉线和尺检查
			间距			

项次	名称	项目		允许偏差（mm）	检验方法
3	不锈钢管道	水平管道纵横、方向弯曲	室内外架空、地沟	$DN100mm$以内	5	用水平尺、直尺、拉线和尺检查
				$DN100mm$以上	10	
		横向弯曲全长25m		25	
		立管垂直度	每米	1.5	用吊线和尺检查
			高度超过5m	不大于8	
		成排管段和成排阀门	在同一直线上	5	用拉线和尺检查
			间距		
4	工程塑料管道	水平管道纵横、方向弯曲	每米	5	用水平尺、直尺、拉线和尺检查
			每10m	不大于10	
			按室内外架空、地沟、埋地等不大于10m	不大于15	
		横向弯曲全长25m以上		25	

项次	名称	项　目		允许偏差（mm）	检验方法
4	工程塑料管道	立管垂直度	每米	3	用吊线和尺检查
			高度超过 5m	不大于 10	
			10m 以上，每 10m	不大于 10	
		成排管段和成排阀门在同一直线上间距		3	用拉线和尺检查

注：DN 为管道公称直径。

5. 部件安装的允许偏差应符合表 10.6.1-5 的规定。

部件安装允许偏差和检验方法

表 10.6.1-5

项次	名称	项　目		允许偏差（mm）	检验方法
1	碳素钢管道的部件	弯管	椭圆率	DN150mm 以内	10%*	用外卡钳和尺检查
				DN400mm 以内	8%*	
			褶皱不平度	DN120mm 以内	4	
				DN200mm 以内	5	
				DN400mm 以内	7	
		补偿器预拉伸长度	填料式和波形	±5	检查预拉伸记录
			Ⅱ、Ω 形	±10	

项次	名称	项 目			允许偏差（mm）	检验方法
2	不锈钢管道的部件	弯管	椭圆率	不锈钢管道	中低压 8%*	用外卡钳和尺检查
					高压 5%*	
			褶皱不平度	不锈钢管道	DN150mm 以内 3%	
					DN150～250mm 2.5%	
					DN150mm 以外 2%	
		不锈钢Ⅱ、Ω形补偿器预拉伸长度			±10	检查预拉伸记录
3	工程塑料管道的部件	弯管	椭圆率		6%*	用外卡钳和尺检查
			褶皱不平度	DN50mm 以内	2	
				DN100mm 以内	3	
				DN200mm 以内	4	
		Ⅱ、Ω形补偿器预拉伸长度			±10	检查预拉伸记录

注：1.* 指管道最大外径与最小外径同最大外径之比；

　　2.DN 为管道公称直径。

10.6.2 功能性检测

1. 沼气、氯气管道应分段及整体分别进行强度试验，低压及中压管道试验压力为0.3MPa；次高压管道为0.45MPa。

检验方法：检查施工记录及试验检测报告。

注：向沼气、空气管道内打压缩空气达到规定的压力后，用涂肥皂水的方法，对接口逐个进行检查，无漏气为合格。

2. 沼气、氯气管道进行严密性试验时，试验压力及稳压时间应符合表10.6.2-1的规定。

管道严密性试验压力及试验稳压时间规定

表 10.6.2-1

试验压力（MPa）		试验稳定时间（h）	
管道类别	压力	管径（mm）	稳压时间（h）
低压及中压管道	0.1	<300	6
		300～500	9
次高压管道	0.3	>500	12

检验方法：在管道内打入压缩空气至试验压力，稳压24h后，再进行压力降观测，允许压力降值应符合表10.6.2-2的规定。

管道严密性试验 24h 的允许压力降值

表 10.6.2-2

管道公称直径 （mm）	150	200	250	300	350
允许压力降值 （MPa）	0.064	0.048	0.038	0.032	0.027
管道公称直径 （mm）	400	450	500	600	700
允许压力降值 （MPa）	0.024	0.021	0.019	0.016	0.013

10.7 沼气柜（罐）和压力容器工程

本节适用于污水处理厂工程中，地面建筑安装的设计压力 1.6MPa 储存气体、液体的沼气柜（罐）和压力容器工程。

10.7.1 沼气柜（罐）的安装

1. 混凝土基础的沉降量应小于设计文件的规定，预埋件的允许偏差应符合沼气柜（罐）安装的精度要求。

检验方法：检查施工记录。

2. 沼气柜（罐）安装允许偏差应符合表 10.7.1-1 和表 10.7.1-2 的规定。

容积 5000m³ 以下储柜（罐）安装
允许偏差和检验方法　　表 10.7.1-1

项次	项　目	允许偏差（mm）	检验方法
1	储柜（罐）底局部水平度	1/50 且≤5	
2	储柜（罐）直径（D）	±1/500D	
3	储柜（罐）壁垂直度	1/250H	仪器测量检查
4	各圈壁板局部凹凸度（以弦长的样板检验）板厚≤5mm　板厚 6～10mm	≤15　≤10	

注：H 为柜（罐）体高度。

容积 5000m³ 以上储柜（罐）安装
允许偏差和检验方法　　表 10.7.1-2

项次	项　目	允许偏差（mm）	检验方法
1	柜（罐）体高度	±5/1000（设计高度的）	
2	柜（罐）壁半径 D≤12.5m　12.5m<D≤45m	±13　±19	
3	柜（罐）壁垂直度	≤3/1000H	仪器测量检查
4	柜（罐）壁内表面局部凹凸	≤13	
5	柜（罐）底局部凹凸	≤1/50L，且≤5	
6	拱顶板局部凹凸	≤15	

注：H 为柜（罐）体高度，L 为变形高度。

10.7.2 沼气柜（罐）的防腐

1. 柜（罐）体按设计要求进行除锈的部位、部件，应采用喷射（砂、丸）或抛射（丸）等方法处理。除锈标准必须达到现行国家标准《涂装前钢材表面锈蚀等级和除锈等级》GB 8923 规定的 Sa2 级。

检验方法：观察检查，检查施工记录。

2. 涂装遍数、涂层厚度应符合设计要求，每遍涂层干漆膜厚度允许偏差应为 $-5\mu m$，总厚度允许偏差应为 $-25\mu m$。

检验方法：干漆膜测厚仪检测，检查施工记录。

10.8 机电设备安装工程

本节适用于格栅除污机、螺旋输送机、水泵、除砂设备、起重设备、鼓风设置、搅拌推流装置、曝气设备、刮泥机及吸刮泥机、滗水器、污泥浓缩脱水机、消化池搅拌设备、启闭机、闸门、沼气发电机及沼气发动机、锅炉、开关柜及配电柜（箱）、电力变压器以及电力、电信、信号电缆管线等安装工程。

10.8.1 格栅除污机

1. 耙齿与栅条的啮合应无卡阻，间隙应不大于 0.5mm，啮合深度应不小于 35mm。

检验方法：观察检查，尺量检查。

2. 格栅除污机安装允许偏差应符合表 10.8.1 的规定。

格栅除污机安装允许偏差和检验方法

表 10.8.1

项次	项目	允许偏差 (mm)	检验方法
1	设备平面位置	20	尺量检查
2	设备标高	±20	用水准仪与直尺检查
3	栅条纵向面与导轨 侧面平行度	≤0.5/1000	用细钢丝与直尺检查
4	设备安装倾角	±0.5°	用量角器与线坠检查

10.8.2　螺旋输送机

1. 相邻机壳的法兰面应连接紧密，间隙平行面偏差应小于 0.5mm。

检验方法：尺量检查。

2. 螺旋输送机安装允许偏差应符合表 10.8.2 的规定。

螺旋输送机安装允许偏差和检验方法

表 10.8.2

项次	项目	允许偏差 (mm)	检验方法
1	设备平面位置	10	尺量检查
2	设备标高	+20，−10	用水准仪与直尺检查
3	螺旋槽直顺度	1/1000，全长≤3	用钢丝与直尺检查
4	设备纵向水平度	1/1000	用水平仪检查

10.8.3 水泵安装

1. 水泵的动力电缆、控制电缆的安装应牢固，水泵的电缆距吸入口不得小于 350mm。

检验方法：观察检查。

2. 离心泵、轴流泵、螺杆泵、螺旋泵等水泵安装允许偏差应符合表 10.8.3 的规定。

水泵安装允许偏差和检验方法　　表 10.8.3

项次	项 目		允许偏差 (mm)	检验方法
1	安装基准线	与建筑轴线距离	±10	尺量检查
		与设备平面位置	±5	仪器检查
		与设备标高	±5	仪器检查
2	泵体内水平度	纵向	≤0.05/1000	用水平尺检验
		横向	≤0.10/1000	
3	皮带轮、轮轴器水平度		≤0.5/1000	
4	水泵轴导杆垂直度		<1/1000，全长≤3	用线坠与直尺检验

3. 螺旋泵与导流槽间隙应符合设计要求，允许偏差应为±2mm。

检验方法：检查施工记录。

10.8.4 除砂设备安装

除砂设备安装允许偏差应符合表 10.8.4 的规定。

除砂设备安装允许偏差和检验方法

表 10.8.4

项次	项 目	允许偏差（mm）	检验方法
1	设备平面位置	10	尺量检查
2	设备标高	±20	用水准仪与直尺检查
3	桨叶式立轴垂直度	≤1/1000	用垂线与直尺检查

10.8.5 鼓风装置安装

鼓风装置安装允许偏差应符合表 10.8.5 的规定。

鼓风装置安装允许偏差和检验方法

表 10.8.5

项次	项 目	允许偏差（mm）	检验方法
1	轴承座纵、横水平度	≤0.2/1000	框架水平仪检查
2	轴承座局部间隙	≤0.1	用塞尺检查

项次	项 目	允许偏差 （mm）	检验方法
3	机壳中心与转子 中心重合度	≤2	用拉钢丝和直尺检查
4	设备平面位置	10	尺量检查
5	设备标高	±20	用水准仪与直尺检查

10.8.6 搅拌系统装置安装

1. 搅拌机（潜水搅拌机、絮凝搅拌机、澄清池搅拌机、消化池搅拌机等）及推流装置安装允许偏差应符合表 10.8.6-1 的规定。

搅拌、推流装置安装允许偏差和检验方法

表 10.8.6-1

项次	项 目	允许偏差 （mm）	检验方法
1	设备平面位置	20	尺量检查
2	设备标高	±20	用水准仪与直尺检查
3	导轨垂直度	1/1000	用线坠与直尺检查
4	设备安装角	<1°	用放线法、量角器检查
5	消化池搅拌机轴中心	≤10	用线坠与直尺检查
6	消化池搅拌机叶片 与导流筒间隙量	≤20	尺量检查
7	消化池搅拌机 叶片下摆量	≤2	观察检查

2. 搅拌轴安装允许偏差应符合表 10.8.6-2
的规定。

搅拌轴安装允许偏差和检验方法

表 10.8.6-2

项次	项　目	允许偏差			检验方法
		转数 （r/min）	下端 摆动量 （mm）	桨叶对轴 型直度 （mm）	
1	桨式框式 和提升叶 轮搅拌器	≤32	≤5	为浆板长度 的 4/1000 且≤5	仪表测量 观察检查 用线坠与 直尺检查
2	推进式和 圆盘平直 叶凹涡轮 式搅拌器	>32	≤1.0		
		100～400	≤0.75		

3. 澄清池搅拌机的叶轮直径和桨板角度允
许偏差应符合表 10.8.6-3 的规定。

澄清池搅拌机的叶轮直径和桨板
角度允许偏差和检验方法 表 10.8.6-3

项次	项目	允许偏差						检验方法
		<1m	1~2m	>2m	 400mm	400 ~ 1000mm	> 1000mm	
1	叶轮上下面板平面度	3mm	4.5mm	6mm				线与尺量检查
2	叶轮出水口宽度	+2mm	+3mm	+4mm				
3	叶轮径向圆跳动	4mm	6mm	8mm				观察检查
4	桨板与叶轮下面板应垂直其角度偏差				±1°30′	±1°15′	±1°	量角器检查

10.8.7 曝气设备安装

1. 设备固定应牢固。曝气产生的冲击力影响 3m 半径区内，明敷管应采取加固措施。

检验方法：观察检查。

2. 表面曝气设备安装允许偏差应符合表 10.8.7 的规定。

表面曝气设备安装允许偏差和检验方法

表 10.8.7

项次	项 目	允许偏差 (mm)	检验方法
1	设备平面位置	10	尺量检查
2	设备标高	±10	用水准仪与直尺检查
3	布置主支管水平落差	±10	用水准仪与直尺检查

10.8.8 刮泥机、吸刮泥机安装

刮泥机和吸刮泥机安装允许偏差应符合表 10.8.8 的规定。

刮泥机和吸刮泥机安装允许偏差和检验方法

表 10.8.8

项次	项 目	允许偏差 (mm)	检验方法
1	驱动装置机座面 水平度	0.03/1000	用框式水平尺检查
2	链板式主链 驱动轴水平度	0.03/1000	用框式水平尺检查
3	链板式主链从 动轴水平度	0.01/1000	用框式水平尺检查
4	链板式同一主链前后 二链轮中心线差	±3	用直尺检查
5	链板式同轴上左右 二链轮轮距	±3	用直尺检查

项次	项　目	允许偏差 （mm）	检验方法
6	链板式左右二 导轨中心距	±10	用直尺检查
7	链板式左右二 导轨顶面高差	中心距离 0.5/1000	用水准仪与直尺检查
8	导轨接头错位 （顶面、侧面）	0.5	用直尺和塞尺检查
9	撇渣管水平度	1/1000	用水准仪和直尺检查
10	中心传动竖架垂直度	1/1000	用坠线与直尺检查

10.8.9　滗水器安装

1. 滗水器堰口的水平度应不大于 0.3/1000mm，运转时不应倾斜。

检验方法：检查施工记录。

2. 滗水器排水支、干管应垂直，偏差应不大于±1mm。

检验方法：检查施工记录，尺量检查。

3. 滗水器排气管上端开口应高于水面200mm，管内不应有堵塞现象。

检验方法：检查施工记录，尺量检查。

10.8.10　污泥浓缩脱水机安装

污泥浓缩脱水机安装允许偏差应符合表10.8.10 的规定。

污泥浓缩脱水机安装允许偏差和检验方法

表 10.8.10

项次	项　目	允许偏差 （mm）	检验方法
1	设备平面位置	10	尺量检查
2	设备标高	±20	用水准仪与直尺检查
3	设备水平度	1/1000	用水准仪检查

10.8.11 热交换器系统设备安装

1. 污泥控制室热交换器应做水压试验。以最大工作压力的 1.5 倍，蒸汽部分应不低于供汽压力加 0.3MPa；热水部分应不低于 0.4MPa（在试验压力下，稳压 10min）。

检验方法：检查试验报告。

2. 设备保温层厚度允许偏差应符合表 10.8.11 的规定。

保温层厚度允许偏差和检验方法

表 10.8.11

项次	项　目		允许偏差 （mm）	检验方法
1	保温层 厚度	瓦块制品	+5%b	钢针刺入、 量测
		柔性材料	+8%b	
2	水泥保护壳厚度		+5	

注：b 为保温层厚度

10.8.12　启闭机及闸门安装

1. 启闭机中心与闸门板推力吊耳中心应位于同一垂线，垂直度偏差应不大于全长的 1/1000。

检验方法：检查施工记录。

2. 启闭机安装允许偏差应符合表 10.8.12 的规定。

启闭机、闸门安装允许偏差和检验方法

表 10.8.12

项次	项　目	允许偏差（mm）	检验方法
1	设备标高	±10	用水准仪与直尺检查
2	设备中心位置	10	尺量检查
3	闸门垂直度	1/1000	用线坠和直尺检查
4	闸门门框底槽、水平度	1/1000	用水准仪检查
5	闸门门框侧槽垂直度	1/1000	用线坠和直尺检查
6	闸门升降螺旋杆摆幅	1/1000	用线坠和直尺检查

10.8.13　开关柜及配电柜（箱）安装

开关柜及配电柜（箱）安装允许偏差应符合

表 10.8.13 的规定。

开关柜及配电柜（箱）安装允许偏差及检验方法

表 10.8.13

项次	项　目	允许偏差 （mm）	检验方法
1	基础型钢平面位置	10	尺量检查
2	基础型钢的标高	±10	用水准仪与直尺检查
3	基础型钢直顺度	1/1000、 全长≤5	用水准仪与直尺检查
4	基础型钢上下 平面水平度	1/1000、 全长≤5	用水准仪与直尺检查
5	成形全部柜（箱） 顶高差	5	用水准仪与直尺检查
6	成形相邻柜（箱） 顶高差	2	用水准仪与直尺检查
7	成形全部柜（箱） 面不平度	5	拉钢丝检查
8	成形相邻柜（箱） 面不平度	1	拉钢丝检查
9	柜（箱） 之间接缝	2	用塞尺检查
10	柜（箱） 垂直度	1.5/1000	用坠线与直尺检查

10.8.14 电力变压器安装

电力变压器安装允许偏差应符合表10.8.14的规定。

电力变压器安装允许偏差及检验方法

表 10.8.14

项次	项　目	允许偏差（mm）	检验方法
1	基础轨道平面位置	10	尺量检查
2	基础轨道标高	±10	用水准仪与直尺检查
3	基础轨道水平度	1/1000	用水准仪与直尺检查
4	电力变压器垂直度	1/1000	用线坠与直尺检查

10.8.15 电力电缆、电信电缆、信号电缆管线工程

金属保护管采用螺纹连接时，管端螺纹长度不应小于管接头长度的1/2；采用套管焊接时，管子的对口处应处于套管的中心位置，焊接应牢固，焊口应严密，并做防腐处理。

检验方法：观察检查。

10.9　自动控制及监视系统

本节适用于污水处理厂门自动控制系统（调节阀、执行机构）、控制器、信号、联锁及保护

装置、模拟点、计算机控制系统、监控室设备的安装、调试及仪表设备等。

10.9.1　计算机控制系统

计算机控制系统验收时需提供检查的文件应符合表10.9.1的要求。

计算机控制系统需检查的文件

表 10.9.1

序号	文件名称	文件类别
1	技术任务书或技术建议书	A
2	技术设计说明书	A
3	可靠性技术报告（注）	A
4	型式检验报告	A
5	试验鉴定大纲	A
6	试用（运行）报告	A
7	技术经济分析报告	＋
8	标准化审查报告	＋
9	软件文档及其载体	A
10	试制总结	A
11	使用说明书	A
12	产品的企业标准	A
13	电路图、逻辑图系统配置图	A

注：1. 对批量生产的工业计算机控制系统产品，可靠性技术报告中应具有可靠性验证报告的有关内容。

2. 表中"A"表示必备文件，"＋"表示可选文件。

10.9.2 仪表设备安装

仪表设备安装允许偏差应符合表 10.9.2 的规定。

仪表设备安装允许偏差及检验方法

表 10.9.2

项次	项　目	允许偏差 （mm）	检验方法
1	仪表设备平面位置	10	尺量检查
2	仪表设备标高	±10	用水平仪与 直尺检查
3	仪表控制箱 （柜）水平度	1/1000	用水平仪 与直尺检查
4	仪表控制箱 （柜）垂直度	1/1000	用线坠与 直尺检查

本章参考文献

《城市污水处理厂工程质量验收规范》GB 50334—2002

11 城镇道路建筑垃圾再生路面基层

11.1 基本规定

水泥稳定再生骨料混合料结构层宜在冬期开始前 15d 完成施工，石灰粉煤灰稳定再生骨料混合料结构层宜在冬期开始前 30d 完成施工。再生骨料混合料结构层不应暴露过冬。

11.2 再生级配骨料

11.2.1 分类与用途

1. 再生级配骨料按技术要求分为Ⅰ类、Ⅱ类。

2. Ⅰ类再生级配骨料可用于城镇道路路面的底基层以及主干路及以下道路的路面基层，Ⅱ类再生级配骨料可用于城镇道路路面的底基层以及次干路、支路及以下道路的路面基层。

11.2.2 技术要求

1. 再生级配骨料的颗粒级配应符合表 11.2.2-1 和表 11.2.2-2 的规定。Ⅰ类再生级配骨料最大粒径不宜大于 37.5mm，Ⅱ类再生级配骨料最大粒径不宜大于 31.5mm。

2. 再生级配骨料其他性能应符合表 11.2.2-3 规定。

水泥稳定的再生级配骨料颗粒组成

表 11.2.2-1

项目		通过质量百分率（%）	
		底基层	其层
筛孔尺寸	37.5mm	100	—
	31.5mm	—	100
	26.5mm	—	90～100
	19.0mm	—	72～89
	9.5mm	—	47～67
	4.75mm	50～100	29～49
	2.36mm	—	17～35
	1.18mm	—	—
	600μm	17～100	8～22
	75μm	0～30	0～7

石灰粉煤灰稳定的再生级配骨料颗粒组成

表 11. 2. 2-2

项目		通过质量百分率（%）	
		底基层	其层
筛孔尺寸	37.5mm	100	—
	31.5mm	90～100	100
	26.5mm	72～90	81～98
	19.0mm	48～68	52～70
	9.5mm	30～50	30～50
	4.75mm	18～38	18～38
	2.36mm	10～27	10～27
	1.18mm	6～20	8～20
	600μm	0～7	0～7

再生级配骨料其他性能指标要求

表 11. 2. 2-3

项目	Ⅰ	Ⅱ
混凝土石含量（%）	≥90	—
压碎指标（%）	≤30	≥45
杂物含量（%）	≤0.5	≤1.0
针片状颗粒含量（%）	≤20	

11. 2. 3 检验

1. 再生级配骨料按同来源、同级配、同类别 600t 为一个检验批，不足 600t 亦为一批。

2. 再生级配骨料取样按现行国家标准《建设用卵石、碎石》GB/T 14685 中规定的取样方法执行。

11.3 水泥稳定再生骨料混合料

11.3.1 原材料

应选用初凝时间大于 3h、终凝时间不小于 6h 的普通硅酸盐水泥、矿渣硅酸盐水泥、火山灰质硅酸盐水泥；当采用 I 类再生级配骨料时可选用 32.5 级、42.5 级水泥，当采用 II 类再生级配骨料时宜选用 42.5 级水泥。

11.3.2 混合料组成设计

1. 水泥稳定再生骨料混合料的组成设计应根据表 11.3.2-1 的强度标准，按照现行行业标准《公路工程无机结合料稳定材料试验规程》JTG E51 试验确定骨料的级配、水泥掺量、混合料的最佳含水率和最大干密度。

2. 混合料的组成设计步骤应符合下列规定：

（1）试配时水泥掺量宜按表 11.3.2-2 选取。

水泥稳定再生骨料混合料7d抗压强度

表 11.3.2-1

道路等级	快速路	主干路		其他等级道路	
结构部位	底基层	基层	底基层	基层	底基层
7d抗压强度 （MPa）	2.5～ 3.0	3.0～ 4.0	1.5～ 2.5	2.5～ 3.0	1.5～ 2.0

水泥稳定再生骨料混合料试配水泥掺量

表 11.3.2-2

骨料类别	结构部位	水泥掺量（%）			
Ⅰ类	基层	3	4	5	6
	底基层	3	4	5	6
Ⅱ类	基层	4	5	6	7
	底基层	3	4	5	6

（2）制备再生骨料混合料试件，试件尺寸 $\phi150mm \times 150mm$，试件数量不少于9个。

（3）计算抗压强度平均值 $\overline{R}$ 和变异系数 C_v，当试验结果的变异系数大于表11.3.2-3中规定值，应重做试验。

最少试件数量 表 11.3.2-3

变异系数（%）	≤15	≤20
试件数量（个）	9	13

（4）根据抗压强度试验结果，选定水泥掺

量，水泥最小掺量应不小于 3%；当采用 32.5 强度等级的水泥时，水泥最小掺量应不小于 4%。内插法计算最大干密度和最佳含水率。

11.3.3 拌合及施工

1. 混合料的摊铺应符合下列规定：

（1）施工前应通过试验确定压实系数。压实系数宜为 1.20～1.35。

（2）混合料每层最大压实厚度不宜大于 200mm，且不宜小于 150mm。

（3）混合料自搅拌至摊铺完成，不应超过 3h。应按当班施工长度计算用料量。

（4）分层摊铺时，应在下层养护 7d 后，方可摊铺上层材料。

2. 混合料的碾压应符合下列规定：

（1）应在混合料含水率处于允许范围（$\omega_0 - 1.0\%$～$\omega_0 + 0.5\%$）内进行碾压。

（2）宜采用 12～18t 压路机进行初步稳定碾压，混合料初步稳定后用 18t 或以上规格的压路机碾压，压至表面平整、无明显轮迹，且达到要求的压实度。

11.4 石灰粉煤灰稳定再生骨料混合料

11.4.1 原材料

有效钙镁含量在 40% 以上的等外灰，经试验混合料 28d 抗压强度不小于 2.5MPa 时方可使用。

11.4.2　混合料组成设计

1. 石灰粉煤灰稳定再生骨料混合料的组成设计应根据表 11.4.2-1 的强度标准，按照《公路工程无机结合料稳定材料试验规程》JTG E51 试验确定骨料的级配、石灰掺量、混合料的最佳含水率和最大干密度。

石灰粉煤灰稳定再生骨料混合料 7d 抗压强度

表 11.4.2-1

道路等级	快速路	主干路		其他等级道路	
结构部位	底基层	基层	底基层	基层	底基层
7d 抗压强度（MPa）	≥0.6	≥0.8	≥0.6	≥0.8	≥0.5

2. 石灰粉煤灰稳定再生骨料混合料，石灰与粉煤灰的质量比例宜为 1:1.5～1:3，石灰粉煤灰与骨料的质量比例应为 15:85～22:78。

3. 混合料的组成设计步骤应符合下列规定：

(1) 试配时石灰掺量宜按表 11.4.2-2 选取。根据上款确定石灰粉煤灰比例计算粉煤灰用量。

石灰粉煤灰稳定再生骨料混合料试配石灰掺量

表 11.4.2-2

结构部位	石灰掺量（%）			
基层	4	5	6	7
底基层	3	4	5	6

（2）制备再生骨料混合料试件，试件尺寸 $\phi150mm\times150mm$，试件数量不少于 9 个。

（3）计算抗压强度平均值 $\bar{R}$ 和变异系数 C_v，当试验结果的变异系数大于表 11.3.2-3 中规定值，应重做试验。

（4）根据抗压强度试验结果，选定石灰掺量，石灰最小掺量应不小于 3%；当采用 Ⅱ 类再生级配骨料时，石灰最小掺量不宜小于 4%。内插法计算混合料的最大干密度和最佳含水量。

11.4.3 拌合及施工

1. 混合料的摊铺应符合下列规定：

（1）施工前应通过试验确定压实系数。压实系数宜为 1.20～1.45。

（2）混合料每层最大压实厚度不宜大于 200mm，且不宜小于 150mm。

2. 混合料的碾压应符合下列规定：

（1）应在混合料处于允许范围（$\omega_0-1.5\%$

～ω_0＋0.5％）内进行碾压。

（2）初压时，碾速宜为 20～30m/min；混合料基层初步稳定后，碾速宜为 30～40m/min。

11.5 质量验收

11.5.1 水泥稳定再生骨料混合料路面基层质量检验

1. 基层、底基层的压实度应符合表 11.5.1-1 的要求。

水泥稳定再生骨料混合料的压实度
表 11.5.1-1

结构部位	快速路	主干路	其他等级道路
基层（％）	—	≥98	≥97
底基层（％）	≥97	≥97	≥96

检查数量：每 1000m²，每压实层抽查 1 点。

检验方法：灌砂法或灌水法。

2. 基层、底基层 7d 无侧限抗压强度应符合设计要求。

检查数量：每 2000m² 抽检 1 组（13 块）。

检验方法：现场取样试验。

3. 基层及底基层的偏差应符合表 11.5.1-2 的规定。

水泥稳定再生骨料混合料基层及底基层允许偏差

表 11.5.1-2

项目		允许偏差	检验频率		检验方法
			范围	点数	
中线偏位 (mm)		≤20	100m	1	用经纬仪测量
纵断高程 (mm)	基层	±15	20m	1	用水准仪测量
	底基层	±20			
平整度 (mm)	基层	≤10	20m	路宽 <9m	1	用 3m 直尺和塞尺连续量两尺，取较大值
	底基层	≤15		路宽 9~15m	2	
				路宽 >15m	3	
宽度 (mm)		不小于设计规定	40m	1	用钢尺量
横坡		±0.3% 且不反坡	20m	路宽 <9m	2	用水准仪测量
				路宽 9~15m	4	
				路宽 >15m	6	
厚度 (mm)		±10	1000m²	1	用钢尺量

11.5.2 石灰粉煤灰稳定再生骨料混合料路面基层质量检验

1. 基层、底基层的压实度应符合表 11.5.2

的要求：

石灰粉煤灰稳定再生混合料的压实度（%）

表 11.5.2

结构部位	快速路	主干路	城市次干路、支路
基层	—	≥98	≥98
底基层	≥97	≥97	≥96

检查数量：每 1000m²，每压实层抽查 1 点。

检验方法：灌砂法或灌水法。

2. 基层、底基层 7d 无侧限抗压强度应符合设计要求。

检查数量：每 2000m² 抽检 1 组（13 块）。

检验方法：现场取样试验。

3. 基层及底基层允许偏差应符合表 11.5.1-2 的规定。

本章参考文献

《城镇道路建筑垃圾再生路面基层施工与质量验收规范》DB11/T 999—2013

12 电力管道

12.1 基本规定

电力管道是用于敷设电力电缆的隧道、排管、工作井组成的构筑物，或者三种形式的组合。

1. 电力管道应满足电缆弯曲半径要求，管道转角不应小于 90°，并进行圆弧过渡处理。

2. 金属构件镀锌层表面应连续完整、光滑，不应有漏镀、过酸洗、结瘤、积锌、锐点等缺陷，镀锌层厚度和镀锌层镀覆量符合表 12.1 规定。热浸镀锌层加工和试验检测应符合 GB/T 13912 的规定。

镀锌层厚度和镀锌层镀覆量　　表 12.1

镀件厚度 (mm)	最小平均厚度 (μm)	最小平均镀覆量 (g/m²)	局部最小厚度 (μm)	局部最小镀覆量 (g/m²)
$t \geqslant 6$	85	610	70	505
$3 \leqslant t < 6$	70	505	55	395

注：本镀锌层是指未经离心处理的镀层。

12.2 路径选择

电力管道在道路下方的规划位置，宜布置在人行道、非机动车道及绿化带下方。当电力隧道位于机动车道或二级以上公路、城市次干路以上道路主路下时，工作井不应设在主路机动车道上。设置在绿化带内时，工作井出口处高度应高于绿化带地面不小于 300mm，工作井井盖等地面设施应与道路景观相协调，宜不影响道路路牙的直线安装。

12.3 电力隧道

电力隧道是容纳电缆数量较多、有供安装和巡视方便的通道，且为地下电缆构筑物。

1. 电力隧道内部有效断面尺寸（净空）应根据其内规划敷设的电缆电压等级、截面、数量来确定：

（1）明挖法隧道有效净空尺寸宜选用 2.0m×2.1m、2.6m×2.4m。

（2）矿山法隧道有效净空尺寸宜选用 2.0m×2.3m、2.6m×2.9m。

2. 电力隧道应按照重要电力设施标准建设，

应采用钢筋混凝土结构；主体结构设计使用年限不应低于 100 年；防水等级不应低于二级。

3. 电力隧道内最小允许通行宽度不应小于 1m。

4. 电力隧道内接地系统应符合的规定为：电力隧道接地装置的接地电阻应小于 5Ω，综合接地电阻应小于 1Ω。

5. 电缆支架应符合的规定为：沿隧道侧墙布置，立铁垂直于隧道底板安装，纵向应平顺，各支架的同层横档应在同一水平面上，电缆支架水平间距 1m。

6. 110kV 变电站（楼）应设不少于 2 个方向的 3 个电缆进出线口及进出线电力隧道，220kV 变电站（楼）应设不少于 2 个方向的 4 个电缆进出线口及进出线电力隧道。变电站出线孔数及孔径应满足该变电站永久规划出线的需求，220kV 和 110kV 变电站进出线电力隧道的净宽尺寸不应小于 2.4m，长度宜不小于 3.0m。

7. 220kV 和 110kV 变电站、110kV 及以上主网电缆进出线口以及进出线电力隧道宜与 10kV 配网电缆出线口及电力隧道分开设置。

8. 电力隧道沿线应设置工作井用于电缆敷设，工作井应符合以下规定：

（1）井室高度不宜超过 4.0m，超过时应设置多层工作井或过渡平台，并设置盖板，多层工作井每层设固定式或移动式爬梯。

（2）隧道工作井用于 10kV 配网电缆出线时，井壁上应预留出线孔及电缆固定架。

（3）隧道工作井上方人孔内径应为 800mm，在电力隧道交叉处设置的人孔不应垂直设在交叉处的正上方，应错开布置。

9. 电力隧道三通井、四通井应满足最高电压等级电缆线路的弯曲半径要求，井室顶板内表面应高于电力隧道内顶 0.5m，并应预埋电缆吊架，在最大容量电缆敷设后各个方向通行高度不低于 1.5m。

10. 电力隧道宜在变电站、电缆终端站以及路径上方每 2km 适当位置设置出入口，出入口下方应设置方便运行人员上下的楼梯。

11. 电力隧道内应建设低压电源系统，电力隧道内电源系统一般规定：

（1）电力隧道外电源不应少于 2 路，电压等级不高于 380V，并具备漏电保护功能。

（2）电力隧道供电半径应满足电气需求，末端电压降不应大于 10%。

（3）电力隧道内电源线应敷设于耐火槽盒（管）内，耐火槽盒（管）应防水、防潮、阻燃，耐火槽盒（管）阻燃等级不低于 B_1 级。

12. 电力隧道内应安装照明系统，电力隧道内照明系统的一般规定为：隧道及工作井内的平均照度不小于10lx；最小照度不小于5lx。

13. 电力隧道应设置通风设施，电力隧道通风系统的一般规定为：

（1）电力隧道应根据所在地区环境条件、电缆敷设条件及其余地下管道等条件，以技术可靠、环境友好、经济合理的原则设置通风系统。隧道内的环境温度不应高于40℃，当自然通风不能满足隧道内环境温度要求时，应采用机械通风。

（2）当电力隧道建设长度在300m以内时，应在隧道两端设立通风亭各一座，隧道建设长度超过300m时，宜在电力隧道出入口、工作井以及中间每隔250m适当位置设立通风亭。

（3）通风亭通风管内径不应小于800mm。

（4）电力隧道内机械通风风速不大于5m/s，隧道内换气不小于每小时2次。

14. 电力隧道应建设排水设施，电力隧道排水设施的一般规定为：

（1）电力隧道坡度不应小于0.5%，高落差地段的电力隧道中纵向坡度不应大于30%。

（2）电力隧道最低点应设置工作井，工作井的底板应设置集水坑，底边泄水坡度不应小于 0.3%。

（3）机械排水系统水泵应采用可耐腐蚀性的潜水排污泵，其寿命在正常工况下不应低于 10 年。

15. 电力隧道内每 200m 设置标识牌，岔口处应设置荧光指示牌，标识、指示牌应具有电力隧道地面以上道路名称、方向以及与两侧出口距离等信息。

12.4 电力排管

电力排管，又称埋管，是按规划电缆数量开挖沟槽一次建成多孔管道的地下电缆构筑物。

1. 电力排管宜沿现状或规划道路建设，断面规格为一般道路同路径埋设 $\phi 150mm \times 12 + D162 \times 2$，专用道路（非市政道路）可采用 $\phi 150mm \times 8 + D162 \times 2$。其中，D162 指 $162mm \times 162mm$ 方形的九孔管，用于敷设电力控缆。

2. 电力排管工作井应采用钢筋混凝土结构，设计使用年限不应低于 50 年；防水等级不应低于三级。

3. 电力排管工作井设置间距宜为 50～80m。

4. 管材的内径不宜小于电缆外径或多根电缆包络外径的 1.5 倍，且不宜小于 150mm。

5. 电力排管工作井应满足以下要求：

（1）电力排管工作井井室高度超过 4.0m 时应设置多层工作井，且多层工作井每层设固定式或移动式爬梯。

（2）电力排管工作井顶盖板处应设置 2 个安全孔。位于公共区域的工作井，安全孔井盖的设置宜使非专业人员难以开启，人孔内径应为 800mm。

（3）电力排管工作井底板应设置集水坑，向集水坑泄水坡度不应小于 0.3%。

（4）电力排管工作井应设独立的接地装置，接地电阻不应大于 10Ω。

本章参考文献

《电力管道建设技术规范》DB11/T 963—2013

13 防滑地面

防滑地面是采用防滑材料使防滑性能达到规定要求的地面。

13.1 基本规定

13.1.1 防滑部位的技术指标要求

室外建筑地面工程防滑性能应符合表 13.1.1 的要求。

室外地面工程防滑性能要求（湿态） 表 13.1.1

工程部位	防滑值（BPN）
人行步道等	≥55
建筑出口平台等	≥70
广场等	≥70
坡道等	≥80
踏步、台阶等	
公交、地铁站台等	

注：1. 室内有明水处，尤其在泳池周围、浴池、洗手间、超市等应加设防滑垫，设置防滑标志。
　　2. 室外雨、雪天气，在建筑出口、城道等应设置防滑标志，并铺设防滑门垫。
　　3. 这里不含机动车道。
　　4. 地面工程防滑材料选用请参见表 13.1.2-1。

13.1.2 防滑地面用材料

1. 室外防滑地面工程材料防滑性能应符合表 13.1.2-1 的要求。

室外防滑地面工程材料防滑性能要求（湿态）

表 13.1.2-1

项　　目	防滑值 BPN
水泥混凝土防滑地面	≥50
水泥地面砂浆	≥50
树脂砂浆防滑地面	≥60
混凝土路面砖、透水砖	≥60
室外陶瓷防滑地砖	≥60
室外石材防滑（板）砖	≥60

注：室外坡道材料，防滑值均为≥80。

2. 石材地面防滑材料防滑性应符合现行行业标准《地面石材防滑性能等级划分及试验方法》JC/T 1050；室内用应选用防滑等级为安全级，静摩擦系数为 0.50～0.59；室外用应选用防滑等级为 3 级以上防滑值不小于 55。

3. 室外用防滑陶瓷地砖吸水率大于或等于 10%。室内用陶瓷防滑地砖，性能应符合现行国家标准《陶瓷砖》GB/T 4100 的要求。

4. 水泥混凝土抗压强度应大于或等于 20MPa。

5. 混凝土地面密封固化处理剂外观为液态，产品性能应符合表 13.1.2-2 的要求。

混凝土地面密封固化处理剂 表 13.1.2-2

项 目	指 标
外观	无色或浅色液体
固含量（%）	≥20
防滑性（摩擦系数）	≥0.6
燃烧等级	A 级

6. 水泥地面砂浆技术性能要求应符合现行北京市地方标准《干混砂浆应用技术规程》DB11/T 696 的要求，强度在 15MPa。

7. 地面防滑处理剂性能应符合现行行业标准《建筑装饰用天然石材防护剂》JC/T 973 要求，性能见表 13.1.2-3。

防滑处理剂性能 表 13.1.2-3

项 目	指 标
物理状态（20℃）	液态
pH 值≤	7
密度（g/cm³）	1.1
防滑处理后摩擦系数（COF）≥	0.5

13.2 基层要求与处理

13.2.1 基层要求

1. 基层应为混凝土层或水泥砂浆层，并应坚固、密实。当基层为混凝土时，其抗压强度不应小于 20MPa；当基层为水泥砂浆时，其抗压强度不应小于 15MPa。

2. 基层平整度应用 2m 靠尺检查。水泥砂浆防滑地面基层的平整度不应大于 4mm，环氧树脂和聚氨酯等有机树脂、石材、陶瓷防滑地砖等地面基层的平整度不应大于 3mm，其他各种防滑地面基层应符合现行国家标准《建筑地面工程施工质量验收规范》GB 50209 的规定。

13.2.2 基层处理

1. 当基层存在裂缝时，宜先采用机械切割的方式将裂缝扩成 20mm 深、20mm 宽的 V 形槽，有机树脂地面应采用环氧树脂灌浆材料等有机类材料填补；其他类型防滑面层宜采用水泥砂浆或水泥基灌浆材料灌浆、找平、密封。

2. 当基层的空鼓面积小于或等于 1m² 时，可采用灌浆法处理；当基层的空鼓面积大于 1m² 时，应剔除，抹面处理平整后再进行施工。

13.3　建筑整体地面防滑施工

13.3.1　一般规定

1. 有机树脂类材料应贮存在阴凉、干燥、通风、远离火和热源的场所，不得露天存放和暴晒，贮存温度应为 5～35℃。无机类材料应贮存在干燥、通风、不受潮湿和雨淋的场所。

2. 铺设整体防滑地面，采用无机材料时，铺设完毕后表面应覆盖，养护时间不宜低于 7d，水泥自流平砂浆面层不宜低于 24h。其他面层施工后，应按规程要求进行养护和成品保护。

13.3.2　施工环境条件

水泥、混凝土等无机材料宜在施工环境和地表温度零上 5℃；有机树脂类宜在 10～35℃，空气相对湿度不大于 70%，基层表面温度应不低于 6℃。室外施工时，雨雪天气不得施工。

13.3.3　水泥混凝土防滑地面施工

1. 贴灰饼，每隔 1.5m 间距冲筋，做混凝土厚度控制。

2. 抹压 2～3 遍，最后一遍为压光，时间控制在终凝前完成。

13.3.4　水泥地面砂浆防滑地面施工

找标高、贴灰饼，根据 +500mm 标高水平线用 1：2 水泥砂浆做灰饼，间距为 1.5m。有坡度要求时按设计要求做泛水坡度。

13.3.5 有机树脂（环氧、聚氨酯、丙烯酸酯）砂浆防滑地面施工

施工完成的树脂防滑地面要做到现场无灰尘，12～24h 不许上人，做好成品保护。

13.3.6 聚脲涂料防滑地面施工

1. 将基层上的浮尘、突出物、油渍等清理，采用打磨、吸尘，使基层干净，对麻面、浮皮等缺陷进行修补，达到坚实、平整，平整度为 3mm/2m。

2. 喷涂聚脲采用专用喷涂设备，将 A、B 料加热混合喷出。首先加热设备、管道达到设定的温度 60～70℃，并将 B 料搅拌均匀 30min 以上，在设定压力下，将 A、B 料在喷枪内混合雾化喷出。

13.3.7 水泥混凝土地面密封固化剂防滑施工

1. 混凝土终凝后在其表面涂（喷）刷液体硬化剂，并保潮养护 30～40min，要涂刷均匀，不得漏涂。

2. 待涂刷硬化剂 1～2h 后，用清水将残余物冲洗表面。

3. 养护混凝土 28d 后，达到设计强度方可使用。

13.3.8 建筑坡度地面防滑施工

1. 坡度小于 1.5％的地面，可采用水泥基自流平砂浆树脂环氧法，具体做法按规程施工。

2. 坡度大于 1.5％并小于 5％的地面，宜采用水泥地面砂浆，树脂涂层撒砂法施工。

13.3.9 水泥混凝土耐磨地面地防滑施工

基层检查和处理后，基层平整度达到 3mm/2m。

13.3.10 人工艺术防滑地面施工

1. 按规定比例将胶结料、骨料等搅拌成均匀的磨石料浆，搅拌好后倾倒在已涂刷界面剂的基面上，用镘刀进行披抹平整，分二遍摊铺。施工厚度为≥8mm。有色带要求的应按先后顺序嵌条后，依次将不同颜色分批摊铺。

2. 防滑地面施工完成后，养护 3d 后，强度应达到 20MPa，用打磨机械进行打磨，最终达到平整、防滑的要求。

13.4 板块状材料防滑地面施工

13.4.1 一般规定

1. 铺设板块防滑面层在板块间的填缝灌浆可采用普通硅酸盐水泥砂浆，配合比为 1∶3 或采用现行行业标准《陶瓷墙地砖填缝剂》JC/T

1004 的要求。

2. 铺设无机类板块状防滑材料面层时，铺设完毕后，在表面上应覆盖养护，时间不低于7d，水泥自流平砂浆面层宜为24h。

13.4.2　陶瓷地砖地面防滑施工

1. 薄砂浆法采用现行行业标准《陶瓷墙地砖胶粘剂》JC/T 547 的瓷砖粘结砂浆用薄铺法厚度宜为 3~4mm；厚砂浆法采用普通硅酸盐水泥干硬性砂浆为结合层，厚度为 10~20mm。

2. 陶瓷地砖铺贴视工程留砖缝，虚缝铺贴宽为 5mm，按弹线顺直铺，以先中间整块后两侧为原则，边铺边打击密实，保持顺直和平整，砖缝宜一致。

3. 成品进行保潮养护，24h 不得上人。

13.4.3　石材地面防滑施工

接缝、灌缝应在铺好石材 1~2d 后，采用专用填缝材料或水泥砂浆进行，做到与面层表面找平压光。

13.4.4　混凝土路面砖防滑施工

找标高、弹线，弹铺砖控制线，在夯实的基层上弹出控制线。室外施工可用小型夯机压平、压实。基础的压实度应符合设计要求达到 95%以上。

13.4.5　塑胶地板防滑施工

1. 基层应平整，宜采用水泥基自流平砂浆，为垫层达到平整度为 3mm/2m 和含水率小于 8%的要求。

2. 刷结合层底胶，底胶均匀涂刷在处理好的基层表面，纵横方向各一遍，根据现场气温和通风条件，2~4h 后进行下一道工序。

3. 施工温度宜为 15～25℃，不得低于 10℃。塑胶地板应放置在远离火源和太阳光不能直射的地方。

13.4.6 橡胶地板防滑地面施工

1. 首先铺设水泥基自流平砂浆垫层（平整度达到≤2mm/2m；抗压强度≥20MPa；自流平砂浆厚度≥2mm；含水率≤4%）。

2. 当铺设厚度不大于 2.0mm 橡胶地板卷材时，宜用 A2 或 A3 锯齿刮刀将胶粘剂均匀地刮涂在水泥自流平砂浆基层表面上 5～20min 后，再铺设粘合橡胶地板，边铺边滚压，最后碾压平整。

3. 当铺设厚度不小于 2.0mm 橡胶地板时，在处理好的自流平砂浆面层上涂刷二道无溶剂型专用胶，每道厚度宜为 0.15mm，用刮板刮平、均匀，涂胶 3～5min 后，以手试不粘手为准。

13.5 防滑处理剂施工

防滑处理剂适用于无机类、光滑面层材料防滑处理之用。涂刷防滑处理剂，用量因基材孔隙度不同其用量为 10～34m²/L。防滑剂反应渗透时间分别为：混凝土 60min；陶瓷砖 40～60min；大理石、花岗石 40～60min。在此时间内，应使被涂表面保持潮湿状态。

13.6 验收

1. 地面工程检验批，室内同一材料、同一工程、同一厂家、同一规格和施工条件的室内防滑地面工程每 30 间（大面积和走廊按施工面积 30m² 为一间）应划分为一个检验批，不足 30 间也视为一个检验批；室外同一材料、同一工程、同一厂家、同一规格和施工条件的室外防滑地面工程按面积 300m² 为一个检验批，不足 300m² 也划分为一个检验批。室外广场防滑地面工程应以 2000m² 划分为一个检验批，不足 2000m² 也应划分为一个检验批；建筑出入口平台、坡道、公交及地铁车站站台、楼梯踏步等，相同材料、工艺和施工条件的防滑地面工程以 30m² 为一个检验批，不足 30m² 划分为一个检验批。

2. 主控项目应全部合格，一般项目至少应有 80％以上的检查点合格，且不合格点应不影响使用。

3. 每个检验批应抽查 20％，不足一个检验批，应全数进行观感检查，允许偏差项目抽查不低于 20％。

4. 各类防滑地面允许偏差应符合表 13.6-1和表 13.6-2 的要求。

室外路面砖防滑人行道铺砌允许偏差

表 13. 6-1

项 目	要 求	检验方法
表面平整度≤	5mm	用 2m 靠尺和塞尺
相邻块（板）高差≤	2mm	用钢尺和塞尺
块（板）缝隙宽度≤	大块 3mm	
小块≤	2mm	用塞尺和目测
纵横面直顺度≤	10mm	用 5m 线尺检查

整体防滑地面允许偏差　表 13. 6-2

项 目	现浇混凝土硬化地坪地面	水泥基自流平砂浆地面	有机树脂面层地面	现浇混凝土人行道地面	检查办法
表面平整度≤	4mm	2mm	2mm	5mm	用 2m 靠尺和塞尺

项　目	现浇混凝土硬化地坪地面	水泥基自流平砂浆地面	有机树脂面层地面	现浇混凝土人行道地面	检查办法
面层厚度偏差≤	0.5mm	0.5m	0.2mm	5mm或不小于设计值	针刺法或超声波仪
缝格平直度≤	3mm	2mm	2mm	3mm	用 5m线和钢尺
接缝高低差≤	2mm	2mm	1mm	5mm	用钢尺和塞尺

注：现浇混凝土人行道地面是室外，其余地面为室内地面。

本章参考文献

《防滑地面工程施工及验收规程》DB11/T 944—2012

14 无障碍设施

无障碍设施是为残疾人、老年人等社会特殊群体自主、平等、方便地出行和参与社会活动而设置的进出道路、建筑物、交通工具、公共服务机构的设施以及通信服务等设施。无障碍设施的施工验收中，检验批质量验收合格应符合下列规定：

（1）主控项目的质量应经抽样检验合格。

（2）一般项目的质量应经抽样检验合格；当采用计数检验时，一般项目的合格点率应达到80%及以上，且不合格点的最大偏差不得大于本规范规定允许偏差的1.5倍。

14.1 缘石坡道

14.1.1 整体面层的允许偏差应符合表14.1.1的规定。

14.1.2 板块面层的允许偏差应符合设计规范的要求和表14.1.2的规定。

整体面层允许偏差　　表 14.1.1

项　目		允许偏差(mm)	检验频率		检验方法
			范围	点数	
平整度	水泥混凝土	3	每条	2	2m 靠尺和塞尺量取最大值
	沥青混凝土	3			
	其他沥青混合料	4			
厚度		±5	每50条	2	钢尺量测
井框与路面高差	水泥混凝土	3	每座	1	十字法，钢板尺和塞尺量取最大值
	沥青混凝土	5			

板块面层允许偏差　　表 14.1.2

项　目	允许偏差（mm）				检验频率		检验方法
	预制砌块	陶瓷类地砖	石板材	块石	范围	点数	
平整度	5	2	1	3	每条	2	2m 靠尺和塞尺量取最大值
相邻块高差	3	0.5	0.5	2	每条	2	钢板尺和塞尺量取最大值
井框与路面高差	3		3		每座	1	十字法，钢板尺和塞尺量取最大值

14.2 盲道

14.2.1 预制盲道砖（板）的规格、颜色、强度应符合设计要求。行进盲道触感条和提示盲道触感圆点凸面高度、形状和中心距允许偏差应符合表 14.2.1-1 和表 14.2.1-2 的规定。

行进盲道触感条凸面高度、形状和中心距允许偏差

表 14.2.1-1

部 位	规定值（mm）	允许偏差（mm）
面宽	25	±1
底宽	35	±1
凸面高度	4	+1
中心距	62～75	±1

提示盲道触感圆点凸面高度、形状和中心距允许偏差

表 14.2.1-2

部位	规定值（mm）	允许偏差（mm）
表面直径	25	±1
底面直径	35	±1
凸面高度	4	+1
圆点中心距	50	±1

检查数量：同一规格、同一颜色同一强度的预制盲道砖（板）材料，应以 100m² 为一验收

批；不足 100m² 按一验收批计，每验收批取 5 块试件进行检查。

检验方法：查材质合格证明文件、出厂检验报告、用钢尺量测检查。

14.2.2 预制盲道砖（板）外观允许偏差应符合表 14.2.2 的规定。

预制盲道砖（板）外观允许偏差　　表 14.2.2

项　　目	允许偏差（mm）	检查频率		检查方法
		范围(m)	块数	
边长	2			钢尺量测
对角线长度	3	500	20	钢尺量测
裂缝、表面起皮	不允许出现			观察

14.2.3 预制盲道砖（板）面层允许偏差应符合表 14.2.3 的规定。

预制盲道砖（板）面层允许偏差

表 14.2.3

项目名称	允许偏差（mm）			检验频率		检验方法
	预制盲道块	石材类盲道板	陶瓷类盲道板	范围(m)	点数	
平整度	3	1	2	20	1	2m 靠尺和塞尺量取最大值

| 项目名称 | 允许偏差（mm） | | | 检验频率 | | 检验方法 |
	预制盲道块	石材类盲道板	陶瓷类盲道板	范围（m）	点数	
相邻块高差	3	0.5	0.5	20	1	钢板尺和塞尺量测
接缝宽度	+3；−2	1	2	50	1	钢尺量测
纵缝顺直	5	—	—	50	1	拉 20m 线钢尺量测
	—	2	3	50	1	拉 5m 线钢尺量测
横缝顺直	2	1	1	50	1	按盲道宽度拉线钢尺量测

14.2.4 橡塑类盲道板的厚度应符合设计要求。其最小厚度不应小于 30mm，最大厚度不应大于 50mm。厚度的允许偏差应为±0.2mm。

14.2.5 橡塑类盲道板的尺寸应符合设计要求。其允许偏差应符合表 14.2.5 的规定。

规格	长度	宽度	厚度(mm)	耐磨层厚度(mm)
块材	±0.15%	±0.15%	±0.20	±0.15
卷材	不低于名义值	不低于名义值	±0.20	±0.15

14.2.6 橡胶地板材料和橡胶地砖材料制成的盲道板的外观质量应符合表 14.2.6 的规定。

检验方法：观察检查。

橡胶地板材料和橡胶地砖材料制成的盲道板外观质量

表 14.2.6

缺陷名称	外观质量要求
表面污染、杂质、缺口、裂纹	不允许
表面缺胶	块材：面积小于 5mm² ，深度小于 0.2mm 的缺胶不得超过 3 处； 卷材：每平方米面积小于 5mm² ，深度小于 0.2mm 的缺胶不得超过 3 处
表面气泡	块材：面积小于 5mm² 的气泡不得超过 2 处； 卷材：面积小于 5mm² 的气泡，每平方米不得超过 2 处
色差	单块、单卷不允许有；批次间不允许有明显色差

14.2.7 聚氯乙烯盲道型材的外观质量应符合表

14.2.7 的规定。

检验方法：观察检查。

聚氯乙烯盲道型材外观质量　表 14.2.7

缺陷名称	外观质量要求
气泡、海绵状	表面不允许
褶皱、水纹、疤痕及凹凸不平	不允许
表面污染、杂质	聚氯乙烯块材：不允许； 聚氯乙烯卷材：面积小于 5mm²，深度小于 0.15mm 的缺陷，每平方米不得超过 3 处
色差、表面撒花密度不均	单块不允许有；批次间不允许有明显色差

14.2.8 不锈钢盲道型材的厚度应符合设计要求。厚度的允许偏差应为 ±0.2mm。

检验方法：查出厂检验报告、用游标卡尺量测。

14.2.9 不锈钢盲道型材的外观质量应符合表 14.2.9 的规定。

检验方法：观察检查。

不锈钢盲道型材外观质量　　表 14.2.9

缺陷名称	外观质量要求
表面污染、杂质、缺口、裂纹	不允许
表面凹坑	面积小于 5mm² 的凹坑每平方米不得超过 2 处

14.3　轮椅坡道

轮椅坡道地面面层允许偏差应符合表 14.4.1 的规定。轮椅坡道整体面层允许偏差应符合表 14.1.1 的规定。轮椅坡道板块面层允许偏差应符合表 14.1.2 的规定。

14.4　无障碍通道

14.4.1　无障碍通道地面面层允许偏差应符合表 14.4.1 的规定。坡道整体面层允许偏差应符合表 14.1.1 的规定。坡道板块面层允许偏差应符合表 14.1.2 的规定。

14.4.2　无障碍通道的雨水箅和护墙板允许偏差应符合表 14.4.2 的规定。

无障碍通道地面面层允许偏差　　表 14.4.1

项　目		允许偏差（mm）	检验频率		检验方法
			范围	点数	
平整度	水泥砂浆	2	每条	2	2m靠尺和塞尺量取最大值
	细石混凝土、橡胶弹性面层	3			
	沥青混合料	4			
	水泥花砖	2			
	陶瓷类地砖	2			
	石板材	1			
整体面层厚度		±5	每条	2	钢尺量测或现场钻孔
相邻块高差		0.5	每条	2	钢板尺和塞尺量取最大值

雨水箅和护墙板允许偏差　　表 14.4.2

项　目	允许偏差（mm）	检验频率		检验方法
		范围	点数	
地面与雨水箅高差	−3；0	每条	2	钢板尺和塞尺量取最大值
护墙板高度	+3；0	每条	2	钢尺量测

14.5　无障碍停车位

无障碍停车位地面坡度允许偏差应符合表

14.5 的规定。

无障碍停车位地面坡度允许偏差　表 14.5

项目	允许偏差	检验频率		检验方法
		范围	点数	
坡度	±0.3%	每条	2	坡度尺量测

14.6　扶手

扶手允许偏差应符合表 14.6 的规定。

扶手允许偏差　　表 14.6

项目	允许偏差 (mm)	检验频率		检验方法
		范围	点数	
立柱和托架间距	3	每条	2	钢尺量测
立柱垂直度	3	每条	2	1m垂直检测尺量测
扶手直线度	4	每条	1	拉 5m 线、钢尺量测

14.7　门

门允许偏差应符合表 14.7 的规定。

门允许偏差　　　　　　表 14.7

项　目			允许偏差 (mm)	检验频率		检验方法
				范围	点数	
门框 正、侧 面垂 直度	木门	普通	2	每 10 樘	2	钢尺量测
		高级	1			
	钢门		3			
	铝合金门		2.5			
门横框水平度			3	每 10 樘	2	水平尺和塞尺量测
平开门护门板高度			+3；0	每 10 樘	2	钢尺量测

14.8　无障碍电梯和升降平台

护壁板安装位置和高度应符合设计要求，护壁板高度允许偏差应符合表 14.8 的规定。

护壁板高度允许偏差　　　　表 14.8

项目	允许偏差 (mm)	检验频率		检验方法
		范围	点数	
护壁板高度	+3；0	每个轿厢	3	钢尺量测

14.9　楼梯和台阶

14.9.1　踏步的宽度和高度应符合设计要求，其允许偏差应符合表 14.9.1 的规定。

踏步宽度和高度允许偏差　　表 14.9.1

项目	允许偏差 (mm)	检验频率		检验方法
		范围	点数	
踏步高度	−3；0	每梯段	2	钢尺量测
踏步宽度	+2；0	每梯段	2	钢尺量测

14.9.2 踏面面层应表面平整，板块面层应无翘边、翘角现象。面层质量允许偏差应符合表 14.9.2 的规定。

面层质量允许偏差　　表 14.9.2

项目		允许偏差 (mm)	检验频率		检验方法
			范围	点数	
平整度	水泥砂浆、水磨石	2	每梯段	2	2m 靠尺和塞尺量取最大值
	细石混凝土、橡胶弹性面层	3			
	水泥花砖	3			
	陶瓷类地砖	2			
	石板材	1			
相邻块高差		0.5	每梯段	2	钢板尺和塞尺量取最大值

14.10 无障碍厕所和无障碍厕位

放物台、挂衣钩和安全抓杆允许偏差应符合表 14.10 的规定。

放物台、挂衣钩和安全抓杆允许偏差

表 14.10

项　　目		允许偏差（mm）	检验频率		检验方法
			范围	点数	
放物台	平面尺寸	±10	每个	2	钢尺量测
	高度	−10；0			
挂衣钩高度		−10；0	每座厕所	2	钢尺量测
安全抓杆的垂直度		2	每4个	2	垂直检测尺量测
安全抓杆的水平度		3	每4个	2	水平尺量测

14.11 无障碍浴室

浴帘、毛巾架、淋浴器喷头、更衣台、挂衣钩和安全抓杆允许偏差应符合表 14.11 的规定。

浴帘、毛巾架、淋浴器喷头、更衣台、挂衣钩
和安全抓杆允许偏差　　表 14.11

项　　目		允许偏差（mm）	检验频率		检验方法
			范围	点数	
浴帘、毛巾架、挂衣钩高度		−10；0	每个	1	钢尺量测
淋浴器喷头高度		−15；0	每个	1	钢尺量测
更衣台、洗手盆	平面尺寸	±10	每个	2	钢尺量测
	高度	−10；0			
安全抓杆的垂直度		2	每4个	2	垂直检测尺量测
安全抓杆的水平度		3	每4个	2	水平尺量测

14.12　无障碍住房和无障碍客房

　　无障碍住房的橱柜、厨房操作台、吊柜、壁柜的允许偏差应符合表 14.12 的规定。

橱柜、厨房操作台、吊柜、壁柜允许偏差
表 14.12

项　　目	允许偏差（mm）	检验方法
外形尺寸	3	钢尺量测
立面垂直度	2	垂直检测尺量测
门与框架的直线度	2	拉通线，钢尺量测

14.13　过街音响信号装置

过街音响信号装置的立杆应安装垂直。垂直度允许偏差为柱高的 1/1000。

检查数量：每 4 组抽查 2 根。

检验方法：线坠和直尺量测检查。

本章参考文献

《无障碍设施施工验收及维护规范》GB 50642—2011

15 城市道路绿化

　　道路绿化应具备必需的灌溉设施，必须满足植物生长的最低土层厚度和必需的营养面积，栽植基层下不得有不透水层。道路绿化栽植成活率应达到95%，缺株应及时进行补栽。

15.1　道路绿化

15.1.1　一般规定
　　宽20m以上的绿带可设计适当的片林。

15.1.2　新建道路绿地率的指标要求
　　1. 规划红线宽度大于50m的道路绿地率不得小于30%。

　　2. 规划红线宽度40～50m的道路绿地率不得小于25%。

　　3. 规划红线宽度小于40m的道路绿地率不得小于20%。

　　4. 园林景观路绿地率不得小于40%。

15.1.3　绿地种植结构的指标要求
　　1. 速生与慢生、常绿与落叶、彩叶树种与一般树种合理搭配。乔木与灌木之比宜为 1：3，常绿乔木与落叶乔木之比宜为 1：4。

2. 绿地面积在 5000m² 以上，可适当设计小品。道路绿化用地面积不得小于该段绿化总面积的 70%。

3. 1000m² 以上绿地每百平方米绿地乔木数不少于 3 株。一般景观道路每万平方米样方内应不少于 20 种植物种类；重要景观道路每万平方米样方内应不少于 30 种植物种类。

15.2 道路分车带（岛）绿化

15.2.1 一般规定

1. 城市道路中间分车绿带宽度不宜小于 3m；机非分车绿带宽度不宜小于 1.5m；行道树绿带宽度不宜小于 1.5m。

2. 中间分车绿带宜阻挡行驶车辆的眩光。离路面高 0.6～1.5m 之间的树木应保持枝叶繁茂，应避免出现透过眩光的空档。

3. 道路分车带宽度小于 3m 的，宜采用低矮灌木和地被植物配植，高度应控制在 0.9m 以下；宽度 3～5m 可增加灌木和小乔木；宽度大于 10m，可进行复层式配置。

4. 道路分车岛绿化面积在 300m² 以下且宽

度小于 10m 的，应选择高度低于 90cm 的地被植物。绿化面积在 300m² 以上，且宽度大于 10m 的分车岛绿化，可进行复层配置。

5. 道路分车带绿化植物的最低种植土层厚度应符合表 15.2.1 的规定。

栽植必需的最低种植土层厚度　表 15.2.1

植物类型	草本花卉	草坪地被	小灌木	大灌木	浅根乔木	深根乔木
土层厚度 (cm)	30	30	40	60	90	150

15.2.2 绿篱植物选择标准

1. 绿篱植物高度应控制在 90cm 以下。

2. 绿篱栽植必需的最低种植土层厚度应符合表 15.2.2 的规定。

绿篱种植槽规格（宽×深，cm×cm）

表 15.2.2

单行	双行	多行
40×40	60×40	$30n$×40

注：n 表示绿篱的行数。

3. 每平方米栽植绿篱植物的密度宜在 6～20 株，且能够达到郁闭标准。

15.3 立交桥绿化

桥下空间高度低于 5m 的，应利用边缘空间进行绿化；桥下空间高度高于 5m 的，应选用耐阴植物充分绿化。

15.4 行道树的栽植

15.4.1 行道树的规格

1. 快长树的胸径不宜小于 8cm；慢长树的胸径不宜小于 10cm。

2. 移植树木的胸径不宜大于 15cm。

3. 机动车行驶道路行道树分枝点应在 3m 以上。

15.4.2 行道树的栽植要求

1. 行道树树干中心至路缘石外侧最小距离应不低于 0.75m。

2. 行道树株距不应小于 4m。

3. 行道树栽植穴（槽）应符合下列要求：

（1）树穴尺寸不小于 1.5m×1.5m。

（2）栽植槽宽度不小于 1.5m。

（3）每株树的营养面积不得小于 2m²。

4. 行道树生长所必需最低土层厚度应符合

的要求为：浅根乔木不低于 0.9m；深根乔木不低于 1.5m。

15.5 栽植土和水肥要求

15.5.1 栽植土要求

栽植土应符合下列要求：

（1）栽植土 pH 应为 6.5～8.5 之间。

（2）可溶性盐总量不得大于 0.3%。

（3）土壤表观密度应在 1.2～1.3g/cm³，土质应疏松、不板结，土块易捣碎，不得含胶泥块及草根、杂物等。

15.5.2 浇灌要求

1. 新建绿地浇灌用水水质（pH 值和矿化度）必须优于栽植土的指标；临时短期浇灌用水的矿化度不得大于 2.5g/L。绿地灌溉应尽量使用节水灌溉设备，灌溉用水应充分利用中水、原水资源。

2. 道路绿化应具备必需的灌溉设施，小于 2000m² 的自然地块应设立 1 处上水设施；大于 2000m² 的自然地块，每增加 1000m² 应多设立 1 处上水设施，或每 200 延米设立 1 处上水设施。

15.6 道路绿化与有关设施

15.6.1 道路绿化与地下管线

1. 新建道路或经改建后达到规划红线宽度的道路，其地下管线外缘与绿化乔灌木的最小水平距离应符合表 15.6.1-1 的规定。

地下管线外缘与绿化乔灌木的最小水平距离

表 15.6.1-1

管线名称	距乔木中心距离（m）	距灌木中心距离（m）
电力电缆	1.0	1.0
电信电缆（直埋）	1.0	1.0
电信电缆（管道）	1.5	1.0
给水管道	1.5	—
雨水管道	1.5	—
污水管道	1.5	—
燃气管道	1.2	1.2
热力管道	1.5	1.5

2. 遇特殊情况不能达到表 15.6.1-1 规定的标准时，其地下管线外缘距绿化乔灌木根颈中心的最小距离可采用表 15.6.1-2 的规定。

地下管线外缘距绿化乔灌木根颈中心的最小距离

表 15.6.1-2

管线名称	距乔木中心 距离 (m)	距灌木中心 距离 (m)
电力电缆	1.0	1.0
电信电缆（直埋）	1.0	1.0
电信电缆（管道）	1.5	1.0
给水管道	1.5	1.0
雨水管道	1.5	1.0
污水管道	1.5	1.0

15.6.2 道路绿化与其他设施

绿化乔灌木与其他设施的最小水平距离应符合表 15.6.2 的规定。

树木与建筑物、构筑物的水平距离

表 15.6.2

设施名称	距乔木中心 距离 (m)	距灌木中心 距离 (m)
低于 2m 围墙	1.0	—
挡土墙	1.0	—
路灯杆柱	2.0	—
电力电信杆柱	1.5	—
消火栓	1.5	2.0
测量水准点	1.5	2.0

15.6.3 道路绿化与架空线

必须在道路绿地上方设置架空线时，树木与架空电力线路导线的最小垂直距离应符合表15.6.3的规定。

树木与架空电力线路导线的最小垂直距离

表 15.6.3

电压（kV）	1～10	35～110	154～220	330
最小垂直距离（m）	1.5	3.0	3.5	4.5

15.7 建设期的养护管理

1. 根据植物习性和墒情及时浇水，必须安排浇冻水和返青水。新植树木7～10天内必须浇3遍透水，全年必须安排浇水不少于7次。

2. 临近建筑工地的移植树木，应在树冠外2m设围栏保护。

本章参考文献

《天津城市道路绿化建设标准》DB/T 29—80—2010

16 城市道路照明工程

16.1 变压器、箱式变电站

变压器、箱式变电站安装前，需要进行器身检查时，环境条件应符合下列规定：

（1）周围空气温度不宜低于 0℃，器身温度不应低于环境温度，当器身温度低于环境温度时，应将器身加热，宜使其温度高于环境温度 10℃；

（2）当空气相对湿度小于 75％时，器身暴露在空气中的时间不得超过 16h。

16.1.1 变压器

1. 室外变压器安装方式宜采用柱上台架式安装，并应符合下列规定：

（1）柱上台架所用铁件必须热镀锌，台架横担水平倾斜不应大于 5mm；

（2）变压器在台架平稳就位后，应采用直径 4mm 镀锌钢丝在变压器油箱上法兰下面部位将变压器与两杆捆扎固定；

（3）柱上变压器台架距地面宜为 3m，不得小于 2.5m；

（4）变压器高压引下线、母线应采用多股绝缘线，宜采用铜线，中间不得有接头。其导线截面应按变压器额定电流选择，铜线不应小于 16mm²，铝线不应小于 25mm²；

（5）变压器高压引下线、母线之间的距离不应小于 0.3m。

2. 柱上台架的混凝土杆应符合本规程中架空线路部分的相关要求，并且双杆基坑埋设深度一致，两杆中心偏差不应超过±30mm 。

3. 跌落式熔断器安装应符合的规定为：安装位置距离地面应为 5m，熔管轴线与地面的垂线夹角为 15°～30°。熔断器水平相间距离不小于 0.7m。在有机动车行驶的道路上，跌落式熔断器应安装在非机动车道侧。

4. 变压器附件安装应符合的规定为：干燥器安装前应检查硅胶是否变色失效，如已失效应在 115～120℃ 温度烘烤 8h，使其复原或更新。安装时必须将呼吸器盖子上橡皮垫去掉，并在下方隔离器中装适量变压器油。确保管路连接密封、管道畅通。

16.1.2 箱式变电站

1. 箱式变电站基础应比地面高 0.2m 以上，

尺寸应符合设计要求，结构宜采用带电缆室的现浇混凝土或砖砌结构，混凝土强度等级不应小于C20；电缆室应采取防止小动物进入的措施；应视地下水位及周边排水设施采取适当防水、排水措施。

2. 箱式变电站基础内的接地装置应随基础主体一同施工，箱体内应设置接地（PE）排和零（N）排。PE排与箱内所有元件的金属外壳连接，并有明显的接地标志，N排与变压器中性点及各输出电缆的N线连接。在TN系统中，PE排与N排的连接导体不小于$16mm^2$铜线。接地端子所用螺栓直径不应小于12mm。

3. 箱式变电站应设置围栏，围栏应牢固、美观，宜采用耐腐蚀、机械强度高的材质。箱式变电站与设置的围栏周围应设专门的检修通道，宽度不应小于0.8m。箱式变电站四周应设置警告或警示标牌。

4. 箱式变电站运行前应做下列试验：

（1）高压开关设备运行前应进行工频耐压试验，试验电压应为高压开关设备出厂试验电压的80%，试验时间应为1min；

（2）低压开关设备运行前应采用500V兆欧表测量绝缘电阻，阻值不应低于0.5MΩ。

16.1.3 地下式变电站

1. 地下式变电站绝缘、耐热、防护性能应符合下列规定：

（1）变压器绕组绝缘材料耐热等级应达 B 级及以上；

（2）设备应为全密封防水结构，防护等级应为 IP68。

2. 地下式变电站地坑的开挖应符合设计要求，地坑面积大于箱体占地面积的 3 倍，地坑内混凝土基础长、宽分别大于箱体底边长、宽的 1.5 倍；地坑承重应根据地质勘测报告确定，承重量不应小于箱式变电站自身重量的 5 倍。

16.2 配电装置与控制

16.2.1 配电室

1. 配电室的耐火等级不应小于三级，屋顶承重的构件耐火等级不应小于二级。其建筑工程质量，应符合国家现行建筑工程施工及验收规范中的有关规定。

2. 配电室宜设不能开启的自然采光窗，应避免强烈日照，高压配电室窗台距室外地坪不宜低于 1.8m。

3. 配电室内电缆沟深度宜为 0.6m，电缆沟盖板宜采用热镀锌花纹钢板盖板或钢筋混凝土盖板。电缆沟应有防水、排水措施。

4. 配电室的架空进出线应采用绝缘导线，进户支架对地距离不应小于 2.5m，导线穿越墙体时应采用绝缘套管。

16.2.2 配电柜（箱、屏）安装

1. 在同一配电室内单列布置高、低压配电装置时，高压配电柜和低压配电柜的顶面封闭外壳防护等级符合 IP2X 级时，两者可靠近布置。高压配电柜顶为裸母线分段时，两段母线分段处宜装设绝缘隔板，其高度不应小于 0.3m。

2. 高压配电装置在室内布置时四周通道最小宽度，应符合表 16.2.2-1 的规定。

高压配电装置在室内布置时通道最小宽度 (m)

表 16.2.2-1

配电柜布置方式	柜后维护通道	柜前操作通道	
		固定式	手车式
单排面对〔AI〕布置	0.8	1.5	单车长度+1.2
双排面对（面）布置	0.8	2.0	双车长度+0.9
双排背对（背）布置	1.0	1.5	单车长度+1.2

注：1. 固定式开关为靠墙布置时，柜后与墙净距应大于 0.05m，侧面与墙净距应大于 0.2m。

2. 通道宽度在建筑物的墙面遇有柱类局部凸出时，凸出部位的通道宽度可减少 0.2m。

3. 各种布置方式，其屏端通道不应小于 0.8m。

3. 低压配电装置在室内布置时四周通道的宽度，应符合表 16.2.2-2 的规定。

低压配电装置在室内布置时通道最小宽度 (m)

表 16.2.2-2

配电柜布置方式	柜前通道	柜后通道	柜左右两侧通道
单列布置时	1.5	0.8	0.8
双列布置时	2.0	0.8	0.8

4. 当电源从配电柜（屏）后进线，并在墙上设隔离开关及其手动操作机构时，柜（屏）后通道净宽不应小于 1.5m；当柜（屏）背后的防护等级为 IP2X，可减为 1.3m。

5. 配电柜（屏）的基础型钢安装允许偏差应符合表 16.2.2-3 的规定。基础型钢安装后，其顶部宜高出抹平地面 10mm；手车式成套柜应按产品技术要求执行。基础型钢应有明显可靠的接地。

配电柜（屏）的基础型钢安装的允许偏差

表 16.2.2-3

项　　目	允　许　偏　差	
	mm/m	mm/全长
直 线 度	<1	<5
水 平 度	<1	<5
位置误差及不平行度	—	<5

6. 配电柜（箱、屏）单独或成列安装的允许偏差应符合表 16.2.2-4 的规定。

配电柜（箱、屏）安装的允许偏差

表 16.2.2-4

项　　目		允许偏差（mm）
垂直度（m）		<1.5
水平偏差	相邻两盘顶部	<2
	成列盘顶部	<5
盘面偏差	相邻两盘边	<1
	成列盘面	<5
柜间接缝		<2

7. 落地配电箱基础应用砖砌或混凝土预制，强度等级不得低于 C20，基础尺寸应符合设计要求，基础平面应高出地面 200mm。进出电缆应穿管保护，并留有备用管道。

8. 杆上配电箱箱底至地面高度不应低于 2.5m，横担与配电箱应保持水平，进出线孔应设在箱体侧面或底部，所有金属构件应热镀锌。

16.2.3 配电柜（箱、屏）电器安装

配电柜（箱、屏）内两导体间、导电体与裸露的不带电的导体间允许最小电气间隙及爬电距离应符合表 16.2.3 的规定。裸露载流部分与未经绝缘的金属体之间，电气间隙不得小于

12mm，爬电距离不得小于 20mm。

允许最小电气间隙及爬电距离（mm）

表 16.2.3

额定电压（V）	带电间隙		爬电距离	
	额定工作电流		额定工作电流	
	≤63A	>63A	≤63A	>63A
U≤60	3.0	5.0	3.0	5.0
60<U≤300	5.0	6.0	6.0	8.0
300<U≤500	8.0	10.0	10.0	12.0

16.2.4　二次回路结线

1. 端子排的安装应符合下列规定：

（1）端子应有序号，并应便于更换且接线方便；离地高度宜大于 350mm；

（2）每个接线端子的每侧接线宜为 1 根，不得超过 2 根。对插接式端子，不同截面的两根导线不得接在同一端子上；对螺栓连接端子，当接两根导线时，中间应加平垫片。

2. 配电柜（箱、屏）内的配线电流回路应采用铜芯绝缘导线，其耐压不应低于 500V，其截面不应小于 2.5mm²，其他回路截面不应小于 1.5mm²；当电子元件回路、弱电回路采取锡焊连接时，在满足载流量和电压降及有足够机械强度的情况下，可采用不小于 0.5mm² 截面的绝缘导线。

16.2.5 路灯控制系统

1. 路灯开灯时的天然光照度水平宜为 15lx；关灯时的天然光照度水平、快速路和主干路宜为 30lx，次干路和支路宜为 20lx。

2. 路灯控制器应符合下列规定：

（1）工作电压范围宜为 180～250V；

（2）照度调试范围应为 0～50lx，在调试范围内应无死区；

（3）时间精度应小于 ±1s/d；

（4）工作温度范围宜为 −35～65℃。

3. 监控系统功能应具备：功能齐全、实用，可根据不同功能需求实现群控、组控，自动或手动巡测、选测各种电参数的功能。并能自动检测系统的各种故障，发出语音声光、防盗等相应的报警，系统误报率应小于 1%。

4. 发射塔应符合的规定为：接地装置应符合《电气装置安装工程　接地装置施工及验收规范》GB 50169 要求，接地电阻不应大于 10Ω。

16.3　架空线路

16.3.1　电杆与横担

1. 基坑施工前的定位应符合下列规定：

（1）直线杆顺线路方向位移不得超过设计档距的 3%；直线杆横线路方向位移不得超过 50mm；

（2）转角杆、分支杆的横线路、顺线路方向的位移均不得超过 50mm。

2. 电杆基坑深度应符合设计规定，设计无规定时，应符合下列规定：

（1）对一般土质，电杆埋深应符合表 16.3.1-1 的规定。对特殊土质或无法保证电杆的稳固时，应采取加卡盘、围桩、打人字拉线等加固措施；

（2）电杆基坑深度的允许偏差应为 +100mm、—50mm；

（3）基坑回填土应分层夯实，每回填 500mm 夯实一次。地面上宜设不小于 300mm 的防沉土台。

电杆埋设深度（m） 表 16.3.1-1

杆长	8	9	10	11	12	13	15
埋深	1.5	1.6	1.7	1.8	1.9	2.0	2.3

3. 电杆安装前应检查外观质量，且应符合下列规定：

（1）环形钢筋混凝土电杆

电杆应无纵向裂缝，横向裂缝的宽度不得超

过 0.1mm，长度不得超过电杆周长的 1/3（环形预应力混凝土电杆，要求不允许有纵向裂缝和横向裂缝）；杆身弯曲度不得超过杆长的 1/1000。杆顶应封堵。

（2）钢管电杆

1）应焊缝均匀，无漏焊。杆身弯曲度不得超过杆长的 2/1000。

2）应热镀锌，镀锌层应均匀无漏镀，其厚度不得小于 65μm。

4. 电杆立好后应正直，倾斜程度应符合下列规定：

（1）直线杆的倾斜不得大于杆梢直径的 1/2；

（2）转角杆宜向外角预偏，紧好线后不得向内角倾斜，其杆梢向外角倾斜不得大于杆梢直径；

（3）终端杆宜向拉线侧预偏，紧好线后不得向受力侧倾斜，其杆梢向拉线侧倾斜不得大于杆梢直径。

5. 线路横担应为热镀锌角钢，高压横担的角钢截面不得小于 63mm×6mm；低压横担的角钢截面不得小于 50mm×5mm。

6. 线路单横担的安装应符合下列规定：

（1）横担安装应平正，端部上、下偏差不得大于 20mm，偏支担端部应上翘 30mm；

（2）导线为水平排列时，最上层横担距杆顶：高压担不得小于 300mm；低压担不得小于 200mm。

7. 同杆架设的多回路线路，横担之间的垂直距离不得小于表 16.3.1-2 的规定。

横担之间的最小垂直距离（mm）

表 16.3.1-2

架设方式及电压等级	直线杆		分支杆或转角杆	
	裸导线	绝缘线	裸导线	绝缘线
高压于高压	800	500	450/600	200/300
高压于低压	1200	1000	1000	—
低压与低压	600	300	300	200

8. 架设铝导线的直线杆，导线截面在 240mm^2 及以下时 ，可采用单横担；终端杆、耐张杆/断连杆，导线截面在 50mm^2 及以下时可用单横担，导线截面在 70mm^2 及以上时可用抱担；采用针式绝缘子的转角杆，角度在 15°～30°时，可用抱担；角度在 30°～45°时，可用抱担断连型；角度在 45°时，可用十字形双层抱担。

9. 安装横担，各部位的螺母应拧紧。螺杆丝扣露出长度，单螺母不得少于两个螺距，双螺母可与螺母持平。螺母受力的螺栓应加弹簧垫或用双母，长孔必须加垫圈，每端加垫不得超过2个。

16.3.2 绝缘子与拉线

1. 绝缘子安装应符合的规定为：悬式绝缘子裙边与带电部位的间隙不得小于50mm，固定用弹簧销子、螺栓应由上向下穿；闭口销子和开口销子应使用专用品。开口销子的开口角度应为30°~60°。

2. 拉线安装的一般规定：

（1）拉线抱箍应安装在横担下方，靠近受力点。拉线与电杆的夹角宜为45°，受环境限制时可调整夹角，但不得小于30°；

（2）拉线盘的埋深应符合设计要求，拉线坑应有斜坡，使拉线棒与拉线成一直线，并与拉线盘垂直。拉线棒与拉线盘的连接应使用双螺母并加专用垫。拉线棒露出地面宜为500~700mm。回填土应每回填500mm夯实一次，并宜设防沉土台；

（3）制作拉线的材料可用镀锌钢绞线、聚乙烯绝缘钢绞线，以及直径不小于4.0mm且不少于三股绞合在一起的镀锌铁线。

3. 拉线穿越带电线路时，距带电部位不得小于200mm，且必须加装绝缘子或采取其他安全措施。拉线绝缘子自然悬垂时，距地面不得小于 2.5m。

4. 跨越道路的横向拉线与拉线杆的安装应符合下列规定：

（1）拉线杆埋深不得小于杆长的 1/6；

（2）拉线杆应向受力的反方向倾斜 10°~20°；

（3）拉线杆与坠线的夹角不得小于 30°；

（4）坠线上端固定点距拉线杆顶部宜为 250mm；

（5）横向拉线距车行道路面的垂直距离不得小于 6m。

5. 采用 UT 型线夹及楔形线夹固定安装拉线，应符合下列规定：

（1）拉线尾线露出楔形线夹宜为 200mm，并用直径 2mm 的镀锌铁线与拉线主线绑扎 20mm；UT 型线夹尾线露出线夹宜为 300~500mm，并用直径 2mm 的镀锌铁线与拉线主线绑扎 40 mm；

（2）拉线紧好后，UT 型线夹的螺杆丝扣露出长度不宜大于 20mm，双螺母应并紧。

6. 采用绑扎固定拉线应符合的规定为：拉线绑扎应采用直径不小于 3.2mm 的镀锌铁线。绑扎应整齐、紧密，绑完后将绑线头拧 3~5 圈小辫压倒。拉线最小绑扎长度应符合表 16.3.2

的规定。

拉线最小绑扎长度　　　表 16.3.2

钢绞线截面 (mm²)	上段 (mm)	中段 (拉线绝缘子两端) (mm)	下段 (mm)		
			下端	花缠	上端
25	200	200	150	250	80
35	250	250	200	250	80
50	300	300	250	250	80

16.3.3　导线架设

1. 导线展放应符合的规定为：展放绝缘线宜在干燥天气进行，气温不宜低于 -10℃；

2. 对绝缘导线绝缘层的损伤处理应符合下列规定：

（1）绝缘层损伤深度超过绝缘层厚度的 10%，应进行补修；

（2）可用自粘胶带缠绕，将自粘胶带拉紧拽窄至带宽的 2/3，以叠压半边的方法缠绕，缠绕长度宜超出损伤部位两端各 30mm；

（3）补修后绝缘自粘胶带的厚度应大于绝缘层损伤深度，且不少于两层；

（4）一个档距内，每条绝缘线的绝缘损伤补修不宜超过 3 处。

3. 导线承力连接的一般规定为：导线接头距导线固定点不得小于 0.5m。

4. 导线紧线应符合下列规定：

（1）导线弧垂应符合设计规定，允许误差为±5%。设计无规定时，可根据档距、导线材质、导线截面和环境温度查阅弧垂表确定弧垂值；

（2）架设新导线宜对导线的塑性伸长，采用减小弧垂法进行补偿，弧垂减小的百分数为：铝绞线 20%；钢芯铝绞线为 12%；铜绞线 7%～8%；

（3）导线紧好后，同档内各相导线的弧垂应一致，水平排列的导线弧垂相差不得大于 50mm。

5. 导线固定的一般规定：

（1）绑扎应选用与导线同材质的直径不得小于 2.5mm 的单股导线做绑线。绑扎应紧密、平整；

（2）裸铝导线在绝缘子或线夹上固定应紧密缠绕铝包带，缠绕长度应超出接触部位 30mm。铝包带的缠绕方向应与外层线股的绞制方向一致。

6. 导线在蝶式绝缘子上固定应符合的规定为：绑扎长度应符合表 16.3.3-1 的规定。

导线在蝶式绝缘子上的绑扎长度

表 16.3.3-1

导线截面（mm²）	绑扎长度（mm）
LJ-50、LGJ-50 以下	≥150
LJ-70、LGJ-70	≥200
低压绝缘线 50mm² 及以下	≥150

7. 引流线对相邻导线及对地（电杆、拉线、横担）的净空距离不得小于表 16.3.3-2 的规定。

引流线对相邻导线及对地的最小距离

表 16.3.3-2

线路电压等级		引流线对相邻导线（mm）	引流线对地（mm）
高 压	裸 线	300	200
	绝缘线	200	200
低 压	裸 线	150	100
	绝缘线	100	50

8. 线路与电力线路之间，在上方导线最大弧垂时的交叉距离和水平距离不得小于表 16.3.3-3 的规定。

9. 线路与弱电线路交叉跨越时，必须电力线路在上，弱电线路在下。在电力导线最大弧垂时，与弱电线路的垂直距离高压不得小于 2m，低压不得小于 1m。

10. 导线在最大弧垂和最大风偏时，对建筑物的净空距离不得小于表 16.3.3-4 的规定。

线路与电力线路之间的最小距离（m）

项目	线路电压 （kV）	≤1		10		35～ 110	220	500
		裸 线	绝缘线	裸 线	绝缘线			
垂直 距离	高压	2.0	1.0	2.0	1.0	3.0	4.0	6.0
	低压	1.0	0.5	2.0	1.0	3.0	4.0	6.0
水平 距离	高压	2.5	—	2.5	—	5.0	7.0	
	低压							

导线对建筑物的最小距离（m）

表 16.3.3-4

类　别	裸绞线		绝缘线	
	高 压	低 压	高 压	低 压
垂直距离	3.00	2.50	2.50	2.00
水平距离	1.50	1.00	0.75	0.20

11. 导线在最大弧垂和最大风偏时，对树木的净空距离不得小于表 16.3.3-5 的规定。

12. 导线在最大弧垂时对地面、水面及跨越物的垂直距离不得小于表 16.3.3-6 的规定。

导线对树木的最小距离（m） 表 16.3.3-5

类 别		裸 绞 线		绝 缘 线	
		高 压	低 压	高 压	低 压
公园、绿化区、防护林带	垂 直	3.0	3.0	3.0	3.0
	水 平	3.0	3.0	1.0	1.0
果林、经济林、城市灌木林		1.5	1.5	—	
城市街道绿化树木	垂 直	1.5	1.0	0.8	0.2
	水 平	2.0	1.0	1.0	0.5

导线对地面、水面等跨越物的最小垂直距离（m）
表 16.3.3-6

线路经过地区		电压等级	
		高 压	低 压
居民区		6.5	6.0
非居民区		5.5	5.0
交通困难地区		4.5	4.0
至铁路轨顶		7.5	7.5
城市道路		7.0	6.0
至电车行车线承力索或接触线		3.0	3.0
至通航河流最高水位		6.0	6.0
至不通航河流最高水位		3.0	3.0
至索道距离		2.0	1.5
人行过街桥	裸绞线	宜入地	宜入地
	绝缘线	4.0	3.0
步行可以达到的山坡、峭壁、岩石		4.5	3.0

16.4 电缆线路

16.4.1 一般规定

1. 电缆敷设的最小弯曲半径应符合表16.4.1的规定。

电缆最小弯曲半径 表 16.4.1

电缆类型		多芯	单芯
聚氯乙烯电缆	无铠装	15D	20D
	有铠装	12D	15D

2. 电缆敷设时，电缆应从盘的上端引出，不应使电缆在支架上及地面摩擦拖拉。电缆外观应无损伤，绝缘良好，不得有铠装压扁、电缆绞拧、护层折裂等机械损伤。电缆在敷设前应用500V兆欧表进行绝缘电阻测量，阻值不得小于4MΩ·km。

3. 电缆敷设和电缆接头预留量宜符合下列规定：

（1）由于电缆敷设的弯曲性及其余料不可用等因素，电缆的敷设长度应为电缆路径长度的110%；

（2）电缆在灯杆内对接时，每基灯杆两侧的电缆预留量不应小于2.0m；路灯引上线与电缆

T接时，每基灯杆电缆的预留量不应小于 1.5m。

4. 三相四线制应采用四芯等截面电力电缆，不应采用三芯电缆另加一根单芯电缆或以金属护套作中性线。三相五线制应采用五芯电力电缆线，PE 线截面可小一等级。

5. 直埋电缆在直线段每隔 50～100m 处、电缆接头处、转弯处、进入建筑物等处，应设置明显的方位标志或标桩。

6. 电缆埋设深度应符合下列规定：

(1) 绿地、车行道下不应小于 0.7m；

(2) 人行道下不应小于 0.5m。

7. 电缆从地下或电缆沟引出地面时应加保护管，保护管的长度不得小于 2.5m，沿墙敷设时采用抱箍固定，固定点不得少于 2 处；电缆上杆应加固定支架，支架间距不得大于 2m。所有支架和金属部件应热镀锌处理。

8. 电缆金属保护管和桥架、架空电缆钢绞线等金属管线应有良好的接地保护，系统接地电阻不得大于 4Ω。

16.4.2 电缆敷设

1. 电缆直埋敷设时，沿电缆全长上下应铺厚度不小于 100mm 的软土细沙层，并加盖保护板，其覆盖宽度应超过电缆两侧各 50mm，保护板可采用混凝土盖板或砖块。电缆沟回填土应分层夯实。

2. 电缆之间、电缆与管道、道路、建筑物之间平行和交叉时的最小净距应符合表 16.4.2 的规定。

电缆之间、电缆与管道、道路、建筑物
之间平行和交叉的最小净距　表 16.4.2

项　目		最小净距（m）	
		平行	交叉
电力电缆间及控制电缆间	10kV 及以下	0.10	0.50
	10kV 以上	0.25	0.50
控制电缆间		—	0.50
不同使用部门的电缆间		0.50	0.50
热管道（管沟）及电力设备		2.00	0.50
油管道（管沟）		1.00	0.50
可燃气体及易燃液体管道（沟）		1.00	0.50
其他管道（管沟）		0.50	0.50
铁路轨道		3.00	1.00
电气化铁路轨道	交流	3.00	1.00
	直流	10.0	1.00
公路		1.50	1.00
城市街道路面		1.00	0.70
杆基础（边线）		1.00	—
建筑物基础（边线）		0.60	—
排水沟		1.00	0.50

3. 电缆保护管不应有孔洞、裂缝和明显的凹凸不平，内壁应光滑、无毛刺，金属电缆管应采用热镀锌管、铸铁管或热浸塑钢管，直线段保护管内径应不宜小于电缆外径的 1.5 倍，有弯曲时不应小于 2 倍；混凝土管、陶土管、石棉水泥管，其内径不宜小于 100mm。

4. 电缆保护管的弯曲半径不应小于所穿入电缆的最小允许弯曲半径，弯制后不应有裂缝和显著的凹瘪现象，其弯扁程度不宜大于管子外径的 10%。管口应无毛刺和尖锐棱角，管口宜做成喇叭形。

5. 硬质塑料管连接在套接或插接时，其插入深度宜为管子内径的 1.1～1.8 倍，在插接面上应涂以胶粘剂粘牢密封；采用套接时，套接两端应采用密封措施。

6. 金属电缆保护管连接应牢固，密封良好；当采用套接时，套接的短套管或带螺纹的管接头长度不应小于外径的 2.2 倍，金属电缆保护管不宜直接对焊，宜采用套管焊接的方式。

7. 电缆保护管在桥梁上明敷时应安装牢固，支持点间距不宜大于 3m。当电缆保护管的直线长度超过 30m 时，宜加装伸缩节。

8. 当直线段钢制电缆桥架超过 30m、铝合金电缆桥架超过 15m、跨越桥墩伸缩缝处应留有伸缩缝，其连接宜采用伸缩连接板。

9. 采用电缆架空敷设时应符合下列规定：

（1）架空电缆承力钢绞线截面不宜小于 35mm²，钢绞线两端应有良好接地和重复接地；

（2）电缆在承力钢绞线上固定应自然松弛，在每一电杆处应留一定的余量，长度不应小于 0.5m；

（3）承力钢绞线上电缆固定点的间距应小于 0.75m，电缆固定件应进行热镀锌处理，并应加软垫保护。

10. 过街管道两端、直线段超过 50m 时应设工作井，灯杆处宜设置工作井，工作井应符合下列规定：

（1）工作井宜采用 C10 砂浆砖砌体，内壁粉刷应用 1：2.5 防水水泥砂浆抹面，井壁光滑、平整；

（2）井深大于 1m，并应有渗水孔；

（3）井内壁净宽不应小于 0.7m；

（4）电缆保护管伸进工作井井壁 30～50mm，有多根电缆管时，管口应排列整齐，不应有上翘、下坠现象。

16.5 安全保护

16.5.1 接零和接地保护

1. 在保护接零系统中，用熔断器作保护装置时，单相短路电流不应小于熔断片额定熔断电流的4倍，用自动开关作保护装置时，单相短路电流不应小于自动开关瞬时或延时动作电流的1.5倍。

2. 道路照明配电系统中，采用TN或TT系统接零和接地保护，PE线与灯杆、配电箱等金属设备连接成网，在任一地点的接地电阻都应小于4Ω。

3. 在配电线路的分支、末端及中间适当位置做重复接地并形成联网，其重复接地电阻应小于10Ω，系统接地电阻应小于4Ω。

4. 采用TT系统接地保护，没有采用PE线连接成网的灯杆、配电箱等，其独立接地电阻应小于4Ω。

5. 道路照明配电系统的变压器中性点（N）的接地电阻应小于4Ω。

16.5.2 接地装置

1. 人工接地装置应符合下列规定：

（1）垂直接地体所用的钢管，其内径不应小于 40mm、壁厚 3.5mm；角钢采用∠50×50×5mm 以上，圆钢直径不应小于 20mm，每根长度不小于 2.5m，极间距离不宜小于其长度的 2 倍，接地体顶端距地面不应小于 0.6m。

（2）水平接地体所用的扁钢截面不小于 4×30mm，圆钢直径不小于 10mm，埋深不小于 0.6m，极间距离不宜小于 5m。

2. 保护接地线必须有足够的机械强度，应满足不平衡电流及谐波电流的要求，并应符合下列规定：

（1）保护接地线和相线的材质应相同，当相线截面在 35mm^2 及以下时，保护接地线的最小截面不应小于相线的截面，当相线截面在 35mm^2 以上时，保护接地线的最小截面不得小于相线截面的 50%；

（2）采用扁钢时不应小于 4×30mm，圆钢直径不应小于 10mm。

3. 接地装置敷设应符合下列规定：

（1）敷设位置不应妨碍设备的拆卸和检修，接地体与构筑物的距离不应小于 1.5m；

（2）跨越桥梁及构筑物的伸缩缝、沉降缝时，应将接地线弯成弧状。支架的距离：水平直线部分宜为 0.5～1.5m，垂直部分宜为 1.5～3.0m，转弯部分宜为 0.3～0.5m；

（3）沿配电房墙壁水平敷设时，距地面宜为0.25~0.3m，与墙壁间的距离宜为0.1~0.15m。

4.接地体的焊接应采用搭接焊，其搭接长度应符合下列规定：

（1）扁钢为其宽度的2倍（且至少3个棱边焊接）；

（2）圆钢为其直径的6倍；

（3）圆钢与扁钢连接时，其长度为圆钢直径的6倍；

（4）扁钢与角钢连接时，其长度为扁钢宽度的2倍，并应在其接触部位两侧进行焊接。

16.6 路灯安装

16.6.1 一般规定

1.钢筋混凝土基础宜采用C20等级及以上的商品混凝土，电缆保护管应从基础中心穿出，并应超过混凝土基础平面30~50mm，保护管穿电缆前应将管口封堵。

2.灯杆基础螺栓高于地面时，灯杆紧固校正后，根部法兰、螺栓宜做厚度不小于100mm的混凝土结面或其他防腐措施，表面平整、光滑且不积水。

3. 灯杆基础螺栓低于地面时，基础螺栓顶部宜低于地面 150mm，灯杆紧固校正后，将法兰、螺栓用混凝土包封或其他防腐措施。

4. 道路照明灯具的效率不应低于 70%，灯具光源腔的防护等级不应低于 IP55。

5. LED 道路照明灯具应符合下列规定：

（1）灯在额定电压和额定频率下工作时，其实际消耗的功率与额定功率之差应不大于 10%，功率因数实测值不低于制造商标准值的 0.05；

（2）灯的安全性能应符合《普通照明用 LED 模块 安全要求》GB 24819 的要求，防护等级应达到 IP65；

（3）光通维持率在燃点 3000h 时应不低于 90%，在燃点 6000h 时应不低于 85%。

6. 灯具引至主线路的导线应使用额定电压不低于 500V 的铜芯绝缘线，最小允许线芯截面应不小于 1.5mm²，功率 400W 及以上的最小允许线芯截面应不小于 2.5mm²。

7. 在灯臂、灯杆内穿线不得有接头，穿线孔口或管口应光滑、无毛刺，并用绝缘套管或包带包扎，包扎长度不得小于 200mm。

8. 气体放电灯应将熔断器安装在镇流器的进电侧，熔丝应符合下列规定：

（1）150W 及以下为 4A；

（2）250W 为 6A；

（3）400W 为 10A；

（4）1000W 为 15A。

9. 各种螺栓紧固，宜加垫片和防松装置。紧固后螺丝露出螺母不得少于两个螺距，最多不宜超过 5 个螺距。

10. 玻璃钢灯杆应符合下列规定：

（1）检修门尺寸允许偏差宜为±5mm，并具备防水功能，内部固定用金属配件应采用热镀锌或不锈钢；

（2）灯杆壁厚根据设计要求允许偏差＋3mm、-0mm，并应满足本地区最大风速的抗风强度要求。

16.6.2 半高杆灯和高杆灯

1. 基础顶面标高应高于提供的地面标桩100mm。基础坑深度的允许偏差应为＋100mm、-50mm。当基础坑深与设计坑深偏差＋100mm以上时，应按以下规定处理：

（1）偏差在＋100～＋300mm 时，采用铺石灌浆处理；

（2）偏差超过规定值的＋300mm 以上时，超过部分可采用填土或石料夯实处理，分层夯实厚度不宜大于 100mm，夯实后的密实度不应低于原状土，然后再采用铺石灌浆处理。

2. 地脚螺栓埋入混凝土的长度应大于其直径的 20 倍，并应与主筋焊接牢固，螺纹部分应加以保护，基础法兰螺栓中心分布直径应与灯杆底座法兰孔中心分布直径一致，偏差应小于±1mm，螺栓紧固应加垫圈并采用双螺母，设置在震动区域应采取防震措施。

3. 基坑回填应符合下列规定：

（1）对适于夯实的土质，每回填 300mm 厚度应夯实一次，夯实程度应达到原状土密实度的 80% 及以上；

（2）对不宜夯实的水饱和黏性土，应分层填实，其回填土的密实度应达到原状土密实度的 80% 及以上。

16.6.3 单挑灯、双挑灯和庭院灯

1. 钢灯杆应进行热镀锌处理，镀锌层厚度不应小于 65μm，表面涂层处理应在钢杆热镀锌后进行，因校直等因素涂层破坏部位不得超过 2 处，且修整面积不得超过杆身表面积的 5%。

2. 钢灯杆长度 13m 及以下的锥形杆应无横向焊缝，纵向焊缝应匀称、无虚焊。

3. 钢灯杆的允许偏差应符合下列规定：

（1）长度允许偏差宜为杆长的 ±0.5%；

（2）杆身直线度允许误差宜＜3‰；

（3）杆身横截面直径、对角线或对边距允许

偏差宜为±1%;

（4）检修门尺寸允许偏差宜为±5mm;

（5）悬挑灯臂仰角允许偏差宜为±1°。

4. 直线路段安装单、双挑灯、庭院灯时，在无障碍等特殊情况下，灯间距与设计间距的偏差应小于2%。

5. 灯杆垂直度偏差应小于半个杆梢，直线路段单、双挑灯、庭院灯排列成一直线时，灯杆横向位置偏移应小于半个杆根。

6. 灯臂应固定牢靠，灯臂纵向中心线与道路纵向成90°角，偏差不应大于2°。

16.6.4 杆上路灯

1. 引下线宜使用铜芯绝缘线和引下线支架，且松紧一致。引下线截面不应小于2.5mm²；引下线搭接在主线路上时应在主线上背扣后缠绕7圈以上。当主导线为铝线时应缠上铝包带并使用铜铝过渡连接引下线。

2. 受力引下线保险台宜安装在引下线离灯臂瓷瓶100mm处，裸露的带电部分与灯架、灯杆的距离不应少于50mm。非受力保险台应安装在离灯架瓷瓶60mm处。

3. 引下线应对称搭接在电杆两侧，搭接处离电杆中心宜为300～400mm，引下线不应有接头。

4. 穿管敷设引下线时，搭接应在保护管同一侧，与架空线的搭接宜在保护管弯头管口两侧。保护管用抱箍固定，固定点间隔宜为 2m，上端管口应弯曲朝下。

5. 在灯臂或架空线横担上安装镇流器应有衬垫支架，固定螺栓不得少于 2 只，直径不应小于 6mm。

16.6.5 其他路灯

1. 墙灯安装高度宜为 3～4m，灯臂悬挑长度不宜大于 0.8m。

2. 安装墙灯时，从电杆上架空线引下线到墙体第一支持物间距不得大于 25m，支持物间距不得大于 6m，特殊情况应按设计要求施工。

3. 墙灯架线横担应用热镀锌角钢或扁钢，角钢不应小于∠50×5；扁钢不应小于－50×5。

4. 道路横向或纵向悬索吊灯安装高度不宜小于 6m，且应符合以下要求：

（1）悬索吊线采用 16～25mm² 的镀锌钢绞线或 φ4 镀锌铁丝合股使用，其抗拉强度不应小于吊灯（包括各种配件、引下线铁板、瓷瓶等）重量的 10 倍。

（2）道路纵向悬索钢绞线弧垂应一致，终端、转角杆应设拉线，并应符合规程规定。全线钢绞线应做接地保护，接地电阻应小于 4Ω。

（3）悬索吊灯的电源引下线不得受力。引下线如遇树枝等障碍物时，可沿吊线敷设支持物，支持物之间间距不宜大于1m。

5. 高架路、桥梁等防撞护栏嵌入式路灯安装高度宜在0.5～0.6m，灯间距不宜大于6m，并应满足照度（亮度）、均匀度的要求。

6. 防撞护栏嵌入式路灯应限制眩光，必要时应安装挡光板或采用带格栅的灯具，光源腔的防护等级不应低于IP65。灯具安装灯体突出防撞墙平面不宜大于10mm。

本章参考文献

《城市道路照明工程施工及验收规程》CJJ 89—2012

17 城镇道路养护

17.1 人行道的养护

17.1.1 面层养护

人行道面层砌块应具有防滑性能，其材质标准应符合表 17.1.1 的要求。

人行道面层砌块材质标准　　　表 17.1.1

项　目	技　术　要　求
抗折强度(MPa)	不低于设计要求
抗压强度(MPa)	≥30
对角线长度(mm)	±3(边长>350mm)，±2(边长<350mm)
厚度(mm)	±3(厚度>80mm)，±2(厚度<80mm)
边长(mm)	±3(边长>250mm)，±2(边长<250mm)
缺边掉角长度(mm)	≤10(边长>250mm)，≤5(边长<250mm)
其　他	颜色一致，无蜂窝、露石、脱皮、裂缝等

17.1.2 基础养护

人行道基础维修质量应符合表 17.1.2 的

规定。

人行道基础维修质量标准　　表 17.1.2

项　　目		技术要求	检验频率		检查方法 (取最大值)
			范围	点数	
压实度 (重型击实)	路基	≥90%	20m	1	环刀法 灌砂法
	基层	≥93%			
平整度		≤10mm			3m 直尺
厚度		±10mm			钢尺
宽度		不小于设计规定			钢尺
横坡		±0.3%			水准仪

17.1.3　缘石养护

1. 缘石养护质量标准应符合表 17.1.3-1 的规定。

人行道缘石养护质量标准　　表 17.1.3-1

项　　目	技术要求	检验频率		检查方法 取最大值
		范围	点数	
直顺度	≤10mm	20m	1	20m 小线
相邻块高差	≤3mm	20m	3	钢尺
缝宽	±3mm	20m	1	钢尺
高程	±10mm	20m	1	水准仪

2. 缘石标准应符合表 17.1.3-2 的规定。

缘石标准　　　表 17.1.3-2

项　　目	技　术　要　求
抗折强度（MPa）	不低于设计要求
抗压强度（MPa）	≥30
长度（mm）	±5
宽度与厚度（mm）	±2
缺边掉角（mm）	<20，外露面、边、棱角完整
其　　他	颜色一致，无蜂窝、露石、脱皮、裂缝等

17.2　掘路修复

17.2.1　回填

沟槽回填土的压实度应根据回填土的深度和部位（图 17）确定压实度，并应符合下列规定：

（1）填土部位Ⅰ（轻型击实）压实度应大于 90%；

（2）设施顶部以上 500mm 范围内填土部位Ⅱ（轻型击实）压实度应大于 85%；

（3）设施顶部 500mm 以上至路床以下部位Ⅲ填土压实度应符合表 17.2.1 的规定。

设施顶部 500mm 以上至路床
以下沟槽回填质量标准　　表 17.2.1

项目　　　　回填深度（m）	压实度（重型击实）			检验频率		压实度检查方法
	快速路主干路	次干路	支路	每层	点数	
0～0.8	≥95%	≥94%	≥93%			
0.8～1.5	≥92%	≥91%	≥90%	20m	1	环刀法
>1.5	≥90%	≥90%	≥90%			

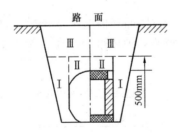

图 17　回填土部位
Ⅰ、Ⅱ、Ⅲ—填土部位

17.2.2　基层修复

基层的修复质量应符合表 17.2.2 的要求。

基层修复质量标准　　表 17.2.2

项目	道路类别	技术要求	检验频率		检查方法
			范围	点数	
压实度（重型击实）	快速路、主干路	≥97%	20m	1	环刀法灌砂法
	次干路	≥96%			
	支路	≥95%			
平整度		≤10mm			3m 直尺
厚度		±10%			钢尺

17.3　养护工程的检查与验收

17.3.1　沥青路面养护工程的检查与验收

沥青道路养护质量验收应符合表 17.3.1 的规定。

沥青道路养护质量验收标准　表 17.3.1

项目	规定值及允许偏差	检验方法
凿边	1. 四周用切割机切割，整齐不斜； 2. 如采用铣刨机或其他工程机械施工，边口应整齐不斜； 3. 四周修凿垂直不斜，凿边宽度不小于 50mm，深度不小于 30mm	用尺量

项目	规定值及允许偏差	检验方法
铺筑	1. 面层铺筑厚度—5mm，+10mm； 2. 细粒式沥青混凝土面层厚度不得低于30mm，粗粒式沥青混凝土面层厚度不得低于50mm，中粒式沥青混凝土面层厚度不得低于40mm； 3. 表面粗细均匀，无毛细裂缝，碾压紧密，无明显轮迹	用尺量
平整度	路面平整，人工摊铺不大于7mm，机械摊铺不大于5mm	3m直尺量
接槎	1. 接槎密实，无起壳、松散； 2. 与平石相接不得低于平石，高不得大于5mm； 3. 新老接槎密实，平顺齐直，不得低于原路面，高不得大于5mm	1m直尺量
路框差	1. 各类井框周围路面无沉陷； 2. 各类井框与路面高差不得大于5mm	1m直尺量
横坡度	与原路面横坡相一致，不得有积水	目测

17.3.2 水泥混凝土路面养护工程的检查与验收

水泥混凝土道路养护质量验收应符合表 17.3.2 的规定。

水泥混凝土道路养护质量验收标准

表 17.3.2

项目	规定值及允许偏差	检验方法
切割	四周切割整齐垂直，不得附有损伤碎片，切角不得小于 90°	用尺量
铺筑	1. 抗压、抗折强度不低于原有路面强度，板厚度允许误差 + 10mm，−5mm； 2. 路面无路骨、麻面，板边蜂窝麻面不得大于 3%，面层拉毛应整齐	试块测试及用尺量
平整度	路面平整度高差不大于 3mm	3m 直尺量
抗滑	抗滑值 BPN≥45 或横向力系数 SFC≥0.38	测试
相邻板差	新板块接边，高差不得大于 5mm	1m 直尺量
伸缩缝	1. 顺直，深度、宽度不得小于原规定； 2. 嵌缝密实，高差不得大于 3mm	1m 直尺量
路框差	1. 座框四周宜设置混凝土保护边； 2. 座框或护边与路面高差不得大于 3mm	1m 直尺量
纵横坡度	与原路面纵坡、横坡相一致，不得有积水	目测

17.3.3 人行道养护工程的检查与验收

1. 人行道养护质量验收应符合表 17.3.3-1
的规定。

人行道养护质量验收标准 **表 17.3.3-1**

项目	规定值及允许偏差	检验方法
铺筑	1. 预制块、块石铺筑平整不摇动，缝隙饱满； 2. 纵横缝顺直，排列整齐，纵向偏差不得大于 10mm； 3. 铺筑人行道板完整，一块板不超过一条裂缝，有缺角用混凝土补平	用 10m 线量测
强度	1. 现浇水泥人行道强度、厚度符合设计要求，振捣坚实； 2. 表面无露骨、麻面，厚度偏差＋10mm、－5mm	试块检验 用尺量
平整度	预制块和现浇水泥人行道的平整度不得大于 5mm	3m 直尺量
路框差	1. 检查井及公用事业井盖框和人行道高差不得大于 5mm； 2. 现浇水泥人行道不得大于 3mm	1m 直尺量
接槎	1. 新老接槎齐平，高差不得大于 5mm； 2. 人行道面应高出侧石顶面 5mm	1m 直尺量

项目	规定值及允许偏差	检验方法
凿边及滚花	1. 现浇水泥人行道四周凿边整齐不斜，四周不得有损伤碎石； 2. 现浇混凝土粗底完成后紧跟做细砂浆，表面平整、美观； 3. 纵横划线垂直齐整、缝宽和缝深均匀，滚花整齐	目测

2. 道路无障碍设施养护质量验收应符合下列规定：

（1）盲道养护质量验收应符合表 17.3.3-2 的要求。

盲道养护质量验收标准　表 17.3.3-2

项目	规定值及允许偏差	检验方法
位置	1. 设置盲道的城镇道路人行道宽度不宜小于 3500mm； 2. 避开各类地面障碍物并距人行道边线 250～600mm； 3. 盲道中应无障碍物，检查井盖框高低差不超过 10mm	用尺量
宽度	1. 人行道铺设盲道宽度宜为 300～600mm； 2. 在人行道转弯处设置的全宽式无障碍坡道形式，设置提示盲道，宽度应大于行进盲道的宽度	用尺量

（2）无障碍坡道养护质量验收应符合表
17.3.3-3 的规定。

无障碍坡道养护质量验收标准 表 17.3.3-3

项目	规定值及允许偏差	检验方法
坡度	1. 缘石坡道正面坡的坡度不得大于 1：12； 2. 缘石坡道两侧面坡的坡度不得大于 1：12； 3. 缓坡道正面坡的坡度不得大于 1：20	用尺量
高度	缘石坡道正面坡中缘石外露高度不得大于 20mm	用尺量
宽度	1. 三面坡缘石坡道的正面坡道宽度不得小于 1200mm； 2. 扇面式缘石坡道的下口宽度不得小于 1500mm； 3. 转角处缘石坡道的上口宽度不宜小于 2000mm； 4. 其他形式的缘石坡道的宽度不应小于 1200mm	用尺量

17.3.4　其他路面养护工程的检查与验收

其他路面养护质量验收应符合表 17.3.4 的
规定。

其他路面养护质量验收标准　表 17.3.4

项目	规定值及允许偏差	检验范围	检验方法
平整度	大理石、花岗石 0～5mm 彩色预制块、广场砖 0～7mm	10m 检 1 点 (取最大值)	3m 直尺量
相邻块高差	大理石、花岗岩(光面)1mm (毛面)2mm 彩色预制块、广场砖 2mm	10m 检 3 点 (取最大值)	用尺量
路框差	大理石、花岗石 2mm 彩色预制块、广场砖 3mm	每井检 1 点	用尺量
缝宽误差	大理石、花岗石±2mm 彩色预制块、广场砖±2mm	10m 检 3 点 (取最大值)	10m 线 用尺量
纵横缝线中心偏差	大理石、花岗石±1mm 彩色预制块、广场砖±2mm	10m 检 1 处, 量测 3 点 (取最大值)	10m 线 用尺量

17.3.5　道路附属设施养护工程的检查与验收

　　1. 隔离护栏养护质量验收应符合表 17.3.5-1 的规定。

隔离护栏养护质量标准　　表 17.3.5-1

项　　目	允许偏差 (mm)	检验频率		检验方法
		范围 (m)	点数	
护栏顺直度	20	100	1	用 20m 线量取最大值
护栏高度	+20，-10	100	3	用钢尺量
固定式垂直度	10	100	3	用垂线吊量
相邻隔栅错缝高差	±5	100	3	用钢尺量

2. 路铭牌养护质量验收应符合表 13.7.5-2 的规定。

路铭牌养护质量验收标准　　表 13.7.5-2

项　　目	允许偏差 (mm)	检查频率		检验方法
		范围	点数	
高度	20	每块	2	用尺量
垂直度	10	每块	1	用垂线吊量
位置	30	每块	2	用尺量

本章参考文献

《城镇道路养护技术规范》CJJ 36—2006

18 城镇地道桥顶进施工

18.1 工作坑

工作坑开挖允许偏差应符合表 18.1 的规定。

工作坑开挖允许偏差　　表 18.1

项　目	允许偏差 (mm)	检验频率		检验方法
		范围	点数	
坑底高程	±30	每座	5	用水准仪测量
轴线位移	50	每座	2	用经纬仪测量
工作坑尺寸	不得小于设计要求	每座	4	用尺量
边坡坡度	不得大于设计要求	每座	4	用尺量

18.2 滑板及润滑隔离层

滑板允许偏差应符合表 18.2 的规定。

滑板允许偏差   表 18.2

项　目	允许偏差（mm）	检验频率		检验方法
		范围	点数	
平面尺寸	不得小于设计要求	每座	4	用尺量
平整度	±3	每座	6	用 3m 直尺测量
厚度	不得小于设计要求	每座	4	用尺量
顶面高程	±5 0	每座	6	用水准仪测量
中心线	30	每座	2	用经纬仪测量

18.3　后背

各种形式后背墙允许偏差应符合表 18.3-1 ～表 18.3-3 的规定。

钢筋混凝土后背墙允许偏差   表 18.3-1

项　目	允许偏差（mm）	检验频率		检验方法
		范围	点数	
混凝土抗压强度	符合设计要求			压试块
断面尺寸	+5	每构件	2	用尺量
长度	±20	每构件	1	用尺量
顶面高程	±20	每座	4	用水准仪测量

项　目	允许偏差 （mm）	检验频率		检验方法
		范围	点数	
墙面垂直度	不得大于 0.5%H	每座	4	用垂线或 经纬仪测量
麻面	每侧不得超过 该侧面积1%	每构件	1	用尺量麻 面总面积
墙面平整度	±5	每构件	1	用2m直尺或 小线量最大值
桥面水平 线与桥中心 线垂直度	不得大于 0.3%L	每座	2	用尺量
缝宽	不得大于20	每座	4	用尺量

注：表中 H 为构筑物高度（mm），L 为构筑物长度（mm）。

钢板桩后背墙允许偏差　　　表 18.3-2

项目	允许偏差 （mm）	检验频率		检验方法
		范围	点数	
桩垂直度	不得大于1%H	每根桩	1	用垂线量
墙面水平 线与桥中 心线垂直度	不得大于 0.3L	每根桩	1	用尺量

注：表中 H 为构筑物高度（mm），L 为构筑物长度
（mm）。

砌筑后背墙允许偏差   表 18.3-3

项　目	允许偏差（mm）	检验频率		检验方法
		范围	点数	
砂浆强度	符合设计要求			压试块
断面尺寸	不得小于设计要求	每座	6	用尺量，长、宽、高各量1点
顶面高程	±20	每座	4	用水准仪测量
墙面垂直度	不得大于0.5%H	每座	4	用垂线量
墙面平整度	20	每座	4	用2m直尺或小线量最大值
桥面水平线与桥中心线垂直度	不得大于0.3%L	每座	2	用尺量

注：表中 H 为构筑物高度（mm），L 为构筑物长度（mm）。

18.4　桥体预制

1. 模板安装允许偏差应符合表 18.4-1 规定。

模板安装允许偏差　　　表 18.4-1

项目		允许偏差（mm）	检验频率		检验方法
			范围	点数	
表面平整度	刨光模板	3	每节每孔或每墙	4	用 2m 直尺检验
	不刨光模板	5			
	钢模板	3			
垂直度		0.1‰H 且不得大于 6		2	用垂线或经纬仪检验
模内尺寸		+3～ -8		3	用尺量长、宽、高各计 1 点
轴线位置		10		2	用经纬仪测量纵、横各计 1 点
支撑面高程		+2～-5	每个支承面	1	用水准仪测量
底面高程		+10	每孔	1	用水准仪测量
螺栓、锚筋等预埋件	位置	10	每个预埋件	1	用尺量
	外露长度	±10		1	
预留孔洞	位置	15	每个预留孔洞	1	用尺量
	高程	±10		1	用水准仪测量

注：表中 H 为构筑物高度（mm）。

2. 钢筋加工及安装允许偏差应符合表18.4-2的规定。

钢筋加工及安装允许偏差   表 18.4-2

项目	允许偏差（mm）	检验频率		检验方法
		范围	点数	
受力钢筋顺长度方向的全长净尺寸	±10	每孔底、顶板、墙	4	用尺量
弯起钢筋的位置	±20	每孔底、顶板、墙	4	用尺量
箍筋内边距离尺寸	±3	每孔底、顶板、墙	5	用尺量
主筋横向位置	±7.5	每孔底、顶板、墙	4	用尺量
箍筋位置	±15	每孔底、顶板、墙	5	用尺量
箍筋的不垂直度（偏离垂直位置）	15	每孔底、顶板、墙	5	用吊线和尺量
钢筋保护层	±5	每孔底、顶板、墙	6	用尺量
其他钢筋位置	±10	每孔底、顶板、墙	4	用尺量

3. 水泥混凝土的原材、配合比、强度和抗

渗应符合设计要求。桥体预制允许偏差应符合表
18.4-3 的规定。

桥体预制允许偏差　　表 18.4-3

项　　目	允许偏差 （mm）	检验频率		检验方法
		范围	点数	
混凝土抗 压强度	符合现行《铁 路桥涵工程施工 质量验收标准》 TB 10415—2003			按《普通混凝土 力学性能试验方法》 GB 50081 要求检验
宽度	±50	每节	5	用尺量，沿全长 端部，$L/4$ 处和中 间各计 1 点
高度	±50	每节	5	用尺量，沿全长 端部，$L/4$ 处和中 间各计 1 点
轴向长度	±50	每节	4	用尺量，两侧上、 下各计 1 点
顶、底板 厚度	±20 −5	每节	8	用尺量，端部顶、 底板各计 2 点
中、边墙 厚度	±20 −5	每节 每墙	2	用尺量，端部各 计 1 点

项　目	允许偏差 （mm）	检验频率		检验方法
		范围	点数	
梗肋	±3%	每节 每孔	2	用尺量
侧向弯曲	L/1000	每节 每孔	2	沿构件全长拉线，量最大矢高，左右各 1 点
墙面垂 直度	不得大于 0.15%H 且不得 大于 10	每节 每孔	4	用垂线或经纬仪测量，前后各计 1点
麻面	每侧不得超 过该面积1%	每节		用尺量麻面总面积
墙面 平整度	5	每节 每孔	4	用 2m 直尺或小线量取最大值，每侧前后各计 1点
桥面 平整度	5	每 50m²	1	用 2m 直尺量取最大值

注：表中 H 为构筑物高度（mm），L 为构筑物长度（mm）。

18.5　桥体防水

桥面防水层允许偏差应符合表 18.5 的规定。

桥面防水层允许偏差 表 18.5

项　　目	允许偏差 (mm)	检验频率		检验方法
		范围	点数	
搭接宽度	不小于 100	每 20 延米	1	用尺量
保护层 平整度	5	每 50m²	1	用 2m 直尺 量取最大值

18.6 桥体顶进

桥体顶进就位允许偏差应符合表 18.6 的规定。

桥体顶进就位允许偏差 表 18.6

项　　目		允许偏差 (mm)	检验频率		检验方法
			范围	点数	
中线	一端顶进	200	每座或 每节	2	测量检查
	两端顶进	100	每座或 每节	2	测量检查
高程		1%顶程并 偏高≤150 偏低≤200	每座或 每节	2	测量 检查
相邻两 节高差		50	每孔	1	用尺量每 个接头计 1 点

18.7 施工测量

直接丈量测距允许偏差应符合表 18.7 的规定。

<table>
<tr><td colspan="2" align="center">直接丈量测距允许偏差</td><td align="center">表 18.7</td></tr>
<tr><td colspan="2" align="center">项　　目</td><td align="center">精度</td></tr>
<tr><td rowspan="3" align="center">固定桩间距和桥
各部位间距离</td><td align="center"><200m</td><td align="center">1/5000</td></tr>
<tr><td align="center">200～500m</td><td align="center">1/10000</td></tr>
<tr><td align="center">>500m</td><td align="center">1/20000</td></tr>
</table>

本章参考文献

《城镇地道桥顶进施工及验收规程》CJJ 74—1999